案例彩图示例

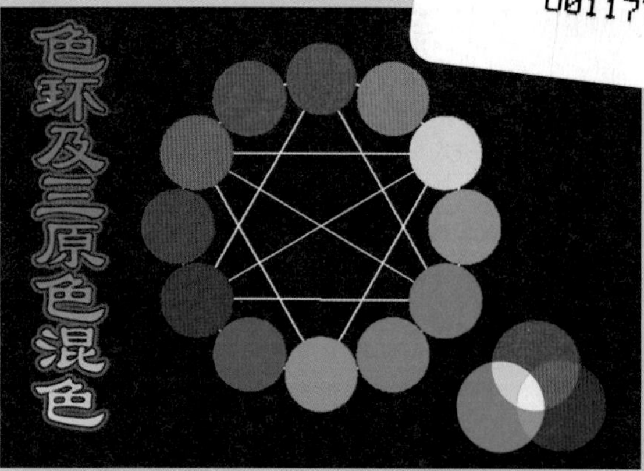

色环及三原色混色

天天留影

光源色：光源的颜色。(1)

固有色：物体本来具有的颜色。(2)

环境色：因为反光，影响到物体的颜色。(3)

光源色、固有色和环境色

3D桌球

绚丽泡泡

花之恋女士沙龙海报

褪色照片的校正

案例彩图示例

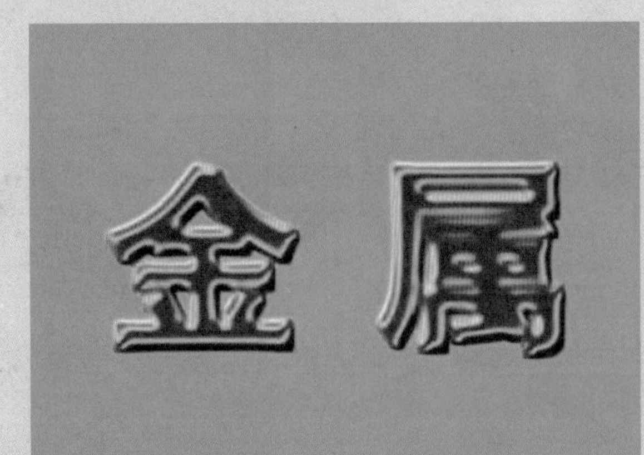

金属字

为沙滩美女调出中性色

调出婚片温柔暖色调

奔驰的汽车

木纹相框

饰品广告

雨中别墅

案例彩图示例

生命在于运动

玻璃字

冰棱字

节约用水公益广告

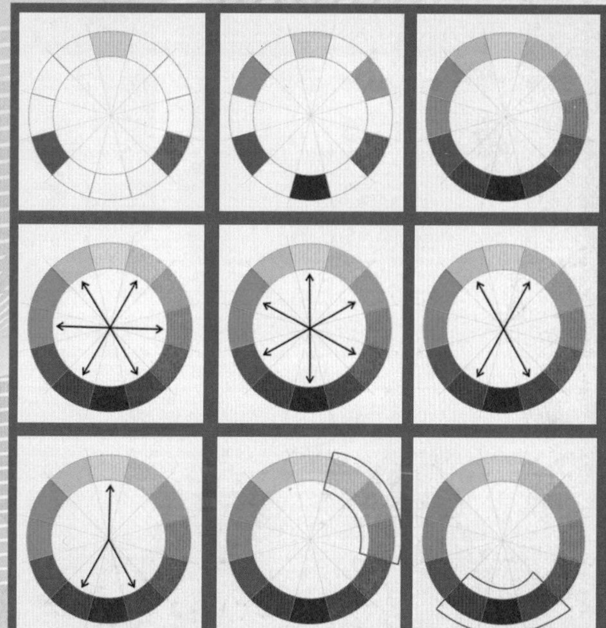

火焰字

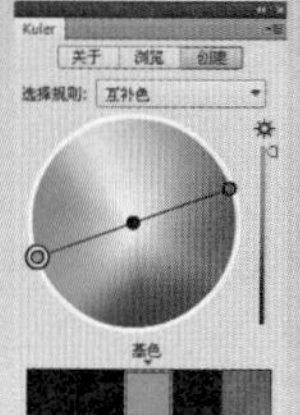
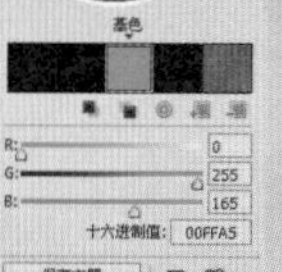
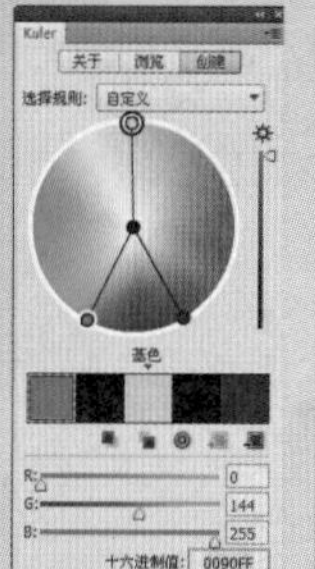
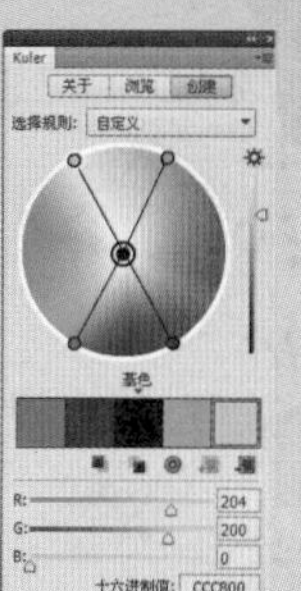
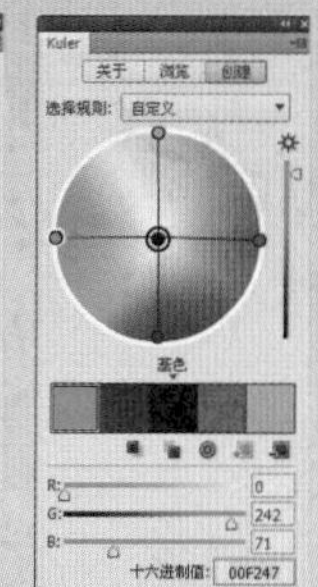
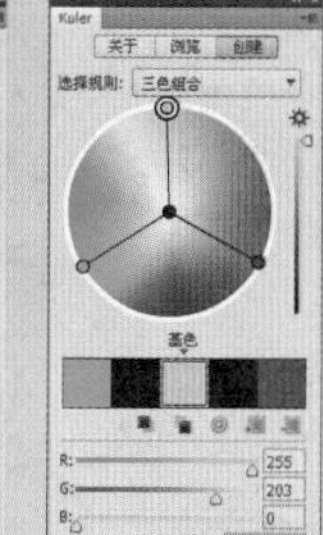
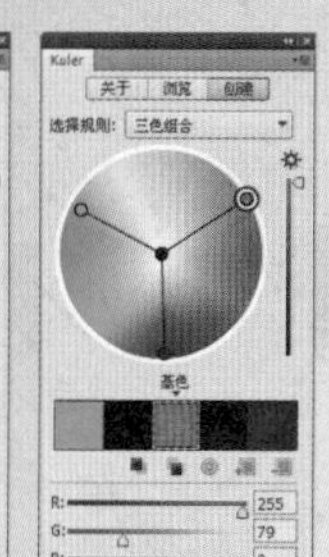
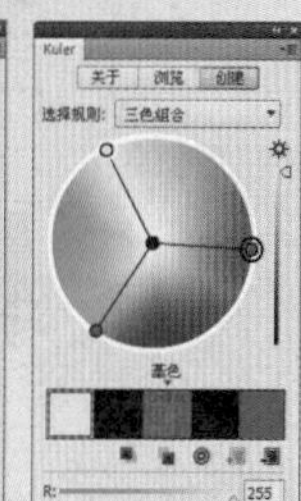

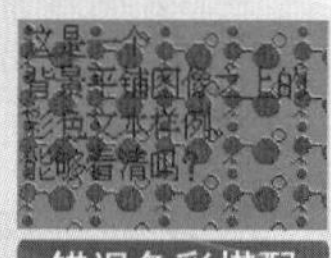

错误色彩搭配

这是一个
背景平铺图像之上的
彩色文本样例，
能够看清吗？

修改后色彩搭配

图11-36　图11-41　图11-43　图11-45　图11-37三色组面板

案例彩图示例

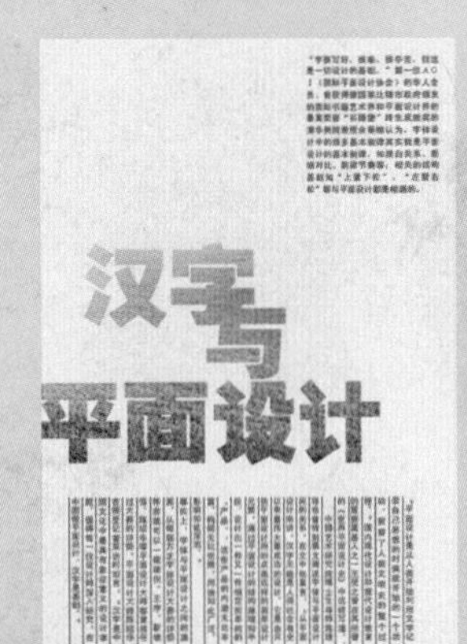

汉字与平面设计

部分内页

开业海报

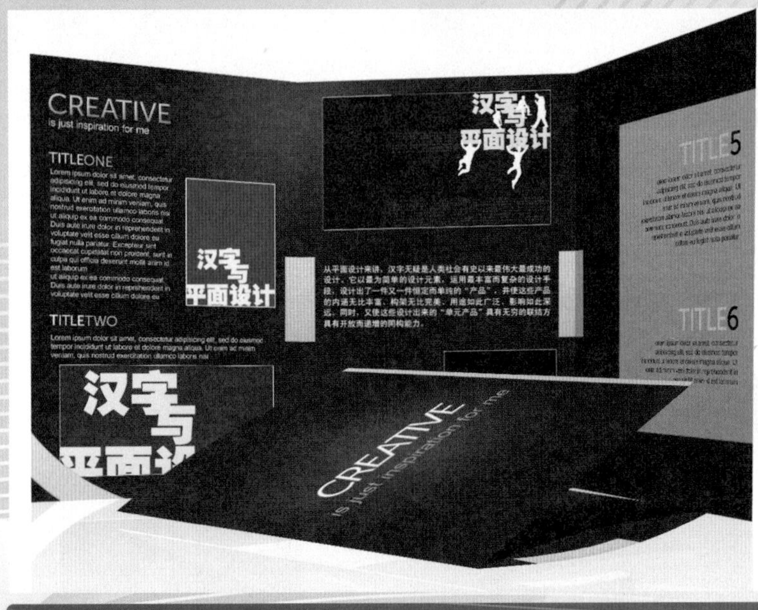

折页

艺术设计色块

艺术设计线条

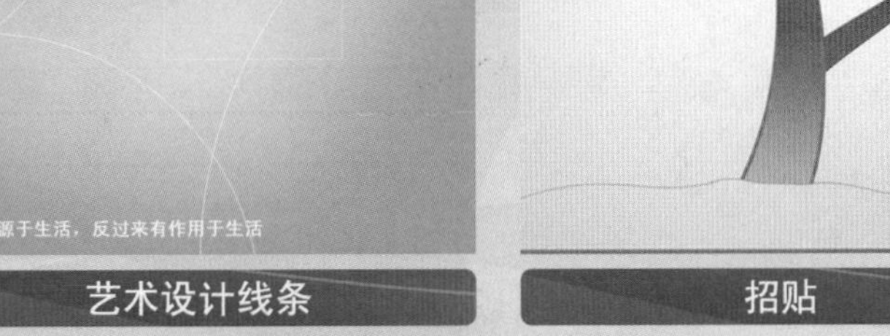

招贴

全国高等职业教育规划教材

Photoshop 平面设计与创意案例教程

主编　陈 昶　谢石城
参编　郭立萍　李 夏　吴亚娟

机 械 工 业 出 版 社

本书主要分两部分：第1～9章为Photoshop软件的应用篇，结合具体案例系统地讲解Photoshop软件应用知识；第10～12章为设计应用篇，分别从平面设计方法及实现、平面设计各元素分析和图说平面设计案例3个方面进行阐述，将软件技术与艺术美学结合起来。

本书是一本理论与案例实践紧密结合的实用教材，具有很强的可读性，不仅可作为高等院校电脑美术专业的教材和社会相关领域的培训教材，也适合从事平面广告设计的人员、图形图像设计专业的初学者作为自学教材。

本书配套素材和授课电子课件，需要的教师可登录www.cmpedu.com免费注册、审核通过后下载，或联系编辑索取（QQ：1239258369，电话：010-88379739）。

图书在版编目（CIP）数据

Photoshop平面设计与创意案例教程 / 陈昶，谢石城主编．—北京：机械工业出版社，2012.3
全国高等职业教育规划教材
ISBN 978-7-111-37503-6

Ⅰ．①P… Ⅱ．①陈…②谢… Ⅲ．①图象处理软件，Photoshop－高等职业教育－教材 Ⅳ．①TP391.41

中国版本图书馆CIP数据核字（2012）第025327号

机械工业出版社（北京市百万庄大街22号 邮政编码100037）
责任编辑：鹿 征
责任印制：乔 宇

北京汇林印务有限公司印刷

2012年6月·第1版第1次印刷
184mm×260mm·18.75印张·2插页·470千字
0001－3000册
标准书号：ISBN 978-7-111-37503-6
定价：43.00元

凡购本书，如有缺页、倒页、脱页，由本社发行部调换

电话服务
社服务中心：（010）88361066
销售一部：（010）68326294
销售二部：（010）88379649
读者购书热线：（010）88379203

网络服务
门户网：http://www.cmpbook.com
教材网：http://www.cmpedu.com

封面无防伪标均为盗版

全国高等职业教育规划教材计算机专业
编委会成员名单

主　　任　周智文

副 主 任　周岳山　林　东　王协瑞　张福强
陶书中　龚小勇　王　泰　李宏达
赵佩华

委　　员　（按姓氏笔画顺序）
马　伟　马林艺　万雅静　万　钢
卫振林　王兴宝　王德年　尹敬齐
史宝会　宁　蒙　刘本军　刘新强
刘瑞新　余先锋　张洪斌　张　超
李　强　杨　莉　杨　云　罗幼平
贺　平　赵国玲　赵增敏　赵海兰
钮文良　胡国胜　秦学礼　贾永江
徐立新　唐乾林　陶　洪　顾正刚
康桂花　曹　毅　眭碧霞　梁　明
黄能耿　裴有柱

秘 书 长　胡毓坚

出版说明

根据《教育部关于以就业为导向深化高等职业教育改革的若干意见》中提出的高等职业院校必须把培养学生动手能力、实践能力和可持续发展能力放在突出的地位，促进学生技能的培养，以及教材内容要紧密结合生产实际，并注意及时跟踪先进技术的发展等指导精神，机械工业出版社组织全国近60所高等职业院校的骨干教师对在2001年出版的“面向21世纪高职高专系列教材”进行了全面的修订和增补，并更名为“全国高等职业教育规划教材”。

本系列教材是由高职高专计算机专业、电子技术专业和机电专业教材编委会分别会同各高职高专院校的一线骨干教师，针对相关专业的课程设置，融合教学中的实践经验，同时吸收高等职业教育改革的成果而编写完成的，具有“定位准确、注重能力、内容创新、结构合理和叙述通俗”的编写特色。在几年的教学实践中，本系列教材获得了较高的评价，并有多个品种被评为普通高等教育“十一五”国家级规划教材。在修订和增补过程中，除了保持原有特色外，针对课程的不同性质采取了不同的优化措施。其中，核心基础课的教材在保持扎实的理论基础的同时，增加实训和习题；实践性较强的课程强调理论与实训紧密结合；涉及实用技术的课程则在教材中引入了最新的知识、技术、工艺和方法。同时，根据实际教学的需要对部分课程进行了整合。

归纳起来，本系列教材具有以下特点：

（1）围绕培养学生的职业技能这条主线来设计教材的结构、内容和形式。

（2）合理安排基础知识和实践知识的比例。基础知识以“必需、够用”为度，强调专业技术应用能力的训练，适当增加实训环节。

（3）符合高职学生的学习特点和认知规律。对基本理论和方法的论述要容易理解、清晰简洁，多用图表来表达信息；增加相关技术在生产中的应用实例，引导学生主动学习。

（4）教材内容紧随技术和经济的发展而更新，及时将新知识、新技术、新工艺和新案例等引入教材。同时注重吸收最新的教学理念，并积极支持新专业的教材建设。

（5）注重立体化教材建设。通过主教材、电子教案、配套素材光盘、实训指导和习题及解答等教学资源的有机结合，提高教学服务水平，为高素质技能型人才的培养创造良好的条件。

由于我国高等职业教育改革和发展的速度很快，加之我们的水平和经验有限，因此在教材的编写和出版过程中难免出现问题和错误。我们恳请使用这套教材的师生及时向我们反馈质量信息，以利于我们今后不断提高教材的出版质量，为广大师生提供更多、更适用的教材。

机械工业出版社

前　言

Photoshop 是 Adobe 公司开发的图像处理软件，它具有强大的图像处理功能，广泛应用于海报、网页、包装装潢、广告宣传等平面设计和服装设计，以及多媒体制作、辅助动画制作和出版印刷等领域。Photoshop CS5 版本和以往版本相比，除了保留以往 CS 版本中的“Adobe Bridge”（文件浏览器）独立小软件之外，还增加了内容识别智能填充修复、智能选区、3D 性能、高动态范围（HDR）等实用功能。Photoshop 相关教材的目标群体大致有以下几类：计算机图形图像专业、艺术设计类专业以及其他专业图像处理或平面设计的相关人员。本教材正是针对上述群体需求编写的。

本教材主要分两部分：第 1～9 章为 Photoshop 软件的应用篇，结合具体案例系统的讲解 Photoshop 软件应用知识；第 10～12 章为设计应用篇，用案例比较的方式来图说设计中常用的设计方法，把设计元素归类为字符、图像、色彩、版式等篇章，结合艺术设计中的典型工作任务，深入分析专业关键能力，进而结合前面所讲的 Photoshop 软件的应用知识点，将软件技术与艺术美学结合起来。每章均以案例目标引入，结合具体实践案例，然后再详细列举阐述完成该案例所需要用到的相关知识点。教师在教学过程中可灵活掌握，可以先讲述相关知识，再结合具体案例；也可以先讲授案例制作过程，再回过头来深入讲述相关知识点。本教材的章节由浅入深、由易到难，各章均选用具有典型代表性的案例，将前后所学的知识点连贯起来，加深学习者的理解和掌握。

课程的总体学时为 64～72 学时，各学校可以根据本校的教学大纲和实验条件对讲授内容、授课课时与实验课时进行适当的调整。

本书纳入“福建省高等职业教育教材建设计划”，在编写过程中得到了福建省教育厅的大力支持，在此表示衷心感谢！

本书由福建信息职业技术学院陈昶、谢石城组织编写，并由陈昶统稿。其中，第 1、3、5 章由陈昶编写，第 10、11、12 章由谢石城编写，第 2、9 章由李夏编写，第 4、6 章由郭立萍编写，第 7、8 章由福建省民政学校吴亚娟编写。参与教材编写的几位作者都是多年从事 Photoshop 以及艺术设计课程教学的教师，编写本书旨在能通过本书，在前人的基础上，介入一种新的方式来完善 Photoshop 教材的更多需要。

本书提供了课后练习题和案例素材等，读者可在 www.cmpedu.com 下载。

由于计算机图像处理技术发展迅速，加上时间仓促，书中难免存在不妥和错误之处，恳请广大读者批评指正。

编　者

目　录

第 1 章　Photoshop CS5 工作区域和基本操作

教学目标

通过本章节的学习，学生对彩色和图像的基本知识有一个基本的了解和认识，对 Photoshop 软件操作界面、工作区域以及工具箱有比较全面的了解，本章将对 Photoshop CS5 的工作区域及基本操作以及 Adobe Bridge 的功能进行详细讲解、并对 Photoshop CS5 较之前版本新增加的功能进行介绍。学生通过本章节的学习，能够很好地掌握软件的基本操作及新增的功能。

教学要求

知 识 要 点	能 力 要 求	相 关 知 识
彩色和图像的基本知识	理解	图像的分类主要参数、颜色模式和图像文件格式、基色、次生色等
Photoshop 基本操作	掌握	文件的基本操作、图像的基本操作
Adobe Bridge 和网页制作	掌握	批量格式转换、合成全景图片
Photoshop CS5 新增功能	了解	智能选区、智能填充、HDR、3D

设计案例

（1）“福建景点”网页标题栏

（2）色环及三原色混色

（3）天天留影

（4）图像批量处理（批量格式转换）

（5）合成全景照片

1.1　色彩和图像的基本知识

1.1.1　色彩的基本知识

什么是色彩？人是如何感受到色彩的？

当物象受光照射后，其信息通过视网膜，再经过视觉神经传达到大脑的视觉中枢，才产生了色彩感觉。因此，经过了光、眼睛、大脑 3 个环节，才能感受到色彩。所以色彩的概念是：光刺激眼睛，再把信号传达到大脑所产生的感觉。

什么叫色彩构成？

将两个以上的色彩，根据不同的要求，按照色彩规律的原则，重新组合搭配，构成新的色彩关系，就叫色彩构成。

所以人要想看到色彩必须要有光。光从光源而来，所以还需要有光源。

1．光源

光源分为自然光和人造光，自然光就是依靠自身的资源发光的物体（如太阳），人造光是要依靠别的物体发光（如电灯）。

2．物体色和固有色

物体本身是不会发光的，之所以能看到它，是因为光源色经物体表面的吸收、反射，反映到视觉中的光色感觉。

物体在自然光照下，只反射其中一种波长的光，而其他波长的光全部吸收，这个物体则呈现反射光的颜色。如果某一物体反射所有色光，那么我们便感觉这个物体是白色的；如果把七色光全部吸收，那么就呈现黑色。实际上，现实生活中的颜色是极其丰富的，各种物体不可能单纯反射一种波长的光，它只是对某一种波长的光反射得多，而对其他波长的光按不同比例反射得少，因此，物体的颜色不可能是一种绝对标准的色彩，而只能是倾向某一种颜色，同时又具有其他色光的成分。所以说物体的色彩是受光源的色彩和该物体的选择吸收与反射能力所决定的。如图 1-1 展示了光源色、固有色和环境色对物体色的影响。

（1）光源色：光源的颜色。

（2）固有色：物体本来具有的颜色。

（3）环境色：因为反光，影响到物体的颜色。

图 1-1　光源色、固有色和环境色对物体色的影响

3．色彩的三要素

色彩的三要素是指色相、纯度（即饱和度）、明度。

（1）色相

色相是与颜色主波长有关的颜色物理和心理特性，从实验中知道，不同波长的可见光具有不同的颜色。众多波长的光以不同比例混合可以形成各种各样的颜色，但只要波长组成情况一定，那么颜色就能确定了。非彩色（黑、白、灰色）不存在色相属性；所有色彩（红、橙、黄、绿、青、蓝、紫等）都是表示颜色外貌的属性。它们就是所有的色相，有时色相也称为色调。总结成一句话，色相就是颜色的相貌。

（2）纯度（即饱和度）

纯度指颜色的强度或纯度，表示色相中有色成分所占的比例，用 0%～100%（纯色）来表示。

（3）明度

明度是颜色的相对明暗程度，通常用 0%（黑）～100%（白）来度量。

要强调的是，色相其实是一个色环，它是以角度为单位来表示的。色环图如图 1-2 和图 1-3 所示。

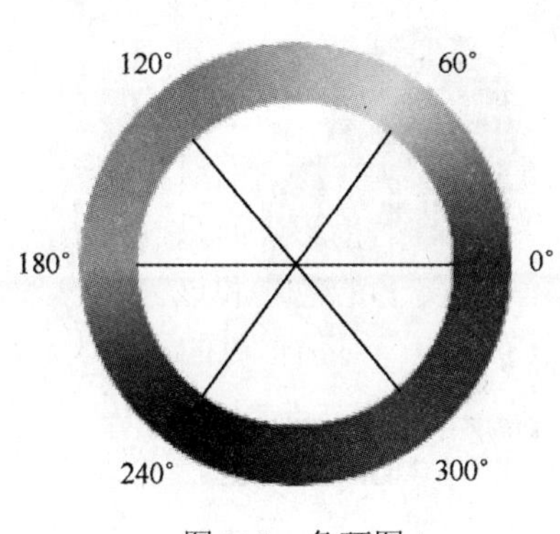

图 1-2　色环图 1

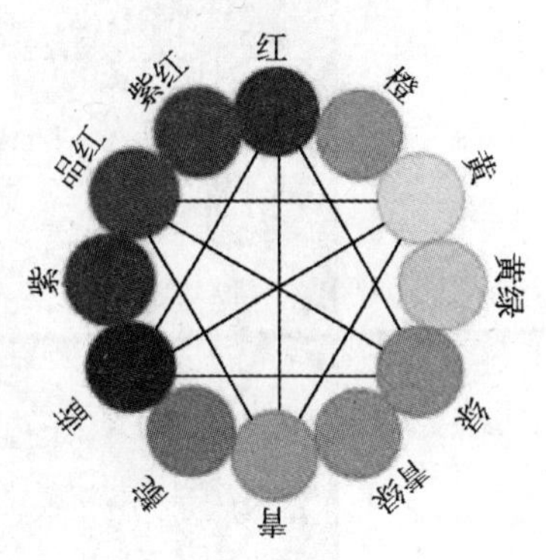

图 1-3　色环图 2

4．色彩的混合

色彩有两个原色系统：色光的三原色、色素的三原色。色彩有三种混合方式：加法混合、减法混合、中性混合。

（1）原色

不能用其他色混合而成的色彩叫原色。用原色却可以混出其他色彩。

色光的三原色是：红光（Red）、绿光（Green）、蓝光（Blue），即我们常说的 RGB 模式。

色素的三原色是：青色（Cyan）、品红（Magenta）、黄色（Yellow），即用于印刷的 CMY。

（2）色彩的加法混合

加法混合指色光的混合。两色或多色光相混合，混合出的新色光，明度增高，因为明度是参加混合各色光明度之和。参加混合的色光越多，混合出的新色的明度就越高，如果把各种色光全部混合在一起则成为极强白色光。所以把这种混合叫正混合或加法混合。

计算机显示器的色彩是荧光屏发出的色光通过正混合叠加出来的，它能够显示出百万种色彩，其三原色是红（Red）、绿（Green）、蓝（Blue），所以称之为 RGB 模式，其混合如图 1-4a 所示。图中相近的两种颜色相混合必得到它们中间的那种颜色，也就是说红色和绿色混合肯定是得到黄色；相对的是互补色，互补色混合会得到白色。

（3）色彩的减法混合

减法混合指色素的混合，色素的混合是明度降低的减光现象，所以也称为负混合。颜料、染料、涂料等色素的性质与光谱上的单色光不同，是属于物体色的复色光，色料的显色是把白光中的色光经部分选择与吸收的结果，所反射的和所吸收的色光里，各含有几种不同的单色光。因此，色素间的负混合现象，不是属于反射部分的色光混合的结果，而是吸收部分相混合所增加的减光现象。

在理论上，将品红（Magenta）、黄色（Yellow）、青色（Cyan）3 种色素均匀混合时，3

种色光将全部吸收，产生黑色，但在实际操作中，因色料含有杂质而形成棕褐色，所以加入了黑色颜料（Black），从而形成 CMYK 色彩模式如图 1-4b 所示。这是电脑平面设计的专用色彩模式，在印刷处理中有着最重要的作用，是四色印刷的基础。

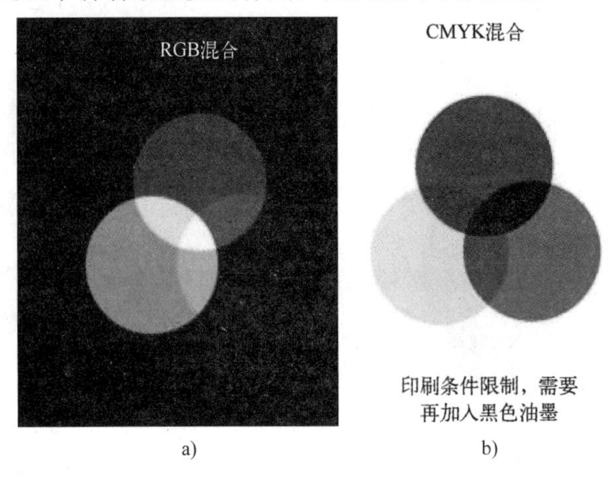

图 1-4　RGB 混合和 CMYK 混合
a) RGB 混合　　b) CMYK 混合

（4）色彩的中性混合

中性混合是基于人的视觉生理特征所产生的视觉色彩混合。它包括回旋板的混合方法（平均混合）与空间混合（并置混合），回旋板的混合和并置混合实际上都是视网膜上的混合。

这两种混合均为中性混合，混合出新色彩的明度基本等于参加混合色彩明度的平均值。

1.1.2　图像的主要参数

1．分辨率

通常，可以将分辨率分为显示分辨率和图像分辨率两种。

（1）显示分辨率

显示分辨率（也叫屏幕分辨率）是指每个单位长度内显示的像素或点数的个数，通常以“点/英寸”（dpi）来表示。显示器分辨率也可以描述为在屏幕的最大显示区域内，水平与垂直方向的像素（pixel）或点的个数。例如，1024×768 像素的分辨率表示显示屏幕纵向有 768 行像素点，每行有 1024 像素，即 768432 像素。屏幕可以显示的像素个数越多，图像越细致、清晰和逼真。

显示分辨率不但与显示器和显示卡的质量有关，还与显示模式的设置有关。单击 Windows 的“开始”→“设置”→“控制面板”命令，打开“控制面板”窗口，双击“显示”图标，打开“显示 属性”对话框，单击“设置”选项卡，如图 1-5 所示，拖动调整“屏幕区域”滑块，可以调整显示分辨率。

（2）图像分辨率

图像分辨率是指打印图像时，每个单位长度上打印的像素个数，通常以“像素/英寸”（pixel/inch，ppi）来表示，也可以描述为组成一幅图像的像素个数。如，800×600 像素大小的图像分辨率表示该幅图像有 600 行，每行有 800 个像素。它既反映了该图像的精细程度，又给出了该图像的大小。如果图像的分辨率大于显示分辨率，则只会显示其中的一部分。在显示分辨率一定的情况下，图像分辨率越高，图像越清晰，但图像的文件所占用的磁盘空间越大。

2. 颜色深度

点阵图像中各像素的颜色信息用若干二进制数据来描述。二进制的位数即点阵图像的颜色深度，它决定了图像中可以出现的颜色的最大个数。目前，颜色深度有1、4、8、16、24、32等。例如，颜色深度为1时，表示点阵图像中各像素的颜色只有2^1即1位，可以表示两种颜色（黑、白两色）；为8时，表示各像素的颜色为8位，可以表示$2^8=256$种颜色；为24时，表示各像素的颜色为24位，可以表示$2^{24}=16\,777\,216$种颜色。它用3个8位来分别表示R、G、B颜色，这种图像称为“真彩色图像”；颜色深度为32时，也使用3个8位来分别表示R、G、B颜色。另一个8位用来表示图像的其他属性，如透明度等。

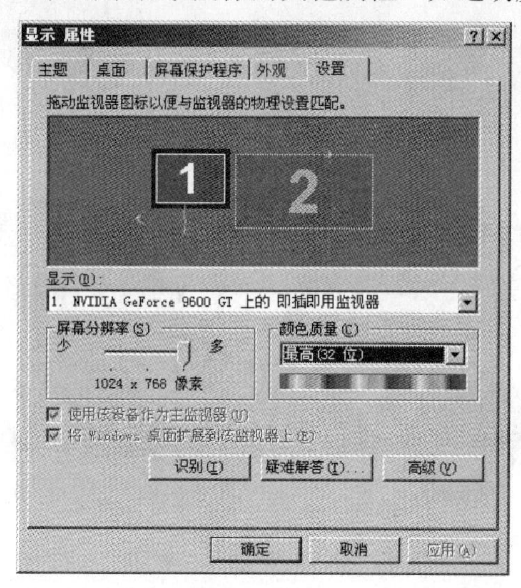

图1-5 “显示 属性”中的“设置”选项卡

颜色深度不但与显示器和显示卡的质量、驱动程序有关，还与显示模式的设置有关。利用“设置”选项卡中的“颜色质量”下拉列表框可以设置不同的颜色深度。

1.1.3 数字图像的分类

1. 点阵图

点阵图也称为位图，它由多种不同颜色和不同深浅的像素点组成。像素是组成图像的最小单位，许许多多的像素构成一幅完整的图像。在一幅图像中，像素越小，数量越多，则图像越精细清晰。

人眼观察由像素组成的画面时，看不到像素的存在，这是因为人眼对细小物体的分辨力有限。当Photoshop软件中打开点阵图像，放大到1600倍时，可见到放大后的点阵图像明显是由像素组成的。如图1-6a和图1-6c所示。

点阵图的图像文件记录的是组成点阵图的各像素点的颜色和亮度信息，颜色的种类越多，组成图像的像素越多，图像文件越大。通常，点阵图可以表现得更自然和更逼真，更接近于实际观察到的真实画面。但图像文件一般比较大，在将其放大，尤其是放大较大倍数时，会产生锯齿状失真。

2. 矢量图

通常把矢量图称为“图形”，矢量图使用直线和曲线来描述图形，这些图形的元素是一些点、线、矩形、多边形、圆和弧线等，它们都是通过数学公式计算获得的。显示矢量图时，需要相应的软件读取这些命令，并用命令转换为组成图形的各个图形元素。由于矢量图形可通过公式计算获得，所以矢量图形文件体积一般较小。矢量图形最大的优点是无论放大、缩小或旋转等不会失真；最大的缺点是难以表现色彩层次丰富的逼真图像效果。Adobe 公司的 Illustrator、Corel 公司的 CorelDRAW 是众多矢量图形设计软件中的佼佼者。Flash 制作的动画也是矢量图形动画。

矢量图与位图最大的区别是，它不受分辨率的影响。因此在印刷时，可以任意放大或缩小图形而不会影响出图的清晰度，可以按最高分辨率显示到输出设备上，如图 1-6 b 和图 1-6d 所示。

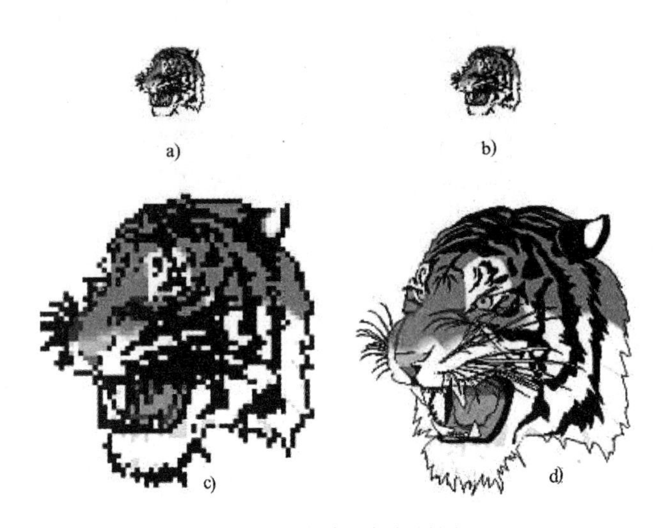

图 1-6　点阵图与矢量图

a) 点阵图　b) 矢量图　c) 放大后的点阵图　d) 放大后的矢量图

1.1.4　颜色模式和图像文件格式

1. 颜色模式

颜色模式又称为色彩模式，在 Photoshop 中，了解色彩模式的概念是很重要的，因为色彩模式决定显示和打印电子图像的色彩模型（简单地说，色彩模型是用于表现颜色的一种数学算法），即一幅电子图像用什么样的方式在计算机中显示或打印输出。常见的色彩模式包括位图模式、灰度模式、双色调模式、HSB（表示色相、饱和度、亮度）模式、RGB（表示红、绿、蓝）模式、CMYK（表示青、洋红、黄、黑）模式、Lab 模式、索引色模式、多通道模式以及 8 位/16 位模式，每种模式的图像描述和重现色彩的原理及所能显示的颜色数量是不同的。

（1）HSB 模式

HSB 模式是基于人眼对色彩的观察来定义的，在此模式中，所有的颜色都用色相或色调、饱和度、亮度 3 个特性来描述，具体可见第 1.1.1 节中的色彩三要素。

（2）RGB 模式

RGB 模式是基于自然界中 3 种基色光的混合原理，将红（R）、绿（G）和蓝（B）3 种基色按照从 0（黑）～255（白色）的亮度值在每个色阶中分配，从而指定其色彩。当不同亮度的基色混合后，便会产生出256×256×256种颜色，约为1670万种。例如，一种明亮的红色可能R值为246，G值为20，B值为50。当3种基色的亮度值相等时，产生灰色；当3种亮度值都是255时，产生纯白色；而当所有亮度值都是0时，产生纯黑色。3种色光混合生成的颜色一般比原来的颜色亮度值高，所以RGB模式产生颜色的方法又被称为色光加色法。

（3）CMYK模式

CMYK颜色模式是一种印刷模式。其中4个字母分别指青（Cyan）、洋红（Magenta）、黄（Yellow）、黑（Black），在印刷中代表4种颜色的油墨。CMYK模式在本质上与RGB模式没有什么区别，只是产生色彩的原理不同，在RGB模式中由光源发出的色光混合生成颜色，而在CMYK模式中由光线照到不同比例C、M、Y、K油墨的纸上，部分光谱被吸收后，反射到人眼的光产生颜色。由于C、M、Y、K在混合成色时，随着C、M、Y、K 4种成分的增多，反射到人眼的光会越来越少，光线的亮度会越来越低，所有CMYK模式产生颜色的方法又被称为色光减色法。

（4）Lab模式

Lab模式的原型是由CIE协会在1931年制定的一个衡量颜色的标准，在1976年被重新定义并命名为CIELab。此模式解决了由于不同的显示器和打印设备所造成的颜色扶植的差异，也就是它不依赖于设备。

Lab颜色是以一个亮度分量L及两个颜色分量a和b来表示颜色的。其中L的取值范围是0～100，a分量代表由绿色到红色的光谱变化，而b分量代表由蓝色到黄色的光谱变化，a和b的取值范围均为-120～120。

Lab模式所包含的颜色范围最广，能够包含所有的RGB和CMYK模式中的颜色。CMYK模式所包含的颜色最少，有些在屏幕上看到的颜色在印刷品上却无法实现。

（5）其他颜色模式

除基本的RGB模式、CMYK模式和Lab模式之外，Photoshop支持（或处理）其他的颜色模式，这些模式包括位图模式、灰度模式、双色调模式、索引颜色模式和多通道模式；并且这些颜色模式有其特殊的用途。例如，灰度模式的图像只有灰度值而没有颜色信息；索引颜色模式尽管可以使用颜色，但相对于RGB模式和CMYK模式来说，可以使用的颜色真是少之又少。

2. 颜色模式的转换

为了在不同的场合正确输出图像，有时需要把图像从一种模式转换为另一种模式。Photoshop通过执行“Image（图像）”→“Mode（模式）”子菜单中的命令，来转换需要的颜色模式。这种颜色模式的转换有时会永久性地改变图像中的颜色值。例如，将RGB模式图像转换为CMYK模式图像时，CMYK色域之外的RGB颜色值被调整到CMYK色域之外，从而缩小了颜色范围。

由于有些颜色在转换后会损失部分颜色信息，因此在转换前最好为其保存一个备份文件，以便在必要时恢复图像。

（1）将彩色图像转换为灰度模式

将彩色图像转换为灰度模式时，Photoshop会扔掉原图中所有的颜色信息，而只保留像素的灰度级。灰度模式可作为位图模式和彩色模式间相互转换的中介模式。

（2）将其他模式的图像转换为位图模式

将图像转换为位图模式会使图像颜色减少到两种，这样就大大简化了图像中的颜色信息，并减小了文件大小。要将图像转换为位图模式，必须首先将其转换为灰度模式。这会去掉像素的色相和饱和度信息，而只保留亮度值。但是，由于只有很少的编辑选项能用于位图模式图像，所以最好是在灰度模式中编辑图像，然后再转换它。

在灰度模式中编辑的位图模式图像转换回位图模式后，看起来可能不一样。例如，在位图模式中为黑色的像素，在灰度模式中经过编辑后可能会灰色。如果像素足够亮，当转换回位图模式时，它将成为白色。

（3）将其他模式转换为索引模式

在将色彩图像转换为索引颜色时，会删除图像中的很多颜色，而最多仅保留其中的 256 种颜色，即许多媒体动画应用程序和网页所支持的标准颜色数。只有灰度模式和 RGB 模式的图像可以转换为索引颜色模式。由于灰度模式本身就是由 256 级灰度构成，因此转换为索引颜色后无论颜色还是图像大小都没有明显的差别。但是将 RGB 模式的图像转换为索引颜色模式后，图像的尺寸将明显减少，同时图像的视觉品质也将受到影响。

（4）将 RGB 模式的图像转换成 CMYK 模式

如果将 RGB 模式的图像转换成 CMYK 模式，图像中的颜色就会产生分色，颜色的色域就会受到限制。因此，如果图像是 RGB 模式的，最好选在 RGB 模式下编辑，然后再转换成 CMYK 图像。

（5）利用 Lab 模式进行模式转换

在 Photoshop 所能使用的颜色模式中，Lab 模式的色域最宽，它包括 RGB 和 CMYK 色域中的所有颜色。所以使用 Lab 模式进行转换时不会造成任何色彩上的损失。Photoshop 便是以 Lab 模式作为内部转换模式来完成不同颜色模式之间的转换。例如，在将 RGB 模式的图像转换为 CMYK 模式时，计算机内部首先会把 RGB 模式转换为 Lab 模式，然后再将 Lab 模式的图像转换为 CMYK 模式图像。

（6）将其他模式转换成多通道模式

多通道模式可通过转换颜色模式和删除原有图像的颜色通道得到。

将 CMYK 图像转换为多通道模式可创建由青、洋红、黄和黑色专色（专色是特殊的预混油墨，用来替代或补充印刷四色油墨；专色通道是可为图像添加预览专色的专用颜色通道）构成的图像。

将 RGB 图像转换成多通道模式可创建青、洋红和黄色专色构成的图像。从 RGB、CMYK 或 Lab 图像中删除一个通道会自动将图像转换为多通道模式。原来的通道被转换成专色通道。

3．图像文件格式

文件格式（File Formats）是一种将文件以不同方式进行保存的格式。对于图形图像，由于记录的内容和压缩方式不同，其文件格式也不同。不同的文件格式具有不同的文件扩展名，每种格式的图形图像文件都有不同的特点、产生背景和应用的范围。Photoshop 主要包括固有格式（PSD）、应用软件交换格式（EPS、DCS、Filmstrip）、专有格式（GIF、BMP、Amiga IFF、PCX、PDF、PICT、PNG、Scitex CT、TGA）、主流格式（JPEG、TIFF）等。

（1）固有格式

Photoshop 的固有格式 PSD 体现了 Photoshop 独特的功能和对功能的优化，例如，PSD

格式可以比其他格式更快速地打开和保存图像，很好地保存图层、蒙版，压缩方案不会导致数据丢失等。但是，很少有应用程序能够支持这种格式，仅有像 CorelPhoto－pain 和 Adobe After Effects 一类软件支持 PSD，并且可以处理每一层图像。有的图像处理软件仅限制在处理平面化的 Photoshop 文件，如 ACDSee 等软件，而其他一些软件不能够支持 Photoshop 这种固有格式。

（2）交换格式

1）EPS 格式：EPS（Encapsulated PostScript）是处理图像工作中的最重要的格式，它在 Mac 和 PC 环境下的图形和版面设计中广泛使用，用在 PostScript 输出设备上打印。几乎每个绘画程序及大多数页面布局程序都允许保存 EPS 文档。

建议用户将一幅图像装入到 Adobe Illustrator、QuarkXPress 等软件时，最好选择 EPS 格式。但是，由于 EPS 格式在保存过程中图像体积过大，因此，如果仅仅是保存图像，建议不要使用 EPS 格式。如果文件要打印到无 PostScript 的打印机上，为避免打印问题，最好也不要使用 EPS 格式，而用 TIFF 或 JPEG 格式来替代。

2）DCS 格式：DCS（Desk Color Separation）是 Quark 开发的一个 EPS 格式的变种，它便于分色打印。支持这种格式的软件有 QuarkXPress、PageMaker 和其他应用软件。Photoshop 在使用 DCS 格式时，必须转换成 CMYK 四色模式。

3）Filmstrip 格式：Filmstrip 是 Adobe Premiere（Adobe 公司的影片编辑应用软件）和 Photoshop 专有的文件转换格式。应当注意的是，Photoshop 可以任意通过 Filmstrip 格式修改 Premiere 每一帧图像，但是不能改变 Filmstrip 文档的尺寸，否则，将不能存回 Premiere 中。同样，也不能把 Photoshop 创建的文件转换为 Filmstrip 格式。

（3）专有格式

1）GIF 格式：GIF 是输出图像到网页最常采用的格式。GIF 采用 LZW 压缩，是限定在 256 色以内的色彩。GIF 格式以 87a 和 89a 两种代码表示。GIF87a 严格支持不透明像素，而 GIF89a 可以控制那些区域透明，因此，更大地缩小了 GIF 的尺寸。如果要使用 GIF 格式，就必须转换成索引色模式（Indexed Color），使色彩数目转为 256 或更少。在 Photoshop 中，使用“存储为 Web 所用格式”命令保存为 GIF 格式，较为方便。

2）PNG 格式：PNG 是专门为 Web 创造的。PNG 格式是一种将图像压缩到 Web 上的文件格式。和 GIF 格式不同的是，PNG 格式并不仅限于 256 色。

3）BMP 格式：BMP（Windows Bitmap）是微软开发的 Microsoft Pain 的固有格式，这种格式被大多数软件所支持。BMP 格式采用了一种称为 RLE 的无损压缩方式，对图像质量不会产生什么影响。

4）PICT 格式：PICT 是 Mac 上常见的数据文件格式之一。如果要将图像保存成一种能够在 Mac 上打开的格式，选择 PICT 格式要比 JPEG 要好，因为它打开的速度相当快。另外，如果要在 PC 上用 Photoshop 打开一幅 Mac 上的 PICT 文件，建议在 PC 上安装 QuickTime；否则，将不能打开 PICT 图像。

5）PDF 格式：PDF（Portable Document Format）是由 Adobe Systems 创建的一种文件格式，允许在屏幕上查看电子文档。PDF 文件还可被嵌入到 Web 的 HTML 文档中。

6）TGA 格式：Truevision 公司为支持图像行捕捉和本公司的显示卡而设计的一种图像文件格式，它支持任意大小的图像，图像的颜色为 1～32 位，具有很强的颜色表达能力。该格式已经被广泛应用于真彩色扫描和动画设计领域，是一种国际能用的图像文件格式。

7）PCX 格式：PCX 是 DOS 下的古老程序 PC PaintBrush 固有格式的扩展名，因此这个格式已不受欢迎。

（4）主流格式

1）JPEG 格式：JPEG（Joint Photographic Experts Group，联合图形专家组）命名是平时最常用的图像格式。它是一个最有效、最基本的有损压缩格式，被大多数的图形处理软件所支持。JPEG 格式的图像还广泛用于 Web 的制作。如果对图像质量要求不高，但又要求存储大量图片，使用 JPEG 无疑是一个好办法。但是，对于要求进行图像输出打印时最好不使用 JPEG 格式，因为它是以损坏图像质量而提高压缩质量的，可以使用诸如 EPS、DCS 这样的图形格式。

2）TIFF 格式：TIFF（Tag Image File Format，有标签的图像文件格式）是 Aldus 在 Mac 初期开发的，目的是使扫描图像标准化。它是跨越 Mac 与 PC 平台最广泛的图像打印格式。TIFF 使用 LZW 无损压缩，大大减少了图像体积。另外，TIFF 格式最令人激动的功能是可以保存通道，这对于处理图像是非常有好处的。

1.2　Photoshop CS5 工作区域简介

1.2.1　菜单栏和快捷菜单

1. 工作区概述

可以使用各种元素（如面板、栏以及窗口）来创建和处理文档和文件。这些元素的任何排列方式称为工作区。Adobe® Creative Suite® 5 中不同应用程序的工作区具有相同的外观，因此可以在应用程序之间轻松切换。也可以通过从多个预设工作区中进行选择或创建自己的工作区来调整各个应用程序，以适合自己的工作方式。

虽然不同产品中的默认工作区布局不同，但是对其中元素的处理方式基本相同。如图 1-7 所示。

- 位于顶部的应用程序栏包含工作区切换器、菜单（仅限 Windows）和其他应用程序控件。在 Mac 操作系统中，对于某些产品，可以使用“窗口”菜单显示或隐藏应用程序栏。
- “工具”面板包含用于创建和编辑图像、图稿、页面元素等的工具。相关工具将进行分组。
- “选项栏”又叫“控制”面板，显示当前所选工具的选项。
- 文档窗口显示正在处理的文件。可以将文档窗口设置为选项卡式窗口，并且在某些情况下可以进行分组和停放。
- 面板可以帮助用户监视和修改正在进行的工作。可以对面板进行编组、堆叠或停放。
- 应用程序帧将所有工作区元素分组到一个允许将应用程序作为单个单元的集成窗口中。当用户移动应用程序帧或其任何元素，或调整其大小时，它其中的所有元素则会彼此响应而没有重叠。切换应用程序或不小心在应用程序之外单击时，面板不会消失。如果使用两个或更多应用程序，可以将各个应用程序并排放在屏幕或多台显示器上。
- Photoshop CS5 的菜单栏在应用程序栏下边，其中有 9 个主菜单项。单击主菜单项，可打开其下拉菜单，单击菜单之外的任何处或按〈Esc〉键、〈Alt〉键或〈F10〉键，可以关闭已打开的菜单。菜单的形式同其他 Windows 软件，并遵循相同的约定。例如，命令名右边是组合按键名称；命令名右边有省略号“…”，则表示单击该命令后会打开一个对话框。

A. 选项卡式“文档”窗口　B. 应用程序栏　C. 工作区切换器　D. 面板标题栏　E. 菜单栏
F. 选项栏　G.“工具”面板　H.“折叠为图标”按钮　I. 垂直停放的面板组

图 1-7　Photoshop CS5 工作区域

2. 隐藏或显示所有面板

要隐藏或显示所有面板（包括“工具”面板和“控制”面板），则按〈Tab〉键。若要隐藏或显示所有面板（除“工具”面板和“控制”面板之外），按〈Shift+Tab〉组合键。

注意：如果在菜单“编辑”→“首选项”→“界面”首选项中选择“自动显示隐藏面板”，可以暂时显示/隐藏面板。

3. 显示面板选项

单击位于面板右上角的面板菜单图标，可打开“面板”菜单。

注意：在将面板最小化时，也可以打开“面板”菜单。可以更改“控制”面板、面板和工具提示中文本的字体大小。请从界面首选项中的“用户界面字体大小”菜单选取大小。

4. 重新配置“工具”面板

可以将“工具”面板中的工具放在一栏中显示，也可以单击工具面板左上方的双箭头将工具栏放在两栏中并排显示。

5. 快捷菜单

右击画布窗口中选项栏最左边的工具按钮或一些面板（如“图层”面板），可打开一个快捷菜单，其中列出当前状态下可以执行的命令。单击其中的一个命令，即可执行相应的操作。

1.2.2 选项栏和工具箱

1．选项栏

选项栏将在工作区顶部的菜单栏下出现。选项栏是上下文相关的——它会随所选工具的不同而改变。选项栏中的某些设置（如绘画模式和不透明度）是几种工具共有的，而有些设置则是某一种工具特有的。

可以通过使用手柄栏在工作区中移动选项栏，也可以将它停放在屏幕的顶部或底部。当鼠标悬停在工具上时，将会出现工具提示，如图1-8所示。要显示或隐藏选项栏，可选择“窗口”→“选项”命令。

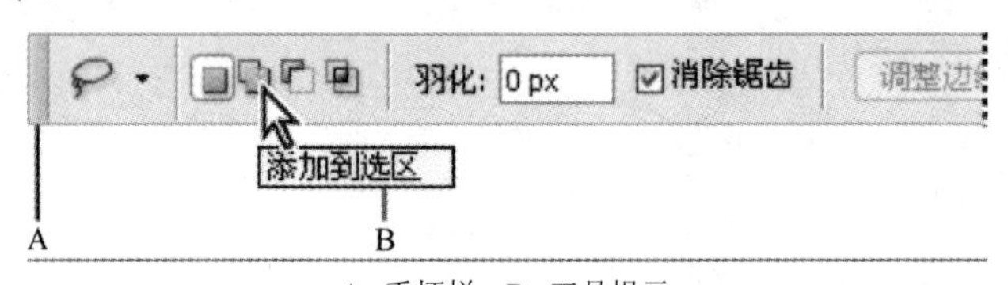

A. 手柄栏　B. 工具提示

图1-8　“套索”选项栏

要将工具返回到其默认设置，则用鼠标右键单击（Windows）或按住〈Ctrl〉键单击（Mac OS）选项栏中的工具图标，然后从上下文菜单中选择“复位工具”或“复位所有工具”。

2．工具箱

启动Photoshop时，“工具”面板将显示在屏幕左侧。“工具”面板中的某些工具会在上下文相关选项栏中提供一些选项。通过这些工具，可以输入文字，选择、绘画、绘制、编辑、移动、注释和查看图像，或对图像进行取样。其他工具可用于更改前景色/背景色、转到Adobe Online，以及在不同的模式中工作。工具箱如图1-9所示。

可以展开某些工具以查看它们后面的隐藏工具。工具图标右下角的小三角形表示存在隐藏工具，如图1-10所示。

将鼠标指针放在工具上，便可以查看有关该工具的信息。工具的名称将出现在鼠标指针下面的工具提示中。

（1）选择工具

执行下列操作之一：

- 单击“工具”面板中的某个工具。如果工具的右下角有小三角形，则单击鼠标左键来查看隐藏的工具，然后单击要选择的工具。
- 按工具的键盘快捷键。键盘快捷键显示在工具提示中。例如，可以通过按〈V〉键来选择移动工具。

注意：按住键盘快捷键可临时切换到工具。释放快捷键后，Photoshop会返回到临时切换前所使用的工具。

（2）循环切换隐藏的工具

默认情况下，按住〈Shift〉键并重复按工具的快捷键可以循环地在一组隐藏工具之间进行切换。

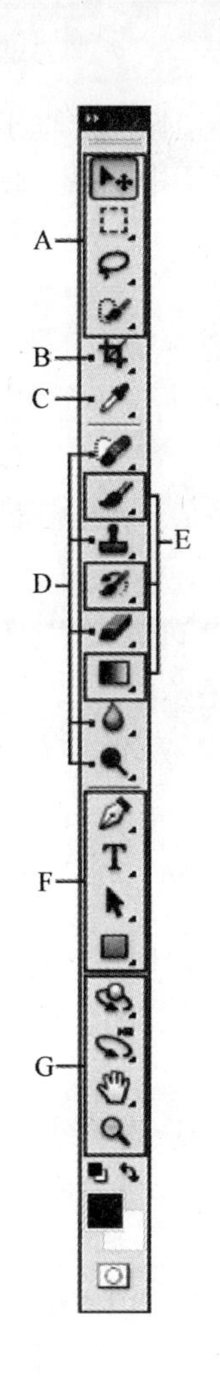

A 选择工具

- ■ 移动（V）
- ■ 矩形选框（M）
- 椭圆选框（M）
- 单列选框
- 单行选框
- ■ 套索（L）
- 多边形套索（L）
- 磁性套索（L）
- ■ 快速选择（W）
- 魔棒（W）

B 裁剪和切片工具

- ■ 裁剪（C）
- 切片（C）
- 切片选择（C）

C 测量工具

- ■ 吸管（I）
- 颜色取样器（I）
- 标尺（I）
- 注释（I）
- $^{1}2^{3}$ 计数（I）+

D 修饰工具

- ■ 污点修复画笔（J）
- 修复画笔（J）
- 修补（J）
- 红眼（J）
- ■ 仿制图章（S）
- 图案图章（S）
- ■ 橡皮擦（E）
- 背景橡皮擦（E）
- 魔术橡皮擦（E）
- ■ 模糊
- 锐化
- 涂抹
- ■ 减淡（O）
- 加深（O）
- 海绵（O）

E 绘画工具

- ■ 画笔（B）
- 铅笔（B）
- 颜色替换（B）
- 混合器画笔（B）
- ■ 历史记录画笔（B）
- 历史记录艺术画笔（Y）
- ■ 渐变（G）
- 油漆桶（G）

F 绘图和文字工具

- ■ 钢笔（P）
- 自由钢笔（P）
- 添加锚点
- 删除锚点
- 转换点
- ■ 横排文字（T）
- 直排文字（T）
- 横排文字蒙版（T）
- 直排文字蒙版（T）
- ■ 路径选择（A）
- 直接选择（A）
- ■ 矩形（U）
- 圆角矩形（U）
- 椭圆（U）
- 多边形（U）
- 直线（U）
- 自定形状（U）

G 导航& 3D工具

- ■ 3D对象旋转（K）+
- 3D对象滚动（K）+
- 3D对象平移（K）+
- 3D对象滑动（K）+
- 3D对象比例（K）+
- ■ 3D旋转相机（N）+
- 3D滚动相机（N）+
- 3D平移相机（N）+
- 3D移动相机（N）+
- 3D缩放相机（N）+
- ■ 抓手（H）
- 旋转视图（R）
- ■ 缩放（Z）

■表示默认工具 ＊显示在括号中的键盘快捷键 †仅限 Extended

图 1-9　工具箱

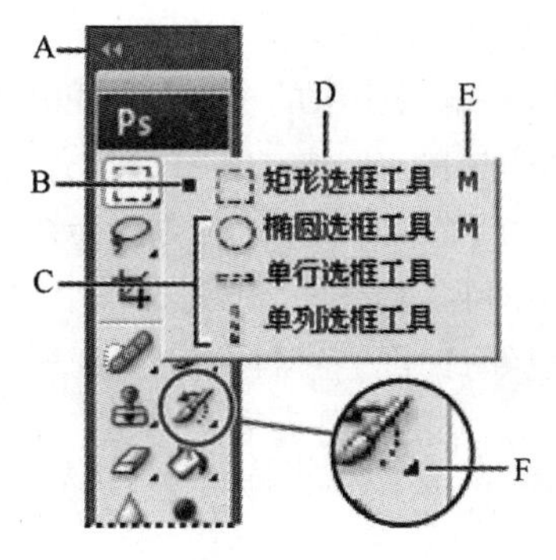

A. “工具”面板

B. 现用工具

C. 隐藏的工具

D. 工具名称

E. 工具快捷键

F. 表示隐藏工具的三角形

图 1-10　访问工具

（3）更改工具指针

每个默认指针都有不同的热点，它是图像中效果或动作的起点。对于大多数工具，可以换用显示为以热点为中心的十字线的精确光标。

大多数情况下，工具的指针与该工具的图标相同；在选择工具时将看到该指针。选框工具的默认指针是十字线指针；文本工具的默认指针是 I 型光标；绘图工具的默认指针是“画笔大小”图标。

1）选择菜单“编辑”→“首选项”→“光标”命令。

2）选择“绘画光标”或“其他光标”下的工具指针设置：

- 标准　将指针显示为工具图标。
- 精确　将指针显示为十字线。
- 正常画笔笔尖　指针轮廓相当于工具将影响的区域的大约 50%。此选项显示将受到最明显影响的像素。
- 全尺寸画笔笔尖　指针轮廓几乎相当于工具将影响的区域的 100%，或者说，几乎所有像素都将受到影响。
- 在画笔笔尖显示十字线　在画笔形状的中心显示十字线。

3）单击“确定”按钮。

“绘画光标”选项控制下列工具的指针：橡皮擦、铅笔、画笔、修复画笔、橡皮图章、图案图章、快速选择、涂抹、模糊、锐化、减淡、加深和海绵工具。

“其他光标”选项控制下列工具的指针：选框、套索、多边形套索、魔棒、裁切、切片、修补、吸管、钢笔、渐变、直线、油漆桶、磁性套索、磁性钢笔、自由钢笔、测量和颜色取样器工具。

注意：要切换某些工具指针的标准光标和精确光标，请按〈Caps Lock〉键。

（4）通过拖动调整绘画光标的大小或更改绘画光标的硬度

通过在图像中拖动，可以调整绘画光标的大小或更改绘画光标的硬度。要调整光标大小，需按住〈Alt〉键和鼠标右键，并向左或向右拖动；要更改硬度，则向上或向下拖动。在进行拖动时，绘画光标会预览所做的更改。

1.2.3　“画布”窗口和状态栏

1.“画布”窗口

“画布”窗口也称为“文档”窗口，是显示绘制和编辑图像的窗口。在 Photoshop CS5 中，“画布”窗口默认是以选项卡的形式存在于工作区域的中央，以方便用户多文档编辑。当执行菜单“窗口”→“排列”→“使所有内容在窗口中浮动”命令，则所有的文档会按以前 Photoshop 版本那样以文档子窗口的形式层叠起来；执行菜单“窗口”→“排列”→“将所有内容合并到选项卡中”命令，则恢复以选项卡的形式排列已经打开的各“画布”窗口。画布窗口的标题栏上显示当前图像文件的名称、显示比例、当前图层的名称和彩色模式等信息。将鼠标指针移到“画布”窗口的标题栏时，会显示打开图像的路径和文件名称等信息。

（1）建立“画布”窗口

在新建一个（单击菜单“文件”→“新建”命令）或打开一个图像文件后，即可建立一个新的“画布”窗口。

可同时打开多个“画布”窗口，还可以新建一个有相同图像的“画布”窗口。例如，在已经打开“菊花.jpg”图像的情况下，单击“窗口”→“排列”→“为‘菊花.jpg’新建窗口”

命令，可以在两个“画布”窗口中均打开“菊花.jpg”图像，如图 1-11 所示。在其中一个“画布”窗口中执行的操作，会在相同图像的其他画布窗口中产生相同的效果。

图 1-11　相同图像的两个画布窗口

（2）选择“画布”窗口

当打开多个“画布”窗口时，只能在一个“画布”窗口中操作。这个窗口称为“当前‘画布’窗口”，其标题栏高亮显示。单击“画布”窗口中部或标题栏即可选择该画布窗口，使其成为当前“画布”窗口。

（3）调整多个画布窗口的相对位置

单击菜单“窗口”→“排列”→“层叠”命令，可以使多个画布窗口层叠放置；单击菜单“窗口”→“排列”→“平铺”命令，可以使多个“画布”窗口平铺放置。

2．状态栏

状态栏位于每个文档窗口的底部，可显示诸如现用图像的当前放大率和文件大小等有用的信息，以及有关使用现用工具的简要说明。如果启用了 Version Cue，状态栏还会显示 Version Cue 信息，如图 1-12 所示。

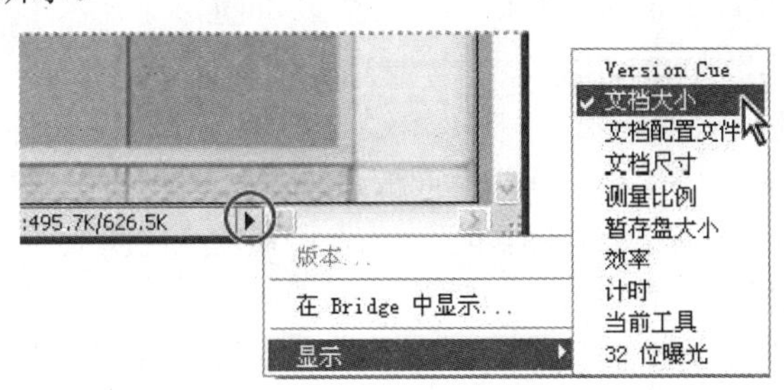

图 1-12　启用 Version Cue 时的文件信息查看选项

注意：如果启用了 Version Cue，请从“显示”子菜单中选取。

- Version Cue：显示文档的 Version Cue 工作组状态，如已打开、未纳入管理、未存储等。只有在启用了 Version Cue 时，此选项才可用。
- 文档大小：有关图像中的数据量的信息。左边的数字表示图像的打印大小，它近似于以 Adobe Photoshop 格式拼合并存储的文件大小。右边的数字指明文件的近似大小，其中包括图层和通道。
- 文档配置文件：图像所使用颜色配置文件的名称。
- 文档尺寸：图像的尺寸。
- 测量比例：文档的比例。
- 暂存盘大小：有关用于处理图像的 RAM 量和暂存盘的信息。左边的数字表示当前正由程序用来显示所有打开的图像的内存量。右边的数字表示可用于处理图像的总RAM量。

- 效率：执行操作实际所花时间的百分比，而非读写暂存盘所花时间的百分比。如果此值低于100%，则Photoshop正在使用暂存盘，因此操作速度会较慢。
- 计时：完成上一次操作所花的时间。
- 当前工具：现用工具的名称。
- 32位曝光：用于调整预览图像，以便在计算机显示器上查看32位/通道高动态范围（HDR）图像的选项。只有当文档窗口显示HDR图像时，该滑块才可用。

注意：单击状态栏的文件信息区域可以显示文档的宽度、高度、通道和分辨率；单击“在Bridge中显示”命令，可以在“Adobe Bridge”（Adobe文件浏览器）窗口中浏览该图像。

1.2.4 面板和存储工作区

1. 面板

面板是重要的图像处理辅助工具，具有随着调整即可看到效果的特点。它可以方便地拆分、组合和移动，所以称为“浮动面板”或简称“面板”。双击其标题栏可以将面板收缩，再次双击可以将面板展开。

（1）面板菜单

面板的右上角均有一个黑箭头按钮，单击该按钮打开该面板的菜单（称为“面板菜单”），利用该菜单可以扩充面板的功能。例如，单击“历史记录”面板的黑箭头按钮，打开的面板菜单如图1-13所示。

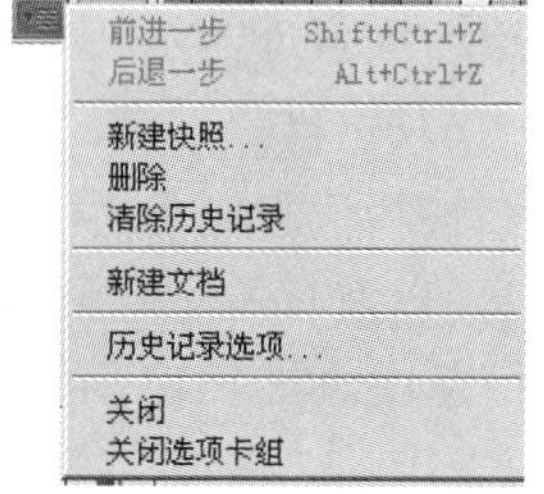

图1-13 “历史记录”面板菜单

（2）显示和隐藏面板

单击菜单“窗口”→“XX”（“XX”是面板名）命令，即会在该命令前打上对勾，显示相应的面板。再次执行该命令，就会清除前面的对勾，隐藏相应的面板。

（3）拆分与合并面板

拖动面板组中要拆分的面板的标签（如“图层”面板）到面板组外，即可拆分面板，如图1-14所示；拖动面板的标签到其他面板或面板组中，即可合并面板，例如，将“图层”面板拖动到“通道”和“路径”面板组中，即可将“通道”和“路径”面板组合并，如图1-15所示。

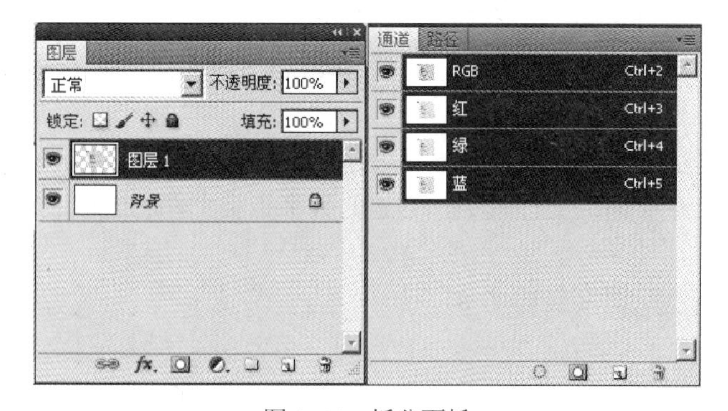

图1-14 拆分面板

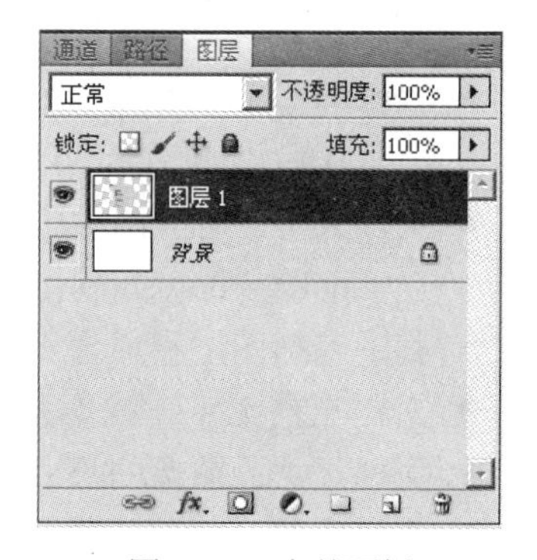

图1-15 合并面板

（4）调整面板的位置和大小

拖动面板的标题栏可移动面板组或单个面板，拖动面板的边缘处可调整面板的大小。

注意：单击菜单“窗口”→“工作区”→“复位面板位置”命令，可将所有面板复位到系统默认的状态。

2．存储工作区

对于要存储配置的工作区，执行以下操作：

1）选择菜单“窗口”→“工作区”→“新建工作区”命令。

2）输入工作区的名称。

3）在“捕捉”下，可根据需要选择一个或多个选项，如图 1-16 所示。

在保存了工作区之后，可以随时从应用程序栏上的工作区切换器中选择一个工作区。

注意：在 Photoshop 中，可以为各个工作区指定键盘快捷键，以便在它们之间快速进行导航。

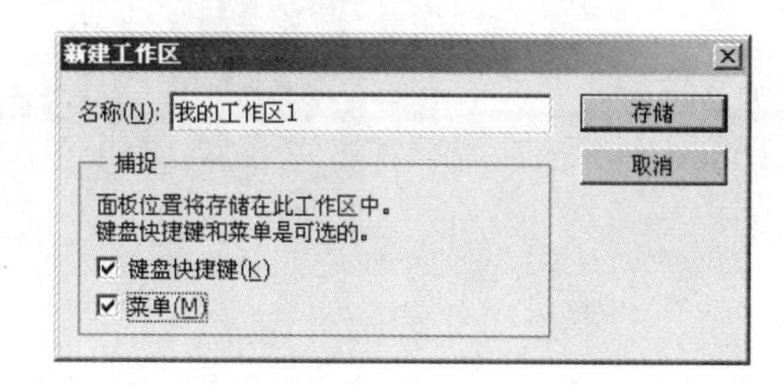

图 1-16 “新建工作区”对话框

1.3 文件的基本操作

1.3.1 打开、存储和关闭文件

1．打开文件

可以使用“打开”命令和“最近打开文件”命令来打开文件。也可以通过 Adobe Bridge 或 Adobe® Photoshop®Lightroom™ 在 Photoshop 中打开文件。

有些文件（如相机原始数据文件和 PDF 文件）在打开时，必须在对话框中指定设置和选项，才能在 Photoshop 中完全打开。

除了静态图像之外，Photoshop® Extended 用户还可以打开和编辑 3D 文件、视频和图像序列文件。

注意：Photoshop 使用增效工具模块来打开和导入多种文件格式。如果某个文件格式未出现在“打开”对话框或“文件”→“导入”子菜单中，可能需要安装该格式的增效工具模块。

1）选取菜单“文件”→“打开”命令即打开一个“打开”对话框，如图 1-17 所示。

2）选择要打开的文件的名称，如果要选择多个文件打开，可以结合〈Shift〉键或〈Ctrl〉键对文件进行连续或不连续的选择后再打开。如果文件未出现，可从“文件类型”弹出式菜单中选择用于显示所有文件的选项。

3）单击“打开”按钮。在某些情况下会出现一个对话框，可以使用该对话框设置格式的特定选项。

4）在“打开”对话框中，单击右上角的“收藏夹”按钮，会弹出一个菜单，如图 1-18 所示。单击“添加到收藏夹”命令，即可保存当前文件夹和所选文件类型，以后单击“收藏夹”按钮时，可以看到打开的菜单中已经添加了保存的文件夹路径项，单击该路径项就可以方便快速切换到该文件夹。

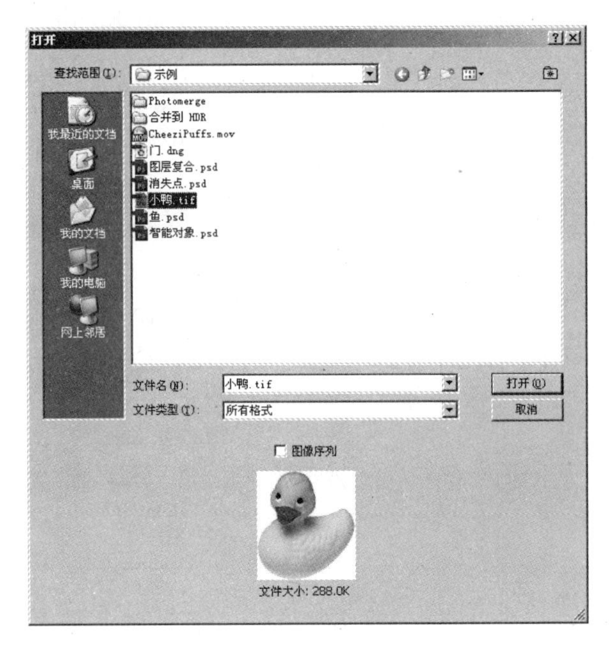

图 1-17 “打开”对话框

Photoshop CS3 以后的版本增加了一个“置入文件”的功能，“置入”命令可以将照片、图片或任何 Photoshop 支持的文件作为智能对象添加到文档中。可以对智能对象进行缩放、定位、斜切、旋转或变形操作，而不会降低图像的质量。

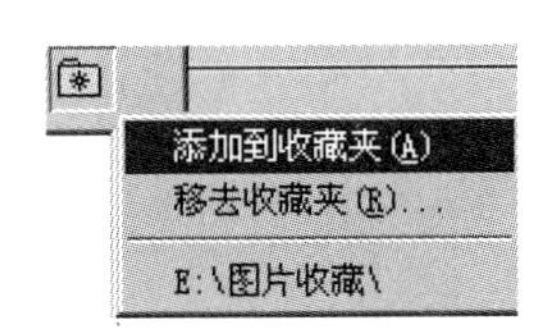

图 1-18 “收藏夹”菜单

在 Photoshop 中置入文件的方法如下。

1）打开置入图片或照片的目标 Photoshop 文档。

2）执行下列操作之一：

● （Photoshop）选择菜单“文件”→“置入”命令，选择要置入的文件，然后单击“置入”按钮。

注意： 还可以将文件拖动到打开的 Photoshop 图像中。

● （Bridge）选择文件并选择“文件”→“置入”→“在 Photoshop 中”命令。

2. 存储文件

1）单击菜单“文件”→“存储为”命令，打开“存储为”对话框。选择文件类型和文件夹，输入文件名，还可以确定是否存储图像的图层、通道和 ICC 配置文件等。单击“保存”按钮打开相应图像格式的对话框，设置与图像格式有关的一些选项，单击“确定”按钮保存图像。存储为 JPG 格式的图像时，则打开“JPEG 选项”对话框，如图 1-19 所示。

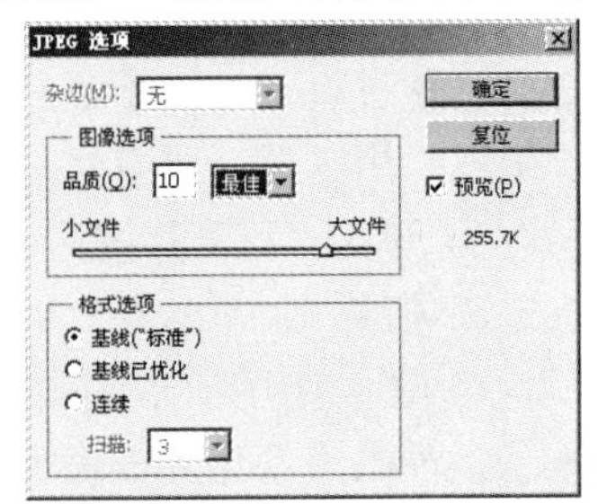

图 1-19 “JPEG 选项”对话框

2）单击菜单“文件”→“存储”命令，如果是第一次存储新建的图像文件，则打开“存储为”对话框，操作方法同 1）；如果不是第一次存储新建或打开的图像文件，则不会打开该对话框，而直接保存图像文件。

3. 关闭文件

关闭文件可以采用如下方法之一：

1）单击菜单“文件”→“关闭”命令或按〈Ctrl+W〉组合键。如果在修改图像后没有保存，则显示一个提示框，提示用户是否保存图像。单击“是”按钮保存图像，然后关闭当前的画布窗口。

2）单击当前画布窗口右上角按钮。

1.3.2 新建图像文件和改变画布大小

1. 新建图像文件

单击菜单“文件”→“新建”命令，打开“新建”对话框，如图 1-20 所示。其中选项的作用如下所示。

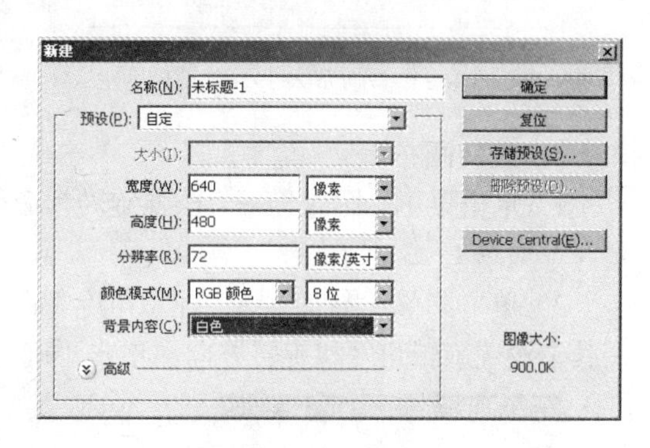

图 1-20 “新建”对话框

- “名称”文本框：用来输入图像文件的名称。
- “预设”下拉列表框：用来选择预设图像文件的参数。
- “宽度”和“高度”栏：用来设置图像的尺寸大小（可选择像素和厘米等单位）。
- “分辨率”栏：用来设置图像的分辨率（单位有“像素/英寸”和“像素/厘米”），一般来说，如果建立的图像只在计算机上观看的，分辨率按默认设置为 72 像素/英寸就可以，但如果要打印或印刷出来，分辨率应该至少设置 200 像素/英寸或者更高。
- “颜色模式”下拉列表框：用来设置图像的模式（有位图、灰度、RGB 颜色、CMYK 颜色和 Lab 颜色 5 种选项）和位数（有 8 位和 16 位等选项）。
- “背景内容”下拉列表框：用来设置画布的背景内容为白色、背景色或透明。
- “存储预设”按钮：在修改参数后，该按钮有效。单击该按钮，打开“存储预设”对话框保存设置。在“预设”下拉列表框中可以选择保存的一种设置。
- “删除预设”按钮：在预设下拉列表框中选择一种设置后，该按钮变为有效。单击该按钮，可以在“预设”下拉列表框中删除选中的预设。

2. 改变画布大小

单击菜单“图像”→“画布大小”命令，打开“画布大小”对话框，如图 1-21 所示。其中各选项的作用如下所示。

- “宽度”和“高度”文本框及下拉列表框：用来确定画布大小和单位。
- “定位”选项组：单击其中的按钮，可以选择图像的部位。如果选中“相对”复选框，则输入的数据相对于原来图像的宽度和高度数据，此时可以输入正数（表示扩大）或负数（表示缩小图像）。
- “画布扩展颜色”下拉列表框：用来设置画布扩展部分的颜色，设置后单击“确定”按钮，完成画布大小的调整。如果设置的新画布比原画布小，会打开如图 1-22 所示提示框，单击“继续”按钮，完成画布大小的调整和图像的裁切。

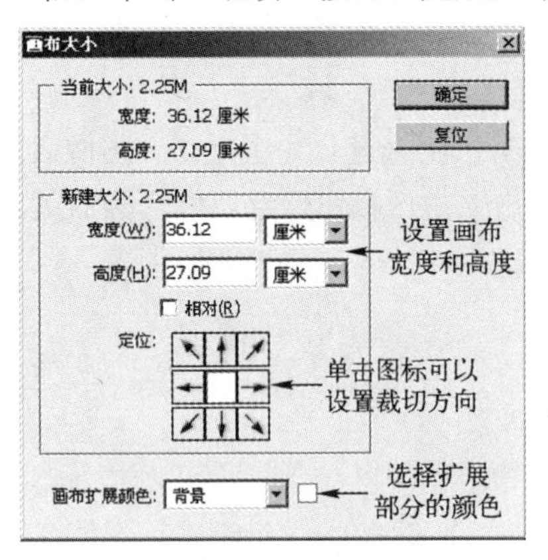

图 1-21 “画布大小”对话框

图 1-22 裁切提示对话框

3. 旋转画布

1）单击菜单“图像”→“图像旋转”命令，可以选下级命令菜单，按选定方式旋转整幅图像。如图 1-23 所示。

2）单击菜单“图像”→“任意角度”命令，打开“旋转画布”对话框，如图 1-24 所示。在其中设置旋转角度和旋转方向，单击“确定”按钮即可完成画布旋转。

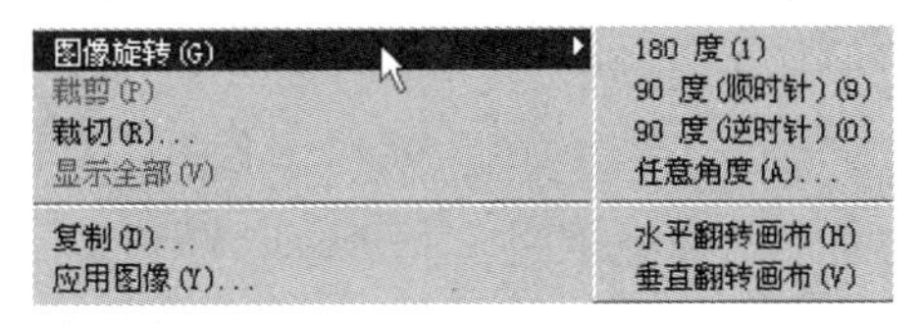

图 1-23 “旋转画布”菜单

图 1-24 “旋转画布”对话框

1.4 图像的基本操作

1.4.1 调整图像的显示比例

1. 使用缩放工具

单击工具箱中的“缩放工具”按钮🔍，然后单击画布窗口中部，即可调整图像的显示比例；按住〈Alt〉键单击画布窗口中部，即可缩小图像显示比例；拖动选择图像的一部分，即可使该部分图像布满整个画布窗口。

2. 使用“导航器”面板

打开一幅图像，此时的“导航器”面板如图 1-25 所示。拖动其中的滑块或改变文本框中的数据，可以改变图像的显示比例。当图像大于画布窗口时，拖动其中的红色矩形框，可调整图像的显示区域。只有在红框中的图像才会在画布窗口中显示。

图 1-25 “导航器”面板

1.4.2 定位和测量图像

1. 在画布窗口中显示网格

单击菜单“视图”→“显示”→“网格”命令（组合键为〈Ctrl+’〉），在画布窗口中显示网格。网格不会随图像输出，只是作为图像处理时的参考。再次执行该命令，清除画布窗口中的网格。

2. 在画布窗口中显示标尺和参考线

1）单击菜单“视图”→“标尺”命令（组合键〈Ctrl+R〉），在画布窗口中的上边和左边显示标尺，如图 1-26 所示。再次执行该命令，清除标尺。

2）选择“移动工具”，将标尺拖动到画布窗口中，即可产生显示水平或垂直的蓝色参考线，如图 1-27 所示（两条水平蓝色参考线和两条垂直参考线）。参考线起到一个辅助作图定位、对齐等作用，不会随图像输出。

3）右击标尺，打开快捷菜单，如图 1-28 所示，单击其中的命令可以改变标尺刻度单位。

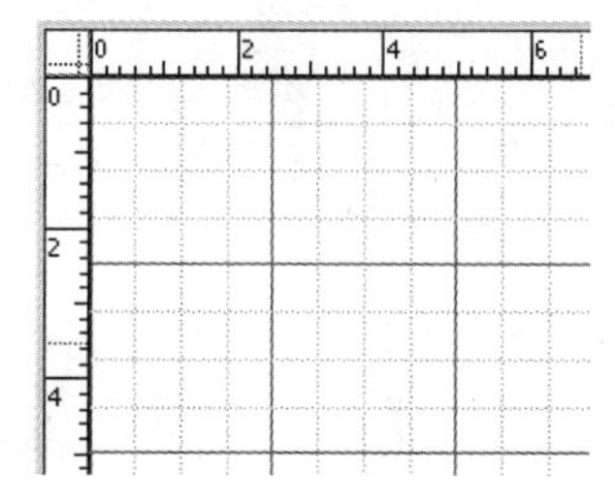

图 1-26　显示的网格和标尺

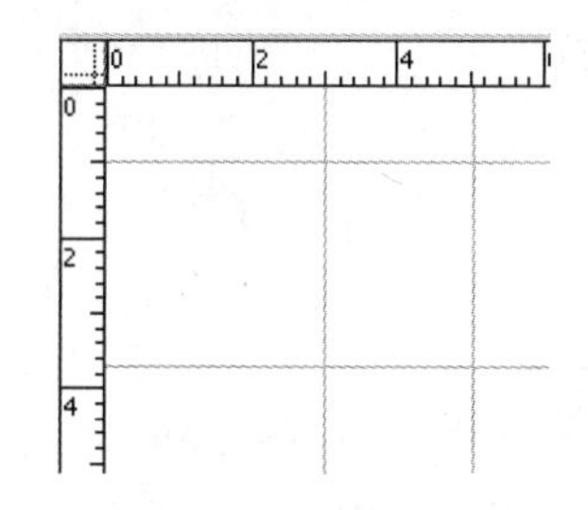

图 1-27　显示参考线

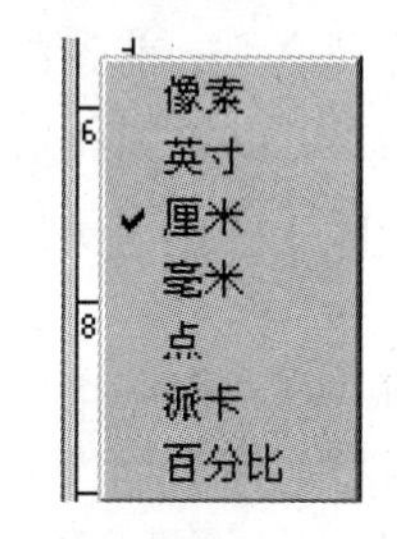

图 1-28　标尺刻度单位菜单

4）单击菜单“视图”→“新建参考线”命令，打开“新建参考线”对话框，如图 1-29 所示。在其中设置新参考线的方向与精确位置，单击“确定”按钮，在指定的位置增加新参考线。单击菜单“视图”→“显示”→“参考线”命令，显示参考线。再次执行该命令，隐藏参考线。

5）单击菜单“视图”→“清除参考线”命令，清除所有参考线。

6）单击工具箱中的“移动工具”，拖动参考线可以调整其位置。

7）单击菜单“视图”→“锁定参考线”命令，锁定参考线，使其不能移动。再次执行该命令，解除锁定。

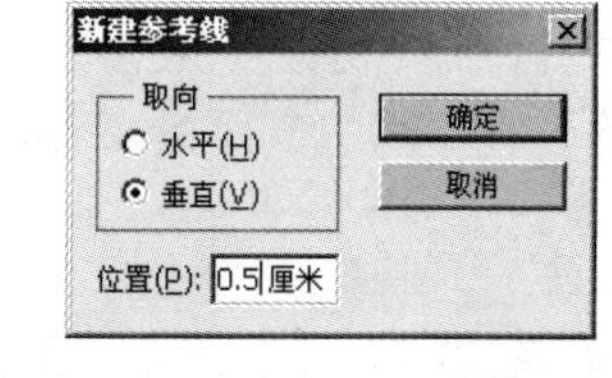

图 1-29 “新建参考线”对话框

3. 使用测量工具

使用工具箱中的“测量工具”（也称为“量度工具”），可以精确地测量出“画布”窗口中任意两点间的距离和两点间直线与水平直线的夹角。

1）单击工具箱中的“测量工具”。

2）在画布窗口中拖动出一条直线，如图 1-30 所示，该直线不会与图像一起输出。此时观察“信息”面板中“A：”右边的数据可获得直线与水平直线的夹角；观察“L：”右边的数据，可获得两点间的距离，如图 1-31 所示。测量的结果也会显示在“测量工具”的选项栏中。

图 1-30　拖动出一条直线

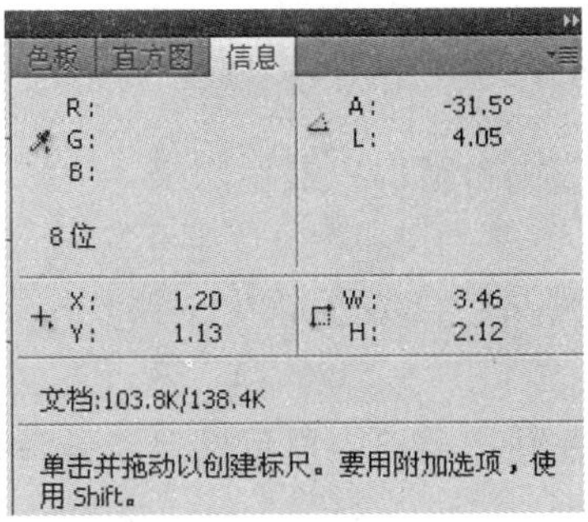

色板 直方图 信息
R:
G:
B:
8 位
A: -31.5°
L: 4.05
X: 1.20
Y: 1.13
W: 3.46
H: 2.12
文档:103.8K/138.4K
单击并拖动以创建标尺。要用附加选项，使用 Shift。

图 1-31　“信息”面板

3）单击选项栏中的“清除”按钮或工具箱中的其他工具按钮，清除用于测量的直线。

1.4.3　设置前景色和背景色

1. 设置前景色和背景色的方法

工具栏中的前景色和背景色工具如图 1-32 所示，使用其中的工具可以设置前景色和背景色。其中“(D)”中的字母 D 为快捷键，默认前景色为黑色，背景色为白色。当单击“设置前景色”图标时，会打开“拾色器”对话框，在其中可以设置前景色。

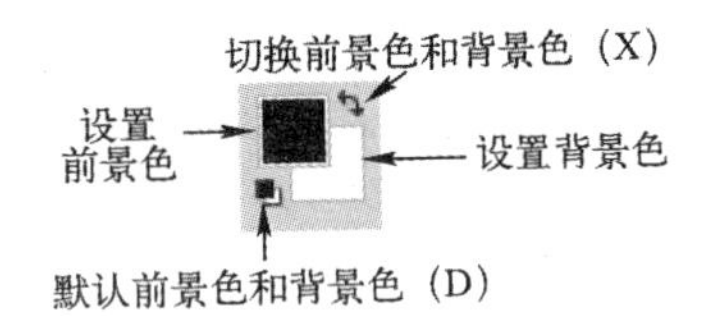

图 1-32　前景色和背景色工具

2.“颜色”面板

“颜色”面板如图 1-33 所示，用于调整颜色。单击“前景色”或“背景色”色块，然后利用“颜色”面板选择一种颜色，即可设置图像的前景色和背景色。

“颜色”面板的使用方法如下：

（1）选择不同模式的“颜色”面板

单击右上角的菜单按钮，打开的菜单如图 1-34 所示。单击其中的子命令，执行相应的操作，主要是改变颜色滑块的类型（即颜色模式）和颜色选择条的类型。例如单击“CMYK”命令，使“颜色”面板变为 CMYK 模式的“颜色”面板。

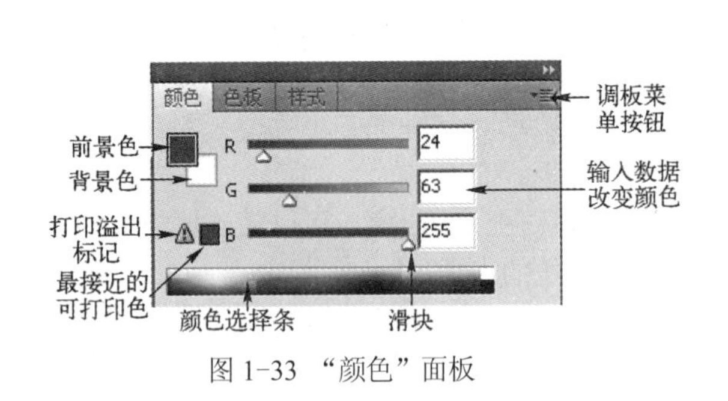

图 1-33　“颜色”面板

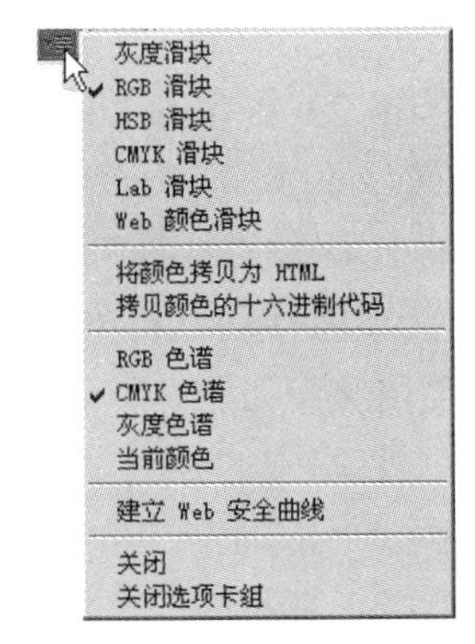

图 1-34　“颜色”面板菜单

（2）粗选颜色

将鼠标指针移动到颜色选择条中，此时鼠标指针变为吸管状。单击一种颜色，可以看到颜色面板上其他部分的颜色和数据随之变化。

（3）细选颜色

拖动 R、G、B 的 3 个滑块，分别调整 R、G、B 颜色的深浅可以细选颜色。

（4）精确设定颜色

在 R、G、B 的 3 个文本框中输入相应精确的数值（0～255）。

（5）选择接近的打印色

要打印图像，如果出现“打印溢出标记”按钮，则单击“最接近的可打印色”色块来更改设置的前景色。

1.4.4 撤销与重做操作

1. 撤销与重做一次操作

1）单击菜单“编辑”→“还原 XX”命令或按〈Ctrl+Z〉组合键，撤销刚刚执行的一次操作。

2）单击菜单“编辑”→“重做 XX”命令或按〈Ctrl+Z〉组合键，重新执行刚刚撤销的一次操作。

3）单击菜单“编辑”→“后退一步”命令或按〈Ctrl+Alt+Z〉组合键，返回一条历史记录的操作。

4）单击菜单“编辑”→“前进一步”命令或按〈Shift+Ctrl+Z〉组合键，向前执行一条历史记录的操作。

2. 使用“历史记录”面板撤销操作

“历史记录”面板如图 1-35 所示，它主要用来记录用户执行的操作步骤，可以用其恢复到以前某一步操作的状态。单击其中的“创建新快照”按钮，可以为某几步操作后的图像拍快照。

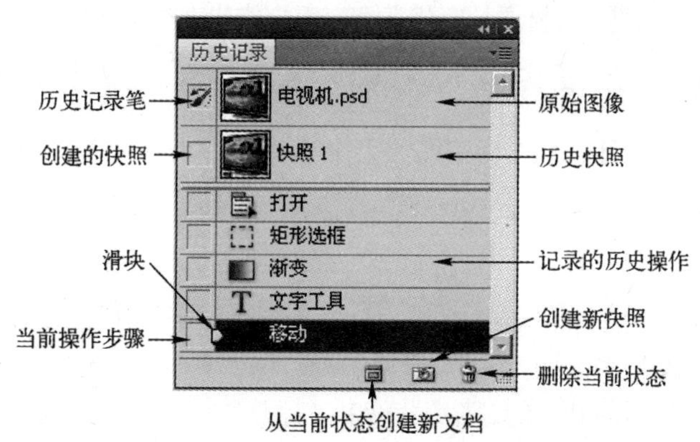

图 1-35 “历史记录”面板

“历史记录”面板操作方法如下：

1）单击其中的某一步历史操作，或拖动滑块到某一步历史操作，即可回到该操作完成后的状态。

2）单击其中的某一步操作，单击或拖动该步操作到“从当前状态创建新文档”按钮，即可创建一个新的画布窗口，其内容为该操作完成后的状态，画布的标题名为该操作的操作名。

3）单击“创建新快照”按钮即可建立一个快照，在“历史快照”栏中增加一行，名为“快照 X”（“X”是序号）。

4）双击“历史快照”栏中的快照名称，进入重命名快照状态。

5）单击其中的某一步操作，单击“删除当前状态”按钮删除从选中的操作到最后一个操作的全部操作。如果拖动“历史记录”面板中的某一步操作到“删除当前状态”按钮处，也可以达到相同的目的。

注意：历史记录仅在文档关闭之前有效，在文档关闭后再重新打开，原来的操作步骤将不存在，且不能再回到原来的操作步骤。

1.5 裁切和改变图像大小

【案例 1-1】“福建景点”网页横幅

“福建景点”网页横幅案例的效果如图 1-36 所示。

图 1-36 “福建景点”网页横幅案例的效果

案例设计创意

“福建景点”网页横幅案例为“福建旅游名胜——福建景点”网站加工一批“福建景点”图像，加工后的图像尺寸均为 140 像素宽和 95 像素高，然后利用这些加工好的图像制作“福建景点”网页的横幅。选取的图片素材要具有代表性，用最能代表整个网站中的福建名胜景点风光。

案例目标

通过本案例的学习，可以掌握调整图像大小等一些基本实用的操作。

案例制作方法

1. 调整图像大小

1）选择“文件”→“打开”命令，出现“打开”对话框。在“查找范围”的下拉列表框中选择“福建风景名胜”文件夹，在“文件类型”下拉列表框中选择“所有格式”选项。按住〈CTRL〉键单击要打开的图像文件名，单击“打开”按钮，打开选中的所有图像文件。

2）单击其中的一幅图像，选择“图像”→“图像大小”命令，打开“图像大小”对话框。

3）选中“约束比例”复选框，在“宽度”下拉列表框中选择“像素”，在“宽度”文本框中输入 140，此时“高度”文本框中的数值也会随之变化，保证宽高比维持原图像的宽高比。

4）如果“高度”文本框中的数值不为 95，但与 95 相近，则在要求不高的情况下，清除“约束比例”复选框，在“高度”文本框中输入 95，如图 1-37 所示。然后单击“确定”按钮，完成图像大小的调整。如果“高度”文本框中的数值与 95 相差较大，则单击“取消”按钮，不调整图像大小，而采用下面的裁切图像。

5）如果图像的取景不好，有一些多余的景物，或者图像的宽高比与 140∶95 相差较大，则需要根据具体情况适当裁切图像。为了在裁切时能够了解裁切后的图像大小和宽高比，单击“信息”面板右上角的按钮，打开面板菜单如图 1-38 所示。然后单击“面板选项”命令，打开“信息面板选项”对话框。如图 1-39 所示。

6）在“标尺单位”下拉列表框中选择“像素”选项。然后单击“确定”按钮，使“信息”面板中显示的坐标值和宽高值的单位为像素。

7）单击工具箱中的“裁切工具”，在其选项栏中的“宽度”和“高度”文本框中分别输入 140 和 95。在要裁切的图像之上拖动选中要保留的图像，如图 1-40 所示。同时还可以观察“信息”面板中选中区域的 W（宽）和 H（高）数值，如图 1-41 所示。

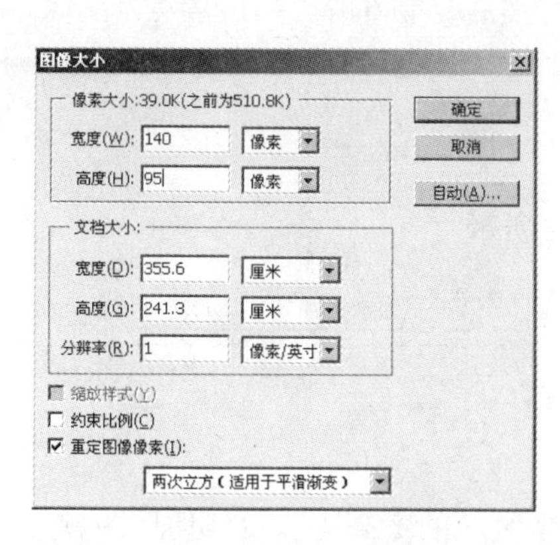

图 1-37 “图像大小”对话框

图 1-38 “信息”面板菜单

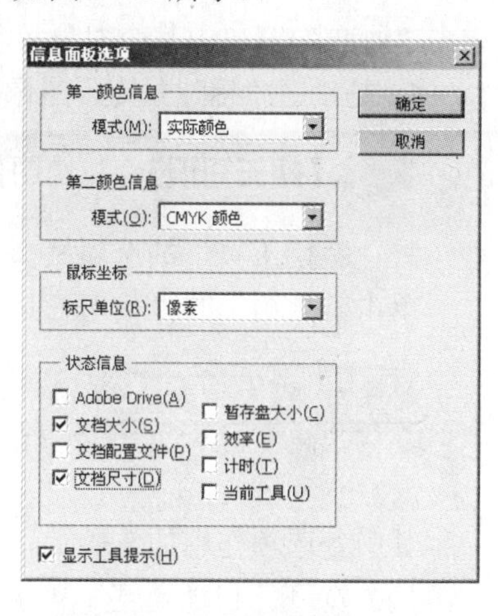

图 1-39 “信息面板”选项对话框

图 1-40 裁切图像

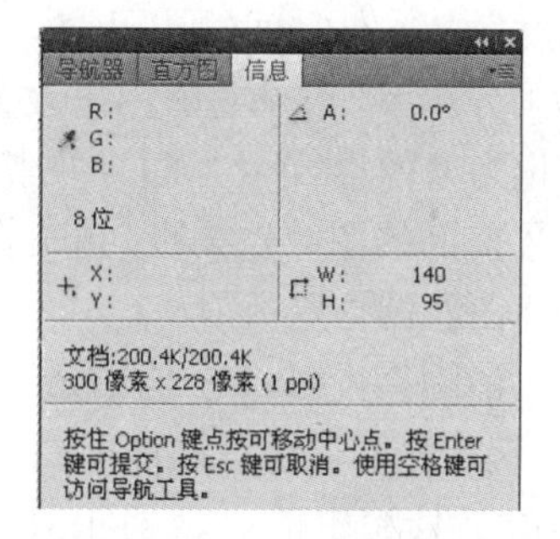

图 1-41 “信息”面板中的 W 和 H

8）框选好区域后，按〈Enter〉键，完成图像的裁切。

9）如果图像的四周有空白，如图 1-42 所示，则在选择图像的情况下单击“图像”→“裁切”命令，打开“裁切”对话框，如图 1-43 所示。

图 1-42 四周有空白的图像

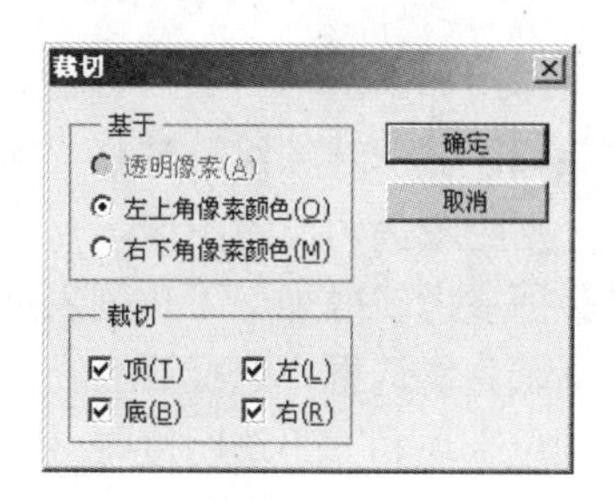

图 1-43 “裁切”对话框

10）单击“确定”按钮删除四周的空白，然后裁切图像并调整图像大小。“基于”选项组用来确定修剪多余内容所依据的像素或像素颜色，“裁切”选项组用来确定多余的内容。

2. 制作“福建景点”网页横幅

1）单击菜单“文件”→“新建”命令，打开“新建”对话框，设置宽度为840像素，高度为95像素，分辨率为72像素/英寸，颜色模式为RGB颜色，背景内容为白色。

2）设置所需选项，然后单击“确定”按钮，新建一个画布窗口。

3）单击工具箱中的“移动工具”，选中其选项中的“自动选择图层”复选框，保证单击“画布”窗口中某个对象可移动和调整该图像对象。

4）拖动各“福建景点”图像到新建的“画布”窗口中，然后复制6幅“福建景点”图像。

【相关知识】 裁切图像和改变图像大小

1. “裁切工具”的选项栏

单击工具箱中的“裁切工具”，其选项栏如图1-44所示。

图1-44 “裁切工具”的选项栏

其中各选项作用如下所示。

1）“宽度”和“高度”文本框：用来精确锁定矩形裁切区域的宽高比以及裁切后图像的大小。如果这两个文本框中无数值，则拖动可以获得任意宽高比的矩形区域，单击“宽度”和“高度”文本框之间的按钮，互换二者文本框中的数值。

2）“分辨率”文本框：用来设置裁切后图像的分辨率，单位可通过其下拉列表框来选择，可选单位为“像素/英寸”和“像素/厘米”。

3）“前面的图像”按钮：单击该按钮，在“宽度”、“高度”和“分辨率”文本框中会显示裁切前图像的这些数值。

4）“清除”按钮：单击该按钮，则清除“宽度”、“高度”和“分辨率”文本框中的数值。

2. 选出裁切区域后的选项栏

单击工具箱中的“裁切工具”，拖出一个矩形裁切区域后，其选项栏如图1-45所示。

图1-45 拖出一个矩形后的“裁切工具”的选项栏

各选项作用如下。

1）“裁切区域”选项组：选择“删除”单选按钮，则删除裁切掉的图像；选择“隐藏”单选按钮，则隐藏裁切掉的图像。

2）“裁剪参考线叠加”下拉列表框：可选择“无”、“三等分”、“网格”参考线。

3）“屏蔽”复选框：选择后会在矩形裁切区域外的图像之上设置一个遮蔽层。

4）“颜色”块和“不透明度”：用来设置遮蔽层的颜色和不透明度。

5）“透视”复选框：选择“透视”单选按钮，则该复选框有效。选中后，拖动矩形的裁切区四角的控制柄使矩形裁切区域呈透视状。

3. 裁切图像

以裁切图 1-46a 所示的图像为例，说明如何使用“裁切工具”来裁切图像。

1）打开“荷花”图像，其宽度为 640 像素，高度为 280 像素。

2）单击工具箱中的“裁切工具”，此时鼠标指针变为形状。

3）在图像上拖出一个矩形，框起要保留的图像，创建矩形裁切区域。可以看到创建的裁切区域的矩形边界线上有多个控制柄，裁切区域中有一个中心标记，如图 1-46b 所示。

4）在其选项栏中设置“宽度”和“高度”为 1 厘米，保证裁切后的图像宽高比为 1∶1，即裁切区域为正方形。在确定宽高比时，所得裁切区域的边界线上有 4 个控制柄；在不确定宽高比时，则有 8 个控制柄。

5）拖动控制柄调整裁切区域大小。

6）拖动裁切区域的位置调整裁切区域的位置。

7）拖动控制柄外，旋转裁切区域如图 1-47 所示。如果拖动移动中心标记（若裁切区域太小，不方便拖动中心标记，可按住〈Alt〉键后再拖动），则旋转或缩放的中心会随之改变。

a)

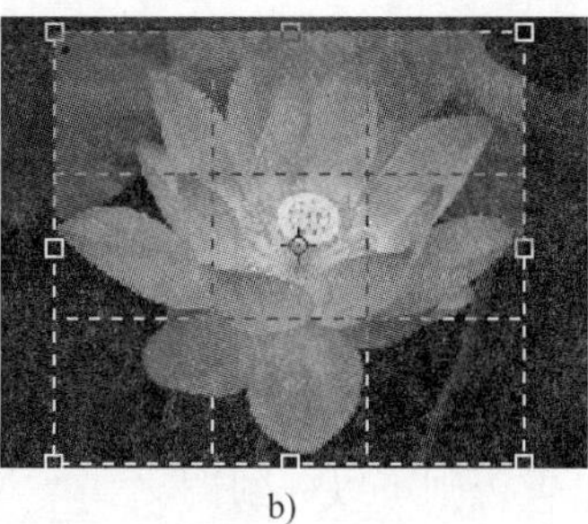

b)

图 1-46　创建一个矩形裁切区域

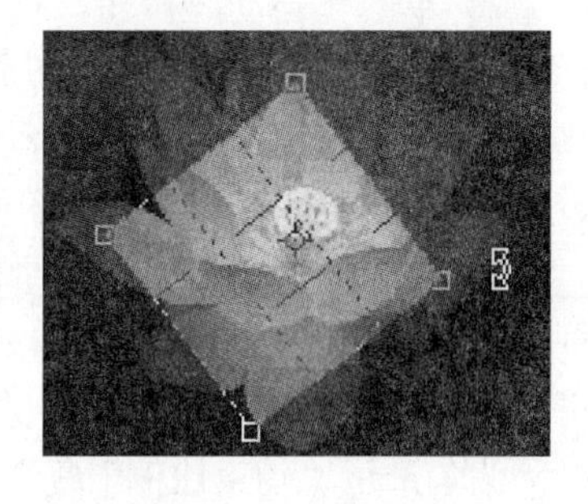

图 1-47　旋转裁切区域

8）当裁切区域调整完毕后，单击工具箱中的其他工具，打开一个提示对话框，如图 1-48 所示。单击“裁切”按钮或再按〈Enter〉键，完成图像的裁切。也可以在调整好裁切区域后直接按〈Enter〉键完成裁切。

图 1-48　裁切提示对话框

4. 裁切图像的白边

如果一幅图像四周有白边，可以通过“裁切”快速删除。例如，利用菜单“图像”→“画布大小”将画布向四周扩展 30 像素，如图 1-49 所示。为此单击菜单“图像”→“裁切”命令，打开“裁切”对话框，如图 1-50 所示。

单击“确定”按钮，即可快速完成裁切图像周围的白边。

“裁切”对话框中的“基于”选项组用来确定修剪多余内容所依据的像素或像素颜色，“裁切线”选项组用来确定多余的内容。

图 1-49　画布向四周扩展 30 像素

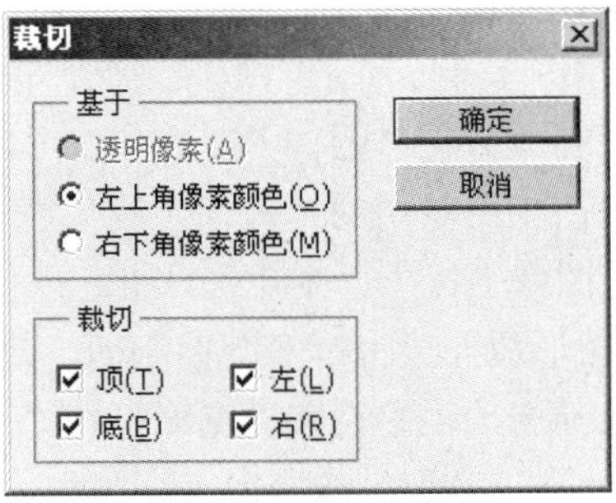

图 1-50　“裁切”对话框

5．调整图像大小

1）单击菜单“图像”→“图像大小”命令，打开“图像大小”对话框，如图 1-51 所示。

2）单击“自动”按钮，打开“自动分辨率”对话框。用其可以设置图像的品质为“好”、“草图”或“最好”，单击“确定”按钮自动设置分辨率，还可以设置“线/英寸”或“线/厘米”形式的分辨率。

3）在“像素大小”选项中的“宽度”下拉列表框中选择“像素”选项，在其文本框中输入 640 后，可以看到“高度”文本框中的数值随之改为 480，这是因为勾选了“约束比例”复选框；否则可以分别调整图像的高度和宽度，改变图像宽高比。单击“确定”按钮即可改变图像的大小。

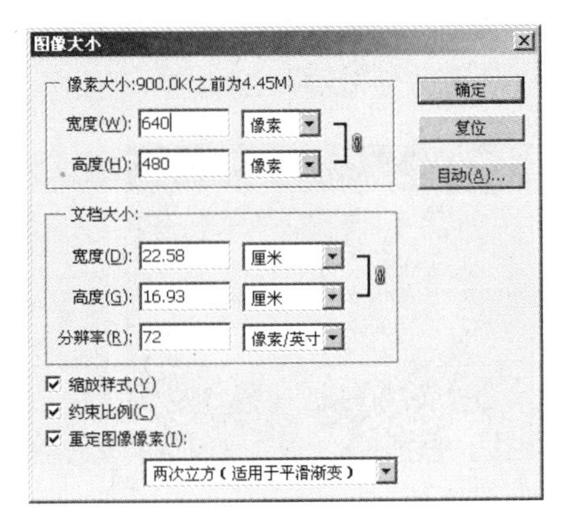

图 1-51　“图像大小”对话框

1.6　填充单色或图案

【案例 1-2】　色环及三原色混色

“色环及三原色”案例的效果如图 1-52 所示。通过该案例的制作，使读者能更好地掌握通过调整色相值改变颜色，并能对前面所讲的三原色、基色、次生色、相似色、互补色、冷暖色以及对三原色混色等有更好的理解，另外色环后面的大圆及连接直线的效果在目前游戏画面中调整角色或宠物属性时经常见到。

**案例制作方法**

1．制作色环

1）单击工具箱中的“设置背景色”图标，打开“拾色器”对话框，设置背景色为黑色，单击“确定”按钮。

2）单击菜单“文件”→“新建”命令，打开“新建”对话框，如图 1-53 所示。

3）设置画布宽为 640 像素，高为 480 像素，分辨率为 72 像素/英寸，在“颜色模式”下拉列表框中选择“RGB 颜色”选项，在“背景内容”下拉列表框中选择“背景色”选项。单击“确定”按钮，则新建一个背景色为黑色的画布窗口。

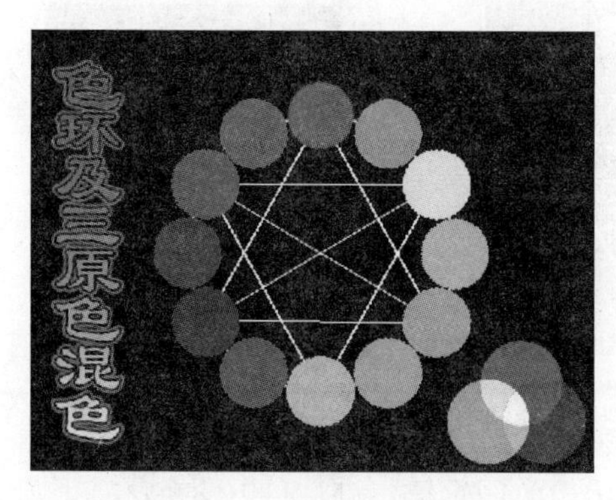

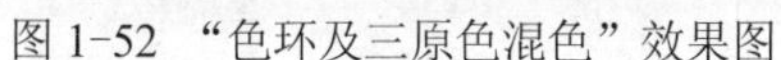
图 1-52 “色环及三原色混色”效果图

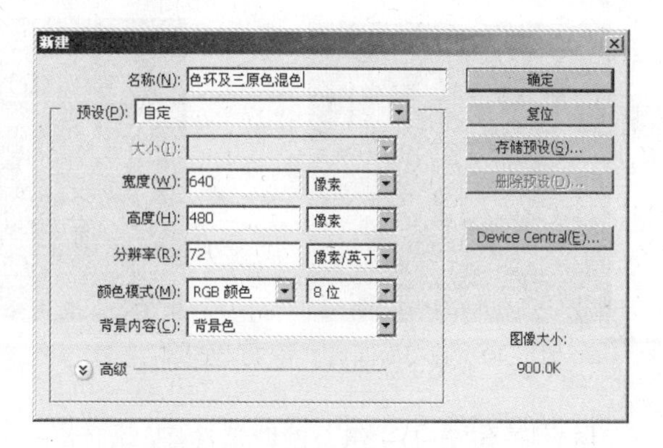

图 1-53 “新建”对话框

4）按〈Ctrl+R〉组合键，调出标尺，将鼠标移到纵向标尺处，将纵向标尺拖动到横向标尺刻度 320 处。单击菜单“视图”→“新建参考线”命令，在“新建参考线”对话框中，取向选择“水平”，位置填写 240px。这样就在画布中央新建了一横一纵的参考线。

5）打开“图层”面板，单击“创建新图层”按钮。在“背景”图层上创建一个“图层 1”图层，选择该图层，并双击“图层 1”的文字部分，改名为“圆底纹”。

6）单击工具箱中的“选择工具”，将鼠标移到画布中央参考线交叉处，按住〈Alt+Shift〉组合键，按下鼠标左键开始拖动，这时便以参考线交叉处即整个画布中心为圆心拖出一个正圆选区。

7）单击菜单“图像”→“描边”命令，在弹出的“描边”对话框中，将宽度设置为 2px，位置选择“居中”，颜色设置为白色，单击“确定”按钮，则画出一个白色正圆边线底纹。按〈Ctrl+D〉组合键取消选择。

8）单击“图层”面板上的“创建新图层”按钮。在“圆底纹”图层上创建一个“图层 1”图层，选择该图层，并双击“图层 1”的文字部分，改名为“直线 1”。将前景色设置为白色，选择工具箱上的“铅笔工具”，将直径大小设置为 2px，按住〈Shift〉键沿着纵向参考线画出一条圆的直径。按〈Ctrl+T〉组合键，对刚才画出的直径进行自由变换，将选项栏上的“角度”设置为 120 度，然后按〈Enter〉键。

9）同步骤 8)，再新建一个图层“直线 2”，用“铅笔工具”画出圆的直径，然后按〈Ctrl+T〉组合键进行自由变换，变换角度为-120 度。此时效果如图 1-54 所示。

10）单击“图层”面板上的“创建新图层”按钮。在“圆底纹”图层上创建一个“图层 1”图层，选择该图层，并双击“图层 1”的文字部分，改名为“连线”。使用“铅笔工具”，用鼠标在圆的顶部单击一下，然后鼠标移到“直线 1”的右下端点处，按住〈Shift〉键，单击鼠标，这时，在鼠标两次单击处画了一条直线。同样的方法，用“铅笔工具”在起点处单击鼠标，然后鼠标移到终点处，按〈Shift〉键再单击鼠标，再画出 5 条连接线，效果如图 1-55 所示。

11）在“连线”图层上新建图层，命名为“小圆”，单击工具箱上的“椭圆选框工具”，鼠标移到圆的顶上按住〈Alt+Shift〉组合键，拖动鼠标，则建立一个小圆选区，如图 1-56 所示。

12）单击工具箱上的前景色图标，分别填写 HSB 的值为 H：0，S：100%，B：100%，这时前景色设置纯红色，按〈Alt+Delete〉组合键，将小圆选区填充为红色。

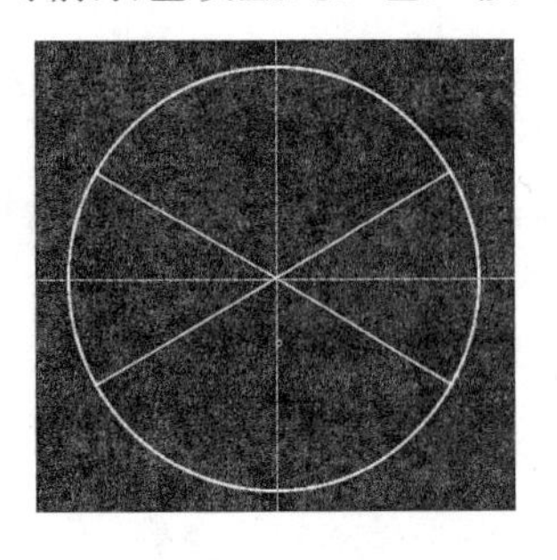
图 1-54　画出 2 条直线

图 1-55　将各顶点连线

图 1-56　建立小圆选区

13）按〈Ctrl+D〉组合键取消选择，然后按〈Ctrl+T〉组合键，进行自由变换，将小圆中心点标记移到画布中央即两条参考线交叉处，然后在自由变换选项栏的“角度”文本框中输入 30，然后按〈Enter〉键确定变换。

14）接着按住〈Ctrl+Alt+Shift〉组合键，再按 12 下〈T〉键，进行再次变换，则复制出 1 个小圆来；依照此方法，则将红色小圆复制出 12 个来。如图 1-57 所示。

15）单击工具箱中的“选择工具”，在所需要改变颜色的小圆上右击，并选择弹出菜单中小圆所在图层，如图 1-58 所示。然后选择工具箱中的“魔术棒工具”，单击小圆红色部分，则将选中整个小圆区域。然后单击工具箱中的“前景色”图标，将色相 H 值改为 30，则前景色变为橙色，然后按〈Alt+Delete〉组合键，用调好的橙色填充小圆。

图 1-57　用“再次变换”复制 12 个圆

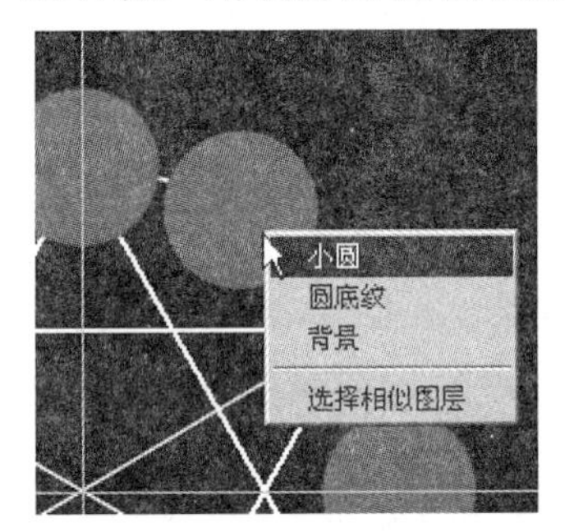

图 1-58　右击选择小圆相应的图层

16）按步骤 15）的操作，分别用“选择工具”选取其他 11 个小圆图层，然后用魔术棒工具选择该小圆所在区域，并依次用色相 H 以 30 为间隔递增的数值（如 60、90、120、150 等）颜色填充，依此类推……这样色环就完成。单击“图层”面板上“小圆”图层，再按住〈Shift〉键，用鼠标单击“小圆 副本 11”图层，按〈Ctrl+E〉组合键合并所有的小圆图层。

2. 制作三原色

1）单击“图层”面板上的“创建新图层”按钮，新建图层，命名为“红”，单击工具箱上的“椭圆选框工具”，按住〈Shift〉键拖动出正圆，然后将前景色设置为纯红色（H：0 度，S：100%，B：100%），按〈Alt+Del〉组合键为正圆选区填充上纯红色。

2）同样方法，分别新建图层并命名为“绿”、“蓝”，分别将前景色设置为纯绿色（H：120 度，S：100%，B：100%）和纯蓝色（H：240，S：100%，B：100%），按〈Alt+Del〉组合键为正圆选区填充上纯绿色和纯蓝色。并用“移动工具”，将红、绿、蓝 3 个圆拖动到如图 1-59 所示的位置。

3. 产生三原色混色效果和输入文字

1）选中“图层”面板中最顶部的“蓝”图层，在“图层”面板的“设置图层的混合模式”下拉列表框中选择“差值”选项，使“蓝”图层与“绿”图层中的图像颜色混合。

2）同样，将“绿”图层的“混合模式”设置为“差值”，使“绿”图层与“红”图层中的图像颜色混合。此时的“图层”面板如图 1-60 所示。

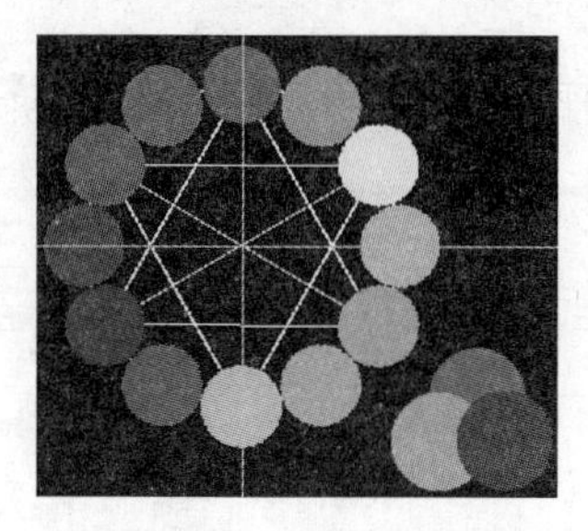

图 1-59 绘制的三原色

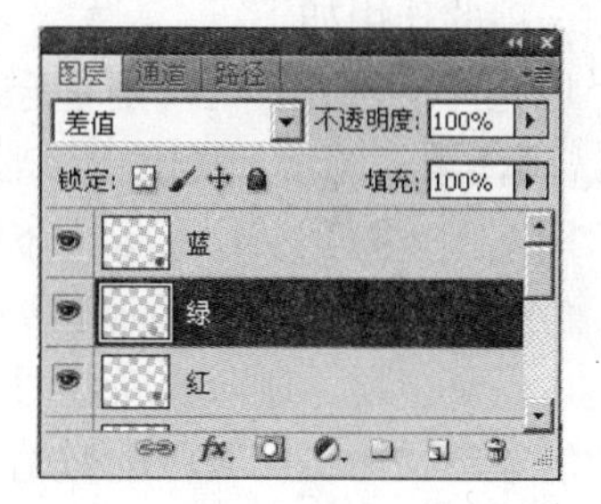

图 1-60 将图层“混合模式”设置为“差值”

3）单击工具箱中的“直排文字工具” ，单击画布窗口中的左上角。在“文字工具”选项栏中设置字体为隶书，文字大小为 72 点，在“设置消除锯齿方法”下拉列表框中选择“锐利”，单击“设置文本颜色”色标 ，打开“拾色器”对话框，设置文字颜色为红色，单击“确定”按钮。此时的“直排文字工具”选项栏如图 1-61 所示，输入“色环及三原色混色”。

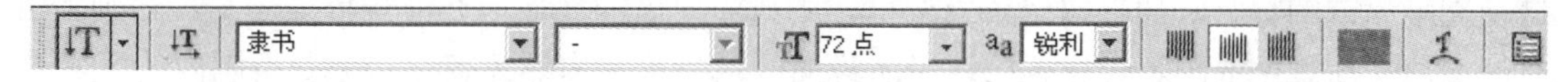

图 1-61 “直排文字工具”选项栏

4）打开“样式”面板，单击 按钮，打开面板菜单。单击“文字效果”命令，打开“Adobe Photoshop CS5”对话框，如图 1-62 所示，单击“追加”按钮，将“文字效果”中的新样式添加到“样式”面板中。单击“样式”面板中的“带底纹红色斜面”按钮 ，如图 1-63 所示，将该样式应用于当前选中的文字图层。

图 1-62 “Adobe Photoshop CS5”对话框

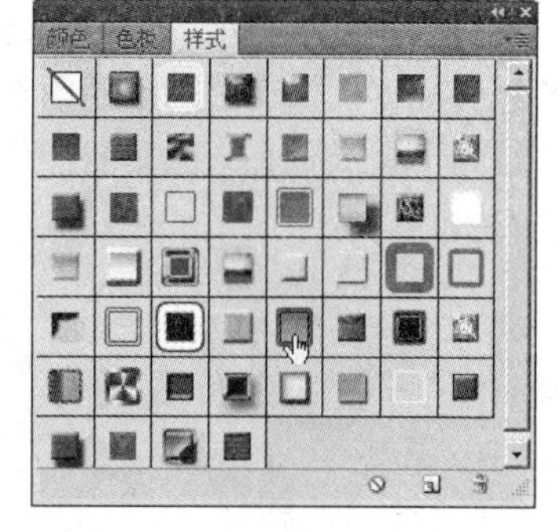

图 1-63 “带底纹红色斜面”按钮

【相关知识】 填充单色或图案

1. 使用“油漆桶工具”填充单色或图案

使用“油漆桶工具” ，可以为颜色容差在设置范围中的区域填充颜色或图案，设置好前景色或图案后只要单击要填充区域，即可为单击处和与该处颜色容差在设置范围中的区域填充前景色或图案，创建选区后仅可以在选区内填充颜色或图案。

单击工具箱中的“油漆桶工具”，其选项栏如图 1-64 所示。

图 1-64 “油漆桶工具”选项栏

有关选项的作用如下。

1）“填充”下拉列表框：用来选择填充的方式，选择“前景”选项，填充前景色；选择“图案”选项，填充图案，此时“图案”下拉列表框变为有效。

2）“图案”下拉列表框：单击下拉按钮，打开“图案样式”面板，如图 1-65 所示。利用该面板可以设置填充的图案，也可更换、删除和新建图案样式。

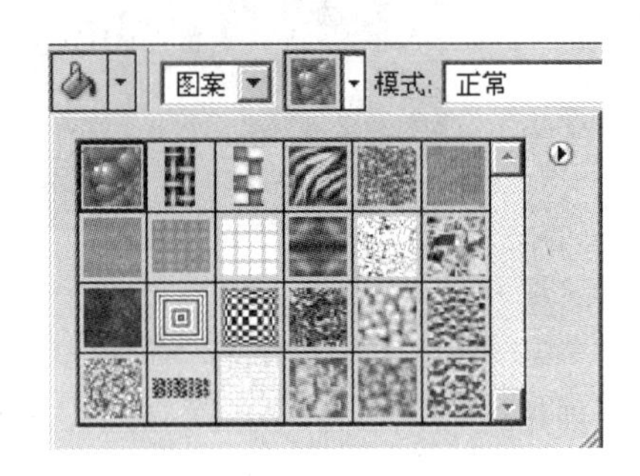

图 1-65 “图案”下拉列表框

3）“容差”文本框：其中的数值决定容差的大小，容差数值决定填充色的范围。其值越大，填充色的范围也越大。

4）“消除锯齿”复选框：选中后可以减小填充图像边缘的锯齿。

5）“连续的”复选框：在为多个不连续的已填色区域填充颜色或图案时，如果勾选该复选框，则只为单击的区域填充前景色或图案；否则为所有区域填充前景色或图案。注意：这里所说的区域指选区内颜色容差在设置范围内的区域。

6）“所有图层”复选框：选中后可在所有可见图层内操作，即为选区内所有可见图层中，颜色容差在设置范围内的区域填充颜色或图案。

2．定义填充图案

1）导入或者绘制一幅“蝴蝶”图像，如果图像较大，则单击菜单“图像”→“图像大小”命令，打开“图像大小”对话框重新设置图像大小。

2）选择如图 1-66a 所示图像所在的画布，单击菜单“编辑”→“定义图案”命令，打开“图案名称”对话框。在“名称”文本框中输入图案名，如“蝴蝶”，如图 1-66b 所示。单击“确定”按钮，完成定义新图案的操作，在前面“图案样式”面板中会增加一个新的图案。

a)

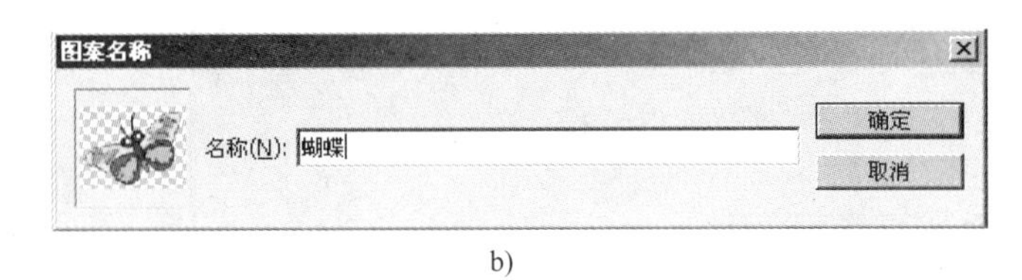

b)

图 1-66 “蝴蝶”图像和“图案名称”对话框

a)“蝴蝶”图像　b)“图案名称”对话框

3．使用“填充”命令填充单色或图案

单击菜单“编辑”→“填充”命令，打开“填充”对话框，如图 1-67 所示。用其可以为选区填充颜色或图案。其中的“模式”下拉列表框、“不透明度”文本框与“油漆桶工具”选项栏中的作用一样。

单击“使用”下拉列表框的黑色箭头按钮，显示颜色类型的选项，如图 1-68 所示。如果选择“图案”选项，则“填充”对话框中的“自定义图案”列表框变为有效，其作用同“油漆桶工具” 选项栏中的“图案”列表框。

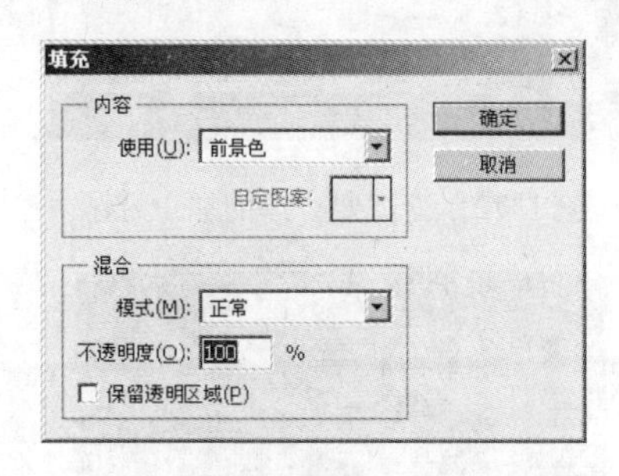

图 1-67 “填充”对话框

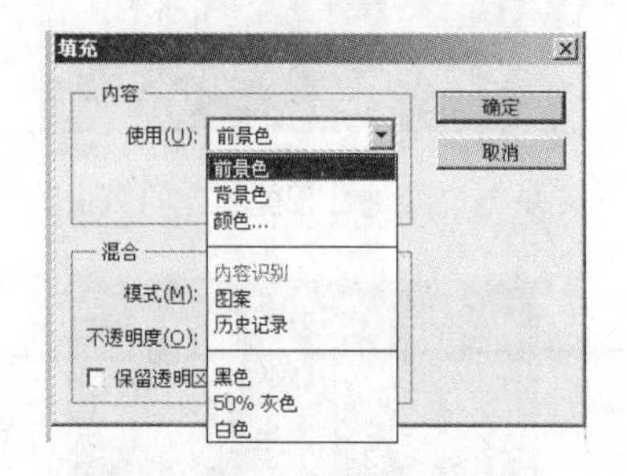

图 1-68 颜色类型选项

4. 使用快捷键填充单色

1）使用背景色填充：按〈Ctrl+Delete〉或〈Ctrl+Backspace〉组合键。

2）使用前景色填充：按〈Alt+Delete〉或〈Alt+Backspace〉组合键。

5. 使用剪贴板填充图像

1）“粘贴”命令：单击菜单“编辑”→“粘贴”命令，将剪贴板中的图像粘贴到当前图像中，同时会在“图层”面板中增加一个新图层用来存放粘贴的图像。

2）“贴入”命令：在一幅图像中创建一个椭圆选区，并羽化 13 像素，如图 1-69 所示，单击菜单“编辑”→“选择性粘贴”→“贴入”命令，将剪贴板中的图像粘贴到该选区中，如图 1-70 所示。

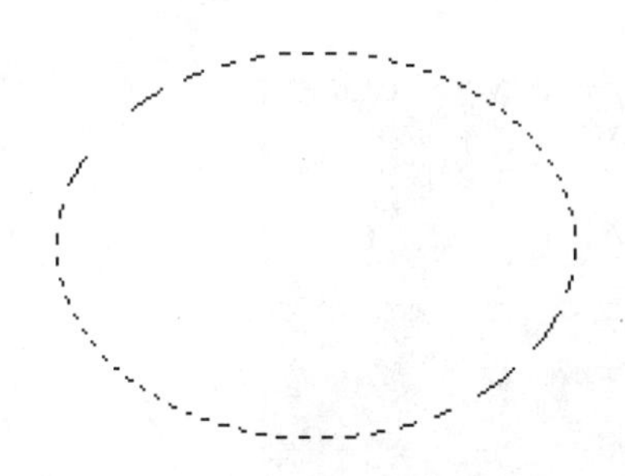

图 1-69 椭圆选区并羽化 13 像素

图 1-70 将剪贴板中的图像贴入到选区中

6. 智能填充

智能填充又称为内容填充，它是 Photoshop CS5 中新增加的功能，可以快速实现对图像的修补，使用起来非常方便。

1）打开风景图，如图 1-71 所示，使用“套索工具”或“多边形套索工具”给需要去掉的加上选区（大致就好），如图 1-72 所示。

2）单击菜单“编辑”→“填充”（〈Shift+F5〉组合键），使用“内容识别”，如图 1-72 所示，填充后效果如图 1-73 所示。

3）在第一次智能填充后，还有很多的瑕疵，对有瑕疵的地方重复使用内容填充，进行细调。最终效果如图 1-74 所示。

图 1-71　要进行智能填充的风景图

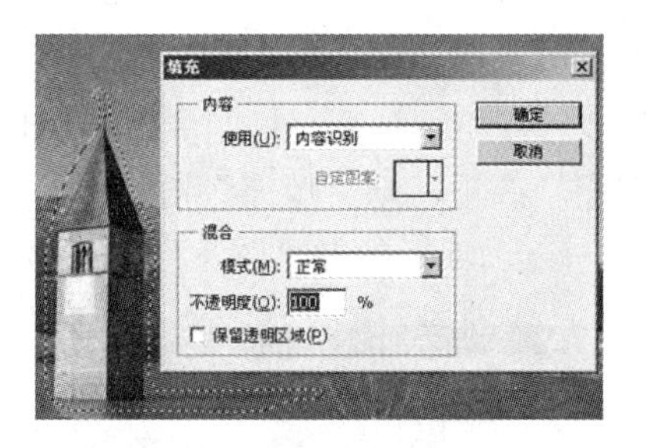

图 1-72　给需要去掉的加上选区

图 1-73　第一次“智能填充”后的效果

图 1-74　“智能填充”最终效果

1.7　图像变换与注释

【案例 1-3】 天天留影

“天天留影”案例的效果如图 1-75 所示。

图 1-75　“天天留影”效果

 **案例设计创意**

目前很多家庭的小宝宝过周岁生日时，都会照许多照片作为留念。该案例是基于这些照片，制作了一个名为“天天留影”的电子小相册，从中挑出比较好的照片作为电子相册封面。左上和右下角使用前面制作过的三原色图片加以点缀，以体现相册丰富多彩的含义。

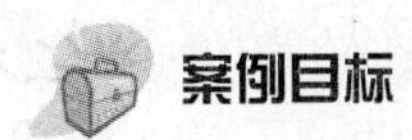

案例目标

通过本案例的学习，可以掌握裁切图像和图像自由变换的操作技巧，以及利用图层样式制作出“天天留影”这几个字的外发光效果，这种文字效果在海报设计中也比较常用。

案例制作方法

1. 调整画布和原图像

1）打开“三原色混色.psd”图像文件，以“【案例 1-3】天天留影.psd”为文件名保存。

2）打开该画布的“图层”面板，按住〈Ctrl〉键单击“图层”面板中的“图层 1”、“图层 2”和“图层 3”，单击菜单“图层”→“合并图层”命令，或按快捷键〈Ctrl+E〉，将选中的 3 个图层合并为一个名为“图层 3”的图层。

3）单击菜单“图像”→“画布大小”命令，打开如图 1-76 所示的“画布大小”对话框。设置画布宽为 800 像素，高为 500 像素。在“画布扩展颜色”下拉列表框中选择“背景”选项，设置背景色为黑色。单击“确定”按钮，将画布窗口调整为宽 800 像素，高 500 像素，扩大的部分填充黑色。

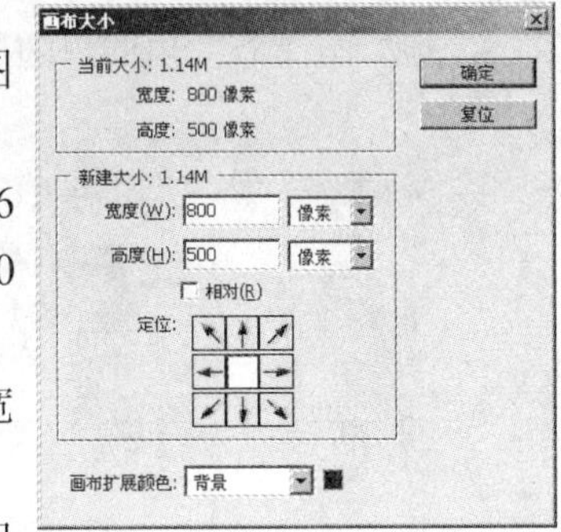

图 1-76 “画布大小”对话框

4）单击工具箱中的“移动工具”，勾选选项栏中的“自动选择图层”复选框，保证单击画布窗口中某个对象可移动。

5）单击工具箱中的“直排文字工具”，设置文本颜色为红色，字体为“隶书”，大小为 36 点，输入文字“天天留影”。

6）在“图层”面板中拖动“天天留影”文字图层到“创建新图层”按钮之上，在“天天留影”文字图层之上复制一个“天天留影”文字图层，命名为“天天留影副本”。

7）单击“图层”面板中位于下方的“天天留影”文字图层，单击“样式”面板中的“喷溅蜡纸”样式按钮（若面板中默认没有“喷溅蜡纸”样式，则单击“样式”面板右上方的按钮，追加“文字效果”样式即可），将该样式应用于选中的“天天留影”文字。再选择“天天留影副本”图层，单击图层面板上的“添加图层样式”按钮，选择“外发光”效果，参数设置如图 1-77 所示，最后得到的文字效果如图 1-75 所示。

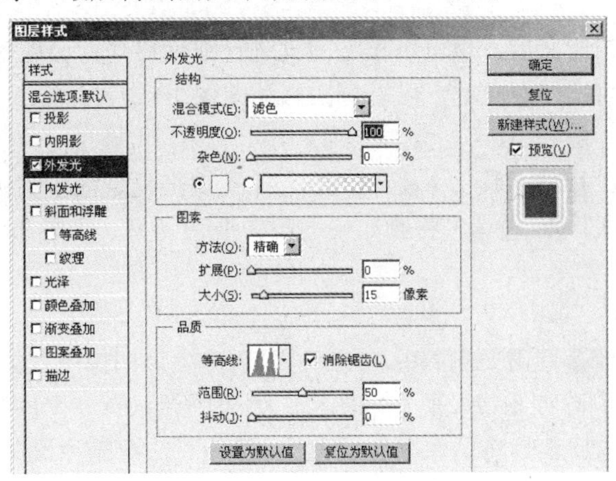

图 1-77 设置“外发光”图层样式

8）单击工具箱中的“移动工具”，按住〈Alt〉键拖动三原色图形进行复制，并将其分别移到画布窗口中的左上角和右下角，此时“图层”面板中会自动增加“图层 3 副本”图层。

2．添加宝宝照片

1）单击菜单“文件”→“打开”命令，打开素材中的 7 幅宝宝照片，其中 4 幅照片如图 1-78 所示。

2）单击工具箱中的“移动工具”，拖动一幅宝宝照片到“【案例 1-3】天天留影.psd”画布窗口中，这时该“画布”窗口将在新建的图层中复制出一幅宝宝照片。

3）单击菜单“编辑”→“自由变换”命令或按快捷键〈Ctrl+T〉，在选中的“宝宝”照片四周显示一个矩形框、8 个控制点和中心点标记。按住〈Shift〉键拖动任意一个角调整图像大小，拖动图像右上角的外边则可以将图像旋转一定的角度，如图 1-79 所示。

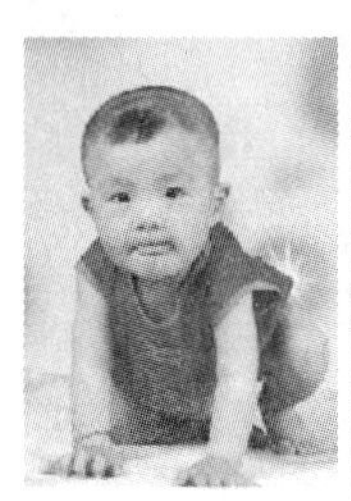

图 1-78　4 幅“宝宝”照片

图 1-79　将图像旋转一定角度

4）按照上述方法，将其他 6 幅“宝宝”照片复制到“【案例 1-3】天天留影.psd”画布窗口中。然后调整其大小、旋转角度和位置及图层上下位置，最后效果如图 1-75 所示。

【相关知识】 图像变换与注释

1．移动、复制和删除图像

（1）移动图像

单击工具箱中的“移动工具”，鼠标指针变成状。单击“图层”面板中要移动图像所在的图层，然后在画布中拖动该图层中的图像即可移动该图像。如果选中“移动工具”选项栏中的“自动选择图层”复选框，则按下鼠标左键拖动图像时会自动选择鼠标位置图像所在的图层。

在选中要移动的图像之后，也可以按方向键进行细微移动，可以每次移动图像 1 像素；若按住〈Shift〉键的同时按方向键，可以每次移动图像 10 像素。

（2）复制图像

单击工具箱中的“移动工具”，按住〈Alt〉键拖动选区中的图像时，便可完成图像复制。如果使用“移动工具”，将画布中的图像拖动到另一个画布中，则复制该图像到另一画布中。

（3）删除图像

使用“移动工具”单击要删除的图像（也可以选中该图像所在的图层，然后按〈Delete〉或〈Backspace〉键，删除该图像及所在的图层。如果图像只有一个图层，用这种方法则不能删除该图像，必须用选择工具将图像框选后再按〈Delete〉键删除该图像，但不删除图层。

注意： 不可以移动、复制和删除“背景”图层中的图像。如果要如此处理，则需要首先将“背景”图层转换为常规图层。转换的方法是双击“背景”图层，打开“新建图层”对话框，然后单击“确定”按钮。

2. 变换图像

单击菜单“编辑”→“变换”的下一级菜单的命令，按选定的方式调整选中的图像。如图 1-80 所示。

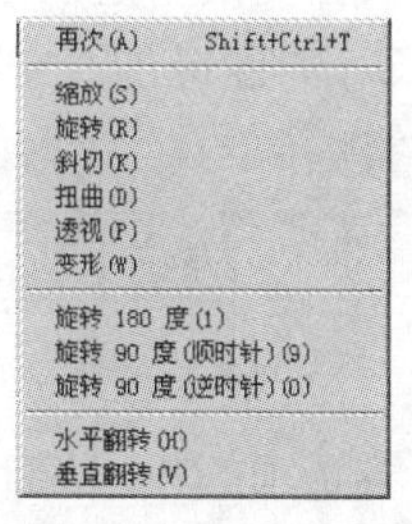

图 1-80 “变换”子菜单

1）缩放图像：单击菜单“编辑”→“变换”→“缩放”命令，则在所选图像的四周显示一个矩形框、8 个控制柄和中心点标记⌖。拖动图像四角的控制点即可调整选中的图像的大小。如图 1-81 所示。

2）旋转图像：单击菜单“编辑”→“变换”→“旋转”命令，拖动所选图像四角的控制柄即可旋转选择图像，如图 1-82 所示。拖动矩形框中间的中心点标记⌖可改变旋转的中心点位置。

3）斜切图像：单击菜单“编辑”→“变换”→“斜切”命令，拖动所选图像四边的控制柄即可使选择图像呈斜切效果，如图 1-83 所示。按住〈Alt〉键拖动可使选择图像对称斜切。同样也可以移动中心点标记⌖。

图 1-81 缩放变换

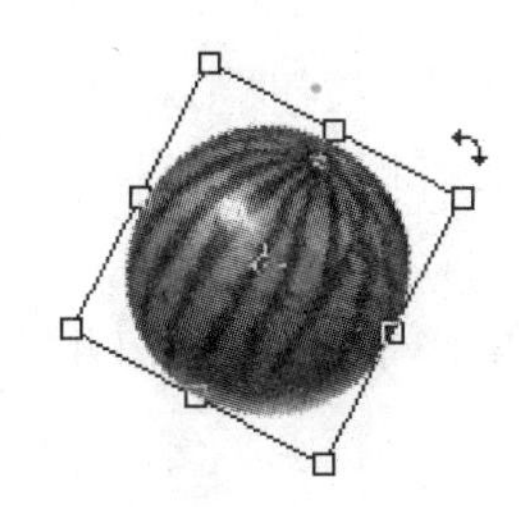

图 1-82 旋转变换

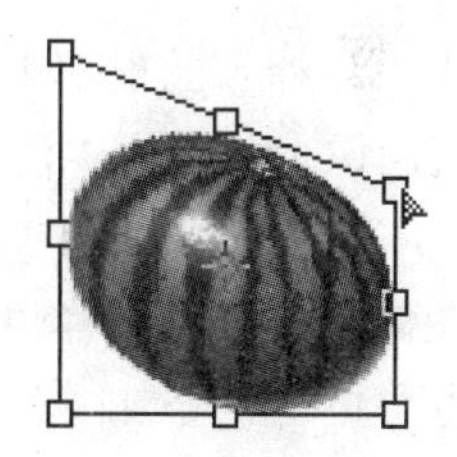

图 1-83 斜切变换

4）扭曲图像：单击菜单“编辑”→“变换”→“扭曲”命令，拖动所选图像四角的控制柄即可使选择图像呈扭曲状，如图 1-84 所示。按住〈Alt〉键拖动可使选择图像对称扭曲。同样也可以移动中心点标记。

5）透视图像：单击菜单“编辑”→“变换”→“透视”命令，拖动所选图像四角的控制柄处即可使选择图像呈透视效果，透视处理后的图像如图 1-85 所示。同样也可以移动中心点标记⌖。

6）变形图像：单击菜单“编辑”→“变换”→“变形”命令，拖动所选图像四周的控制柄可使□中的图像呈变形效果。变形处理后的图像如图 1-86 所示。另外拖动切线控制柄也可以改变图像形状。

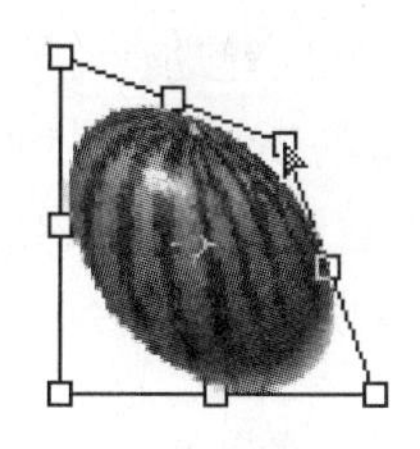

图 1-84 扭曲变换

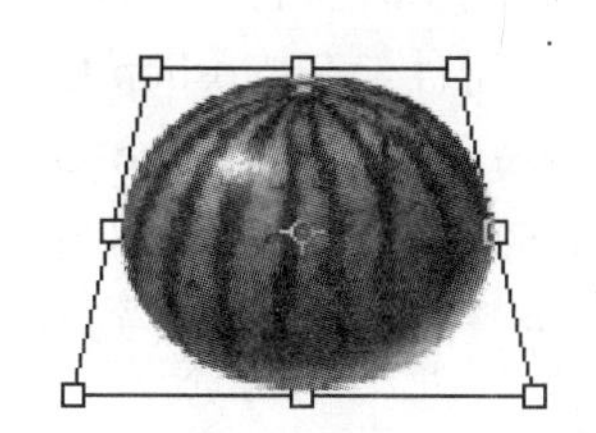

图 1-85 透视变换

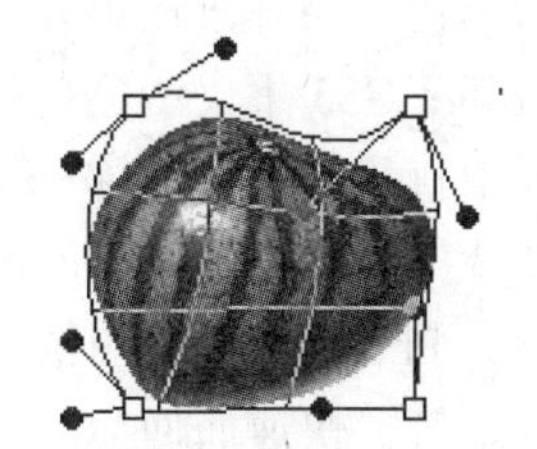

图 1-86 变形变换

7）按特殊角度旋转图像：单击菜单“编辑”→“变换”→“水平翻转”或“垂直翻转”命令进行水平或垂直翻转所选图像。另外，还可以旋转 180º、顺时针旋转和逆时针旋转 90º。

8）自由变换图像：单击菜单“编辑”→“自由变换”命令（〈Ctrl+T〉组合键），在所选图像四周显示一个矩形框、8个控制柄和中心点标记。然后可照上述缩放、旋转和变换图像的方法自由变换所选图像。

3. 为图像加入文字注释

“注释工具” 用来为图像添加入文字注释，其选项栏如图1-87所示。

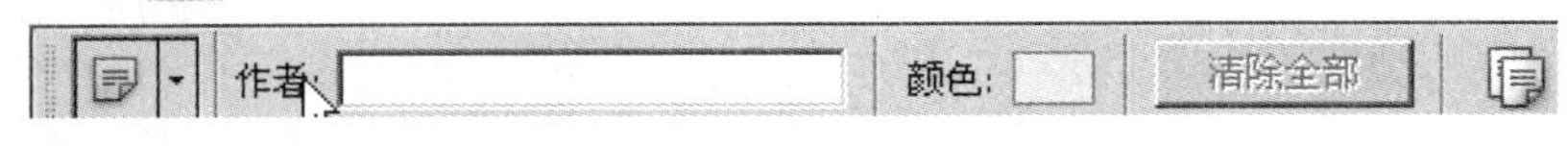

图1-87 “注释工具”选项栏

各选项的作用如下。

1）“作者”文本框：用来输入作者名，该名字出现在窗口的标题栏中。

2）“大小”下拉列表框：用来选择文字的大小。

3）“颜色”按钮：单击后，打开“拾色器”对话框，用来选择注释文字的颜色。

4）“清除全部”按钮：单击后清除全部注释文字。

要为图像添加注释文字，单击工具箱中的“注释工具” 。然后单击图像或在其上拖动，在显示的注释框内输入文字，如图1-88所示。

双击“注释”面板右上角的“注释”按钮，关闭“注释”窗口，在图像上只显示“注释”按钮，再次双击该按钮则打开注释框。

为图像添加语音注释也类似，限于篇幅，不专门介绍，有兴趣的读者可以自己添加。

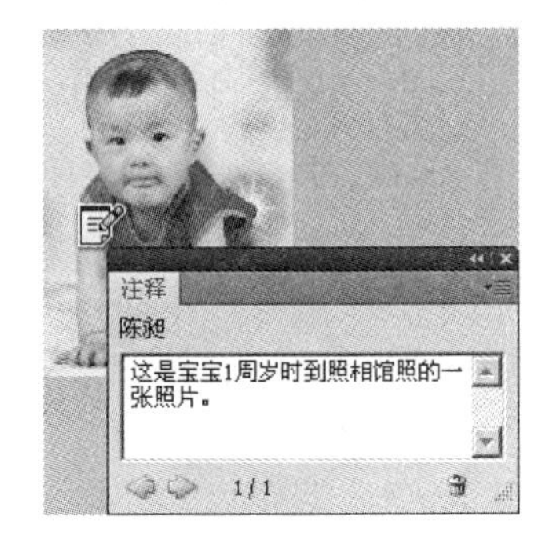

图1-88 注释框

1.8 Adobe Bridge应用

利用Adobe Bridge（文件浏览器）可以方便地浏览，快速找到所需要的图像文件，另外还可以批量加工图像。在Photoshop CS2以后的版本中，已经将Adobe Bridge变为一个独立的小软件，可以脱离Photoshop单独作为图像浏览器来使用，而且功能也大大加强（不过其中的一些功能还需要Photoshop软件的支持）。限于篇幅，本书仅针对部分典型功能进行介绍。

Bridge CS5能够浏览的图像文件格式几乎是最齐全的，包括最新数码相机的原始数据图像RAW文件，以及高动态图像格式（如HDR、EXR文件）。甚至还可以浏览PDF格式文档（可翻页查看）。另外，还可以便捷地查阅多种音视频（AVI、SWF、mp3、WMA）等格式的文件。Bridge CS5不仅浏览功能强大，而且与Photoshop CS5具有很好的互动性。在PS CS5的菜单栏中直接镶入了Br按钮，单击后即可进入Bridge CS5界面。在Bridge CS5中，双击选中的图片，即可直接在Photoshop CS5中打开。还可以用右键菜单直接执行PS CS5的某些命令。例如Photomerge（图像合成）全景图制作、合并到HDR（高动态）图像合成、镜头校正或批处理等，快速而便捷。

【案例1-4】 批量图像格式转换

本案例将“水仙”文件夹中一组10个不同格式的图像文件统一转换为JPG格式，然后保存在“素材\【案例1-4】批量图像格式转换\JPEG”文件夹中。通过该案例，读者可以掌握使

用 Adobe Bridge 进行图像批量转换格式的方法。操作方法如下：

1）在 Photoshop 软件中，单击菜单“文件”→“在 Bridge 中浏览”命令，打开“Adobe Bridge”窗口，选择“水仙”文件夹。

2）单击菜单“编辑”→“全选”命令，选中“水仙”文件夹中的所有图像。

3）单击菜单“工具”→“Photoshop”→“图像处理器”命令，打开“图像处理器”对话框。

4）选中“选择文件夹”按钮左边的单选按钮，单击“选择文件夹”按钮，在打开的“浏览文件夹”对话框中选择转换格式后要保存的目标文件夹，单击“确定”按钮，返回“图像处理器”对话框。

5）选中“文件类型”选项组中的“存储为 JPEG”复选框，如图 1-89 所示。

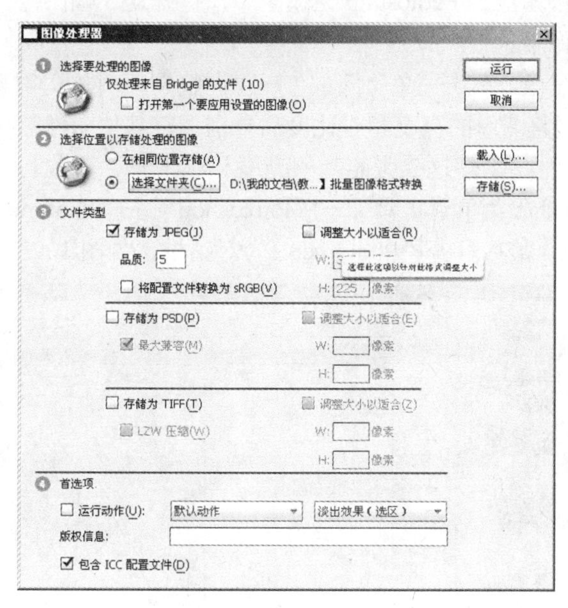

图 1-89 “图像处理器”对话框

6）单击“运行”按钮，即完成图像的批量格式转换。

同理，参考图 1-89，勾选“调整大小以适合”，并填写 W（宽）和 H（高）的数值，可以批量改变图像大小。

【案例 1-5】 合成全景照片

本案例将如图 1-90 所示的 3 幅城市鸟瞰照片加工合并成一幅全景照片，效果如图 1-91 所示。通过本案例的学习，可以初步掌握使用 Adobe Bridge 的合成全景图像的操作方法。具体操作方法如下：

图 1-90 3 幅城市鸟瞰照片

图 1-91　合成城市鸟瞰全景效果图

1）在 Photoshop 中单击菜单“文件”→“浏览”命令，打开“Adobe Bridge”窗口，选择“素材\【案例 1-5】合成全景照片”文件夹。

2）在“Adobe Bridge”中用鼠标选中“照片 1.jpg”、“照片 2.jpg”、“照片 3.jpg”这 3 张照片。

3）拖动选中的 3 幅图像到 Photoshop 工作区中，打开这 3 幅图像，分别将其大小调整为宽 1000 像素，高 667 像素。

4）单击其中一幅图像，单击菜单“图像”→“调整”→“亮度/对比度”命令，打开“亮度/对比度”对话框，调整图像的亮度和对比度后分别调整其他图像的亮度和对比度，弥补拍照时的曝光程度不同等不足，使这 3 张照片的亮度和对比度等基本上一致。

5）单击 Adobe Bridge 菜单“工具”→“Photoshop”→“Photomerge”命令，Photoshop 处理选中的这 3 张图像，最后打开“Photomerge”对话框，如图 1-92 所示。

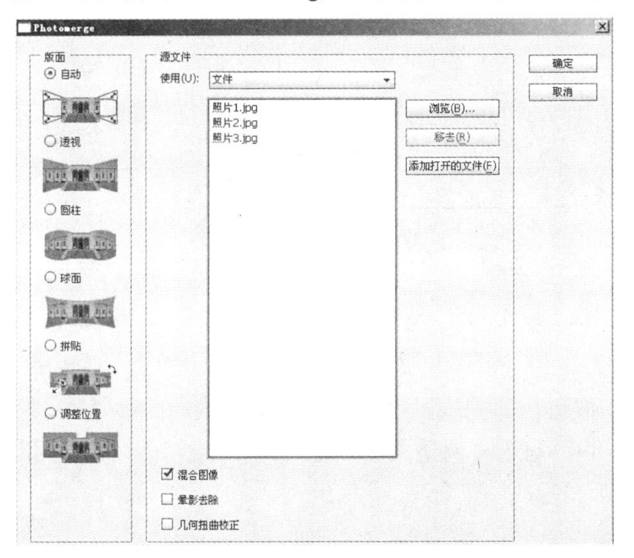

图 1-92　“Photomerge”对话框

说明：如果图像中有个别图像与相邻图像找不到拼接点，则会看到 Photoshop 只拼接可以拼接的图像，而将不能够自动拼接的图像留在下边。这时用户可以用手动方式拼接剩下的图像。即重新拖动未拼接的图像进行拼接。

6）利用“Photomerge”对话框还可以设置有关选项，本案例使用默认设置即可。单击“确定”按钮，返回“Photoshop”窗口。可以看到合并后的 3 张照片显示在一个“画布”窗口中。

7）单击工具箱中的“裁切工具”，裁切图像多余部分，最后效果与图 1-91 所示基本一样。

8）单击 Photoshop 菜单“图像”→“调整”→“色调均化”命令，即可将图像整个色调进行加工，使图像色调更鲜艳。还可以进行其他加工处理，使图像更美丽。

1.9 Photoshop CS5 新增功能

1. 使用实时工作区轻松进行界面管理

自动存储反映用户的工作流程、针对特定任务的工作区，并且在工作区之间快速切换。

2. 智能选区技术

更快且更准确地从背景中抽出主体，从而创建逼真的复合图像。

3. 内容识别填充和修复

轻松删除图像元素并用其他内容替换，与其周边环境天衣无缝地融合在一起。请参阅第1.6节智能填充部分和本书使用“污点修复画笔工具”进行修饰。

4. HDR Pro

可见世界中的动态范围（暗区和亮区之间的比例）远远超过了人类视觉可及的范围以及显示器上显示的图像或打印的图像的范围。尽管人眼可以适应差异很大的亮度级别，但大多数相机和计算机显示器只能还原固定的动态范围。摄影师、电影艺术家和其他使用数字图像的人必须对场景中的重要元素精挑细选，因为他们所能使用的动态范围很有限。

高动态范围（HDR）图像为我们呈现了一个充满无限可能的世界，因为它们能够表示现实世界的全部可视动态范围。Photoshop CS5 应用更强大的色调映射功能，从而创建从逼真照片到超现实照片的高动态范围（HDR）图像。或者通过 HDR 色调调整，将一种 HDR 外观应用于多个标准图像。

图 1-93 中的 3 张小图分别为：A. 具有阴影细节但剪切了高光的图像；B. 具有高光细节但剪切了阴影的图像；C. 包含场景动态范围的 HDR 图像。拍摄时可采用固定相机以不同曝光度进行拍摄，多照不同曝光度的照片，然后在 Photoshop CS5 中可以很方便地合并不同曝光度的图像来创建 HDR 图像，主要操作方法如下：

- 在 Photoshop 选择菜单“文件”→“自动”→“合并到 HDR Pro”命令，然后选中不同曝光度的图像后在 Photoshop 菜单中“确定”按钮。

图 1-93　合并不同曝光度的图像来创建 HDR 图像

● 在 Bridge 菜单中选择要使用的图像，并选择菜单“工具”→“Photoshop”→“合并到 HDR Pro”命令。

5. 非凡的绘画效果

利用逼真的绘画效果，混合画布上的颜色并模拟硬毛刷，以产生媲美传统绘画介质的结果。

6. 操控变形

彻底变换特定的图像区域，同时固定其他图像区域。请参阅操控变形。

7. 自动进行镜头校正

使用已安装的常见镜头的配置文件快速修复扭曲问题，或自定义其他型号的配置文件。

8. 使用 3D 凸纹轻松实现凸出

将 2D 文本和图稿转换为 3D 对象，然后凸出并膨胀其表面，效果如图 1-94 所示，主要操作方法如下：

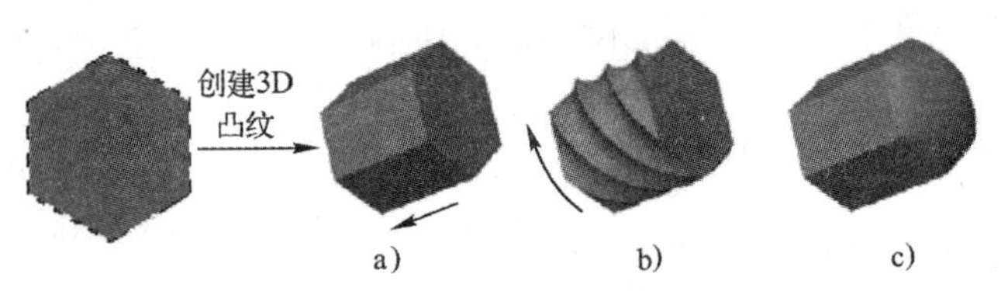

图 1-94 向像素选区应用凸纹

a) 增加凸出深度 b) 凸出扭转 180° c) 正面膨胀

1）创建一个像素选区，或选择一个文本图层、图层蒙版或工作路径。

2）选取“3D”→“凸纹”，然后选择反映第 1）步中选区的项目。

3）在弹出的“凸纹”对话框中设置相应的选项。

9. 增强 3D 性能、工作流程和材质

使用专用的 3D 首选项快速优化性能。能够更快地预览，并使用改进的 Adobe Ray Tracer 引擎进行渲染。使用“材质载入”和“拖放”工具以交互方式应用材质。

10. 简化的创意审阅

CS Review 是一种可加速审阅流程的联机服务，通过它可以与同事进行协作并快速获取用户反馈。

11. 集成的介质管理

利用 Adobe Bridge CS5 中经过改进的水印、Web 画廊和批处理。使用 Mini Bridge 面板直接在 Photoshop 中访问资源。

12. RAW 处理的尖端技术

在保留颜色和细节的同时删除高 ISO 图像中的杂色。添加创意效果，如胶片颗粒和剪裁后晕影；或者使用最低程度的不自然感精确地锐化图像。

13. 工作流程方面的改进之处可极大提高用户效率

工作流程的改进主要包括：

● 从 Windows 或 Mac OS 操作系统中拖动文件来创建图层；

● 使用锐化工具保护细节；

● 反转仿制源的方向；

● 粘贴到同一相对位置，或者粘贴到选区的内部或外部；

- 使用标尺工具拉直图像；
- 应用渐变中性密度滤镜；
- 自定图层样式的默认值；
- 存储特定于图像的打印设置。

14. 新增 GPU 加速功能

充分利用增强的硬件处理能力，新增画笔预览、“吸管工具”的颜色取样器环以及“裁剪工具”的“三等分”网格等功能。

15. 通过跨平台的 64 位支持实现更快的性能

在 64 位版本的 Windows 和 Mac OS 操作系统上完成日常成像任务的速度至少要快 10%。

1.10 本章小结

本章从基本的色彩、色彩构成概念讲起，讲述了色彩和图像的基本知识，加深读者对色彩原理及配色的理解；并介绍了 Photoshop CS5 工作区域，从简单工具入手，通过几个简单案例，使读者能够对软件的使用有一个初步了解，提高读者的学习兴趣。

1.11 练习题

（1）将“【案例 1-3】天天留影”图像的画布窗口调整为宽 800 像素，高 600 像素，背景色仍然为黑色。将画布中左上角的三原色混色图像等比例缩小后复制 2 份，分别移到“画布”窗口中的左下角和右上角，再添加几幅宝宝照片，重新调整 10 幅宝宝照片的大小、位置和旋转角度，重新布置画面。

（2）收集一些自己家里的几幅精彩照片，参考“天天留影”案例，制作一个电子相册封面。然后添加一些装饰图像和花边，并采用一种或多种样式的文字表现“我爱我家”。

（3）将“练习”文件夹中如图 1-95 所示的 3 幅图像加工合成一幅全景图像，合并后的效果如图 1-96 所示。

图 1-95　6 幅图像

图 1-96　合成后的全景照片

第 2 章　工具的使用方法与技巧

教学目标

通过前面章节的学习，学生读者对 Photoshop 软件的工作区域和操作界面都有了基本的了解，本章将对 Photoshop 工具栏中吸管、选取、移动、裁剪、画笔等工具进行详细的讲解、分析，并通过实际案例对这些知识点进行应用，以使读者通过本章节的学习，达到掌握、巩固 Photoshop CS5 的工具的使用方法与技巧。

教学要求

知识要点	能力要求	相关知识
缩放、徒手和吸管工具	掌握	缩放、徒手和吸管工具的使用技巧
“选取工具”	掌握	选择、魔棒、套索工具的使用
移动和裁切工具	掌握	移动和裁切工具的使用技巧
“画笔工具”	掌握	“画笔工具”与“历史记录画笔工具”的应用
“修复工具”与无性系画笔图章	掌握	“修复工具”与无性系画笔图章的应用及意义
“文字工具”	掌握	“文字工具”的使用技巧
“橡皮擦工具”	掌握	“橡皮擦工具”、“背景橡皮擦工具”、“魔术橡皮擦工具”的使用技巧
“路径工具”、“图像渲染工具”和“色调调和工具”	掌握	“钢笔工具”、“模糊工具”组、“减淡工具”组的使用技巧及应用意义
“渐变工具”和颜料桶	掌握	“渐变工具”和“颜料桶工具”的使用技巧

设计案例

（1）3D 桌球

（2）绚丽泡泡

（3）复现圣女果

（4）圆柱体的制作

（5）光盘盘面设计

2.1　缩放、徒手和吸管工具

2.1.1　“缩放工具”的使用技巧

单击工具箱中的“缩放工具”，移动鼠标到画面中，鼠标光标会显示为“放大”的状态，在画面的任意位置单击鼠标左键，可以将整幅图像放大，如图 2-1 和图 2-2 所示。

如果需要缩小整幅图像，则只需要在单击“缩放工具”按钮之后按住〈Alt〉键，鼠标光标将显示为“缩小”状态，此时，单击鼠标左键即可缩小画面。

当需要将图像的某一个部分放大查看的时候，可以用鼠标左键在需要查看的画面部分拖出一个选框，如图 2-3 所示，完成框选之后释放鼠标，图像中被框选中的部分将放大至整个页面，如图 2-4 所示。

图 2-1　放大图像

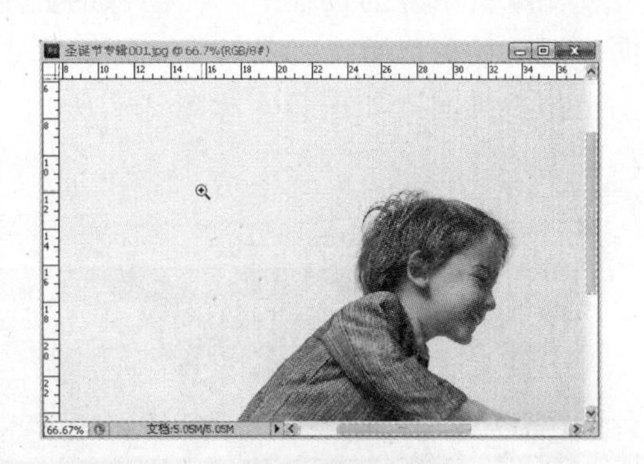

图 2-2　放大图像

图 2-3　拖出选框

图 2-4　图像效果

当单击“缩放工具”后，在 Photoshop 的选项栏中会显示其相关选项，如图 2-5 所示。

□调整窗口大小以满屏显示　□缩放所有窗口　实际像素　适合屏幕　打印尺寸

图 2-5 “缩放工具”选项栏

“缩放工具”的选项栏包括以下 7 个按钮，它们的作用如下。

- 工具：单击鼠标左键可以放大页面中的图像，快捷键为：〈Ctrl++〉键。
- 工具：单击鼠标左键可以缩小页面中的图像，快捷键为：〈Ctrl+−〉键。
- ☑调整窗口大小以满屏显示：勾选此选项前的小方框，可以在缩放图像的同时自动调整至页面大小。
- ☑缩放所有窗口：勾选此选项前的小方框，可以缩放所有打开的图像。
- 实际像素按钮：单击此按钮，图像将以实际像素显示，即以显示器屏幕像素对应图像像素是所显示出的比例，也被称为 100%显示比例。
- 适合屏幕按钮：单击此按钮，在页面中可以最大化地显示完整图像。
- 打印尺寸按钮：单击此按钮，页面中显示的图像大小为实际打印的尺寸大小，它不考虑图像的分辨率，只以图像本身的宽度和高度来表示图像的尺寸。

2.1.2　“徒手工具”的使用技巧

“徒手工具”又被称为“抓手工具”。

在编辑图像的过程中，当图像的显示比例较大时，图像窗口就不能完全显示整幅画面，这时候可以单击工具箱中的“徒手工具”，使用鼠标左键利用“抓手工具”在画面上拖拽画面，如图 2-6 和图 2-7 所示。当然，也可以通过窗口右侧和下方的滑块来移动画面。

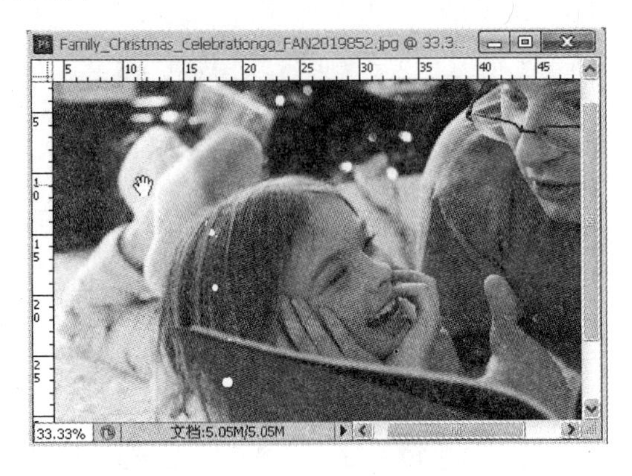

图 2-6　移动画面 1

图 2-7　移动画面 2

当单击“徒手工具”后，在 Photoshop 的选项栏中会显示其相关选项，如图 2-8 所示。

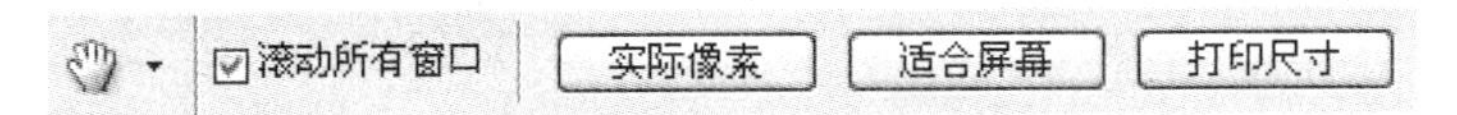

图 2-8 “徒手工具”选项栏

“徒手工具”选项栏包括以下 4 个按钮，它们的作用如下。

- 滚动所有窗口：勾选此选项前的小方框，可以滚动查看所有打开的图像。在选项栏中选择该选项，然后在一幅图像中拖动即可滚动查看所有可见图像。
- 实际像素按钮：单击此按钮图像将以实际像素显示，即以显示器屏幕像素对应图像像素是所显示出的比例，也被称为 100%显示比例。
- 适合屏幕按钮：单击此按钮在页面中可以最大化地显示完整图像。
- 打印尺寸按钮：单击此按钮页面中显示的图像大小为实际打印的尺寸大小，它不考虑图像的分辨率，只以图像本身的宽度和高度来表示图像的尺寸。

2.1.3　“吸管工具”的使用技巧

“吸管工具”采集色样可以指定新的前景色或背景色。它可以从图像或者屏幕上的任意位置采集色样。

在编辑图像的过程中，当需要选取画面上的某一个色样的时候，可以单击工具箱中的“吸管工具”，在需要吸取的色样上方单击，这个色样将会被设定为前景色，如图 2-9 所示。如需将某一色样设定为背景色，则可以使用“吸管工具”在画面需要位置吸取色样的同时，按下〈Alt〉按钮，计算机将自动把吸取到的色样设为背景色。

当单击“吸管工具”后，在 Photoshop 选项栏的选项栏中会显示其相关选项，如图 2-10 所示。

图 2-9　使用吸管工具设定前景色

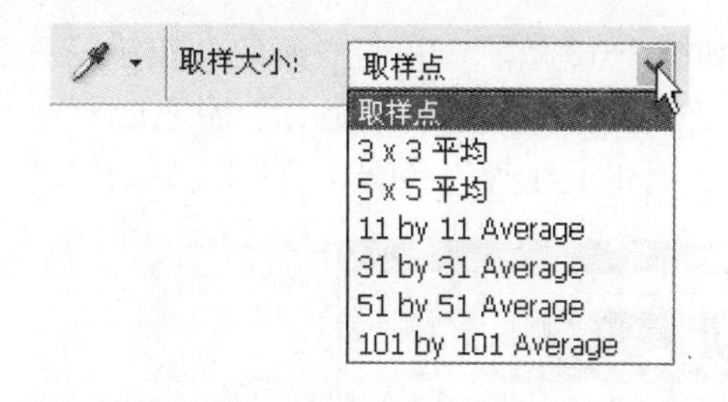

图 2-10　吸管工具的“取样大小”菜单

在选项栏中，从“取样大小”菜单中选择一个选项，可以更改吸管的取样大小，他们的作用如下所示。

- 取样点：读取所单击像素的精确值。
- 3×3 平均、5×5 平均、11×11 平均、31×31 平均、51×51 平均、101×101 平均：读取单击区域内指定数量的像素的平均值，如图 2-11 所示。

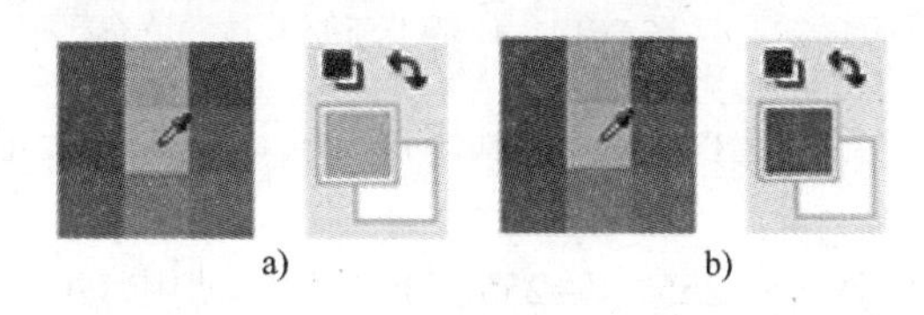

图 2-11　“取样大小”设置为像素和 3×3 平均时的对比图

a) 取样点　　b) 3×3 平均

2.2 “选取工具”

【案例 2-1】 3D 桌球

“3D 桌球”案例的效果如图 2-12 所示。

案例设计创意

本案例制作了一只具有 3D 效果的立体桌球，由于背景使用了粉绿到墨绿的渐变，画面显示出深邃的效果，突出了画面主体 10 号桌球的立体感。

图 2-12 “3D 桌球”效果

案例目标

通过本案例的学习，可以掌握工具箱中的选框、油漆桶、渐变填充等工具，还可以了解在 Photoshop 软件中如何将平面的效果转化为立体效果。

案例制作方法

1）新建文档，设置宽度为 600 像素、高度为 400 像素，分辨率为 72 像素/英寸，并且颜色模式为 RGB 颜色。

2）在工具箱里单击“渐变工具”，在渐变工具的选项栏中单击，将弹出“颜色编辑器”对话框，将颜色调整为绿色（R=30、G=193、B=100）至黑色（R=0、G=0、B=0）

渐变，如图 2-13 所示，单击“确定”按钮。

3）在“背景”图层上，使用“渐变工具”由下至上填充，效果如图 2-14 所示。新建“图层 1”，并填充上纯蓝色（R=0、G=0、B=255），图层关系如图 2-15 所示。

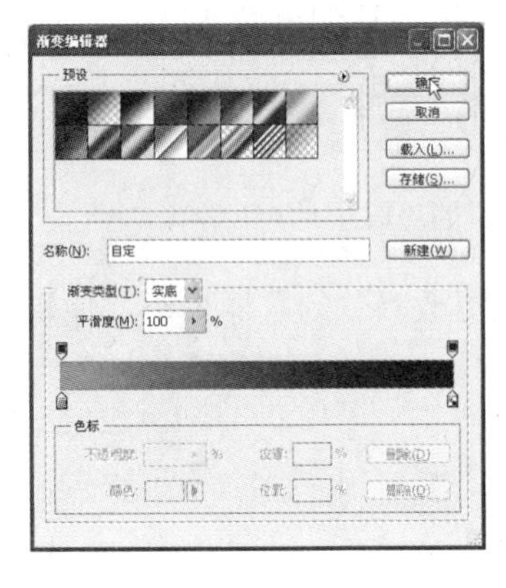

图 2-13 “颜色编辑器”对话框

图 2-14 使用“渐变工具”填充

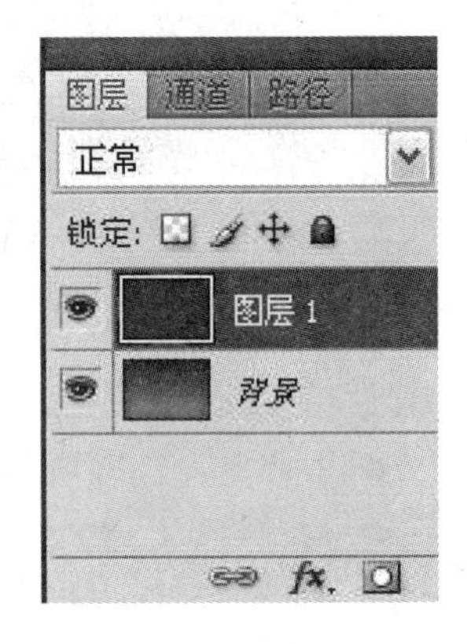

图 2-15 图层关系图

4）在工具箱里单击“矩形选框工具”，利用鼠标左键在画面上拖出一个矩形选框，效果如图 2-16 所示。

5）将前景色设定为白色（R=255、G=255、B=255），使用〈Alt+Delete〉组合键，将“图层 1”的上半段填充白色。

6）依照前面的方法，在“图层 1”上，再次利用前景色对第 2 个选框内的内容进行填充，效果如图 2-17 所示。

图 2-16 建立矩形选框

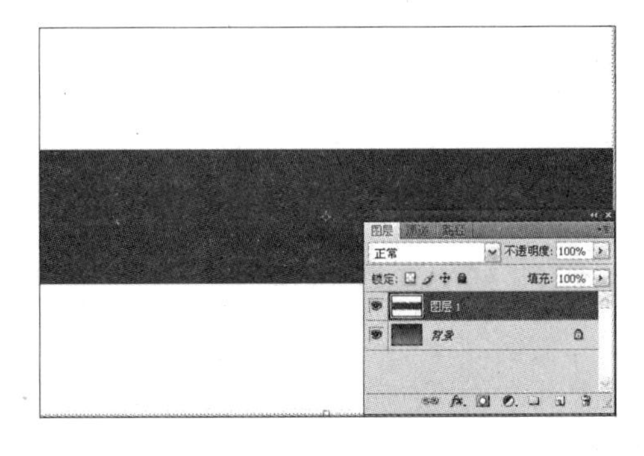
图 2-17 上半段和下半段填充白色

7）新建“图层 2”，用鼠标右键在工具箱里单击“矩形选框工具”，在弹出的子选项中选择“椭圆选框工具”命令，按住〈Shift〉按键创建一个正圆选区，并填充上白色，效果如图 2-18 所示，

8）新建“图层 3”，输入数字“10”。将“图层 1”、“图层 2”、文字图层调整至同一水平线，效果如图 2-19 所示。

9）在“图层”面板上，按〈Shif〉键的同时选中“图层 2”和文字图层，按〈Ctrl+T〉组合键进行自由变换变形，略微将圆形和数字 10 压缩得细长一些，效果如图 2-20 所示。

10）在“图层”面板上，按〈Shift〉键的同时选中“图层 1”、“图层 2”和文字图层，执行“3D 菜单”→“从图层新建形状”→“球体”命令，如图 2-21 所示，系统将自动生成球体，效果如图 2-12 所示。

图 2-18　用白色填充圆形选区

图 2-19　输入数字 10 并调整位置

图 2-20　对圆形和文字进行压缩变形

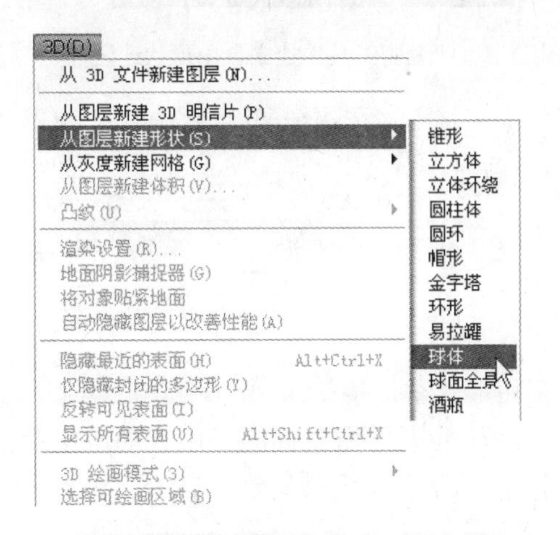

图 2-21　选择“球体”命令

【相关知识】　不规则与规则选择工具

1．选区与选择工具

选区是使用 Photoshop 的“选择工具”建立一个由黑白色浮动线条组成的区域，从而将操作的范围限制在这个区域中，起到一个界定的作用。选区内是允许图像处理的范围，选区外的区域则是不可修改调整的，当需要对整幅图像中的某一个部分进行单独调整的时候就会使用到“选区工具”。

在 Photoshop 软件中，选区大部分是靠“选择工具”来实现的。而“选择工具”又将分为“规则选择工具”和“不规则选择工具”。

2．不规则选择工具

用户可使用“套索工具”和“快速选择工具”两大选择工具创建不规则选区，下面对它们进行简单的讲解。

（1）套索工具

用鼠标右键单击工具箱上的“套索工具”，将会弹出“套索工具”、“多边形套索工具”、“磁性套索工具”3 个子菜单，如图 2-22 所示。

图 2-22　“套索工具”组

"套索工具"：单击"工具箱"上的"套索工具"可以建立自由形状的选区，它可以随着鼠标的自由移动形成路径，松开鼠标自动形成选区，图 2-23 和图 2-24 分别为使用"套索工具"建立自由形状选区的前后对比图。

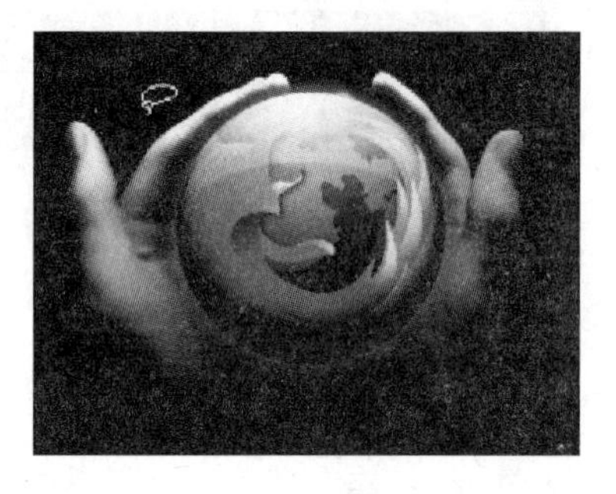

图 2-23 "套索工具"建立自由形状选区前

图 2-24 "套索工具"建立自由形状选区后

"套索工具"选项栏如图 2-25 所示，其各个选项的意义与"矩形选框工具"大致相同，不再重复叙述。

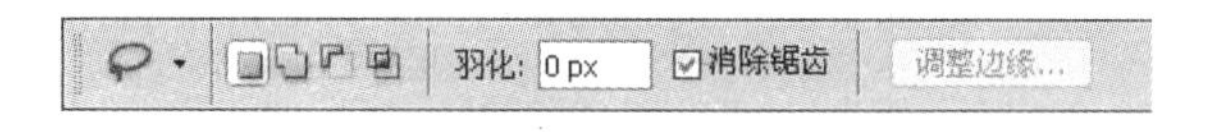

图 2-25 "套索工具"选项栏

"多边形套索工具"：单击"工具箱"上的"多边形套索工具"可以建立直线型的多边形选择区域，也是随着鼠标的自由移动形成路径，利用鼠标单击初始描点形成选区，图 2-26 为使用"多边形套索工具"建立自由形状选区的前后对比图。

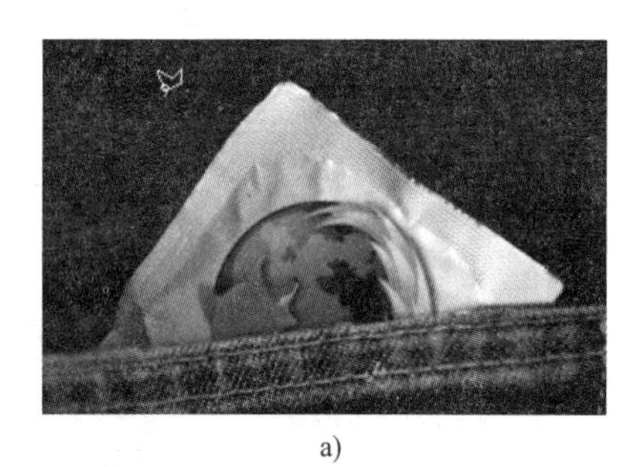

a)

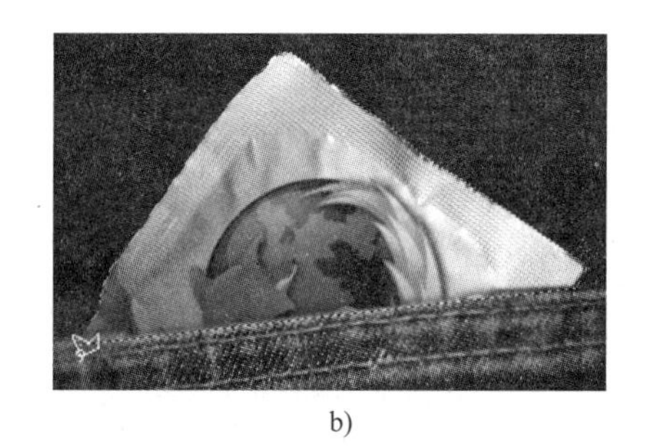

b)

图 2-26 建立自由形状选区前后对比

a)"多边形套索工具"建立形状选区前 b)"多边形套索工具"建立形状选区后

值得注意的是，在使用"多边形套索工具"的时候，单击鼠标建立选区并辅以键盘上的〈Shift〉键，可以使画线的角度为水平、垂直和 45 度；按住〈Alt〉键可以暂时切换至"套索工具"，用以绘制任意形状的选区，释放〈Alt〉键可以再次切换至"多边形套索工具"。

"多边形套索工具"选项栏如图 2-27 所示，其各个选项的意义与"套索工具"完全相同，不再重复叙述。

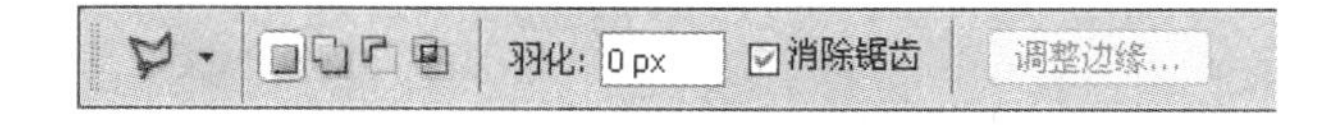

图 2-27 "多边形套索工具"选项栏

"磁性套索工具"：单击工具箱上的"磁性套索工具"，在拖拽鼠标的过程中可以自动捕捉物体边缘以建立选区，当鼠标单击到起点处时，选区自动闭合。

值得注意的是，在使用"磁性套索工具"时，如果捕捉到不需要捕捉的内容，可以利用〈Delete〉键删除描点，每按一次〈Delete〉键，就将删除掉一个描点，释放〈Delete〉键可以再次切换至"磁性套索工具"。

"磁性套索工具"选项栏如图 2-28 所示，通过对比可以发现除了前面几项与"矩形选框"工具选项栏相同的属性外，另外还多了 4 项重要参数，现在将对此进行解析。

图 2-28 "磁性套索工具"选项栏

- "宽度"：设置"磁性套索工具"检索的距离范围。数值越大，检测的范围越大。
- "对比度"：设置"磁性套索工具"查找物象边缘的灵敏程度。数值越小，可以越容易的检测出低对比度的边缘。
- "频率"：设置"磁性套索工具"生成的描点数量。数值越高，生成的描点越多，捕捉到的边界越准确。

（2）快速选择工具

用鼠标右键单击"工具箱"上的"快速选择工具"，将会弹出"快速选择工具"、"魔棒工具"两个子菜单，如图 2-29 所示。

图 2-29 "快速选择工具"组

单击"工具箱"上的"快速选择工具"，能够在拖拽鼠标时以单击点为基准点，将颜色相似的图像区域指定为选区，从而方便、快速地描绘选区。图 2-30 和图 2-31 分别展示的是使用"快速选择工具"对图像进行定位和描绘选区的最终效果。

图 2-30 使用"快速选择工具"对图像进行定位

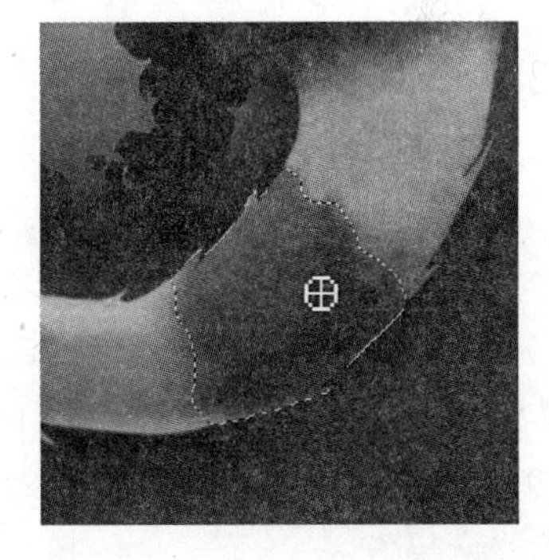

图 2-31 使用"快速选择工具"描绘选区

"快速选择工具"选项栏如图 2-32 所示。

图 2-32 "快速选择工具"选项栏

1）“新选区”：选择，用于创建一个新的选区。

2）“添加到选区”：选择，用于在原有选区的基础上添加描绘适当的选区。

3）“从选区减去”：选择，用于在原有选区的基础上减去当前描绘的选区。

4）“画笔”：单击“画笔工具”，将弹出一个关于画笔的设置框，下设“直径”、“硬度”、“间距”3个参数，调整3个参数可以更为精确地建立选区，如图2-33所示。

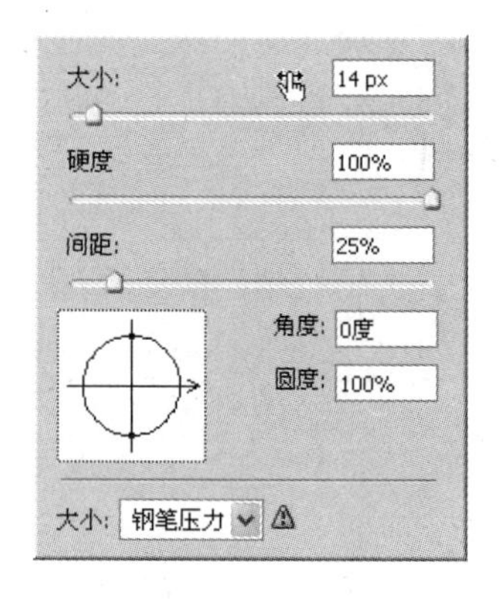

图2-33　画笔工具调板

- “直径”：设置画笔的大小，直径越大，画笔越大。
- “硬度”：设置选区的平滑度，百分比越小，画笔越柔软，选区越平滑；反之，则画笔越犀利，选区的边缘也更易出现粗糙或者块状效果。
- “间距”：对拖拽鼠标时产生连续选区的间距起决定作用，百分比越小，连续选区的间距越小，反之亦然。
- “对所有图层取样”：勾选此选项，可使所有可视图层中的数据选择颜色。反之，“快速选择工具”只从目前被选中的图层中选择颜色。
- “自动增强”：勾选此选项，对图像的边缘进行调整。减少选区边界的粗糙度和块状效果。

“魔棒工具”用来选取图像中的相近颜色或大色块的单色区域。单击“工具箱”中的“魔棒工具”，在需要选取的画面点上单击，Photoshop将自动选取出与单击的画面点颜色相近、位置相邻的其他区域。

“魔棒工具”选项栏如图2-34所示。

图2-34　“魔棒工具”选项栏

1）“新选区”：单击按钮，可以创建新的选区，当一个选区存在的情况下，使用这种选区模式绘制选区，则新选区将取代旧的选区。

2）“添加到选区”：单击按钮，可以创建出多个选区，当一个选区存在的情况下，使用这种选区模式绘制选区，则可以将再次绘制出的选区添加到现有的选区中。

3）“从选区减去”：单击按钮，当一个选区存在的情况下，使用这种模式绘制选区，则将从现有的选区中减去当前绘制的选区与已有选区的重合部分。

4）“与选区交叉”：单击按钮，可以得到新选区与已有选区相重合的部分，即数学上所说的“交集”。

5）“容差”：决定选区的精度。容差的数值越大，选区越不精确，选取的范围越大；容差的数值越小，越容易选择出与所单击到的像素非常相似的颜色，选取的范围越小。

6）“消除锯齿”：当“消除锯齿”选项被勾选的时候，可以创建出边缘比较平滑的选区。

7）“连续”：当“连续”选项被勾选的时候，选择与鼠标落点处颜色相近，位置相连的部分。

8）“对所有图层取样”：当“对所有图层取样”选项被勾选的时候，可以选择所有可视图层上颜色相近的区域；取消对这个选项的勾选，仅选择当前图层中颜色相近的区域。

注意：按住〈Shift〉键，再次在图像上单击鼠标即可以追加选区；按住“Alt”键，在图像上单击鼠标即可以减去选区。

3. 规则选择工具

“规则选择工具”指的是工具箱里的“矩形选框工具”，当右击“矩形选框工具”时，将弹出“矩形选框工具”的子面板，如图 2-35 所示，它包括“矩形选框工具”、“椭圆选框工具”、“单行选框工具”和“单列选框工具”4 个选项，下面将对它们进行详细的讲解。

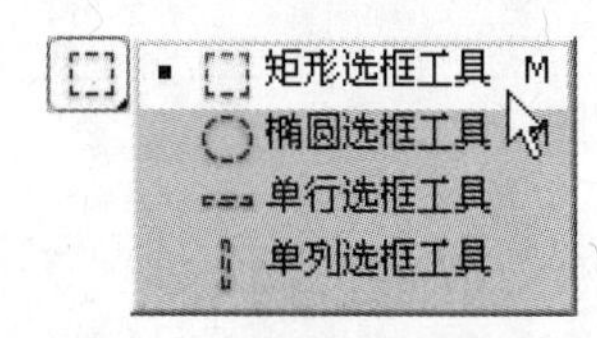

图 2-35 规则选择工具组

（1）矩形选框工具

单击工具箱上的“矩形选框工具”，在图像上单击鼠标左键并拖拽鼠标既可创建矩形选区。

- 当在页面上拖拽鼠标的同时按住〈Shift〉键，可以创建出正方形选区。
- 当在页面上拖拽鼠标的同时按住〈Alt〉键，则可以创建出以鼠标单击的点为中心点向四周发散式的选区。

注意，当在页面上拖拽鼠标的同时按住〈Shift〉键和〈Alt〉键，可以创建出以鼠标单击的点为中心点的向四周发散式的正方形选区。

当在工具箱中单击“矩形选框工具”后，在 Photoshop 的选项栏中会显示其相关选项，如图 2-36 所示，了解其选项有助于读者快速、便捷地操作“矩形选框工具”的相关命令，并通过改变其中的选项来创建出多种选区。

图 2-36 “矩形选框工具”选项栏

1）“新选区”：单击按钮，可以创建新的选区，当一个选区存在的情况下，使用这种选区模式绘制选区，则新选区将取代旧的选区。

2）“添加到选区”：单击按钮，可以创建出多个选区，当一个选区存在的情况下，使用这种选区模式绘制选区，则可以将再次绘制出的选区添加到现有的选区中。

3）“从选区减去”：单击按钮，当一个选区存在的情况下，使用这种模式绘制选区，则将从现有的选区中减去当前绘制的选区与已有选区的重合部分。

4）“与选区交叉”：单击按钮，可以得到新选区与已有选区相重合的部分，即数学上所说的“交集”。

5）“羽化”：在后面的文本框中输入任意大于 0 的数值，再创建选框，那么这时创建出来的选框边缘处于一种被半选择的状态，选框边缘被柔化。羽化的数值越大，柔化的边缘越明显。图 2-37 为羽化值分别为 0px、15px 和 30px 时创建出的选区并填充后的效果。

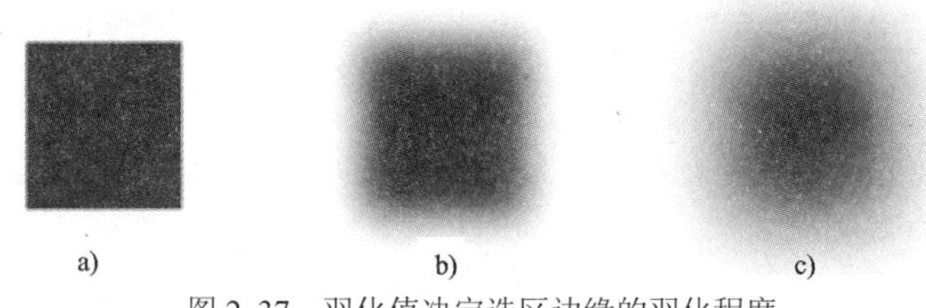

图 2-37　羽化值决定选区边缘的羽化程度

a) 羽化值为 0px　b) 羽化值为 15px　c) 羽化值为 30px

值得注意的是，如果设置的羽化数值太大，而绘制的选区很小，则会弹出一个警告对话框，如图 2-38 所示。这时降低羽化的数值，就可以避免上述情况的发生。

6）“样式”：在后面的下拉列表中选择绘制选区的方法，一共有 3 种选项，分别是“正常”、“固定比例”和“固定大小”，如图 2-39 所示。

- “正常”：默认选项，当选择该选项时，绘制出的选区不受大小、长宽的限制。

图 2-38　由于羽化值过大而弹出的警告框

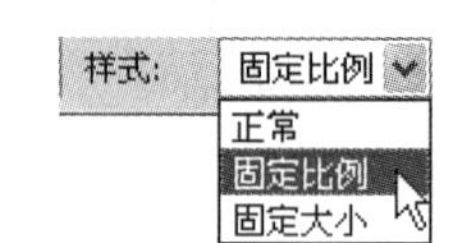

图 2-39　“样式”选项

- “固定比例”：当激活该选项时，后面的“宽度”和“高度”文本框会由原来的灰色转变为可以修改的蓝色，在其间输入数值即可限制选区的“宽度”和“高度”比例。
- “固定大小”：当激活该选项时，后面的“宽度”和“高度”文本框同样会被激活，在其间输入数值即可确定选区的“宽度”和“高度”值，此时只需用鼠标左键在图像中需要的位置单击，就可以建立出一个选区，选区大小与设定的一致。

7）“调整边缘”：单击 调整边缘... 按钮，可以打开“调整边缘”对话框，如图 2-40 所示。在该对话框中可以对“半径”、“平滑”、“羽化”、“对比度”、进行设置。

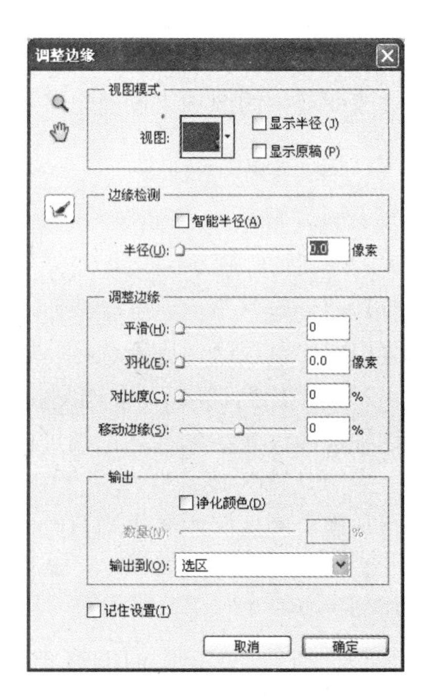

图 2-40　“调整边缘”对话框

（2）椭圆选框工具

用鼠标右击“矩形选框工具”，弹出“矩形选框工具”子面板，选择“椭圆选框工具”，在 Photoshop 的选项栏中会显示其相关选项，如图 2-41 所示，了解其选项有助于读者快速、便捷地操作“椭圆选框工具”的相关命令，通过和“矩形选框工具”选项栏对比，会发现其选项和作用和“矩形选框工具”基本相同，但“消除锯齿”是“椭圆选框工具”的一个重要选项，为其他 3 种选框工具所不具有的，现在简单地介绍下“消除锯齿”选项。

图 2-41 “椭圆选框工具”选项栏

当“消除锯齿”选项被勾选，创建出的图像选区更加细腻，反之则有明显的锯齿。

“椭圆选框工具”选项栏中的其余各项参数与“矩形选框工具”选项栏中的设置在使用方法和效果上基本一致，不再重复叙述。

单击工具箱上的“单行选框工具”和“单列选框工具”，直接利用鼠标左键单击即可创建出 1 像素高的单行选区或 1 像素宽的单列选区。

“单行选框工具”和“单列选框工具”选项栏与“矩形选框工具”基本相同，但“样式”选项不可用。

到这里为止，已经将选择工具全面的做了一个介绍，下一个小节要介绍的是移动和裁切工具。

2.3 移动和裁切工具

2.3.1 “移动工具”的使用技巧

“移动工具”可以用来移动选区、图层和参考线。

创建任意选区，单击选择“移动工具”，鼠标光标将呈现为一个形的图标，利用该鼠标可以拖动选区至任意合适位置，图 2-42 与图 2-43 分别为使用“移动工具”移动选区前、后的示意图。

图 2-42 移动选区前

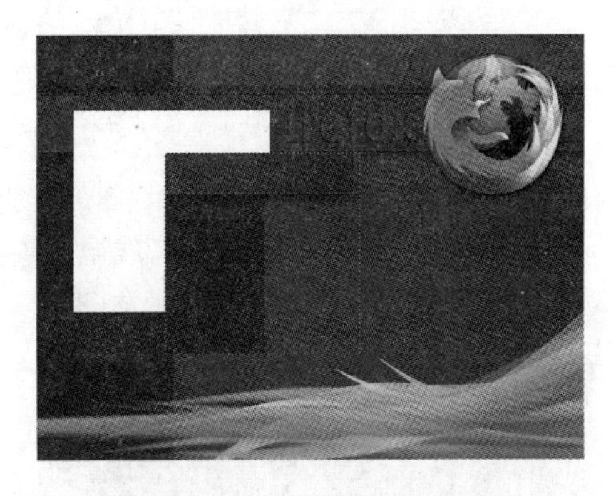

图 2-43 移动选区后

“移动工具”选项栏如图 2-44 所示。

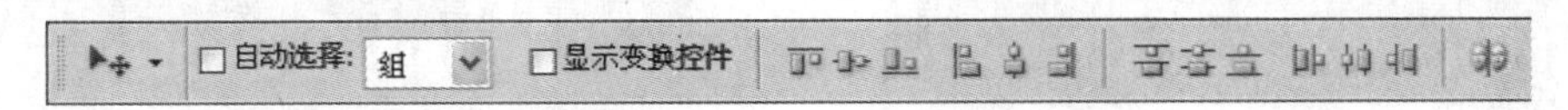

图 2-44 “移动，工具”选项栏

1）“自动选择”：当“自动选择”选项被勾选时，可以在画面中单击选择需要移动的图像，Photoshop 则可以自动在“图层”面板中选中该图像的图层。

2）“组”下拉菜单：同样在“移动工具”选项栏上有一个下拉菜单，单击下拉菜单后面的小三角，会展示出 2 个选项，分别为“组”和“图层”，如图 2-45 所示。

图 2-45 “组”下拉菜单

- “组”：当勾选“组”选项时，“移动工具”移动的是整个组里的所有图层包含的内容。
- “图层”：当勾选“图层”选项时，“移动工具”移动的是该图层上的内容。

3）“显示变化控件”：当勾选“显示变化控件”选项时，画面上图像的四周将出现 8 个控制点，如图 2-46 所示，可以使用鼠标拖拉任意控制点以改变图像的大小、角度、位置等，图 2-47 为修改后的图像效果，修改好之后将“显示变化控件”选项的勾选去掉，图像周围的 8 个控制点也随之消失，这时图像只可以移动位置，不能改变角度和大小。

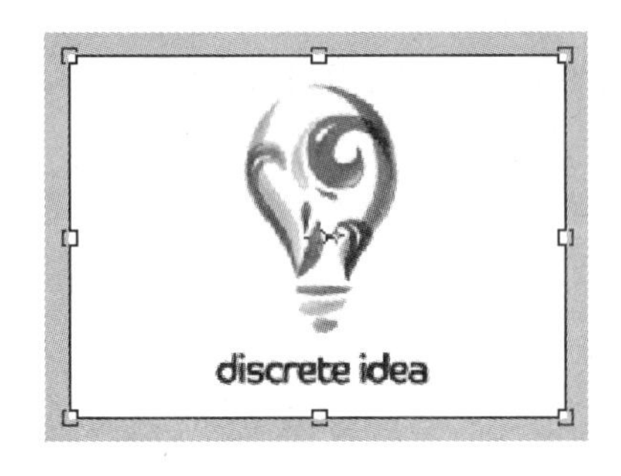

图 2-46 勾选显示变化控件后

图 2-47 通过显示变化控件对画面大小进行编辑后

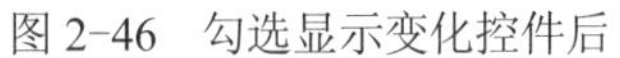

值得注意的是，“显示变化控件”选项被勾选时，其选项将展示在选项栏内，如图 2-48 所示，可以直接在选项框中输入数值，以改变图像的大小、比例、角度等。

图 2-48 “显示变化控件”选项栏

“移动工具”同样可以用于参考线的移动，单击工具箱上的“移动工具”，直接利用鼠标左键就可以在图像上拖动参考线至任意位置，图 2-49 和图 2-50 分别为利用“移动工具”移动横向参考线和纵向参考线的示意图。

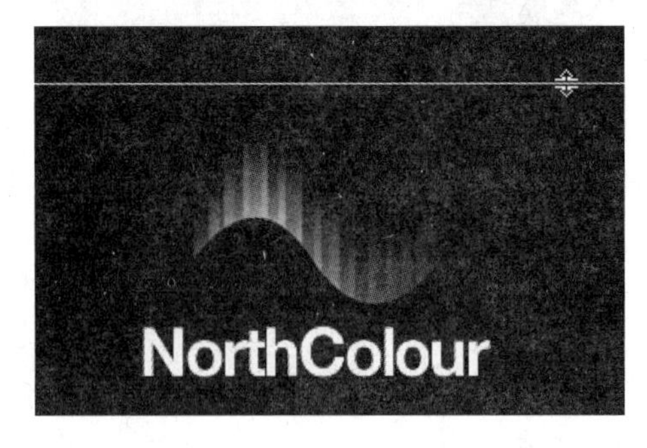

图 2-49 移动横向参考线

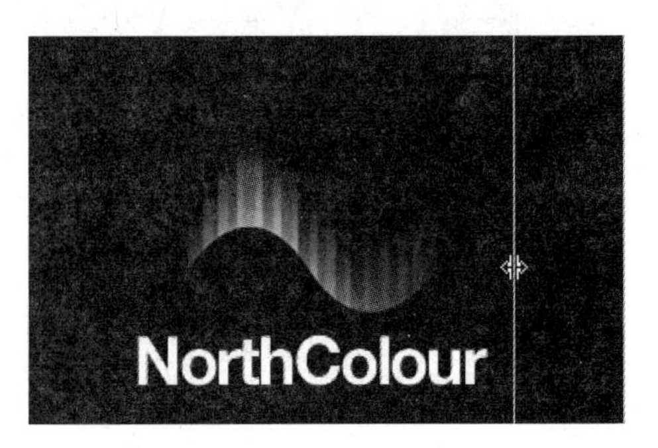

图 2-50 移动纵向参考线

2.3.2 “裁切工具”的使用技巧

“裁剪工具”是用于移去部分图像以突出或增加构图效果的过程。利用鼠标左键在画面中要保留的部分区域上拖动，创建出一个选框，这时，未被选中的区域是灰色的，可以通过对选框边缘 8 个描点的移动，取得符合用户需要大小、位置的选框，再按〈Enter〉键，完成整个裁剪过程。在第 1 章中已经讲述，在此不再重复。

2.4 “画笔工具”

【案例 2-2】 绚丽泡泡

“绚丽泡泡”案例的效果如图 2-51 所示。

图 2-51 “绚丽泡泡”案例效果图

**案例设计创意**

本案例主要是为大家讲解利用 Photoshop 软件做出绚丽泡泡的画面，这是在广告设计背景中常用到的一种效果，首先利用“圆头画笔工具”制作出泡泡的外轮廓，接着通过对图层叠加方式的更改调整不同像素的模糊营造出景深远近的效果，得到想要的绚烂、梦幻的画面。方法简单，但应用广泛。

**案例目标**

通过本案例的学习，不仅可以掌握工具箱中的“画笔工具”，还可以接触到 Photoshop 软件中的“图层样式”、“滤镜”等进阶级的命令。

**案例制作方法**

1）创建新文档，命名为“绚丽泡泡”，设置文件大小为 1920×1200 像素，分辨率为 300dpi，颜色模式为 RGB 颜色。

2）将背景图层填充为深灰色（R=38，G=38，B=38），效果如图 2-52 所示。

3）隐藏背景层，再在“图层”面板新建“图层 1”，选择“椭圆选框工具”，辅助〈Shift〉键在“图层 1”上绘制一个正圆，使用〈Alt+Delete〉组合键将前景色（R=38，G=38，B=38）

快速填充至正圆，并将该图层不透明度调整为 50%，画面效果如图 2-53 所示，图层叠加关系如图 2-54 所示。

4）在“图层”面板新建“图层 2”，执行菜单“编辑”→“描边”命令，弹出一个名为“描边”对话框，如图 2-55 所示，在对话框中设置大小为 10 像素，位置为内部，颜色为黑色。效果如图 2-56 所示。

图 2-52　填充背景图层

图 2-53　填充颜色并调整图层透明度

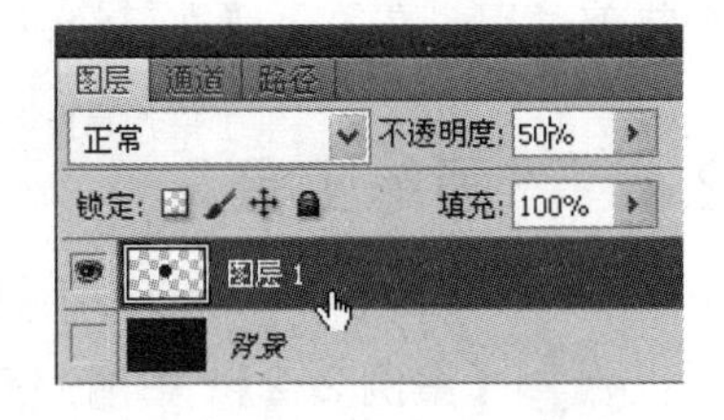

图 2-54　图层叠加关系图

5）按住〈Shift〉键，选中“图层 1”与“图层 2”，用鼠标右击选择“合并图层”，将“图层 1”与“图层 2”合并为一个图层，图层名将自动更改为“图层 2”。

6）隐藏背景图层，用鼠标单击“图层 2”并辅助〈Alt〉键将圆形载入选区，执行菜单“编辑”→“定义画笔预置”命令，为画笔命名并且单击“确定”按钮，如图 2-57 所示。

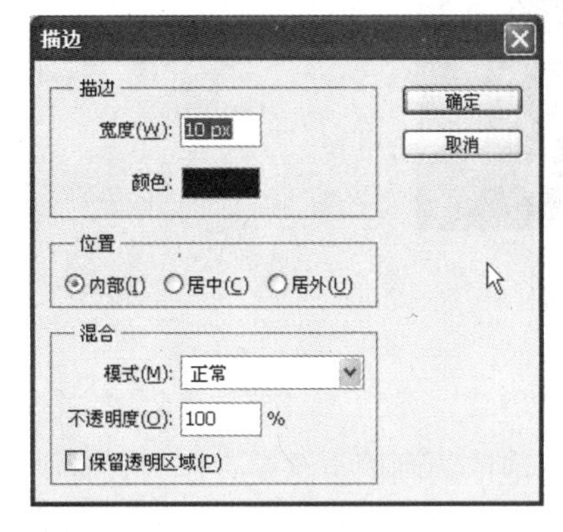

图 2-55　“描边”对话框

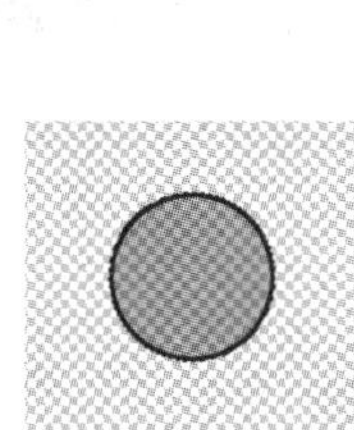

图 2-56　描边后效果

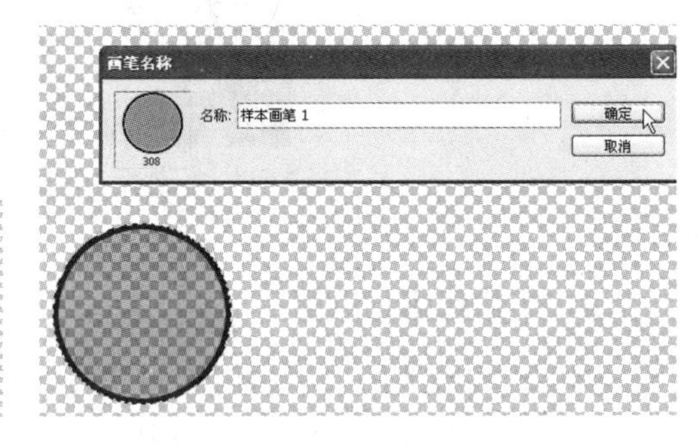

图 2-57　定义画笔

7）单击工具栏中的“画笔工具”，在“画笔工具”选项栏上选择“切换画笔工具面板”，弹出一个对话框，将笔头设置成刚刚定义的新笔头，并将“画笔笔尖形状”中的“间距”设置为 100%，如图 2-58 所示。

同时需要修改“切换画笔工具”面板中的“形状动态”、“散布”、“传递”等选项，其参数分别如图 2-59～图 2-61 所示的设置。

8）隐藏“图层 2”，使背景图层可视，创建一个“图层 3”，填充任意颜色，图层效果如图 2-62 所示。双击“图层 3”缩略图，弹出“图层样式”对话框，勾选“渐变叠加”选项，并将其参数与图 2-63 上设置一致。

9）在“图层 3”下新建一个“图层组 1”，重命名为“泡泡”，并将其“混合样式”更改为“颜色减淡”，在“泡泡”图层组里新建“图层 4”，设置前景色为白色，单击工具栏中的“画笔工具”，将画笔调整为合适大小，在“图层 4”上进行喷绘，画面效果如图 2-64 所示，图层效果如图 2-65 所示。

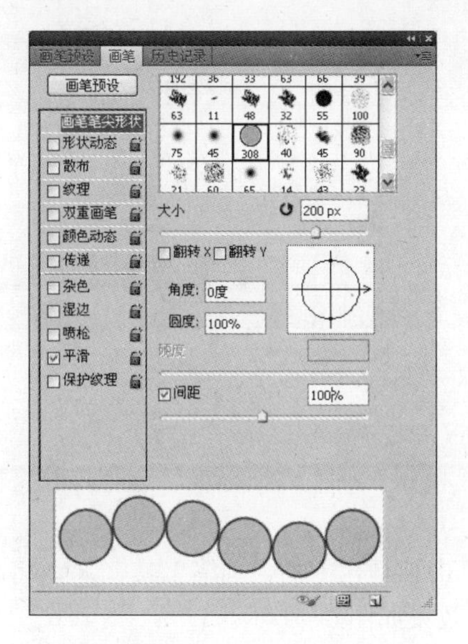

图 2-58　设置画笔间距

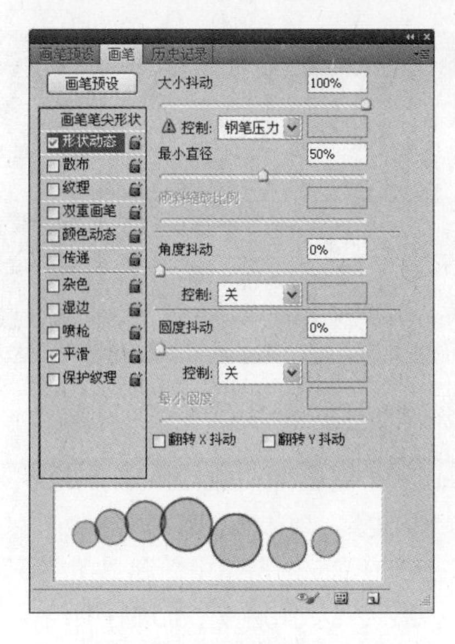

图 2-59　设置画笔形状动态

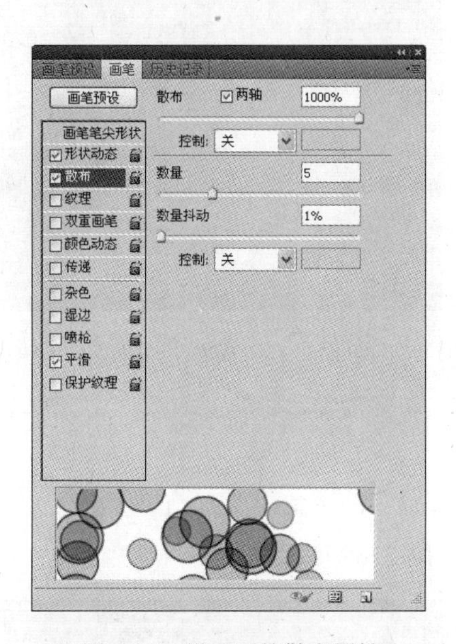

图 2-60　设置画笔散布属性

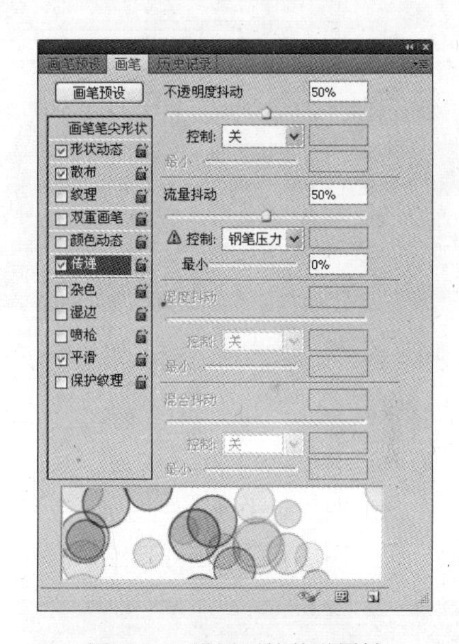

图 2-61　设置画笔传递属性

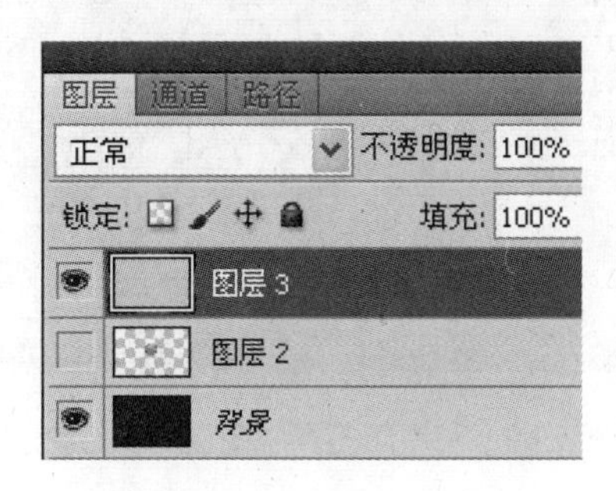

图 2-62　创建新图层并填充

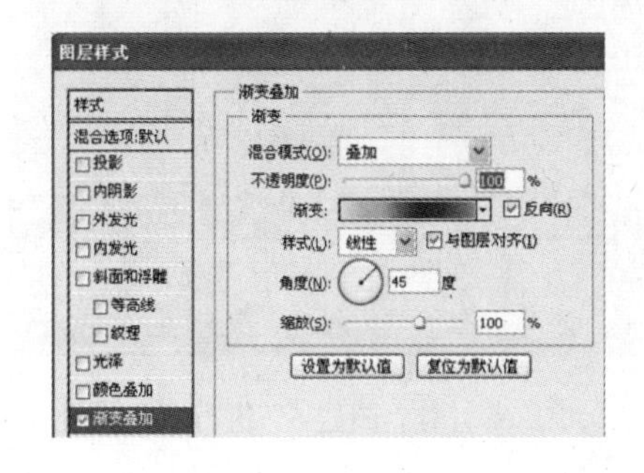

图 2-63　对“图层 3”设置图层样式

图 2-64 利用画笔在“图层 4”上喷绘

图 2-65 图层效果

10）选中“图层 4”，执行菜单“滤镜”→“模糊”→“高斯模糊”命令，并将模糊的半径设置为 15 像素，效果如图 2-66 所示。

11）在“泡泡”图层组中新建“图层 5”，单击工具栏中的“画笔工具”，将画笔调小若干尺码，继续在“图层 5”上进行喷绘，画面效果如图 2-67 示。

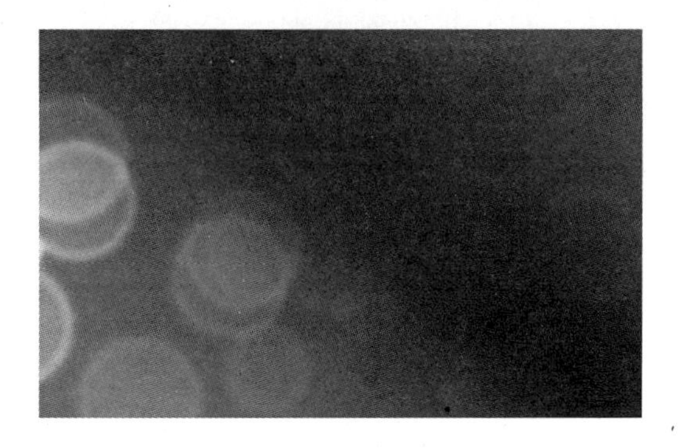

图 2-66 对“图层 4”进行高斯模糊

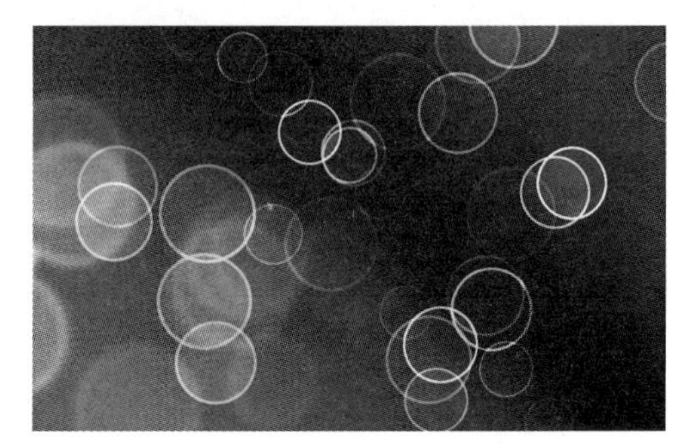

图 2-67 利用画笔在“图层 5”上喷绘

12）对“图层 5”执行菜单“滤镜”→“模糊”→“高斯模糊”命令，并将模糊的半径设置为 4 像素，效果如图 2-68 所示。

13）在泡泡图层组中新建“图层 6”，单击工具栏中的“画笔工具”，继续将画笔调小若干尺码，在“图层 6”上进行喷绘，画面效果如图 2-69 所示。

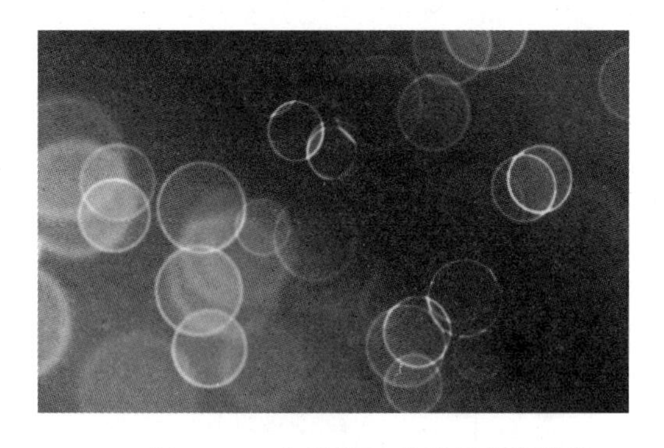

图 2-68 对“图层 5”进行高斯模糊

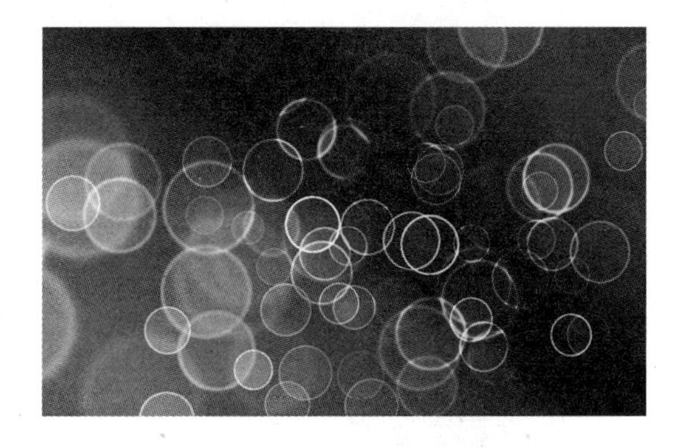

图 2-69 利用画笔在“图层 6”上喷绘

14）对“图层 6”执行菜单“滤镜”→“模糊”→“高斯模糊”命令，并将模糊的半径设置为1像素，效果如图2-63所示，即画面的最后效果。至此，整个设计制作完毕。

【相关知识】 “画笔工具”

Photoshop CS5软件中将“画笔工具”分为“画笔工具”和“历史记录画笔工具”两类。

（1）“画笔工具”

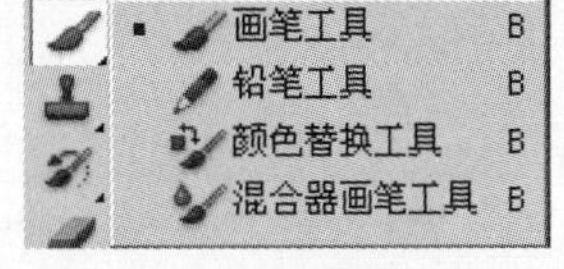

图2-70 “画笔工具”组

“画笔工具”是用于绘图的工具之一。当用鼠标右击“画笔工具”时，将弹出“画笔工具”的子面板，即“画笔工具”组，如图2-70所示，它包括“画笔工具”、“铅笔工具”、“颜色替换工具”和“混合器画笔工具”4个选项。

单击“工具箱”上的“画笔工具”，选择前景色并设置画笔属性后可在图像中绘制线条，其“画笔工具”选项栏如图2-71所示。

图2-71 “画笔工具”选项栏

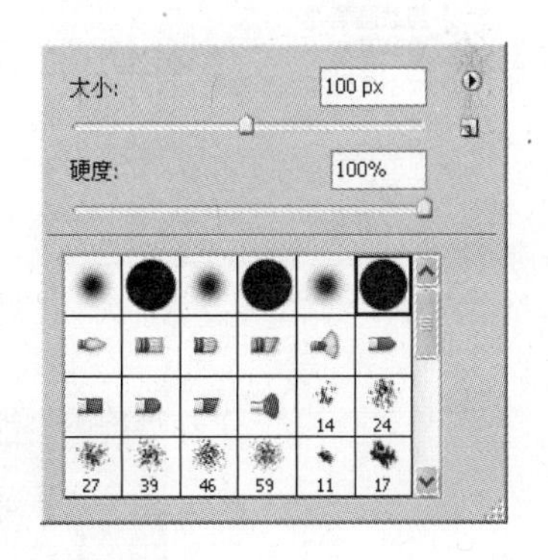

图2-72 “画笔”面板

1）“画笔工具”：单击“画笔工具”后面的倒三角形图标，在打开的下拉面板中可以预设各种画笔和画笔大小及硬度，如图2-72所示。

- “主直径”：按照像素单位调节画笔的大小，也可以通过文本框的输入直接确定画笔大小。
- “硬度”：设定画笔笔尖的硬度，笔刷的软硬程度在效果上表现为边缘的羽化程度。

2）“从此画笔创建新的预设”：单击“从此画笔创建新的预设”按钮，弹出“画笔名称”对话框，在其文本框中输入画笔名称，单击“确定”按钮，就可以将画笔样本保存下来。

3）“画笔菜单”：单击“画笔菜单”上的按钮，打开“画笔”菜单，如图2-73所示，在其间可以进行画笔样本的选择、设置画笔的显示形式、载入画笔等操作。

4）“模式”：设置用于绘图的前景色与作为画纸的背景之间的混合效果。单击“模式”选择框后面的下拉列表按钮，一共有29种混合模式可供选择。如图2-74所示，例如尝试设置混合模式为“叠加”和“色相”，分别得到图像效果如图2-75（叠加）与图2-76（色相）所示。

5）“不透明度”：用来设置画笔绘图时所绘颜色的不透明度。不透明度越高，画笔绘制的痕迹越明显，透明度越低，设置过不透明度的画笔的笔画重叠处会出现加深效果。

6）“流量”：设置画笔线条颜色的涂抹程度。流量值越小，画笔绘制的痕迹越不清晰，二者呈反比关系。

7）“喷枪”：单击画笔属性工具栏上的“喷枪”按钮，启动“喷枪”功能，在绘制过程中将模拟现实生活中的喷枪，制造出喷溅的笔墨效果，图2-77与图2-78分别为启用“喷枪”功能前后的对比。

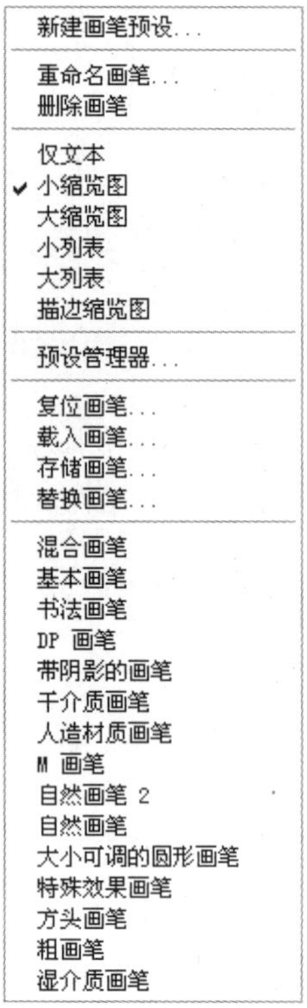

新建画笔预设...
重命名画笔...
删除画笔
仅文本
✔ 小缩览图
大缩览图
小列表
大列表
描边缩览图
预设管理器...
复位画笔...
载入画笔...
存储画笔...
替换画笔...
混合画笔
基本画笔
书法画笔
DP 画笔
带阴影的画笔
干介质画笔
人造材质画笔
M 画笔
自然画笔 2
自然画笔
大小可调的圆形画笔
特殊效果画笔
方头画笔
粗画笔
湿介质画笔

图 2-73 “画笔”菜单选项

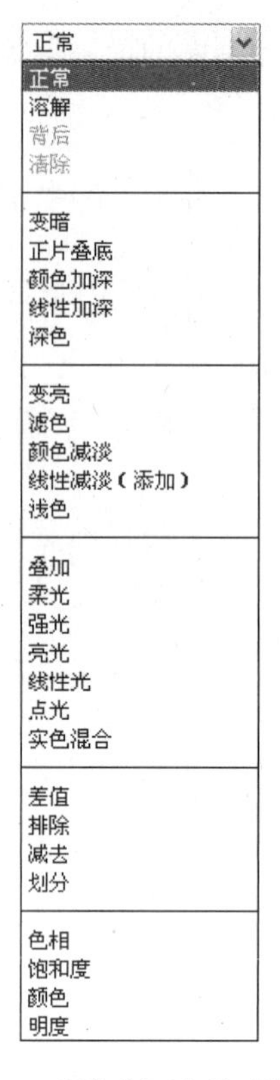

图 2-74 “模式”选项下拉菜单

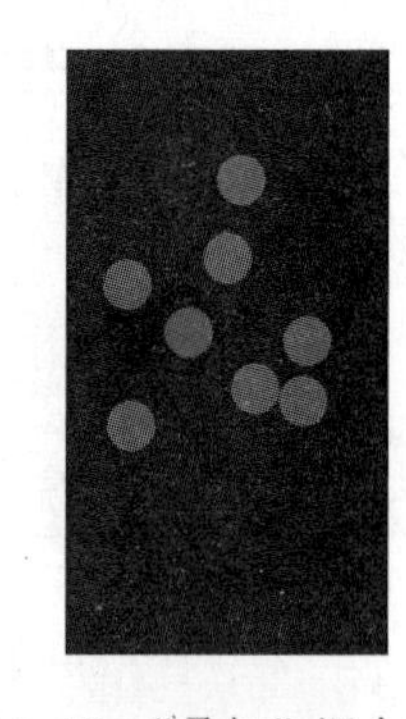

图 2-75 “叠加”混合模式

图 2-76 “色相”混合模式

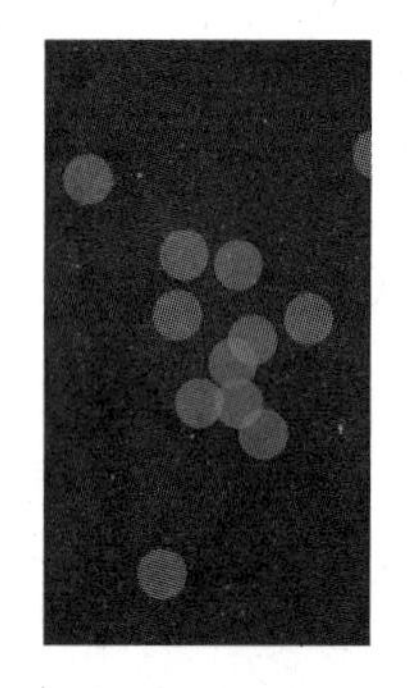

图 2-77 启用“喷枪”功能前

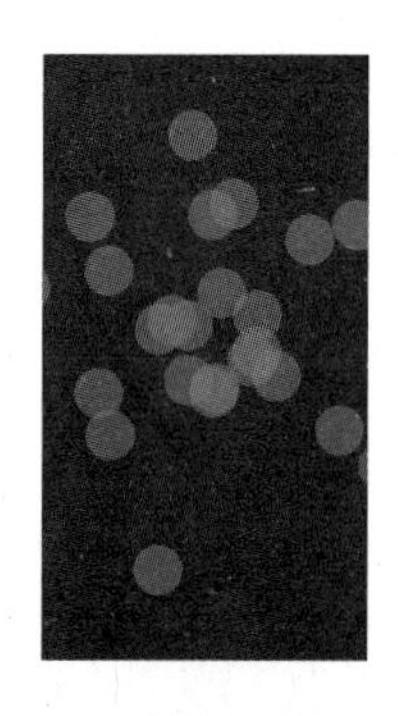

图 2-78 启用“喷枪”功能后

值得注意的是，当使用“喷枪工具”时，如果在图像中的某处按住鼠标左键不放，前景色将在鼠标单击的点出现一个颜色堆积的色点，停顿的时间越长，色点越大，其颜色也越深，直至饱和。

在菜单栏上执行“窗口”→“画笔”命令或按住〈F5〉键，将弹出“画笔”面板，其中包含了对画笔样式、主直径等 7 大模块的选择，如图 2-79 所示。

- 动态参数区：该区域中罗列了可以设置的动态参数选项，包括“画笔笔尖形状”、“形状动态”、“散布”、“纹理”、“双重画笔”、“颜色动态”和“传递”7 个选项。
- 附加参数区：该区域列出了“杂色”、“湿边”、“喷枪”、“平滑”和“保护纹理”5 个选项，可以为画笔增加一些附加效果。

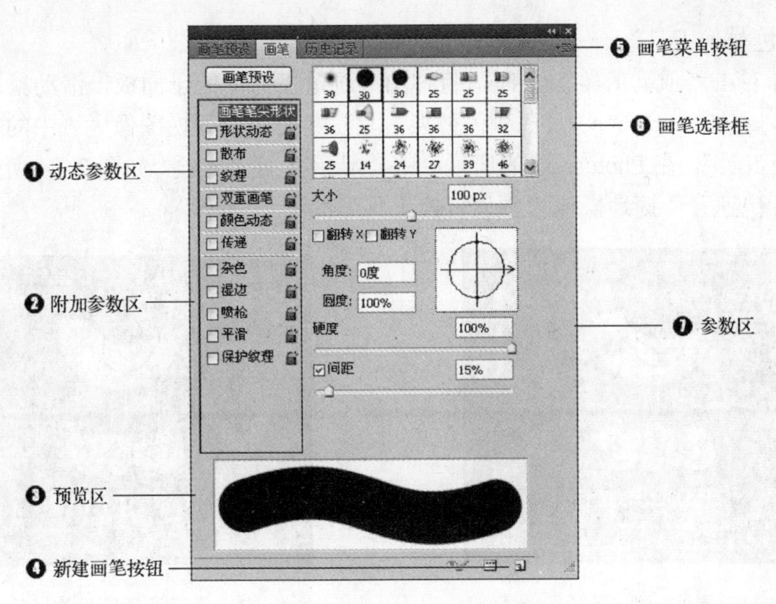

图 2-79 “画笔”面板属性图

- 预览区：在该区域中可以看到根据当前的画笔属性而显示的预览图。
- “新建画笔”按钮：单击此按钮，将弹出“画笔名称”对话框，在其中输入画笔名称，再次单击“确定”按钮，即可将新建的画笔样本保存下来。
- “画笔菜单”按钮：单击此按钮，将弹出“画笔菜单”对话框，本菜单主要是关于画笔的属性设置，如图 2-80 所示。
- 画笔选择框：该区域中罗列了数十种各式各样的画笔形式，选择不同的画笔可以产生不同的画面效果；
- 参数区：该区域列出了与当前选择选项相对应的参数，不同选项所对于的选区参数也不相同。

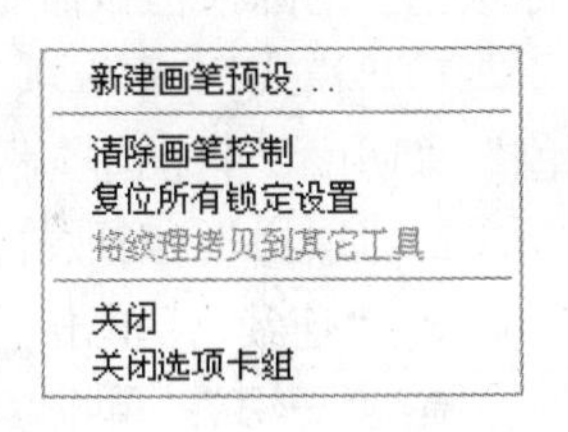

图 2-80　画笔菜单

（2）“铅笔工具”

当用鼠标右击“画笔工具”时，将弹出“画笔工具”的子面板，滑动鼠标选择“铅笔工具”，在 Photoshop 中，“铅笔工具”可用于绘制棱角分明的线条，现在对其参数设置、使用方法进行具体介绍。

“铅笔工具”的使用方法与“画笔工具”相同，但两者的不同之处在于，“铅笔工具”不能使用画笔面板中的软笔刷，只能使用硬轮廓笔刷。“铅笔工具”选项栏如图 2-81 所示。

图 2-81 “铅笔工具”选项栏

其中，除了“自动抹除”选项外，“铅笔工具”的其他选项均与画笔工具相同。在使用“铅笔工具”时，勾选“自动抹除”选项后，若落笔处不是前景色，则将使用前景色绘图；若落笔处是前景色，则将使用背景色绘图。例如，将前景色设置为红色（R=163，G=7，B=11），背景色为白色（R=255，G=255，B=255），图 2-82 与图 2-83 分别为启用“自动抹除”功能后落笔处是否前景色的对比图。

(3)“颜色替换工具”

当用鼠标右击“画笔工具”时，将弹出“画笔工具”的子面板，滑动鼠标选择“颜色替换工具”，在 Photoshop 中，“颜色替换工具”主要用于替换图像区域中的颜色，这样选择“颜色替换工具”，在 Photoshop 的选项栏中会显示其相关选项，如图 2-84 所示，了解其选项有助于读者快速、便捷地操作“颜色替换工具”的相关命令。

图 2-82　落笔处颜色与前景色不同时

图 2-83　落笔处颜色与前景色相同时

图 2-84 “颜色替换工具”选项栏

注意，虽然“颜色替换工具”能够简化图像中特定颜色的替换。可以使用校正颜色在目标颜色上绘画，但该命令不适用于“位图”、“索引”或“多通道”颜色模式的图像。

1）“模式”：本选项主要用来设置画笔与背景的混合模式，包括“色相”、“饱和度”、“颜色”、“明度”4 个选项，它们的混合效果各不相同，其中最常用的混合模式是“颜色”。

2）“取样”：对取样区域的选择，包括“连续”、“一次”、“背景色板”3 个选项。

- “连续”：单击按钮，在拖动时连续对颜色取样。
- “一次”：单击按钮，只替换第一次单击的颜色区域中的目标颜色。
- “背景色”板：单击按钮，只替换包含当前背景色的区域。

3）“限制”：用于替换指针周围位置的颜色，在下拉菜单中有 3 个选项分别为“不连续”、“连续”、“查找边缘”。

- “不连续”：替换出现在指针下任何位置的样本颜色。
- “连续”：替换紧挨在指针下的颜色邻近的颜色。
- “查找边缘”：替换包含样本颜色的连接区域，同时更好地保留形状边缘的锐化程度。

4）“容差”：可以通过在文本框中输入数值（范围为 0～255）或用鼠标左键拖动滑块来修改百分比，选取较低的百分比可以替换与所单击像素非常相似的颜色，而增加该百分比可替换范围更广的颜色。

5）“消除锯齿”：勾选此选项时，可以为所校正的区域定义平滑的边缘。

(4)“混合器画笔工具”

现在简单地对“混合器画笔工具”进行介绍。“混合器画笔工具”是 Photoshop CS5 的新功能之一，绘图板的用户可以很敏感地感觉到“混合器画笔工具”在自愿感知画笔状态的功能上有了很大的提高，包括倾斜角度、笔触压力等，并可以通过“预览”窗口实时展现出来。

用鼠标单击“混合器画笔工具”，可以任意更换笔的姿态，例如可以通过捻动笔杆调节方向，绘制出各个角度涂抹时的笔触效果，无论是利用侧锋涂出大片模糊的颜色还是用笔尖画出清晰的笔触，都可以很容易地完成。当然，这一切都是建立在使用绘图板的基础上的，假设仅仅使用鼠标，那“混合器画笔工具”只支持实时动作。

当用鼠标右击“画笔工具”时，将弹出“画笔工具”的子面板，滑动鼠标选择“混合器画笔工具”，在 Photoshop 的选项栏中会显示其相关选项，如图 2-85 所示，了解其选项有助于读者快速、便捷地操作“混合器画笔工具”的相关命令，现在对其参数设置、使用方法进行具体介绍。

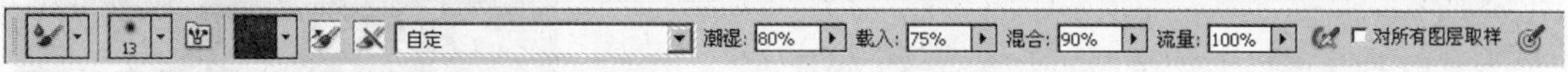

图 2-85 “混合器画笔工具”选项栏

“画笔预设”：单击“画笔预设”按钮右边的小三角，可以打开画笔的下拉列表，在这里选择所需要的画笔，描绘出各种风格的效果。

“切换画笔面板”：单击“切换画笔面板”按钮，将直接弹出“画笔”面板，以方便设置画笔参数。

“当前画笔载入”：单击“当前画笔载入”按钮，可以重新载入或者清除画笔，也可以在这里设置一个颜色，让它和涂抹的颜色进行混合，具体的混合结果则取决于后面的参数设置。

“每次描边后载入画笔”：当“每次描边后载入画笔”选项被选取时，结束每一笔画笔涂抹之后将进行更新。

“每次描边后清理画笔”：当“每次描边后清理画笔”选项被选取时，结束每一笔画笔涂抹之后将进行清理，该功能类似于画家在绘画过一笔之后是否清洗画笔的动作。

“有用的混合画笔组合”：在“有用的混合画笔组合”下拉列表中，有 13 个预先设置好的混合画笔，如图 2-86 所示，当选取某一种混合画笔时，右边的 4 个选项将可以根据读者的意愿进行参数设置。

“潮湿”：可以通过在文本框中输入数值（范围为 0～100）或鼠标左键拖动滑块来修改百分比，用来设置从画布上拾取的油彩量；

“载入”：可以通过在文本框中输入数值（范围为 0～100）或鼠标左键拖动滑块来修改百分比，用来设置画笔上的油彩量。

“混合”：可以通过在文本框中输入数值（范围为 0～100）或鼠标左键拖动滑块来修改百分比，用来设置颜色混合的比例。

“流量”：通过在文本框中输入数值（范围为 0～100）或鼠标左键拖动滑块来修改百分比，这是一个在其他“画笔工具”中常用的参数设置，可以用来设置描边的流动速率。

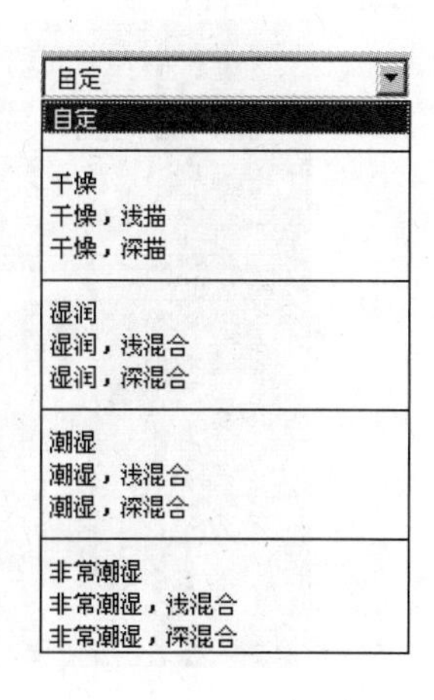

图 2-86 混合画笔属性

“启用喷枪模式”：当“启用喷枪模式”选项被选取时，画笔固定在某一位置进行描绘，会像喷枪一样起到一个喷溅效果，效果与图 2-77 和图 2-78 类似。

“对所有图层取样”：当“对所有图层取样”选项被勾选时，无论文件有多少图层，将它们作为单一合并图层看待。

值得注意的是，Photoshop CS5 中新增了快速选择颜色的方法，在按〈Ctrl+Alt+Shift〉组合键的同时，单击鼠标右键，这时画面上出现一个快捷拾色器，读者可以很方便地对颜色进行选取，而无需再单击拾色器进行颜色选取。

至此，已经将“画笔工具”的主要功能都叙述完毕，现在再通过一个小案例导入“历史记录画笔工具”。

【案例 2-3】 复现圣女果

“复现圣女果”案例的效果如图 2-87 所示。

图 2-87 “复现圣女果”效果

案例设计创意

本案例是为一家西式的冷饮店做的墙面挂画设计，在镜面一样光洁的地板上拍摄出的“圣女果”图片很好地展现了果子饱满、新鲜的特性。

案例目标

通过本案例的学习，可以掌握工具箱中的“历史记录画笔工具”，该命令与“历史记录”面板不同，它不是将整个图像恢复到初始的状态，而是对图像的局部进行恢复，因此可以对整个图像进行更细微的控制。

案例制作方法

1）将图片“复现圣女果”导入 Photoshop CS5，效果如图 2-88 所示。

2）执行菜单“图像”→“调整”→“去色”命令，或直接按〈Ctrl+Shift+U〉组合键，使整个图像去除彩色调子，变成黑白的效果，效果如图 2-89 所示。

图 2-88 导入图片

图 2-89 对图片执行去色命令

3）在工具箱中单击“历史记录画笔工具”，在其工具选项栏中设置合适的笔头、主直径、硬度、模式以及不透明度等参数。

4）按住鼠标左键在需要恢复的区域上进行涂抹，涂抹过的位置即可恢复原先的彩色效果。至此，整个设计制作完毕，效果如图 2-87 所示。

【相关知识】 “历史记录画笔工具”

Photoshop CS5 中包含两种“历史记录画笔工具”，即“历史记录画笔工具”和“历史记录艺术画笔工具”。这两种工具可以根据“历史记录”面板中所拍摄的快照或历史记录的内容涂抹出以前暂时保存的图像。当右击“历史记录画笔工具”时可以对其进行选择，如图 2-90 所示。

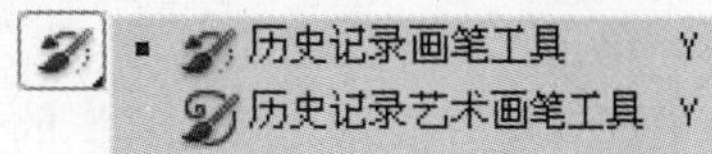

图 2-90 “历史记录画笔工具”组

（1）“历史记录画笔工具”

“历史记录画笔工具”的主要功能是恢复图像、其选项栏如图 2-91 所示，它与“画笔工具”选项栏很相似，可以用于设置画笔样式、模式以及不透明度等。

图 2-91 “历史记录画笔工具”选项栏

“画笔预设”：单击“画笔预设”按钮右边的小三角，可以打开画笔的下拉列表，可以在这里选择所需要的画笔形态。

“切换画笔面板”：单击“切换画笔面板”按钮，将直接弹出“画笔”面板，以方便读者设置画笔参数。

“模式”：在“模式”下拉列表中，有 28 个预先设置好的混合模式，如“正片叠底”、“颜色加深”等。

“不透明度”：可以通过在文本框中输入数值（范围为 0～100）或鼠标左键拖动滑块来修改百分比，用来设置画笔笔触的不透明度。

“流量”：通过在文本框中输入数值（范围为 0～100）或鼠标左键拖动滑块来修改百分比，这是一个在其他画笔工具中常用的参数设置，可以用来设置画笔笔触的出水量。

（2）“历史记录艺术画笔工具”

“历史记录艺术画笔工具”相当于“历史记录画笔工具”的升级功能，“历史记录画笔工具”只可以将局部图像恢复到指定的某一步操作时的效果，而“历史记录艺术画笔工具”可以将局部图像按照指定的历史状态转换成独特的艺术效果。图 2-92 所示是“历史记录艺术画笔工具”选项栏。

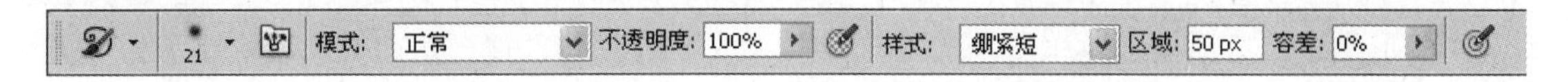

图 2-92 “历史记录艺术画笔工具”选项栏

“样式”：用于控制绘画描边的形状，在其下拉列表框中可以选择的笔刷样式，包括“绷紧短”等 10 种。

“区域”：用于调整“历史记录艺术画笔工具”所影响的范围，数值越大，影响的范围越大；反之，影响的范围则越小。

2.5 “文字工具”

Photoshop CS5 的文字工具主要用于在图像上创建文字。它们包含 4 个部分，分别是“横排文字工具”、“直排文字工具”、“横排文字蒙版工具”、“直排文字蒙版工具”。当右击“文字工具”的时候可以对它们进行选择，如图 2-93 所示。这里首先对横排文字工具进行简单的讲解。

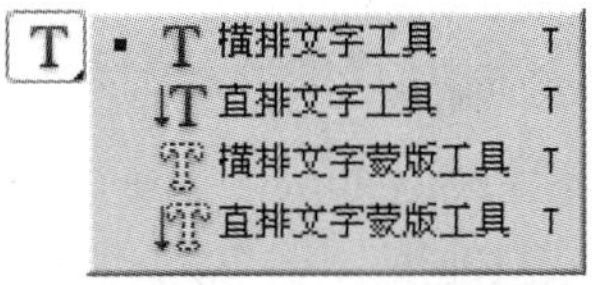

图 2-93 文字工具组

(1)“横排文字工具”

单击“横排文字工具”，其选项栏如图 2-94 所示，了解“横排文字工具”的各个选项有助于读者对“横排文字工具”的认知，现在对其选项进行逐一的阐述。

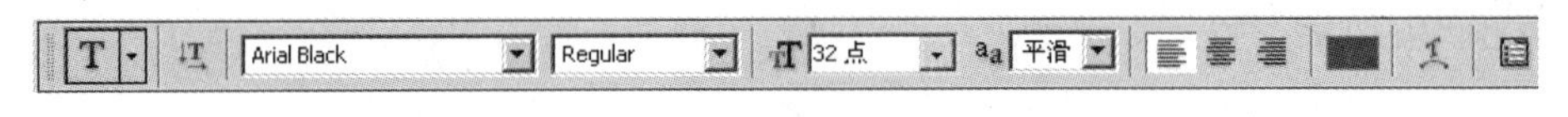

图 2-94 “横排文字工具”选项栏

“更改文本方向”：在横向排列文本与纵向排列文本中切换；选中横向排列的文本后，单击“更改文本方向”按钮，文本将自动修改为纵向排列。

“设置字体系列”：单击选项框右侧的小三角，可以在下拉菜单中选择任意系列的字体。

“设置字体样式”：单击选项框右侧的小三角，可以在下拉菜单中选择任意字体样式。

“设置字体大小”：单击选项框右侧的小三角，可以在下拉菜单中选择任意大小的字体，也可以手动在文本框中输入字号大小。

“设置消除锯齿的方法”：单击选项框右侧的小三角，可以在下拉菜单中选择任意消除锯齿的方式，一共有 5 种方式。

“左对齐文本”：单击左对齐图标按钮，被选中的文字将全部左对齐到画面的左侧。

“居中对齐文本”：单击居中对齐图标按钮，被选中的文字将全部居中对齐到画面的中间。

“右对齐文本”：单击右对齐图标按钮，被选中的文字将全部右对齐到画面的右侧。

“设置文本颜色”：单击设置文本颜色图标按钮，会弹出“选择文本颜色”对话框，如图 2-95 所示，直接利用拾色器拾取颜色，并单击“确定”按钮，以设置文本颜色。

“创建文字变形”：单击创建文字变形图标按钮，会弹出“变形文字”对话框，如图 2-96 所示，单击菜单右侧的小三角，出现与文字变形有关的下拉菜单，如图 2-97 所示，在此菜单中可以任意选择文字变形的方式。当选择了除“无”之外的任意样式，“变形文字”对话框上原来灰色的“弯曲”、“水平扭曲”、“垂直扭曲”选项均显示为可调整的模式，如图 2-98 所示，读者可以直接在文本框中输入数值以调整文字变形的尺度，图 2-99 与图 2-100 所示分别为进行“旗帜”样式设置前后的对比图。

“显示/隐藏字符和段落面板”：此选项主要用于设置字符的格式、段落等选项，以调整文字的外观。由于字符的设置比较复杂，下面将用大段的篇幅来讲解。

要设置字符的格式，必须先选择字符，然后才能进行设置。首先要在“图层”面板中选择放置文字的图层，然后单击画布中的文本，就可以进入编辑状态了，这时可以选择要编辑的字符，单击“显示/隐藏字符和段落面板”图标按钮，会弹出“显示/隐藏字符和段落面板”对话框，该对话框具有2个面板，分别为“字符”和“段落”，如图2-101与图2-102所示。

在“字符”面板中可以“设置字体系列和样式”、“设置字体大小”、“设置行距”、“调整缩放比例”、“设置文本颜色”、“设置文本特殊格式”等。在“段落”面板中可以设置字符段落格式，段落格式包括对齐方式和缩进等内容。要设置段落的格式，必须先选择段落文字，然后才能进行设置。在“段落”面板中可以设置的内容与Word软件对齐方式类似，不再详述。

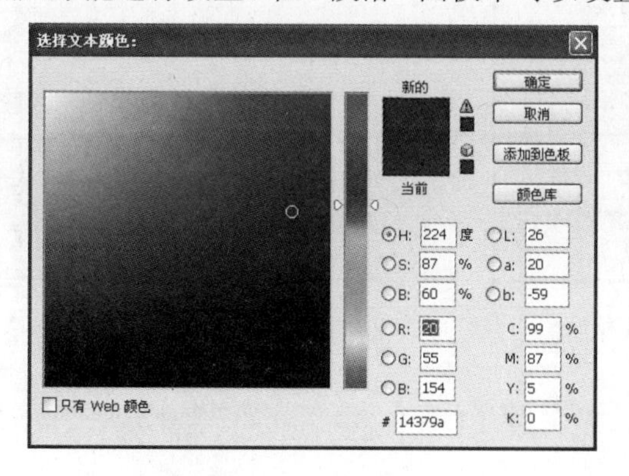

图2-95 选择文本颜色

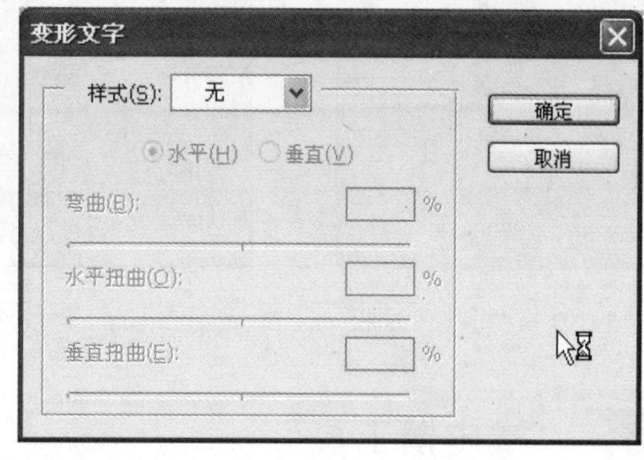

图2-96 “变形文字”对话框

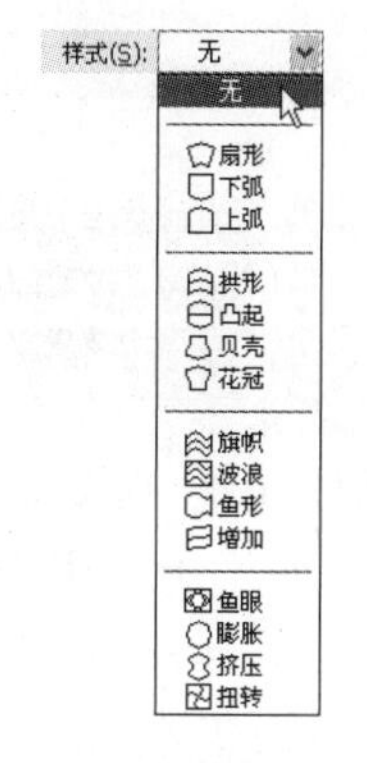

图2-97 “文字变形”下拉菜单

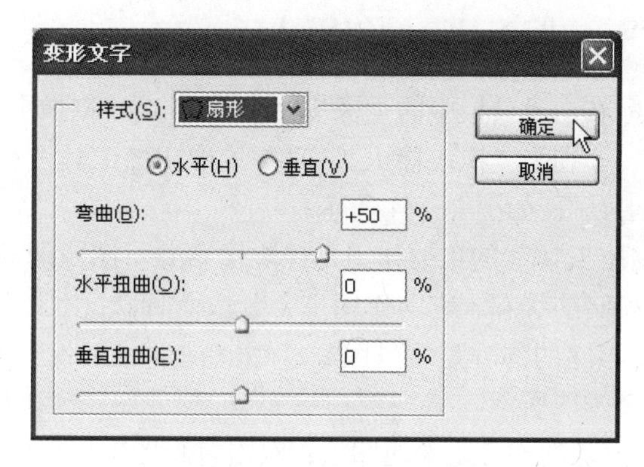

图2-98 “变形文字”对话框

photoshop

图2-99 未设置文字变形前

photoshop

图2-100 设置文字执行“旗帜”变形后

（2）其他文字工具

当用鼠标右击“文字工具”T时可以用鼠标选择“直排文字工具”直排文字工具，如图2-103所示。“直排文字工具”的属性及其设置和“横排文字工具”横排文字工具基本一致，在此不重复叙述。

当用鼠标右击“文字工具”T时可以用鼠标选择横排文字蒙版工具与直排文字蒙版工具，如图2-121所示。“文字蒙版工具”与“文字工具”不同之处在于用“文字蒙版工具”输入文字后，生成的是选区，而不会像“文字工具”那样生成文字图层。用这些文字工具可以方便地做出需要的文字效果。

另外，“横排文字蒙版工具”、“直排文字蒙版工具”与“横排文字工具”、“直排文字工具”的属性设置基本相同，不再繁述。

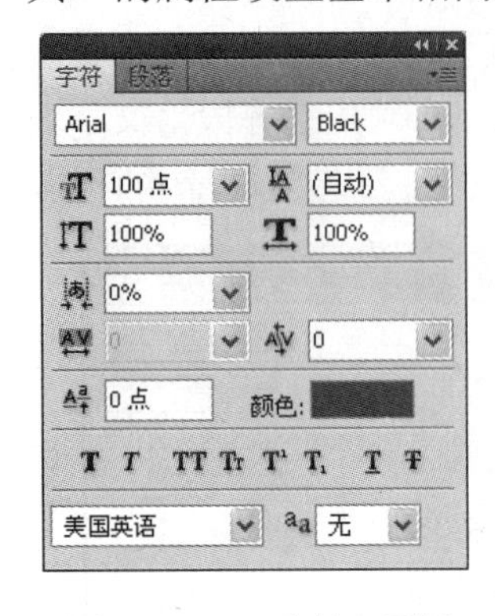

图 2-101 “字符”面板

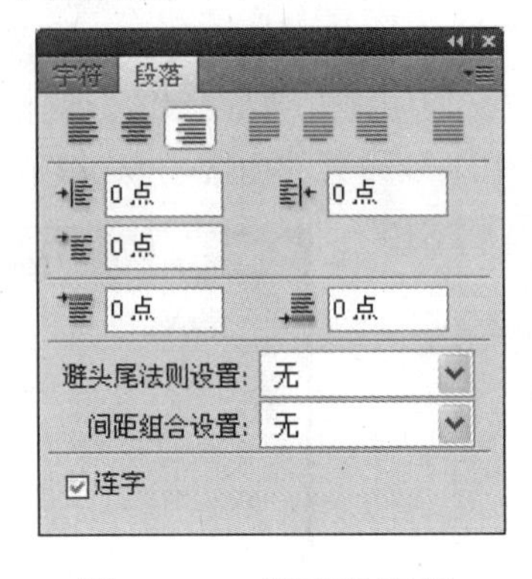

图 2-102 “段落”面板

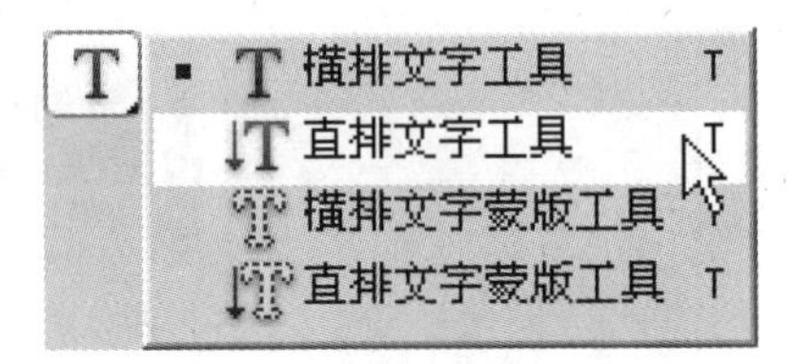

图 2-103 “文字工具”组

2.6 “橡皮擦工具”

2.6.1 “橡皮擦工具”的使用技巧

用鼠标右击工具栏中的“橡皮擦工具”，将弹出 3 个扩展工具，分别为“橡皮擦工具”“背景橡皮擦工具”和“魔术橡皮擦工具”，如图 2-104 所示。

图 2-104 橡皮擦工具组

“橡皮擦工具”，的主要作用是抹除像素并将图像的局部恢复到以前存储的状态。它的作用主要分成两种状况。

1）要擦除的部分是背景图层：用“橡皮擦工具”擦除的部分将显示出设定的背景色颜色，如图 2-105 所示。

2）要擦除的部分是普通图层：双击背景图层可以将背景图层转换为普通图层，这时背景图层显示的名称为“图层 0”，此时用“橡皮擦工具”擦除的部分会呈现透明区显示（即马赛克状），如图 2-106 所示。

图 2-105 用“橡皮擦工具”擦除背景图层

图 2-106 用“橡皮擦工具”擦除普通图层

当使用鼠标单击“橡皮擦工具”后，在 Photoshop 的选项栏中会显示其相关选项，如图 2-107 所示，了解其选项有助于读者快速、便捷地操作“橡皮擦工具”的相关命令。

“画笔预设”：单击“画笔预设”按钮右边的小三角图标，将弹出相应对话框，如图 2-108 所示，可设置“橡皮擦工具”的大小以及软硬度。

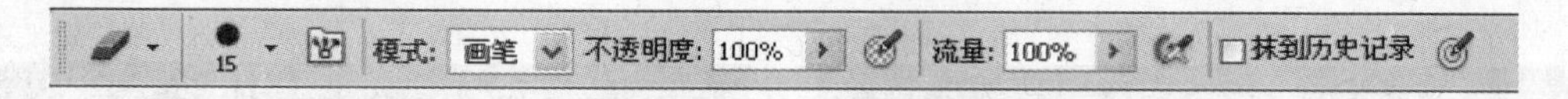

图 2-107 “橡皮擦工具”选项栏

“模式”：单击“模式”菜单后面的小三角，将弹出 3 个选项，分别是“画笔”、“铅笔”和“块”，滑动鼠标可以选择其中任意一个选项，如图 2-109 所示。

- “画笔”：“画笔”的边缘显得比较柔和，选择不同的“画笔”可以改变“画笔”的软硬程度，如图 2-110 所示。

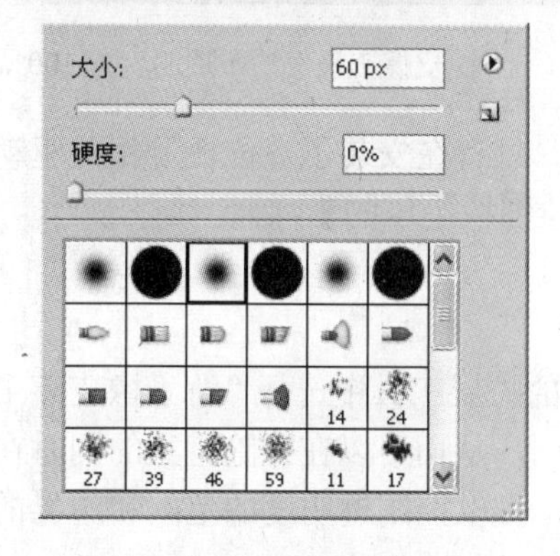

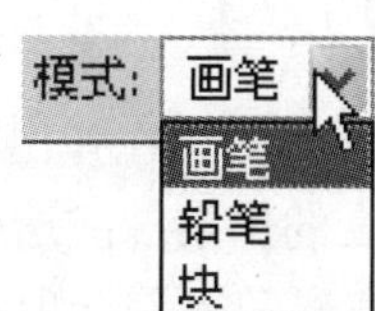

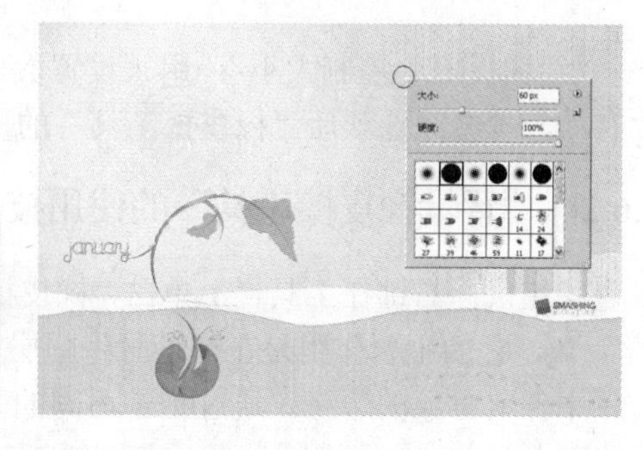

图 2-108 “画笔预设”对话框　图 2-109 “模式”菜单　图 2-110 模式为“画笔”时

- “铅笔”：“铅笔”的边缘是尖锐的，如图 2-111 所示。
- “块”：“块”是指具有硬边缘和固定大小的方形，并且不提供用于更改不透明度或流量的选项，如图 2-112 所示。

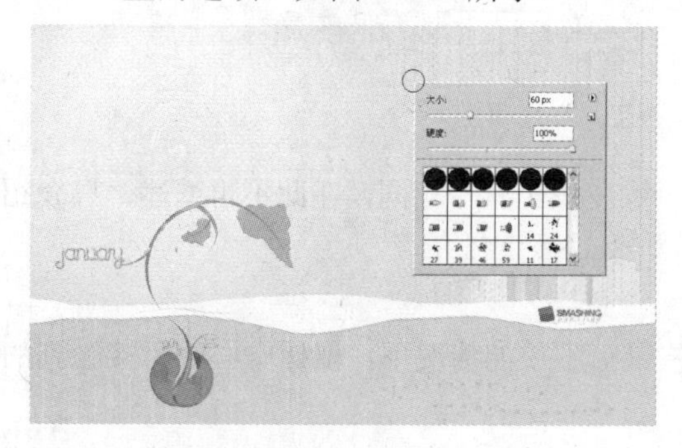

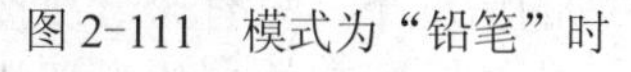

图 2-111 模式为“铅笔”时　图 2-112 模式为“块”时

“不透明度”：当“不透明度”为 100%时，“橡皮擦工具”可以 100%地将上面的文字或者是图案擦除掉；如果“不透明度”设置除 100%之外的任意数值，如 50%，擦除图画时不能全部将画面擦除掉而呈显透明的效果。图 2-113 与图 2-114 分别是“橡皮擦工具”的不透明度为 50%和 100%时的擦除效果。

“流量”：设置橡皮擦的涂抹程度。流量值越小，画笔绘制的痕迹越不清晰，二者呈反比关系；

“经过设置可以启用喷枪功能”：用鼠标单击“橡皮擦工具”选项栏上的“喷枪”按钮，启动“喷枪”功能，在擦除过程中将模拟现实生活中的喷枪，制造出喷溅的笔墨效果。

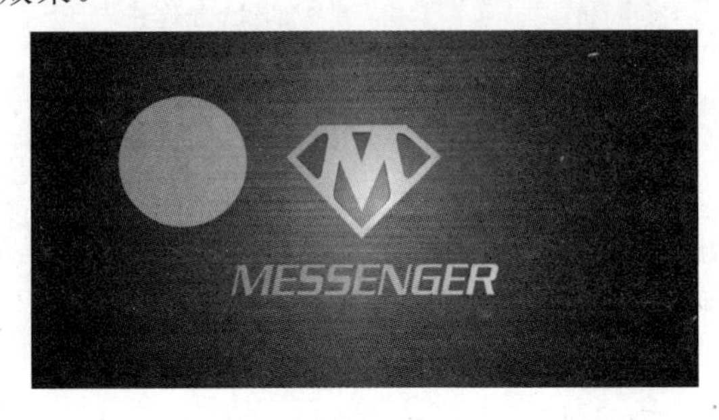

图 2-113 “橡皮擦工具”的不透明度为 50%

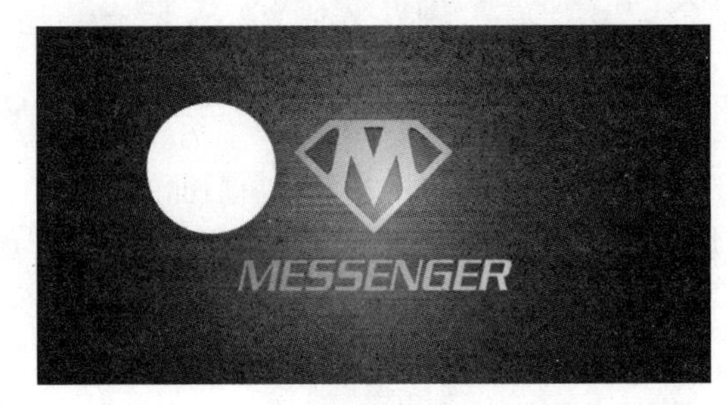

图 2-114 “橡皮擦工具”的不透明度为 100%

“绘图板压力控制大小”：用来设置数位板的笔刷压力。只有在安装了数位板及相关驱动才有效，勾选此选项后“橡皮擦工具”的擦除情况将受到绘图板笔压的影像。

2.6.2 “背景橡皮擦工具”的使用技巧

使用鼠标右键在工具栏上单击“橡皮擦工具”，在弹出的扩展工具中选择“背景橡皮擦工具”，它的主要作用是在拖动时将图层上的像素抹成透明，从而可以在抹除背景的同时在前景中保留对象的边缘。通过指定不同的取样和容差选项，可以控制透明度的范围和边界的锐化程度。

当使用鼠标左键单击“背景橡皮擦工具”后，在 Photoshop 的选项栏中会显示其相关选项，如图 2-115 所示，了解其选项有助于读者快速、便捷地操作“背景橡皮擦工具”的相关命令。

图 2-115 “背景橡皮擦工具”选项栏

“背景橡皮擦工具”选项栏中的部分工具与“橡皮擦工具”相同，在此不再繁述，只介绍“背景橡皮擦工具”独有的工具。

首先是“背景橡皮擦工具”的取样。

“连续”：单击选择“连续”按钮，在按住鼠标不放的情况下，鼠标中心的所接触到的颜色都会被擦除掉。

“一次”：单击选择“一次”按钮，在按住鼠标不放的情况下，只有第一次接触到的颜色才会被擦掉，如果同时经过几个不同的颜色，则除了第一个接触到的颜色之外其余颜色均不会被擦除。

“背景色版”：单击选择“背景色版”按钮，擦掉的仅仅是背景色设定的颜色，假如将背景色设定为黄色，前景色设定为绿色，而需要擦除的图片上的背景是蓝色的，物体是黄色的，当用“背景橡皮擦工具”一笔从图片的背景和物体上同时划过时，会发现被擦除的只有和背景色相同的黄色物体区域。

下面介绍“背景橡皮擦工具”的限制，包括 3 个选择，分别为“不连续”、“连续”、“查找边缘”，如图 2-116 所示。

限制: 连续
不连续
连续
查找边缘

图 2-116 “限制”选项

“不连续”：在画面上用“笔刷工具”画一个封闭的线条，然后选择“橡皮擦工具”，如图 2-117 所示，选择“不连续”，而在取样内定义为“连续”。当把橡皮擦放大到能覆盖整个封闭线条里的颜色时单击，读者会发现，鼠标中心点周围所覆盖的颜色都被擦除了，如图 2-118 所示。

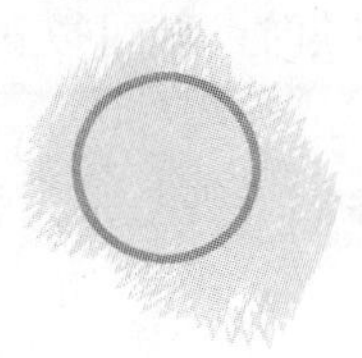

图 2-117 绘制封闭线条

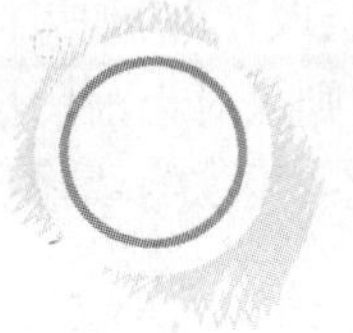

图 2-118 限制为“不连续”，取样定义为“连续”

“连续”：假如选择的是“连续”，取样依旧定义为“连续”，再次用“橡皮擦工具”单击，此时鼠标圆形区域的颜色被擦掉了，而线条外面的颜色却没有被擦除，如图 2-119 所示。

“查找边缘”：假如选择的是“查找边缘”，取样依旧定义为“连续”，这次用“橡皮擦工具”单击圆形区域的边缘，读者会发现只有边缘处的颜色被擦除，而圆形区内或外的颜色均未被擦除，如图 2-120 所示。

图 2-119 限制为“连续”

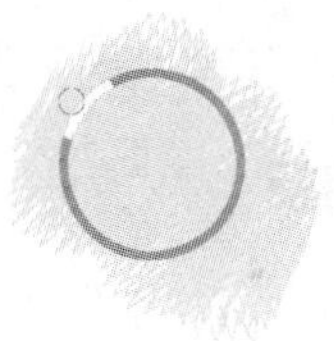

图 2-120 限制为“查找边缘”，取样定义为“连续”

“容差”：主要用来设置鼠标的擦除范围，容差越大，擦除的范围就越大。

“保护前景色”：如果“保护前景色”的复选框没有勾选的话，则将前景色设定为黄色，在图片上用前景色填充一个色块，选取“背景橡皮擦工具”擦去图像上的颜色，此时，凡是鼠标经过的地方都被擦除了。

如果“保护前景色”的复选框已经勾选，再次用“背景橡皮擦工具”擦去图像上的颜色，此时凡是鼠标经过的地方都被擦除了，只有用前景色设置的图像没有被擦除。

2.6.3 “魔术橡皮擦工具”的使用技巧

使用鼠标右键在工具栏上单击“橡皮擦工具”，在弹出的扩展工具中选择“魔术橡皮擦工具”，它的特别之处在于只需单击一次即可将纯色区域擦抹为透明区域。

当使用鼠标左键单击“魔术橡皮擦工具”后，在 Photoshop 的选项栏中会显示其相关选项，如图 2-121 所示，了解其选项有助于读者快速、便捷地操作“魔术橡皮擦工具”的相关命令。

容差: 32 ☑消除锯齿 ☑连续 □对所有图层取样 不透明度: 100%

图 2-121 “魔术橡皮擦工具”选项栏

“容差”：主要用来设置鼠标的擦除范围，容差越大，擦除的范围就越大。

“消除锯齿”：当“消除锯齿”选项被勾选，擦除的颜色后的图形比较干净，不带有锯齿边缘。

“连续”：如果“连续”选项未被勾选，只要用“魔术橡皮擦工具”单击画面上的某一个纯色块，就可以将整个色块擦除，即使色块与其他色块中间有粘连的地方，也可以跨过其他色块被清除干净。

“对所有图层取样”：如果图像上有多个图层，勾选此选项时，就可以对该图像的所有图层进行修改，否则只对当前图层进行修改。

“不透明度”：用法与“橡皮擦工具”相同，在此不再赘述。

2.7 “渐变工具”和颜料桶

【案例 2-4】 圆柱体的制作

“圆柱体的制作”案例的效果如图 2-122 所示。

案例设计创意

本案例制作的是在一个平面里创造出一个立体的圆柱，具有三维空间里的透视及明暗关系。

案例目标

通过本案例的学习，不仅可以掌握工具箱中的“渐变工具”及其设置，还可以复习使用“矩形选框工具”等基础工具命令。

图 2-122 “圆柱体的制作”效果

案例制作方法

1）在 Photoshop CS5 中新建一个文件，并为它命名为“圆柱”，效果如图 2-123 所示。

2）在工具箱里选择“渐变工具”，并在其选项栏中单击“编辑渐变工具”，弹出“渐变编辑器”属性框，将色标设定至图 2-124 所示。

3）利用鼠标在“背景”图层上由下而上画线进行填充，填充效果如图 2-125 所示。

4）在“图层”面板上单击“创建新图层”按钮，创建出一个新图层，名为“图层 1”。

5）在工具箱中选择“矩形选框工具”，在“图层 1”中绘制一个矩形选框，如图 2-126 所示。

6）在“工具箱”里选择“渐变工具”，并在其选项栏中单击“编辑渐变工具”，弹出“渐变编辑器”属性框，将色标设定至图 2-127 所示，尤其要注意的是反光的设定。

7）在“矩形选框工具”内从左至右进行渐变，然后使用〈Ctrl+D〉组合键取消选框选择，效果如图 2-128 所示。

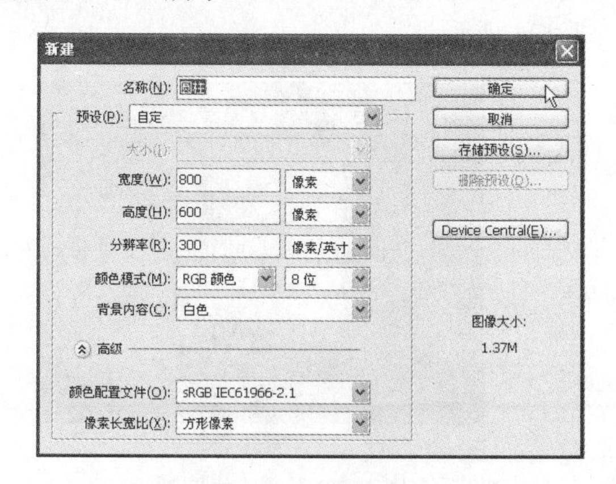

图 2-123　新建文件

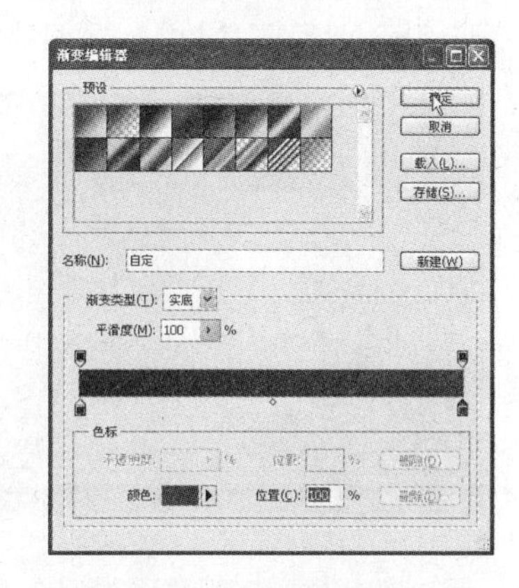

图 2-124　在渐变编辑器中编辑色标

图 2-125　填充后效果

图 2-126　绘制矩形选框

图 2-127　在渐变编辑器中设定色标位置

图 2-128　在矩形选框中填充渐变

8）在“图层”面板上单击“创建新图层”按钮，创建出一个新图层，名为“图层 2”。在工具箱中选择“椭圆选框工具”，在“图层 2”中的合适位置绘制一个椭圆选框，如图 2-129 所示。

9）在工具箱中选择“油漆桶工具”，并将前景色设置为灰色（R=187，G=187，B=187）并填充，效果如图 2-130 所示，注意不要取消椭圆选框的选择。

10）利用键盘上的向下移动键移动椭圆选框至合适的位置，在工具箱中选择“矩形选框工具”的同时，按住〈Shift〉键加选，如图 2-131 所示。

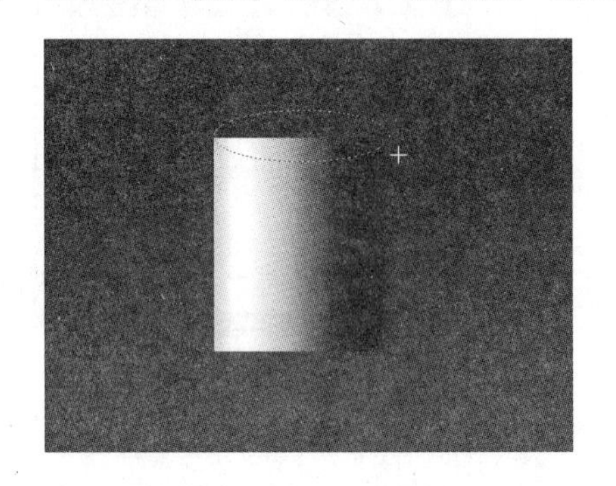

图 2-129　绘制椭圆选框

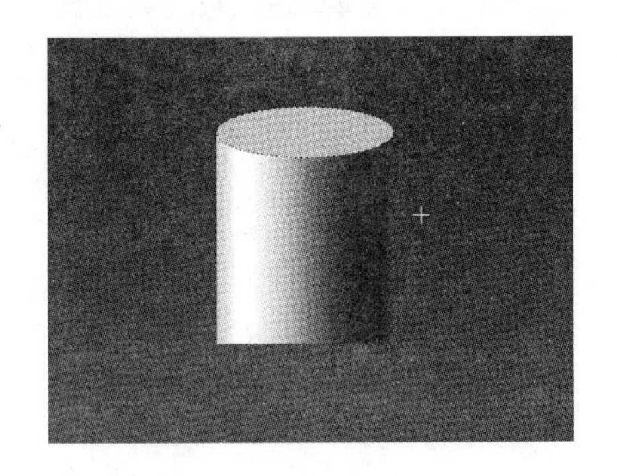

图 2-130　填充椭圆选框

11）选择菜单“选择”→“反向”命令进行反选，按〈Delete〉键，删除不需要的部分，完成圆柱体的制作，效果如图 2-132 所示。

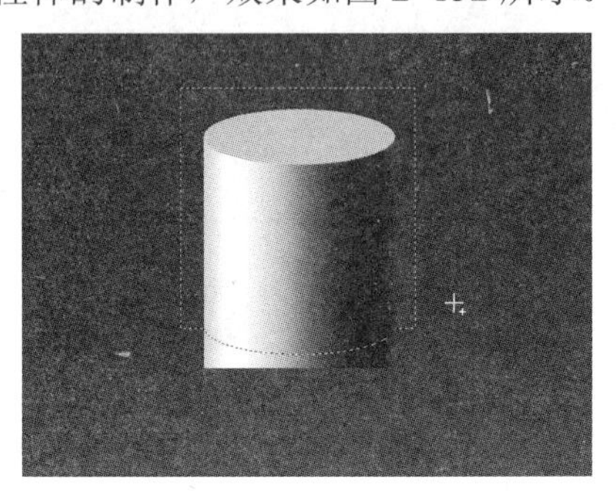

图 2-131　移动椭圆选框并加选

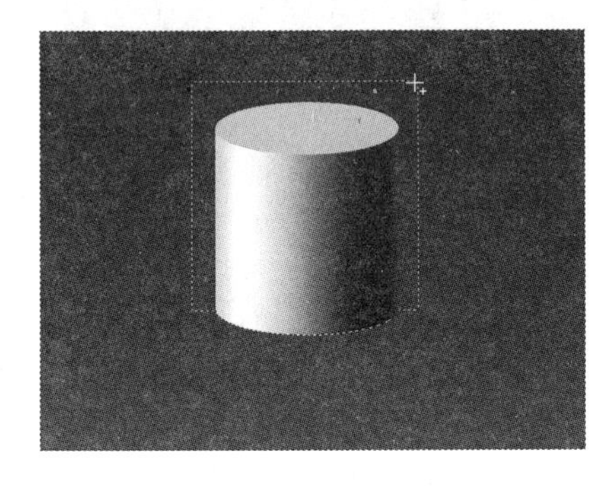

图 2-132　反选删除不需要的部分

【相关知识】　“渐变工具”

Photoshop CS5 的“渐变工具”主要用于创建不同颜色间的混合过渡效果。它和“油漆桶工具”属于同一个工具组。当用鼠标右击“渐变工具”时可以对它们进行选择，如图 2-133 所示。

图 2-133 “渐变工具”组

单击“渐变工具”，其选项栏如图 2-134 所示。

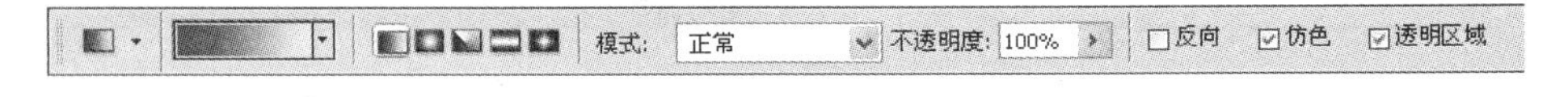

图 2-134　“渐变工具”选项栏

“渐变编辑器”：单击“渐变编辑器”的编辑框右侧的小三角，将弹出“渐变编辑器”对话框，如图 2-135 所示，可以通过其内容的修改设定渐变色，它包括以下几个子选项，这里进行具体介绍。

- “预设渐变”：此区域列举了当前可以直接选用的渐变类型，读者只需要单击就可以选中需要的渐变，使用渐变选择框来选择已有的预设渐变，可以提高工作效率。

- “对话框菜单”：单击“渐变编辑器”编辑框“预设渐变”上方的图标，可以调出此菜单，本菜单主要用以控制渐变的显示方式、复位及替换渐变。

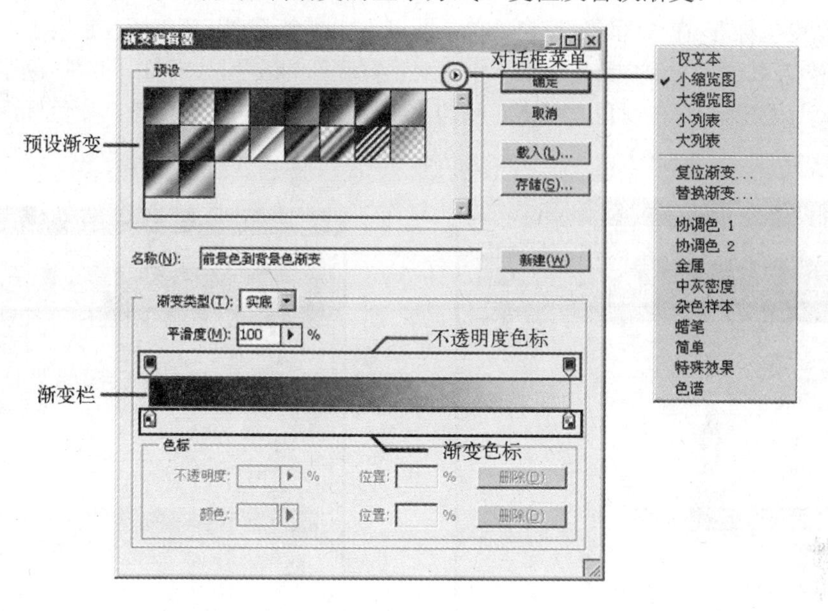

图 2-135　渐变编辑器

- “渐变类型”：包括“实底”和“杂色”2 个选项，前者可以创建平滑的颜色过渡效果，后者则用于创建粗糙的渐变质感效果。
- “平滑度/粗糙度”：在“渐变类型”下拉菜单中选择“实底”选项时，此处显示为“平滑度”，如图 2-136 所示，平滑度数值越大则越平滑；当选择“杂色”选项时，此次显示为“粗糙度”，如图 2-137 所示，粗糙度数值越大则越粗糙；

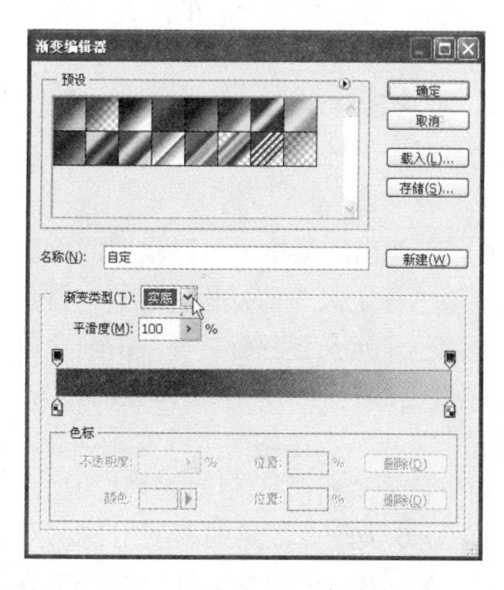

图 2-136　“渐变类型”为“实底”时

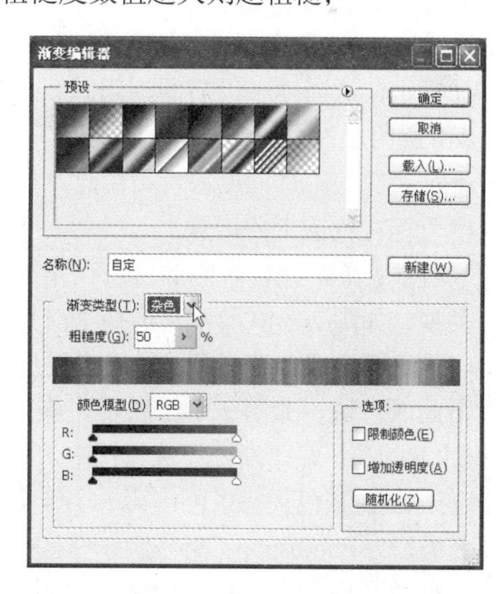

图 2-137　“渐变类型”为“杂色”时

- “不透明度色标”：在该区域的空白处单击即可添加一个新的不透明度色标，它用于制作透明渐变，且可以左右移动位置以调整对应的渐变位置。在选择该色标的情况下，在对话框底部的“不透明度”输入框中输入数值可以设置当前色标的透明属性，单击最右侧的“删除”按钮即可删除当前不透明度的色标，如图 2-138 所示。

- “渐变色标”：在该区域的空白处单击即可添加一个新的渐变色标，它用于控制渐变中的颜色及其位置。选择该色标后，单击对话框底部的颜色，在弹出的“拾色器”对话框中可以改变该色标的颜色，单击右侧的“删除”按钮即可以删除该渐变色标，如图 2-139 所示。

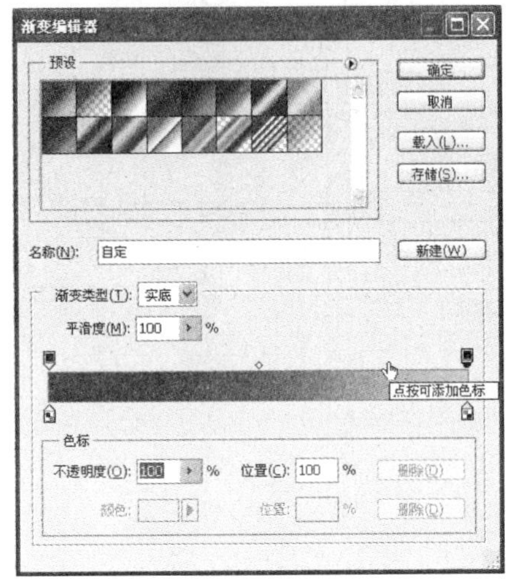
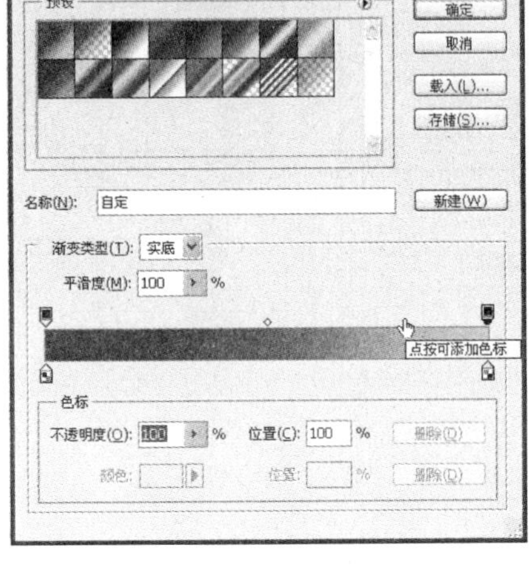

图 2-138　添加新的不透明色标

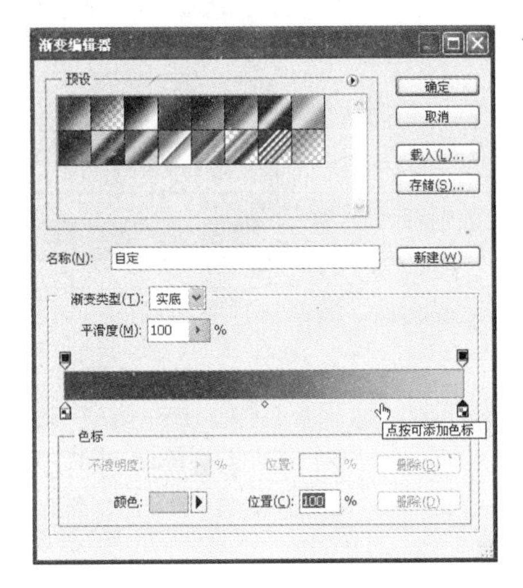

图 2-139　添加新的渐变色标

- “存储”：单击对话框右侧的“存储”按钮，可以将当前对话框中的渐变保存为一个文件。
- “载入”：单击对话框右侧的“载入”按钮，可以将当前对话框中已有的渐变文件载入进来。
- “新建渐变”：单击对话框右侧的“新建”按钮可以将当前设置的渐变保存至渐变选择框中，从而便于以后的调用。
- “不透明度”：当选中“不透明度”色标时，此参数被激活，输入数值可以控制与此色标对应的不透明度属性。在此参数后面的“位置”参数则用于控制当前所选不透明度色标在色谱上的位置。
- “颜色”：单击此块右侧的黑色三角形按钮，在弹出的菜单中可以设置此色块的颜色类型，如图 2-140 所示。选择“前景”以将该色标定义为前景色，选择“背景”可以将该色标定义为背景色。如果需要选择其他颜色来定义该色标，可双击渐变色标或单击此颜色块，如图 2-141 所示，在弹出的“拾色器”对话框中选择颜色。

值得注意的是：在“渐变”选择框中，默认情况下最顶端左侧的两个渐变是动态的，其中第一个渐变是从前景色到背景色；第二个渐变是从前景色到透明；第三个则默认为黑白渐变。

“渐变类型”：Photoshop CS5 为用户提供了可以创建 5 类渐变效果的渐变工具，分别为“渐变工具”、“径向渐变工具”、“角度渐变工具”、“对称渐变工具”和“菱形渐变工具”，单击不同的渐变工具图标，可以绘制出不同的渐变效果。如图 2-142 所示。

“模式”：用来设置渐变颜色与背景图层的混合模式。单击“模式”选项右侧的小三角，将弹出 26 个混合选项。

“不透明度”：此参数用于设置渐变效果的不透明度，数值越小越透明。

“反向”：勾选该选项，当前渐变以相反的颜色顺序进行填充。

“仿色”：勾选该选项，可以平滑渐变中的过渡色，以防止在输出混合色时出现色带效果，从而导致渐变过渡出现跳跃。

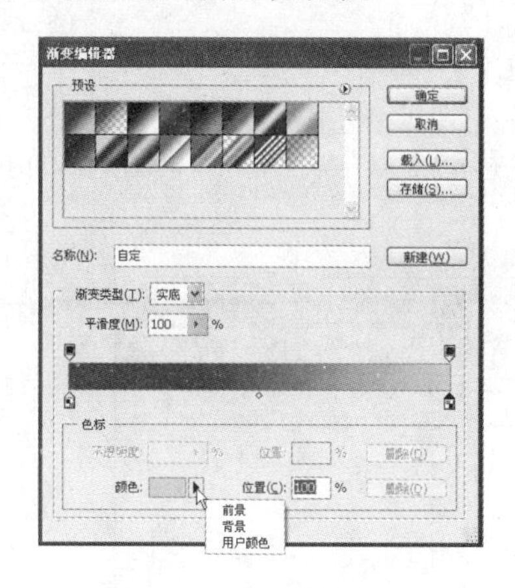

图 2-140　颜色定义方法

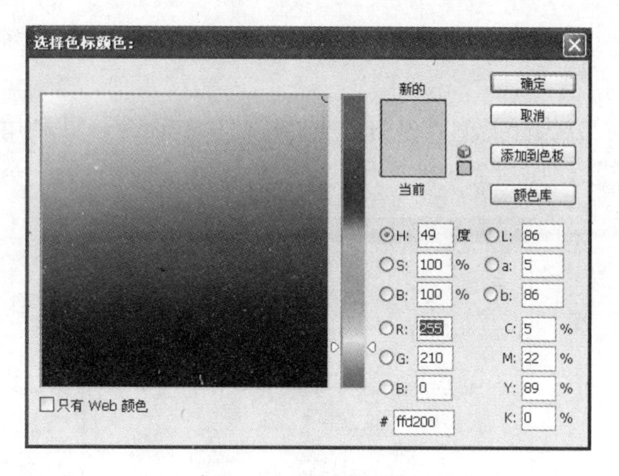

图 2-141　选择色标颜色

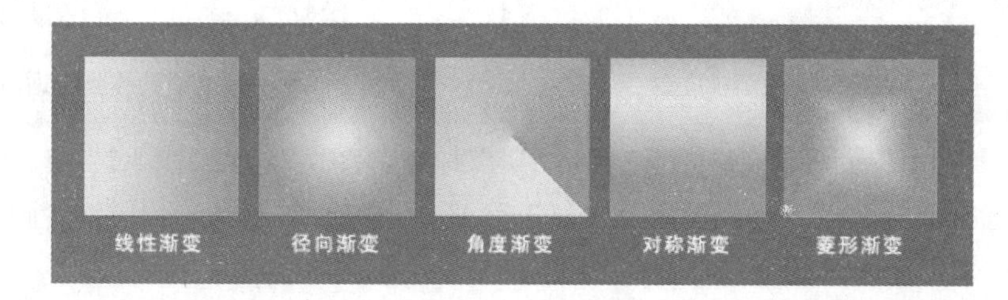

图 2-142　渐变类型

“透明区域”：选择该选项可使当前所使用的渐变按设置呈现透明效果。

至此，已经将“渐变工具”介绍完毕。“油漆桶工具”已经在第 1 章中进行了详细的分析，在此不再叙述。

2.8　“路径工具”、“图像渲染工具”和“色调调和工具”

2.8.1　“路径工具”使用技巧

【案例 2-5】 光盘盘面设计

“光盘盘面设计”案例的效果如图 2-143 所示。

图 2-143　“光盘盘面设计”效果

 **案例设计创意**

本案例制作的是光盘盘面的设计，巧妙地将实拍的真人与光盘盘面结合在一起，制造出有趣的画面效果。

案例目标

通过本案例的学习，可以初步认识工具箱中的“钢笔工具”的用途及使用方法。

案例制作方法

1）在 Photoshop CS5 中新建一个文件，并命名为“光盘盘面设计”，效果如图 2-144 所示。

2）执行菜单“视图”→“标尺”的命令，并利用“移动工具”将辅助线移动到画面的中心位置，如图 2-145 所示。

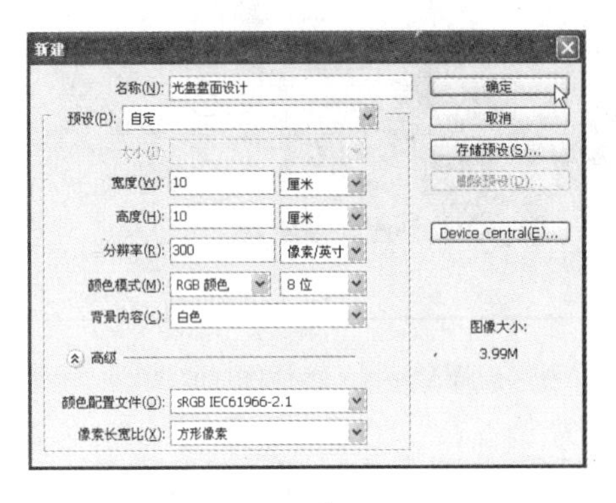

图 2-144　新建文件

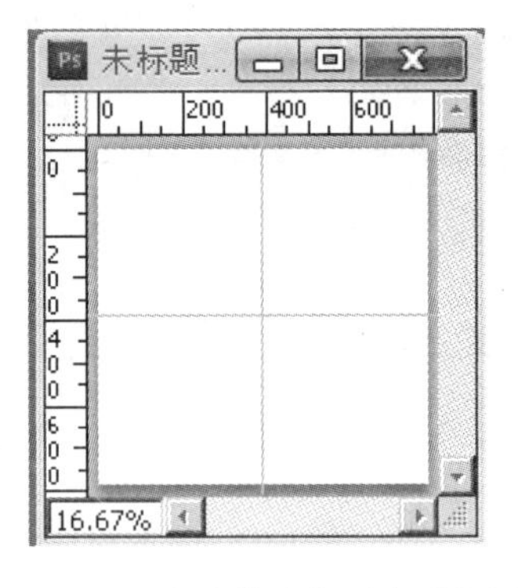

图 2-145　移动辅助线到合适位置

3）单击“图层”面板底部的“创建新图层”按钮，图层名为“图层 1”，单击“工具箱”中的“椭圆选框工具”按钮，以两条辅助线的交叉点为圆心画圆（画圆时配合使用〈Shift〉键，可以使画出的圆为正圆形），如图 2-146 所示；将前景色设置为黑色，使用〈Alt+Delete〉组合键用前景色填充椭圆形选框中的内容。

4）执行菜单“选择”→“修改”→“收缩”命令，并将收缩的参数设置为 8，如图 2-147 所示。再次单击“图层”面板底部的“创建新图层”按钮，图层名为“图层 2”，用黄色（R=255，G=217，B=0）填充收缩后的椭圆形选框，效果如图 2-148 所示。

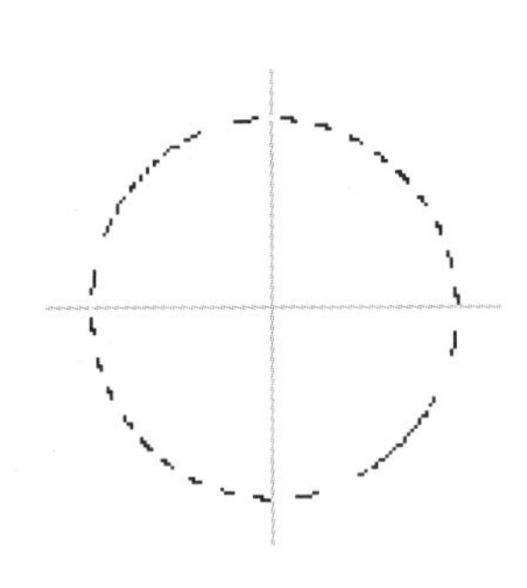

图 2-146　绘制出正圆

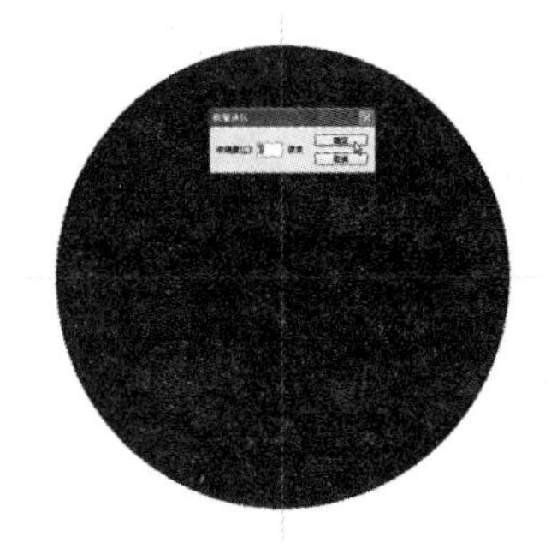

图 2-147　执行“收缩”命令

5）创建“图层 3”，单击工具箱中的“椭圆选框工具”按钮，再次以两条辅助线的交叉点为圆心画圆，并填充黑色，效果如图 2-149 所示。

6）创建“图层 4”，在选择“图层 3”缩略图的同时按住〈Ctrl〉键，将“图层 3”上的图像载入选区，并填充白色，执行菜单“编辑”→“自由变换”命令，如图 2-150 所示，按住〈Ctrl+Shift〉组合键的同时用鼠标在变形框的四角进行拖动，可以达到等比的以圆心为中心的缩放效果，此步骤效果如图 2-151 所示。

7）创建“图层 5”，单击“工具箱”中的“椭圆选框工具”按钮，再次以两条辅助线的交叉点为圆心画圆，执行菜单“编辑”→“描边”命令，弹出“描边”对话框，将其中的设置设定至图 2-152 所示，并单击“确定”按钮。

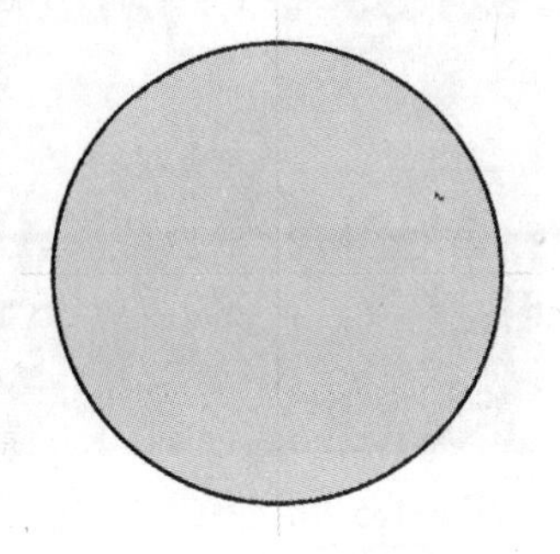

图 2-148　用黄色填充圆形选框

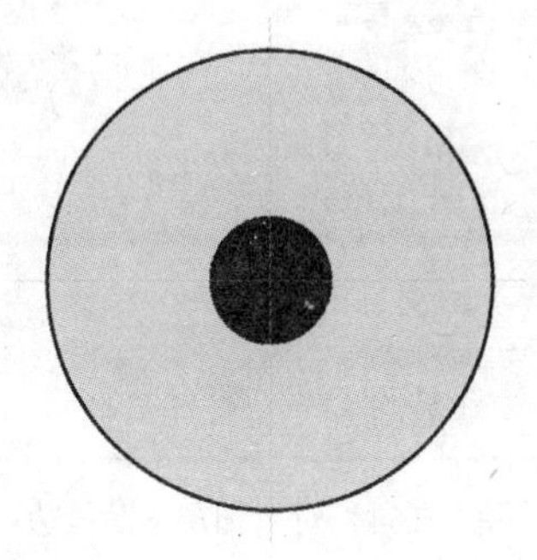

图 2-149　在“图层 3”中创建新圆形选框并填充

8）复制“图层 5”，生成“图层 5 副本”和“图层 5 副本 2”，使用“自由变换”命令，分别将“图层 5 副本”和“图层 5 副本 2”上的图像缩小到合适的大小，效果如图 2-153 所示。

9）创建“图层 6”，在选择“图层 1”缩略图的同时按住〈Ctrl〉键，将“图层 1”中的图像载入选区，执行菜单“选择”→“修改”→“扩展”的命令，并将扩展量设置为 15 像素。

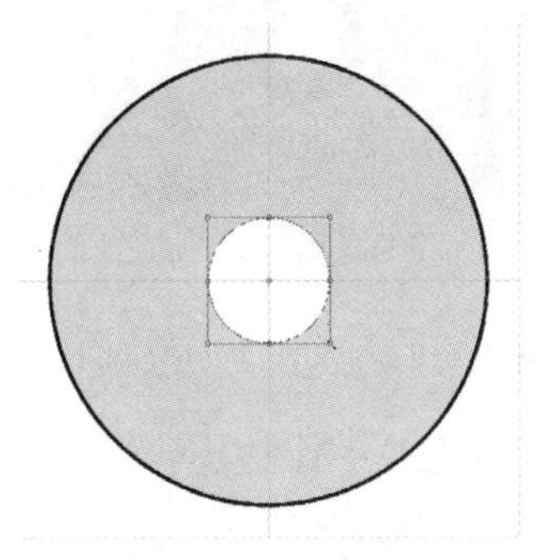

图 2-150　在“图层 4”上用白色填充“图层 3”的选区

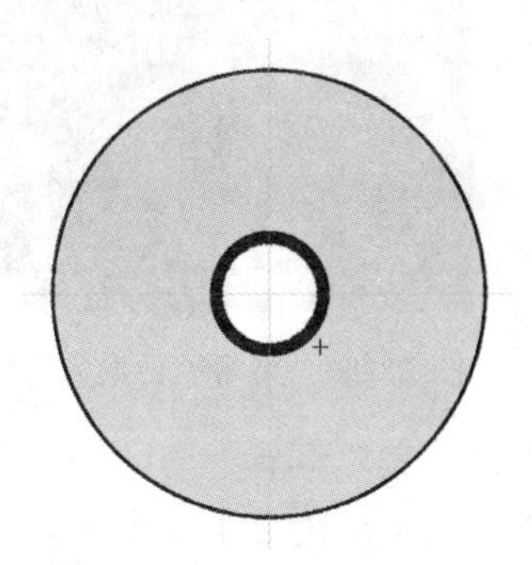

图 2-151　等比缩放“图层 4”

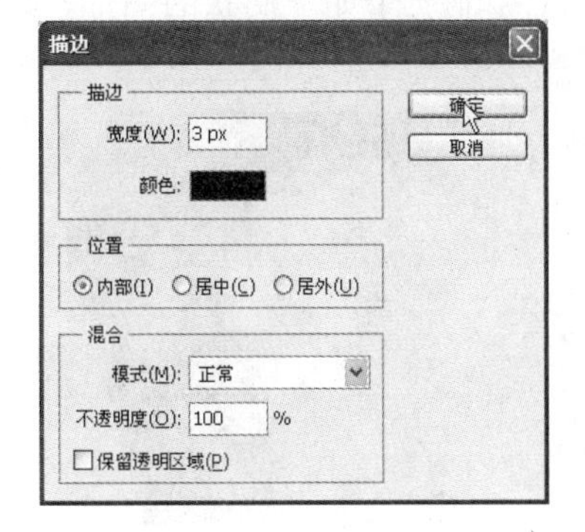

图 2-152　“描边”对话框

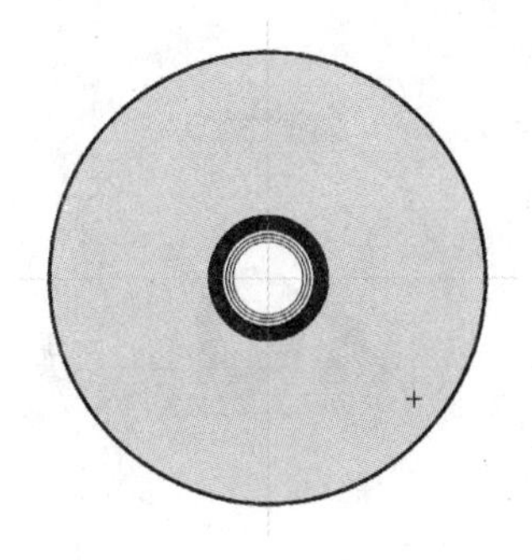

图 2-153　缩小被描边的圈

10）将前景色设置为灰色（R=159，G=160，B=160），执行菜单“编辑”→“描边”命令，弹出“描边”对话框，将其中的设置设定至图 2-154 所示，并单击“确定”按钮。

11）将图片“推车”导入 Photoshop CS5，在“工具栏”单击“钢笔工具”，使用“钢笔工具”将图中的人物抠选出来，如图 2-155 所示。

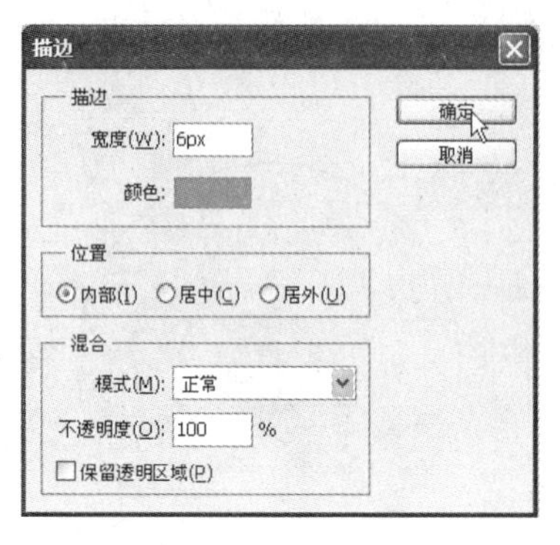

图 2-154　对“图层 6”描边

图 2-155　用钢笔勾选人物

12）使用〈Ctrl+Enter〉组合键将钢笔抠选出的路径转换为选区，如图 2-156 所示。

13）将选区中的内容拖到“光盘盘面设计”的文件上，如图 2-157 所示。

图 2-156　将路径转换为选区

图 2-157　移动人物到光盘上

14）执行菜单“编辑”→“变换”→“水平翻转”命令，并对画中的人物进行缩放变形和位置调整，效果如图 2-158 所示。

15）使用〈Ctrl+ +〉组合键，将图像放大至合适的位置。新建“图层 7”，在工具栏单击“钢笔工具”，使用“钢笔工具”在“图层 7”上绘制一个如水滴状的图形，如图 2-159 所示。

图 2-158　调整位置

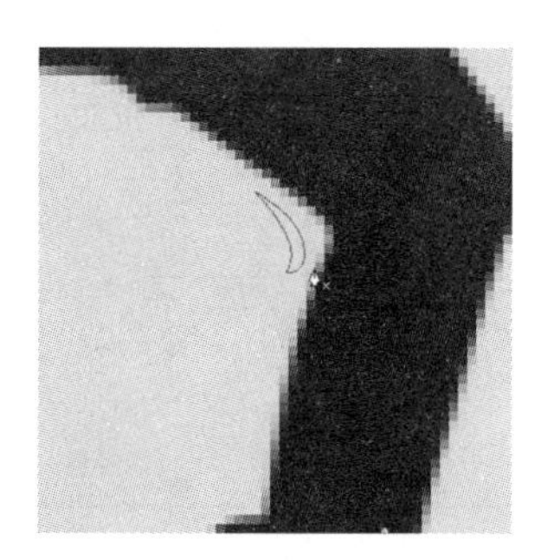

图 2-159　用钢笔绘制水滴图形

16）使用〈Ctrl+Enter〉组合键，将钢笔抠选出的路径转换为选区，并填充黑色，如图 2-160 所示。

17）依照上述方法，在图中人物的其余各处也添加上合适的图形，作为运动的效果，如图 2-161 所示。

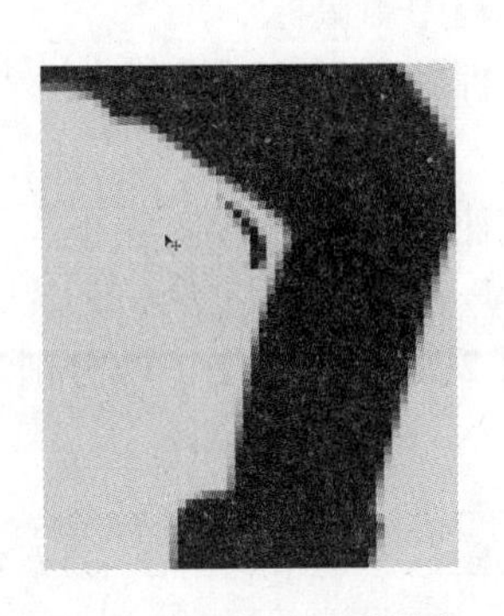

图 2-160　转换为选区并填充

图 2-161　在合适地方增加运动效果

18）用相同的方法，利用“钢笔工具”给光盘中心圈的四周添加上合适的图形，作为滚动的效果。

19）新建“图层 8”，在工具栏单击“钢笔工具”图标，使用“钢笔工具”在“图层 8”上绘制一个如图 2-162 所示的图形。

20）使用〈Ctrl+Enter〉组合键，将钢笔抠选出的路径转换为选区，并执行“描边”命令，描边颜色设置为灰色（R=50，G=50，B=50），如图 2-163 所示。

图 2-162　用“钢笔工具”绘制图形

图 2-163　描边选区

至此，整个案例就制作完成了。

【相关知识】　“路径工具”

Photoshop CS5 提供了 5 个用于绘制与编辑路径的工具，其中用于绘制路径的是“钢笔工具”和“自由钢笔工具”（“形状工具”组中的工具也属于路径绘制工具），用于编辑路径的工具包括“添加锚点工具”、“删除锚点工具”以及“转换点工具”。

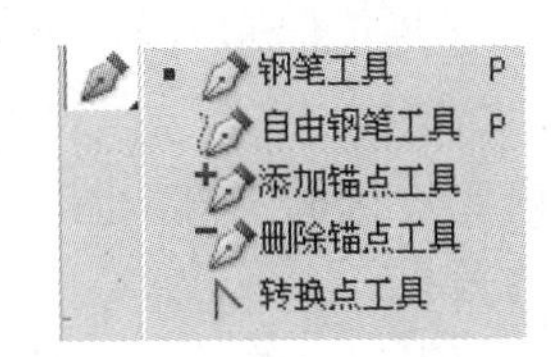

图 2-164　“钢笔工具”组

当右击“钢笔工具”时可以对它们进行选择，如图 2-164

所示。由于“路径工具”将在第 6 章进行详细的讲解，在此就不再赘述。

2.8.2 “图像渲染工具”的使用技巧

在 Photoshop CS5 中，参与图像渲染的工具有“锐化工具”、“模糊工具”和“涂抹工具”。以上 3 个工具都属于模糊工具组，当在工具箱中用鼠标右击“模糊工具”时，将弹出相应的选项框，移动鼠标就可以对其进行选择，如图 2-165 所示。

图 2-165 “模糊工具”组

“模糊工具”主要是通过降低像素之间的反差，使图像的局部柔化、模糊，它的工作介质是画笔，通过“模糊工具”在图像中涂抹，可以使图像变得模糊，以突出清晰的局部。图 2-166 与图 2-167 分别为原图像和对原图像使用了“模糊工具”之后的效果。

图 2-166 使用“模糊工具”前

图 2-167 使用“模糊工具”后

“模糊工具”选项栏如图 2-168 所示，读者可以在该选项栏中设置工具的画笔样式、压力与模式。

图 2-168 “模糊工具”选项栏

“画笔”：在此下拉列表中可以选择一个画笔，此处选择的画笔越大，图像被模糊的区域也越大。

“模式”：在此下拉列表中可以选择操作时的混合模式，它的意义与图层混合模式相同。

“强度”：设置 强度: 50% 数值框中的数值，可以控制“模糊工具”操作时的笔画的压力值，数值越大，一次操作得到的模糊效果越明显。

“对所有图层取样”：勾选 对所有图层取样 选项，将使“模糊工具”的操作应用于图像的所有图层，否则，操作效果只作用于当前图层中。

“锐化工具”与“模糊工具”相反，它是一种利用增大像素间的反差为原理使图像色彩锐化的工具。图 2-169 与图 2-170 分别为原图像和对原图像使用了“锐化工具”之后的效果。

值得注意的是：在图像处理中，“锐化工具”通常不宜多用，否则会使图像失真。在使用“锐化工具”的同时按住〈Alt〉按键，则工具会变“模糊工具”，当重复按住〈Alt〉键时，即可在这 2 个工具之间切换。

图 2-169　使用“锐化工具”前

图 2-170　使用“锐化工具”后

“锐化工具”选项条与“模糊工具”选项条完全一样，如图 2-171 所示，其参数的含义也相同，故不再重述。

图 2-171　“锐化工具”选项栏

“涂抹工具”可以在图像上以涂抹的方式揉合附近的像素，创造出柔和或模糊的效果，拖动鼠标时笔触周围的像素将随笔触一起移动并相互融合。图 2-172 与图 2-173 分别为原图像和对原图像使用了“涂抹工具”之后的效果。

图 2-172　使用“涂抹工具”前

图 2-173　使用“涂抹工具”后

“涂抹工具”选项栏如图 2-174 所示。

图 2-174　“涂抹工具”选项栏

“手指绘画”：勾选 手指绘画 复选框后，即可设置涂抹的色彩，当拖动时，“涂抹工具”会将前景色与图像中的颜色相融合，若取消此复选框的选择，则“涂抹工具”使用的颜色取自最初单击处。

值得注意的是：“涂抹工具”不能应用于位图和索引颜色色彩模式的图像。

2.8.3　“色调调和工具”的使用技巧

在 Photoshop CS5 中，参与图像色调调和的工具有“减淡工具”、“加深工具”和“海绵工具”。以上3个工具都属于“色调调和工具”组，当在工具箱中用鼠标右击“减淡工具”图标时，将弹出相应的选项框，移动鼠标就可以对其进行选择，如图2-175所示。

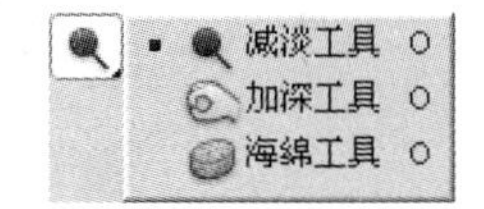

图2-175 “色调调和工具”组

使用“减淡工具”在图像中拖动可将光标掠过的图像变亮，因此该工具用于提亮图像的局部亮度，或为图像添加炫目高光，图2-176与图2-177分别为原图像和对原图像使用了“减淡工具”之后的效果。

图2-176 使用“减淡工具”前

图2-177 使用“减淡工具”后

“减淡工具”选项栏如图2-178所示，可以在该选项栏中设置工具的范围、曝光度等。

图2-178 “减淡工具”选项栏

“画笔”：在其中可以选择一种画笔，以定义使用“减淡工具”操作时的笔刷大小，画笔越大操作时提亮的区域也越大。

“范围”：在此下拉列表中选择选项，可以定义“减淡工具”的应用范围，其中有“阴影”、“中间调”及“高光”3个选项，分别选择这些选项，可以处理图像中的处于3个不同色调的区域。

“曝光度”：在该数值框中输入数值或拖动三角滑块，可以定义使用“减淡工具”操作时的淡化程度，数值越大，提亮的效果越明显。

“加深工具”与“减淡工具”正好相反，它是一种可使图像中被操作的区域变暗的工具。“加深工具”常与“减淡工具”配合使用，可以使图像增加立体感。图2-179与图2-180分别为原图像和对原图像使用了“加深工具”和“减淡工具”之后的效果。

图2-179 使用“加深工具”和“减淡工具”前

图2-180 使用“加深工具”和“减淡工具”后

“加深工具”与“减淡工具”的选项条完全一样，如图2-181所示，其参数的含义也相同，故不再重述。

图 2-181 “加深工具”选项栏

“海绵工具”可以精确地更改被操作区域的色彩饱和度，如果“图像模式”为“灰度模式”，则该工具可通过将灰阶远离或靠近中间灰色来增加或降低对比度，“海绵工具”选项栏如图 2-182 所示。

图 2-182 “海绵工具”选项栏

“海绵工具”选项栏的参数含义如下所示。

“画笔”：在此下拉菜单中可以选择任意一种画笔，以定义使用“海绵工具”操作时的笔刷大小。

“模式”：在“模式”下拉菜单中选择“加色”，可以增加操作区域的饱和度；选择“去色”，则可以去除操作区域的饱和度。

“流量”：在该文本框中输入数值或拖动三角滑块，可以定义使用“海绵工具”操作时的压力程度，数值越大，效果越明显。

图 2-183 是具有高饱和度效果的原图像，图 2-184 为使用“海绵工具”在画面上进行去色操作后得到的效果。

图 2-183 使用“海绵工具”前

图 2-184 使用“海绵工具”后

2.9 本章小结

本章系统介绍了 Photoshop 工具栏中吸管、选取、移动、裁剪、画笔等工具，用户可以使用工具栏中的各种工具绘制并编辑各种图形文件。

2.10 练习题

1）新建一个分辨率为 72dpi，颜色模式为 RGB 模式，大小为 640×480 像素的文件，并将背景填充为合适的紫色。通过绘制 3 个侧面的选区，再分别填充上不同的颜色来制作出第一个立体形状。用“选择工具”画一个正圆，并填充一个白、蓝的渐变色填充。制作出如图 2-185 所示的基本立体与按钮形状。

2）新建一个分辨率为 72dpi，颜色模式为 RGB 模式，大小为 16cm×12cm 的文件，将背景填充为如图 2-255 所示的淡蓝色，画出合适的选区，并填充为纯绿色。用工具箱中的工具绘制出相应的立体效果，做出一个简单的玉镯形状。最终结果如图 2-186 所示。

图 2-185　第 1）题最终效果

图 2-186　第 2）题最终效果

3）新建一个分辨率为 72dpi，颜色模式为 RGB 模式，大小为 16cm×12cm 的文件。输入英文“BLUE”（将文字变形，并选择字体为“华文彩云”），并将文字填充到整个画布中。在基本路径形状中找到图 2-187 中心所示形状，经过处理做出立体效果。最终结果如图 2-187 所示。

4）新建一个分辨率为 72dpi，颜色模式为 RGB 模式，大小为 16cm×12cm 的文件。用“选择工具”配合辅助线画出禁止标志的外框与内部斜线，在标志下方输入文字“禁止（字体为“华文行楷”），最终结果如图 2-188 所示。

图 2-187　第 3）题最终效果

图 2-188　第 4）题最终效果

5）新建一个分辨率为 72dpi，颜色模式为 RGB 模式，大小为 16cm×12cm 的文件。将整个画布填充为纯黑色，用相应的“选择工具“绘制出立体形状的底部、左边和右边部分，并分别填充上不同的灰色。在基本路径形状中找到相应的形状，画出铅笔的形状，并分别填充上不同的渐变色，最后制作出立体的笔筒形状，最终结果如图 2-189 所示。

6）新建一个分辨率为 72dpi，颜色模式为 RGB 模式，大小为 16cm×12cm 的文件。将整个画布填充为纯黑色，应用辅助线，配合“选择工具”画出路牌上部分的边缘，并填充上相应的由白色到蓝色的渐变色。将路牌的上部填充为白色，并输入文字和画上深红色的箭头。制作出路牌的下部分，填充一个由白色到蓝色的渐变色，最后制作出一个简单的指路牌。最终结果如图 2-190 所示。

图 2-189　第 5）题最终效果

图 2-190　第 6）题最终效果

第 3 章　图层的概念及应用

教学目标

通过前面章节的学习，读者对 Photoshop 软件操作界面及工具箱有比较全面的了解，本章将对 Photoshop 中图层的概念，图层的创建和编辑，图层的混合模式，图层样式及效果，图层组和图层组的概念以及具体应用进行详细讲解，并通过实际案例对这些知识点进行应用。读者通过本章节的学习，能够很好地掌握 Photoshop 中图层的各种应用。

教学要求

知 识 要 点	能 力 要 求	相 关 知 识
图层概述	理解	图层的概念及“图层”面板的操作应用
创建编辑图层及图层混合模式	掌握	创建编辑图层及图层混合模式
图层样式	掌握	为图层添加图层样式
图层组	掌握	在“图层”面板中创建图层组的应用及意义

设计案例

（1）花之恋女士沙龙海报

（2）女士休闲车

（3）金属字

（4）云中飞机

3.1　图层

3.1.1　图层概述

图层相当于是一张张透明胶片，当多个有图像的图层叠加在一起时，可以看到叠加的效果，如图 3-1 所示，在 Photoshop 中，整个图像的总体效果就是所有图层叠加后的效果。使用图层，有利于实现图像分层管理和处理，可以分别加工处理不同图层的图像，而不会影响其他图层中的图像；当暂时不想要图像中的某些元素或想改变其位置时，可以很方便地通过隐藏或移动图层来实现。各图层相互独立，又相互联系，可以对各图层执行合并和链接操作。要注意的一点是，在同一个图像文件中，所有图层具有相同的画布大小和分辨率等属性。各图层既可以合并后输出，也可以分别输出。

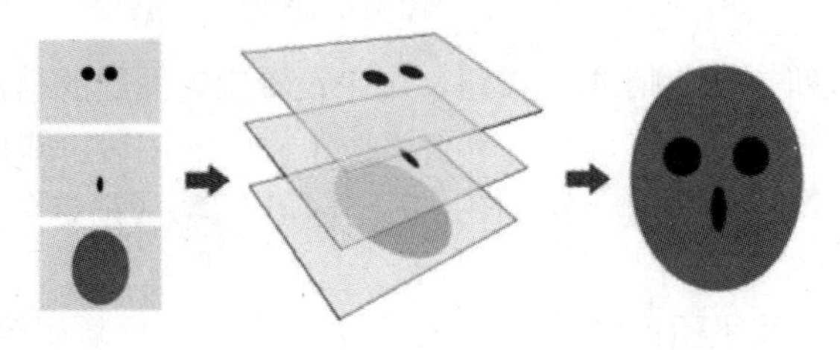

图 3-1　图层相当于透明胶片的叠加

Photoshop 中的图层有 5 种类型，即形状、常规、背景、文字、填充和调整图层。形状图层用来绘制形状图形，将在后面章节介绍；常规图层（也称为普通图层）和背景图层中只可以保存图像和绘制的图形，而背景图层并不是必须存在的，它是最底下的图层，不能调整透明度且不能移动，一个图像文件只有一个背景图层；文字图层内只可以输入文字；填充和调整图层内主要用来保存图像的色彩等信息。

3.1.2 “图层”面板的认识

图 3-2 所示的“图层”面板用来管理图层，其中一些选项的作用简介如下所示。

1）“不透明度”框：用来调整图层的总体不透明度，它不但影响图层中绘制的像素和形状，还影响应用于图层的任何图层样式和混合模式。

2）“填充”框：用来调整当前图层的不透明度，它只影响图层中绘制像素和形状，不影响已应用于图层的图层样式效果的不透明度。

注意： *初学者往往不明白“不透明度”和“填充”百分比数值的区别，可以通过建一个斜面浮雕的图层样式，分别调整这两者数值进行比较。*

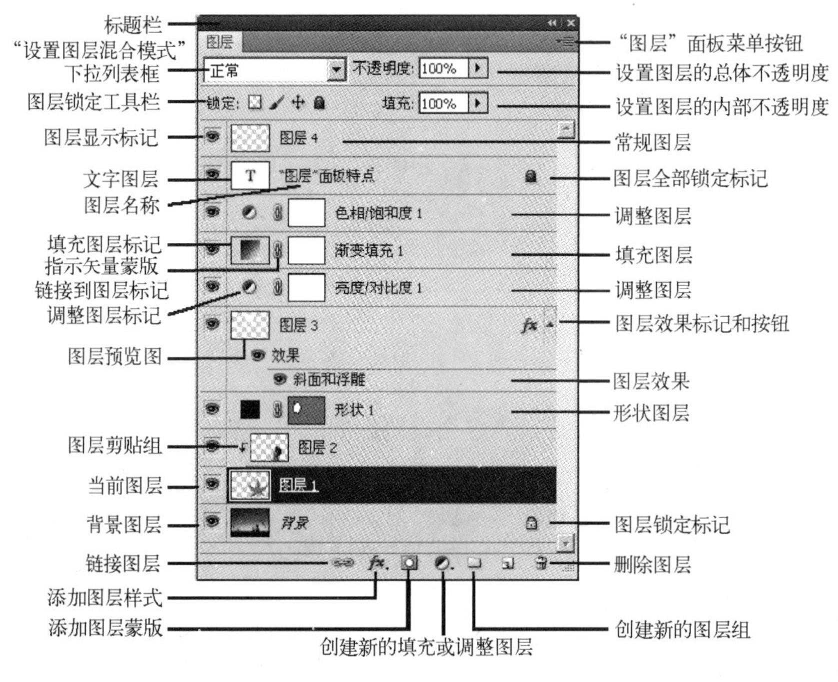

图 3-2 “图层”面板

3）“图层锁定”按钮栏：包括 4 个按钮，用来设置锁定图层的锁定内容，锁定后不能再处理。单击“图层”面板中某一图层，再单击该按钮栏中的按钮，即可锁定该图层的部分内容或全部内容。锁定的图层会显示一个“图层锁定标记”（锁定全部）或（锁定部分）内容）。4 个按钮的作用如下。

- “锁定透明像素”按钮：单击该按钮，图层中的透明区域受到保护，不允许被编辑。
- “锁定图像像素”按钮：单击该按钮，图层中的任何区域（包括图像像素和透明区域）都受到保护，不允许被编辑。

- “锁定位置”按钮：单击该按钮，图层中图像的位置被锁定，不允许移动该图层。
- “锁定全部”按钮：单击该按钮，图层被全部锁定，即锁定透明、锁定编辑和锁定位置移动。

4）“图层显示”标记：有该标记时，表示该图层处于显示状态。单击该标记，则标记消失，该图层处于隐藏状态；右击该标记可弹出一个快捷菜单，使用其中命令可以“隐藏本图层”或“显示/隐藏所有其他图层”。

5）“指示矢量蒙版链接到图层”标记：鼠标单击可切换显示或隐藏该标记，表示矢量蒙版有或没有链接到图层。

6）“图层”面板下边一行按钮的名称和作用如下。

- “删除图层”按钮：单击该按钮或将要删除的图层拖动到该按钮上，删除图层。
- “创建新图层”按钮：单击该按钮，在当前图层之上创建一个常规图层；若将已有图层拖动到该按钮上，则复制该图层。
- “创建新组”按钮：单击该按钮，在当前图层之上创建一个新的图层组。图层组的作用主要是将相关的图层都移入图层组，以后任何时候用鼠标单击图层组将图层组作为当前图层之后，就可以对该图层组内的所有图层同时复制、缩放或移动、显示或隐藏等操作，大大提高操作效率；另外，图层组相当于 Windows 操作系统的文件夹，在图层比较多的时候，利用图层组将相关的图层进行归类整理，也可以大大提高查找图层的速度。
- “创建新的填充或调整图层”按钮：单击该按钮，弹出一个快捷菜单，单击其中的命令，打开相应的对话框，使用这些对话框可以创建填充或调整图层。
- “添加图层蒙版”按钮：单击该按钮，为当前图层添加一个图层蒙版。
- “添加图层样式”按钮：单击该按钮，弹出一个菜单，单击其中的命令，打开“图层样式”对话框。在“样式”选项组中选中相应的选项，为图层添加效果。
- “链接图层”按钮：在选中两个或两个以上的图层后，该按钮有效，单击该按钮就会建立所选图层之间的链接，链接之后的图层便会一同缩放或移动。

3.2 创建编辑图层及图层“混合模式”

【案例 3-1】 花之恋女士沙龙海报

“花之恋女士沙龙海报”案例的效果图 3-3 所示。

**案例设计创意**

图 3-3 “花之恋女士沙龙海报”效果

该案例是为女士沙龙所做的海报设计，画面以一个美女图像为底色，该美女图像经过调色处理，以女人喜爱的玫瑰花为衬托。通过在“图层”面板中调整美女图像色彩，使明暗反差较大且带玫瑰红色调，从而使整个画面尽显妩媚且时尚的设计主题，从而具有较强视觉冲击力，起到宣传的作用。

**案例目标**

通过本案例的学习，可以掌握图层混合模式和图层不透明度、照片滤镜的应用技术。同

时在设计制作完成本案例之后，读者可以参考香水的广告中如何将美女模特进行调色处理。

案例制作方法

1）新建一个文件名为“花之恋女士沙龙海报”、宽度为600像素、高度为800像素、颜色模式为RGB颜色，并且分辨率为72像素/英寸的“画布”窗口。

2）打开“美女.jpg”图像文件，如图3-4所示。单击工具箱中的“移动工具”，拖动至“画布”窗口中。这时在“图层”面板中自动生成一个新的图层，并命名为“美女”。

3）在“图层”面板中将“美女”图层拖动至“创建新图层”按钮之上，将“美女”图层复制为“美女副本”图层。

4）单击“图像”→“调整”→“去色”命令，将“美女副本”图层中图像的颜色去掉，在“图层”面板中将图层的混合模式设置为“强光”。

5）单击“图层”面板中的“创建新的填充或调整图层”按钮，单击弹出菜单中的“照片滤镜”命令，打开“照片滤镜”对话框。设置颜色为玫瑰红（R=240、G=30、B=168），其他设置图3-5所示，单击“确定”按钮，效果图3-6所示。

图3-4 “美女”图像

图3-5 “照片滤镜”对话框

图3-6 照片滤镜效果

这时在“图层”面板中自动生成一个色彩调整图层，如图3-7所示。

6）在“图层”面板中新建一个名为“红唇”的图层，单击工具箱中的“椭圆选框工具”，并在选项栏中将羽化值设置为3px，在人物图像的嘴唇上创建一个椭圆选区，设置前景色为纯红色（R=255、G=0、B=0），按〈Alt+Delete〉组合键填充前景色。按〈Ctrl+D〉组合键清除选区，即在人物图像的嘴唇上绘制一个红色的椭圆图形，设置椭圆的混合模式为“柔光”，也可适当用画笔和橡皮擦等工具进行描擦嘴唇，效果图3-8所示。

7）打开一幅名为“鲜花”的图像文件，单击工具箱中的“移动工具”，将其拖动至画布中。这时在“图层”面板中自动生成一个新的图层，并命名为“鲜花”。设置“鲜花”图层的“不透明度”为68%，设置“混合模式”为“正片叠底”，效果图3-9所示。

图3-7 设置椭圆的混合模式

图3-8 色彩调整图层

图3-9 设置图层的混合模式

8）在“图层”面板中新建一个名为“渐变矩形”的图层，单击工具箱中的“矩形选框工具”创建一个矩形选区。单击工具箱中的“渐变工具”，在其选项栏中设置“渐变类型”为“色谱”线性渐变。从左到右拖动进行渐变填充，按〈Ctrl+D〉组合键清除选区。

9）在“图层”面板中设置“填充”为20%，设置图层的“混合模式”为“溶解”，效果图3-10所示。

10）单击工具箱中的“文字工具”，在其选项栏中设置“字体”为“黑体”，“大小”为72点，输入文字“花之恋女士沙龙”。

11）右击“图层”面板中的“文字”图层，单击快捷菜单中的“栅格化图层”命令，将“文字”图层转换为常规图层。

12）按住〈Ctrl〉键单击“文字”图层的缩略图，载入选区。单击工具箱中的“渐变工具”，在其选项栏中设置“渐变类型”为“色谱”线性渐变。在文字选区内进行渐变填充，按〈Ctrl+D〉组合键清除选区。

13）单击“图层”面板底部的“添加图层样式”按钮，单击弹出菜单中的“投影”命令，打开“图层样式”对话框。保留默认设置，单击“确定”按钮，效果图3-11所示。

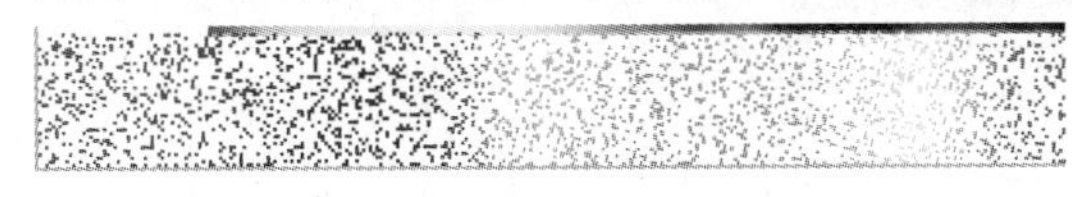

图3-10 设置椭圆的混合模式

图3-11 为文字添加图层样式

14）单击工具箱中的“文字工具”，在其选项栏中设置“字体”为“黑体”，“大小”为40点，“颜色”为绿色，输入文字“诚挚邀请女士光临！”。

至此，整个设计制作完毕。最终效果如图3-3所示。

**【相关知识】** 创建编辑图层

1. 新建背景图层和常规图层

（1）新建背景图层

在画布窗口中没有背景图层时，单击一个图层，然后单击菜单“图层”→“新建”→“背景图层”命令，将当前图层转换为背景图层。

（2）新建常规图层

创建常规图层的方法很多，可以如下方法。

- 单击“图层”面板中的“创建新图层”按钮。
- 将剪贴板中图像粘贴到当前“画布”窗口中，在当前图层之上创建一个新的常规图层；按住〈Ctrl〉键将一个“画布”窗口中选区中的图像拖动到另一个“画布”窗口中时，就会在目标“画布”窗口中当前图层之上创建一个新的常规图层，同时复制选中的图像。
- 单击菜单“图层”→“新建”→“图层”命令，打开“新建图层”对话框，如图3-12所示。设置图层名称、“图层”面板中图层的颜色、模式和不透明度等，然后单击“确定”按钮。

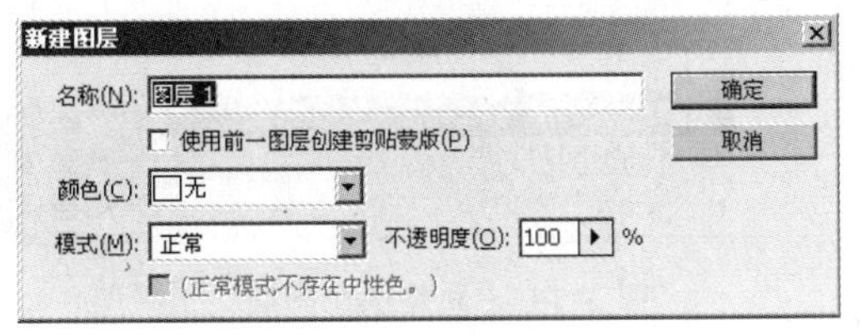

图3-12 “新建图层”对话框

- 单击“图层”面板中的背景图层，单击

菜单“图层”→“新建”→“背景图层”命令，打开“新建图层”对话框（与图 3-12 所示类似）。单击“确定”按钮，将背景图层转换为常规图层。

● 单击菜单“图层”→“新建”→“通过拷贝的图层”命令，在指定的图像文档中创建一个新图层，通过复制产生的图层，将原来当前图层选区中的图像（如果没有选区，则为所有图像）复制到新创建的图层中。这时复制出来的图像内容与原来的大小位置完全一样。
● 单击菜单“图层”→“新建”→“通过剪切的图层”命令，与上面的“通过拷贝的图层”相似，只是原来图层中的内容会被删除，相当于将原来当前图层选区中的图像移到新创建的图层中。
● 单击菜单“图层”→“复制图层”命令，打开“复制图层”对话框，如图 3-13 所示。在“为”文本框中输入复制后图层的名称，在“文档”下拉列表框中选择目标图像文档等。单击“确定”按钮，将当前图层复制到目标图像中。如果在“文档”下拉列表框中选择当前图像文档，则在当前图层之上复制一个图层。

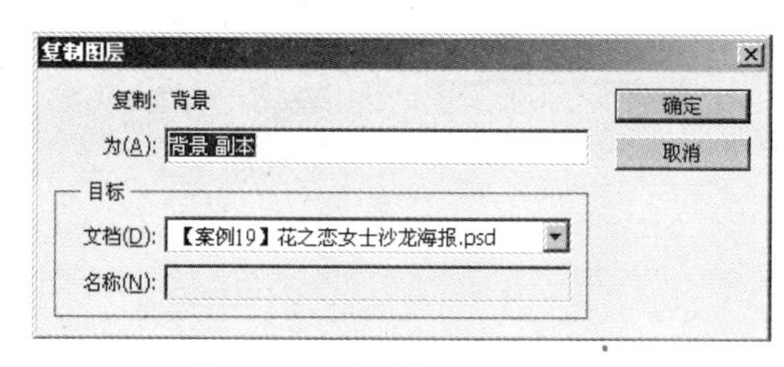

图 3-13 “复制图层”对话框

如果当前图层是常规图层，则上述后 3 种方法创建的是常规图层；如果是文字图层，则创建的是文字图层。

2. 新建填充图层和调整图层

（1）新建填充图层

单击菜单“图层”→“新建填充图层”命令，打开其子菜单，如图 3-14 所示。单击相应命令，打开“新建图层”对话框。

设置图层名称、“图层”面板中图层的颜色、模式和不透明度等，单击“确定”按钮，打开相应的对话框，进一步设置颜色、渐变色或图案，然后单击“确定”按钮。图 3-15 所示为创建 3 个不同填充图层后的“图层”面板。

图 3-14 “新建填充图层”子菜单

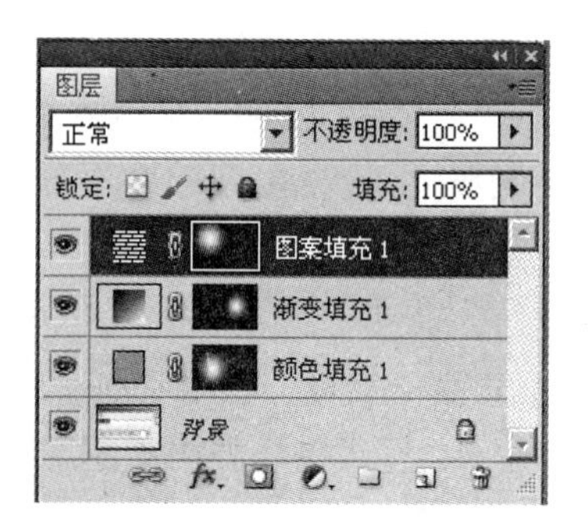

图 3-15 “图层”面板

（2）新建调整图层

单击菜单“图层”→“新建调整图层”命令，打开其子菜单，如图 3-16 所示。单击其中的相应命令，打开“新建图层”对话框。

设置图层名称、“图层”面板中图层的颜色、模式和不透明度等，单击“确定”按钮，可打开相应的对话框，进一步设置色阶、色彩平衡或亮度/对比度等。单击“确定”按钮，创建一个调整图层。图 3-17 所示为 Photoshop CS5 版本中创建 3 个调整的“图层”面板（以前版本的缩略图显示有所不同，只是显示◐）。

新建填充图层和调整图层还可以采用如下方法。

单击“图层”面板中的“创建新的填充或调整图层”按钮，打开一个菜单，其中集中了图 3-14 和图 3-16 所示的所有命令。单击菜单中的一个命令，打开相应的对话框。设置有关选项，单击“确定”按钮，完成创建填充或调整图层的任务。

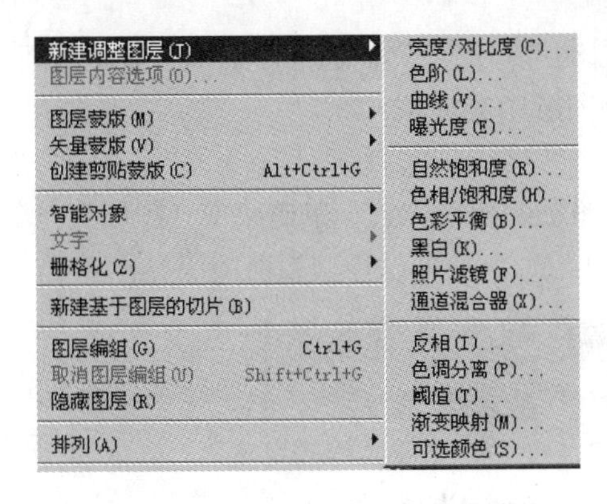

图 3-16 “新建调整图层”子菜单

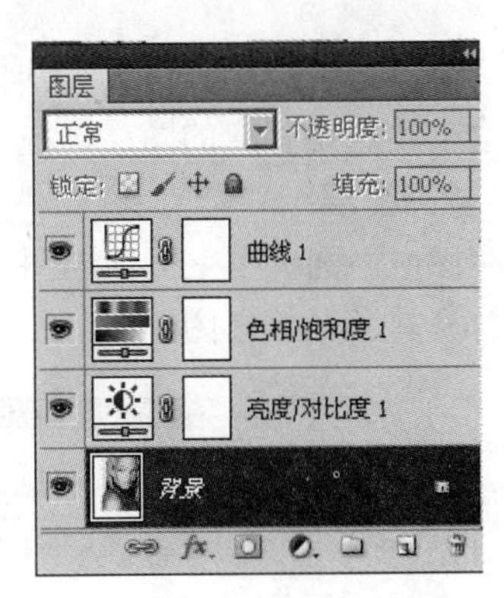

图 3-17 含 3 个调整图层的“图层”面板

调整填充图层和其中的内容，方法如下所示。

选中填充或调整图层，单击菜单“图层”→“图层内容选项”命令，则会根据当前图层类型打开相应的面板或对话框。如果当前图层是调整图层，则打开“亮度 / 对比度”调节图层，双击该调节图层缩略图则会打开“调整”面板，如图 3-18 所示；如果当前图层是填充图层，则打开“渐变填充”对话框，图 3-19 所示，在其中可以调整填充图层和调整图层的内容。但对于调整图层，则只能调整色相和饱和度内容。

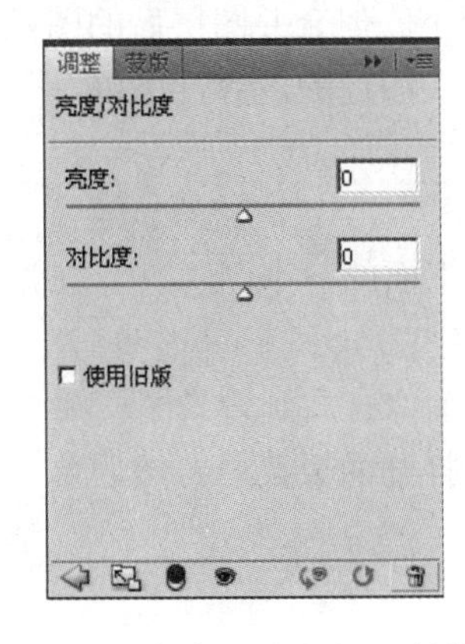

图 3-18 “亮度 / 对比度”对话框

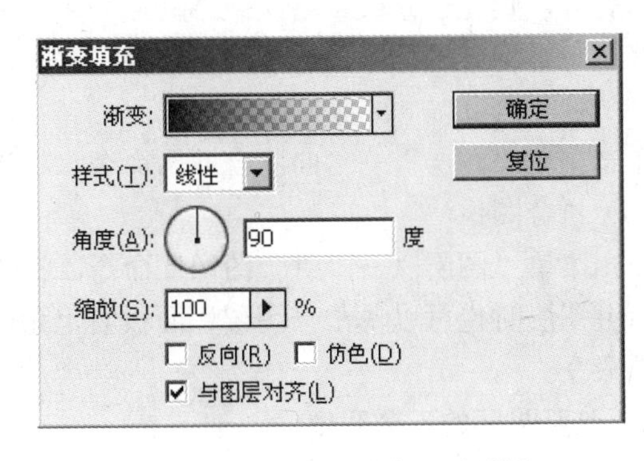

图 3-19 “渐变填充”对话框

注意：填充图层和调整图层实际是同一类图层，表示形式基本一样。保存这两个图层则保存其下图层的选区或整个图层（没有选区时）的色彩等调整信息，用户可以加工处理，但不会永久改变其下的图层图像。一旦隐藏或删除填充和调整图层后，其下的图层图像会恢复原状。即相对于直接填充或调整操作来说，使用填充或调整图图层，不会破坏下面图层的内容，想恢复原状时，可以隐藏或删除填充和调整图层。

3. 移动图层

移动图层的方法和注意事项如下：

1）单击“图层”面板中要移动的图层，单击工具箱中的“移动工具”或在使用其他工具时按住〈Ctrl〉键拖动画布中的图像。

2）如果要移动图层中的一部分图像，应首先用选区选中这部分图像，然后拖动选区中的图像。

3）如果单击“移动工具”选项栏中的“自动选择图层”复选框，则单击非透明区中的图像时，会自动选中相应的图层。拖动可移动该图层中的图像。

4. 排列图层

在“图层”面板中上下拖动图层，可调整图层的相对位置。单击菜单“图层”→“排列”命令，打开其子菜单，图 3-20 所示。单击其中的命令，可以移动当前图层。

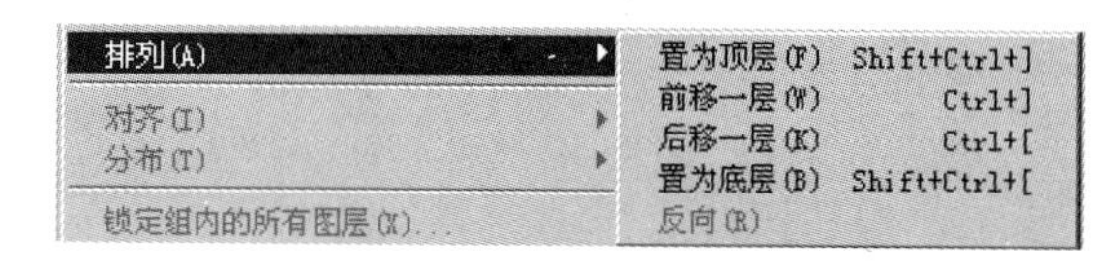

图 3-20 “排列”命令的子菜单

5. 合并图层

图层的合并有如下几种情况。

（1）合并可见图层

单击菜单“图层”→“合并可见图层”命令，即可将所有可见图层合并为一个图层。如果有可见的背景图层，则将所有可见图层合并到背景图层中；否则将所有可见图层合并到当前可见图层中。

图层合并后会使图像所占用的内存变小，图像文件大小变小。但合并图层后的图像若关闭后再打开，则无法修改、隐藏或移动原先未合并之前那个图层图像的内容，所以，合并图层要在确定不用再进行修改的情况下才根据实际情况进行图层合并。

（2）向下合并

单击菜单“图层”→“向下合并”命令，将当前图层与其下面的一个图层进行合并。

（3）拼合图像

单击菜单“图层“→“拼合图像”命令，将所有图层中的图像合并到背景图层中。

合并图层时也可以单击“图层”面板右上角的箭头按钮，打开面板菜单，然后单击其中所需的命令。

6. 改变图层的不透明度

1）单击“图层”面板中要改变不透明度的图层，选中该图层。

2）单击“图层”面板中“不透明度”带滑块的文本框中部，输入不透明度数值，也可以单击黑色箭头按钮，拖动滑块调整不透明度数值，如图3-21所示。

改变“图层”面板中“填充”文本框中的数值，也可以调整选中图层的不透明度，但不影响已应用于图层的任何图层样式效果的不透明度。

3）观察各图层的不透明度：单击“图层”面板中的图层，在“不透明度”带滑块的文本框中显示该图层的不透明度数值。

也可以采用如下的方法：隐藏背景图层，单击“信息”面板中的吸管图案，打开其子菜单，单击“不透明度”命令。然后将鼠标指针移到“画布”窗口中图像之上，在“信息”面板中显示各个图层的不透明度数值。

7. 图层属性和图层栅格化

（1）改变“图层”面板中图层的颜色和名称

单击菜单“图层”→“图层属性”命令，打开“图层属性”对话框，图3-22所示。在其中可以设置“图层”面板图层的颜色和名称，设置后单击“确定”按钮。

图3-21 “不透明度”带滑块的文本框

图3-22 “图层属性”对话框

（2）改变“图层”面板图层预览缩略图的大小

单击“图层”面板菜单中的“面板选项”命令，打开“图层面板选项”对话框。设置所需选项，单击“确定”按钮。

（3）图层栅格化

如果“画布”窗口中有矢量图形（如文字等），可以将其转换为位图图像，即图层栅格化。操作方法是单击有矢量图形的图层，单击菜单“图层”→“栅格化”命令，打开其子菜单。如果单击子菜单中的“图层”命令，则将选中的图层中所有矢量图形转换为点阵位图图像；如果单击“文字”命令，则将选中的图层中的文字转换为位图，文字图层也会自动变为常规图层。

子菜单中还有其他命令，针对不同情况可以执行不同命令。

【案例3-2】 女士休闲车

**案例设计创意**

该案例是Photoshop高新技术考试中的一道案例题，案例中，林中有一辆汽车在一棵大树的后面。树林的绿色和红色的汽车形成鲜明的对比，车中坐着两个休闲的女士，充分体现“女士休闲车”这一主题。

**案例目标**

通过本案例的学习，可以掌握通过剪切的图层、图层顺序变换、贴入和图层模式等技术。制作该图像使用的“林子”、“汽车”和“女士”分别如图3-23～图3-26所示。

图 3-23 “女士休闲车”图像

图 3-24 “林子”图像

图 3-25 “汽车”图像

图 3-26 “女士”图像

案例制作方法

1）打开“林子”和“汽车”图像，单击工具箱中的“魔棒工具”，单击汽车的白色背景，选中白色背景，单击菜单“选择”→“反向”命令〈Ctrl+Shift+I〉组合键，使选区选中汽车。

2）单击菜单“编辑”→“拷贝”命令，将汽车复制到剪贴板中。选中“林子”图像，单击菜单“编辑”→“粘贴”命令，将剪贴板中的汽车图像粘贴到“林子”图像中。

3）单击菜单“编辑”→“自由变换”命令，进入自由变换状态。调整“汽车”图像的大小，按〈Enter〉键确认变换操作。单击工具箱中的“移动工具”，拖动移动“汽车”图像到合适的位置，图 3-27 所示。

4）单击“图层”面板中“图层 1”的按钮，使其消失，同时“汽车”图像也消失。单击工具箱中的“套索工具”，在“林子”图像中创建一个选区（也可以单击工具箱中的“多边形套索工具”或“磁性套索工具”进行创建，在创建选区时，一般将图像放大后再进行选取），将部分树干和树枝选中。单击“图层”面板中“图层 1”的按钮，使按钮出现。同时“汽车”图像出现，图 3-28 所示。如果创建的选区不合适，可以重复上述过程，重新创建选区。

图 3-27 粘贴“汽车”图像到“林子”图像中

图 3-28 创建选区

5）单击“图层”面板中的“背景”图层（目的是为了将选区中的背景图像“树枝”复制为新的图层放在“汽车”的前面），单击菜单“图层”→“新建”→“通过拷贝的图层”命令，“图层”面板中会生成一个名为“图层 2”的新图层，用来放置选区中的“树干”和“树枝”图像。

6）拖动调整“图层”面板中的“图层 2”，（其中是复制的“树干”和“树枝”图像）的位置，将“图层 2”移到“图层 1”的上边。此时的“林中汽车”图像如图 3-29 所示，“图层”面板图 3-30 所示。

可见，制作图 3-26 所示的“林中汽车”图像的关键是将树干的一部分裁切到新的图层，然后将该图层移至“汽车”图像所在图层的上边。

图 3-29 “林中汽车”图像

图 3-30 “图层”面板

以下步骤用于制作汽车中的“女士”图像。

7）打开“女士”图像，调整大小为 200×130 像素。在“女士”图像中创建选区，将人物图像选中，如图 3-31 所示。

8）切换到前面制作好的“林中汽车”图像。创建一个区选中“挡风玻璃”，如图 3-32 所示。

图 3-31 选中选区的人物

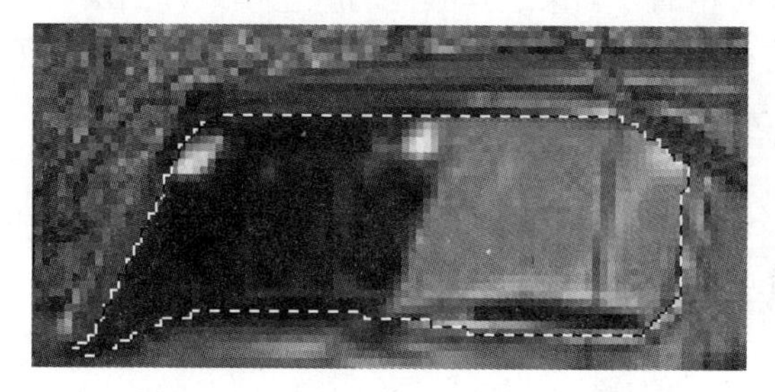

图 3-32 创建“挡风玻璃”选区

9）单击菜单“图层”→“新建”→“通过剪切的图层”命令，“图层”面板中会生成一个名为“图层 3”的新图层，用来放置选区中的“玻璃”图像。

10）切换到“女士”图像，单击菜单“编辑”→“拷贝”命令，将“女士”图像复制到剪贴板中。再切换到“林中汽车”图像，按住〈Ctrl〉键再单击“图层”面板的“图层 3”（“挡风玻璃”图层），这时创建了“挡风玻璃”的选区。单击菜单“编辑”→“选择性粘贴”→“贴入”命令，这时已经将剪贴板中的“女士”图像粘贴到“林中汽车”图像的选区中。同时在“图层”面板中自动生成“图层 4”，放置粘贴的“女士”图像。

11）单击菜单“编辑”→“自由变换”命令，进入自由变换状态。调整并移动“女士”图像的大小和位置，如图 3-33 所示，按〈Enter〉键确认变换操作，完成“女士”图像大小位置的调整。

12）将“图层 4”（放置“女士”图像）移到“图层 3”（放置“玻璃”图像）的下边，选中“图层 3”，在“图层”面板中调整该图层的填充度为 40%（即在“填充”文本框中输入 40%），并将该图层的“混合模式”为“滤色”，此时的“图层”面板如图 3-34 所示。

图 3-33　调整“女士”图像大小和位置

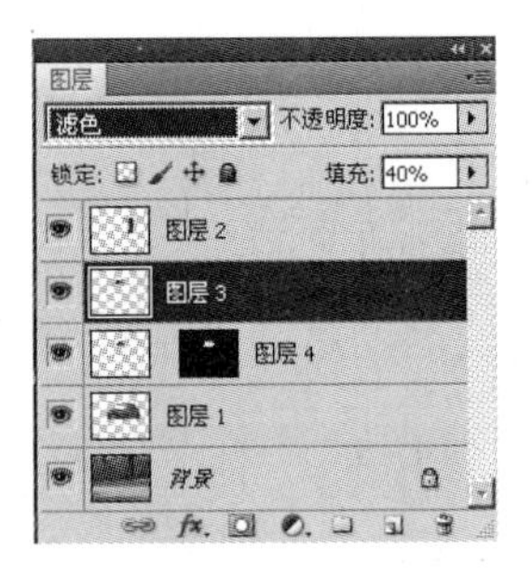

图 3-34　完成后的“图层”面板

【相关知识】 图层“混合模式”

在 Photoshop 中，图层“混合模式”用得挺广。如图 3-35 所示即是图层“混合模式”选项，当不同的层叠加在一起时，除了设置图层的不透明度以外，图层“混合模式”也将影响两个图层叠加后产生的效果。在打开的列表中，可以看到一系列熟悉的混合模式，该“混合模式”菜单在 Photoshop 中多处都可见到，如“填充”、“描边”、“计算”等对话框中都能看到，其实它们的原理实际上也相同，使用的方法也基本一样。

值得注意的是，图层“混合模式”里的选项将会受到图像色彩模式的影响，如图 3-36 所示为 Lab 模式下的图层“混合模式”选项，其中的“变暗”、“颜色加深”等很多混合模式都是不可用的。如果选择其他的颜色模式，图层“混合模式”列表里的选项还会改变，读者可以自己上机试试，限于篇幅，这里就不一一介绍了。

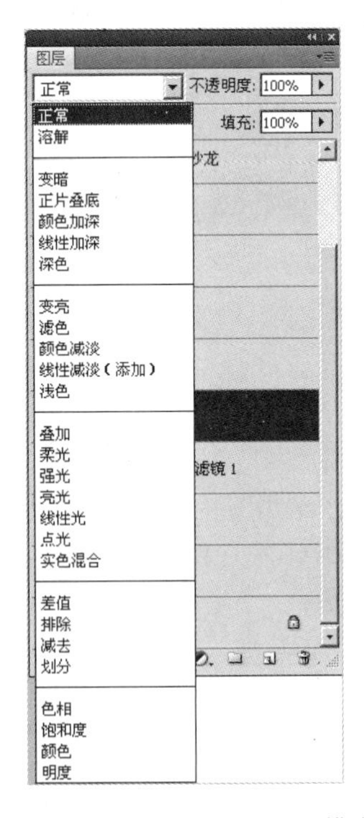

图 3-35　RGB 模式下的图层“混合模式”选项

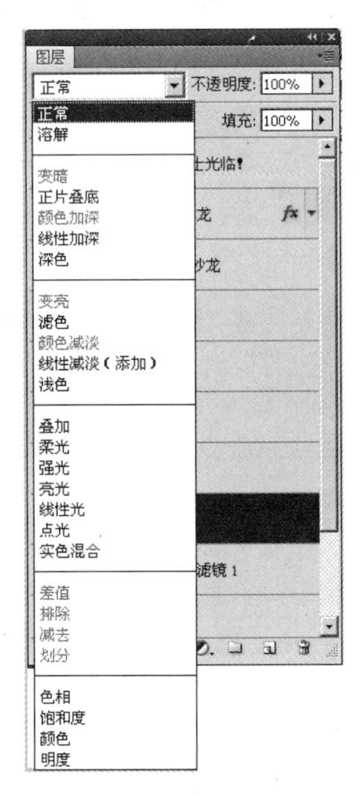

图 3-36　Lab 模式下的图层“混合模式”选项

下面介绍各种“混合模式”的使用。

1）“基色”：“基色”是图像中的原稿颜色，也就是要用混合模式选项时，两个图层中下面的那个图层。

2）“混合色”：“混合色”是通过绘画或编辑工具应用的颜色，也就是要用“混合模式”命令时，两个图层中上面的那个图层。

3）“结果色”：“结果色”就是应用“混合模式”结果后得到的颜色，也是最后的效果颜色。

在后面的介绍中，将主要用到图 3-37 和图 3-38 作为“基色”和“混合色”来运用图层“混合模式”生成最后的“结果色”。

图 3-37　基色图片

图 3-38　混合色图片

1. “正常”（Normal）模式

在“正常”模式下，“混合色”的显示与不透明度的设置有关。当不透明度为 100%，也就是说完全不透明时，“结果色”的像素将完全由所用的“混合色”代替；当不透明度小于 100%时，混合色的像素会透过所用的颜色显示出来，显示的程度取决于不透明度的设置与“基色”的颜色，图 3-39 所示是将不透明度设为 90%后的效果。

图 3-39　“正常”模式下不透明度为 90%的效果

如果在处理“位图”颜色模式图像或“索引颜色”颜色模式图像时，“正常”模式就改称为“阈值”模式了，不过功能是一样的。

2. “溶解”（Dissolve）模式

在“溶解”模式中，主要是在编辑或绘制每个像素时，使其成为“结果色”。但是，根据任何像素位置的不透明度，“结果色”由“基色”或“混合色”的像素随机替换。因此，“溶解”模式最好是同 Photoshop 中的一些“着色工具”一并使用效果比较好，如画笔、仿制图章、橡皮擦工具等，也可以使用文字。

当“混合色”有羽化边缘，而且具有一定的透明度时，“混合色”将融入到“基色”内。如果“混合色”没有羽化边缘，并且不透明度为 100%，那么“溶解”模式不起任何作用。图 3-40 所示是将“混合色”的不透明度设为 90%后产生的效果，否则“混合色”和“结果色”是不会有太大的区别的，只是边缘有一点变化。

如果是用“画笔工具”或文字创建的“混合色”，同“基色”交替，就可以创建一种类似扩散抖动的效果，如图 3-41 所示。

图 3-40 “溶解”模式下不透明度为 90%的效果

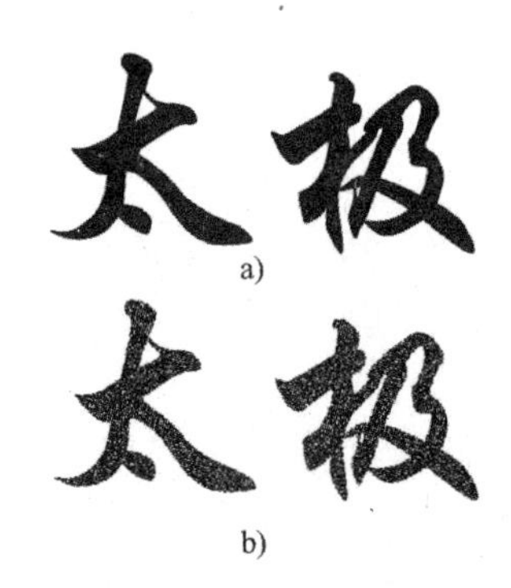

图 3-41 “溶解”模式下创建类似扩散抖动效果
a) 正常模式 b) 溶解模式

如果以小于或等于 50%的不透明度描画一条路径，然后利用“描边路径”命令，“溶解”模式在图像边缘周围创建一种“泼溅”的效果，如图 3-42 所示。还可以制作模拟破损纸的边缘的效果等。

如果利用“橡皮擦工具”，可以在一幅图像上方创建一个新的图层，并且填充的白色作为“混合色”。然后在“溶解”模式中，用“橡皮擦工具”擦除，可以创建类似于冬天上霜的玻璃中间被擦除的效果，如图 3-43 所示。

图 3-42 “溶解”模式下创建“泼溅”的效果

图 3-43 “溶解”模式下创建“玻璃被擦除”效果

3. “变暗”（Darken）模式

在“变暗”模式中，查看每个通道中的颜色信息，并选择“基色”或“混合色”中较暗的颜色作为“结果色”。比“混合色”亮的像素被替换，比“混合色”暗的像素保持不变。“变暗”模式将导致比背景颜色更淡的颜色从“结果色”中被去掉了，图 3-44 所示可以看到，白色的树挂从“结果色”被去掉了，而白色的瀑布即被比它颜色深的天空的颜色替换掉了。

图 3-44 “变暗”模式

图 3-45 所示是《Visual Basic.NET 反射参考手册》系列的封面。这种封面就是将“混合色”设为红色，然后利用“变暗”模式将“手”中的白色部分及白色背景替换掉，并用红色来替

换它们制作而成的，如图 3-46 所示。

图 3-45 《Visual Basic.NET 反射参考手册》系列的封面

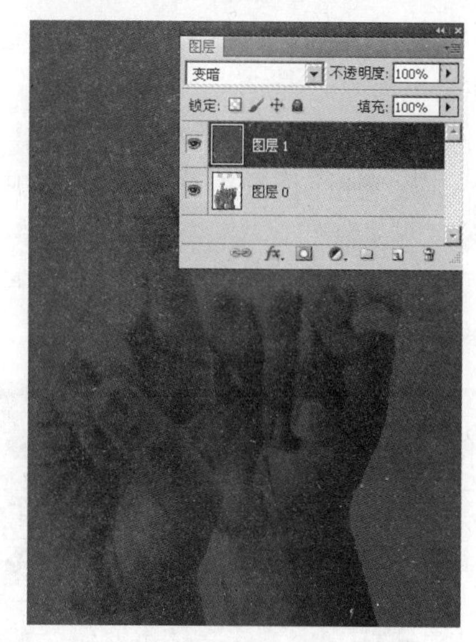

图 3-46 在“图层”面板中设置“变暗”模式

4. “正片叠底”（Multiply）模式

在“正片叠底”模式中，查看每个通道中的颜色信息，并将“基色”与“混合色”复合。“结果色”总是较暗的颜色。任何颜色与黑色复合产生黑色。任何颜色与白色复合保持不变。当用黑色或白色以外的颜色绘画时，“绘画工具”绘制的连续描边产生逐渐变暗的过渡色，如图 3-47 所示。

其实“正片叠底”模式就是从“基色”中减去“混合色”的亮度值，得到最终的“结果色”。如果在“正片叠底”模式中使用较淡的颜色对图像的“结果色”是没有影响的。

利用“正片叠底”模式可以形成一种光线穿透图层的幻灯片效果。其实就是将“基色”与“混合色”的数值相乘，然后再除以 255，便得到了“结果色”的颜色值。例如，红色与黄色的“结果色”是橙色，红色与绿色的“结果色”是褐色，红色与蓝色的“结果色”是紫色等。

5. “颜色加深”（Clolor Burn）模式

在“颜色加深”模式中，查看每个通道中的颜色信息，并通过增加对比度使基色变暗以反映混合色，如果与白色混合的话将不会产生变化。如图 3-48 所示，除了背景上的较淡区域消失，且图像区域呈现尖锐的边缘特性之外，“颜色加深”模式创建的效果和“正片叠底”模式创建的效果比较类似。

图 3-47 “正片叠底”模式

图 3-48 “颜色加深”模式

6. “线性加深”（Linear Burn）模式

在“线性加深”模式中，查看每个通道中的颜色信息，并通过减小亮度使“基色”变暗以反映“混合色”。“混合色”与“基色”上的白色混合后将不会产生变化，如图 3-49 所示。

7. “变亮”（Lighten）模式

在“变亮”模式中，查看每个通道中的颜色信息，并选择“基色”或“混合色”中较亮的颜色作为“结果色”。比“混合色”暗的像素被替换，比“混合色”亮的像素保持不变。 在这种与“变暗”模式相反的模式下，较淡的颜色区域在最终的“合成色”中占主要地位。较暗区域并不出现在最终的“合成色”中，如图 3-50 所示。

图 3-49 “线性加深”模式

图 3-50 “变亮”模式

8. “滤色”（Screen）模式

“滤色”模式与“正片叠底”模式正好相反，属于光线的加法原则。它将图像的“基色”颜色与“混合色”颜色结合起来产生比两种颜色都浅的第三种颜色，如图 3-51 所示。其实就是并将“混合色”的互补色与“基色”复合。“结果色”总是较亮的颜色，用黑色过滤时颜色保持不变，用白色过滤将产生白色。无论在“滤色”模式下用“着色工具”采用一种颜色，还是对“滤色”模式指定一个层，合并的“结果色”始终是相同的合成颜色或一种更淡的颜色。此效果类似于多个摄影幻灯片在彼此之上投影一样。

此“滤色”模式对于在图像中创建霓虹辉光效果是有用的。如果在层上围绕背景对象的边缘涂了白色或任何淡颜色，然后指定层“滤色”模式，通过调节层的不透明度设置就能获得饱满或稀薄的辉光效果。

9. “颜色减淡”（Clolor Dodge）模式

在“颜色减淡”模式中，查看每个通道中的颜色信息，并通过减小对比度使基色变亮以反映“混合色”，与黑色混合则不发生变化。除了指定在这个模式的层上边缘区域更尖锐，以及在这个模式下着色的笔画之外，“颜色减淡”模式类似于“滤色”模式创建的效果，如图 3-52 所示。另外，不管何时定义“颜色减淡”模式混合“混合色”与“基色”像素，“基色”上的暗区域都将会消失。

图 3-51 “滤色”模式

图 3-52 “颜色减淡”模式

10. “线性减淡”（Linear Dodge）模式

在“线性减淡”模式中，查看每个通道中的颜色信息，并通过增加亮度使基色变亮以反映混合色，如图 3-53 所示。但是读者可不要与黑色混合，那样是不会发生变化的。

11. “叠加”（Overlay）模式

“叠加”模式是把图像的“基色”与“混合色”相混合产生一种中间色。“基色”中比“混合色”暗的颜色使“混合色”倍增，比“混合色”亮的颜色将使“混合色”被遮盖，而图像内的高亮部分和阴影部分保持不变，因此对黑色或白色像素着色时“叠加”模式不起作用。如图 3-54 所示。

图 3-53 “线性减淡”模式

图 3-54 “叠加”模式

“叠加”模式以一种非艺术逻辑的方式，把放置或应用到一个层上的颜色同背景色进行混合，而得到有趣的效果。背景图像中的纯黑色或纯白色区域无法在“叠加”模式下显示层上的“叠加”着色或图像区域。背景区域上落在黑色和白色之间的亮度值同“叠加”材料的颜色混合在一起，产生最终的合成颜色。如图 3-55 所示的条格及图 3-56 所示的网格和五角星都是利用了“叠加”模式溶解到背景中的，读者可以看配套素材中的 PSD 文件自己参考一下。

图 3-55 “叠加”模式应用一

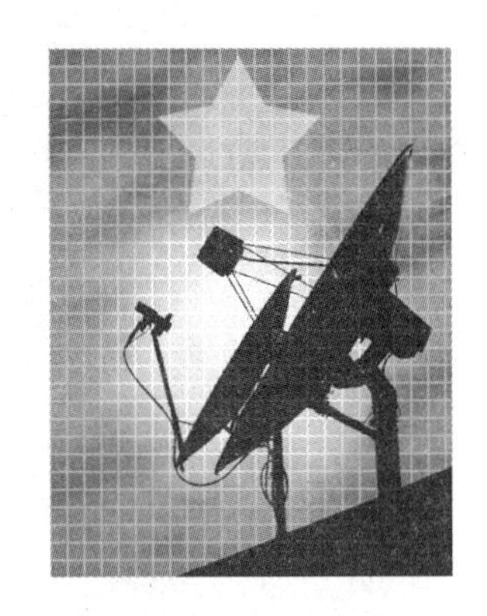

图 3-56 “叠加”模式应用二

12. “柔光”（Soft Light）模式

“柔光”模式会产生一种柔光照射的效果。如果“混合色”比“基色”的像素更亮一些，那么“结果色”将更亮；如果“混合色”比“基色”的像素更暗一些，那么“结果色”将更暗，使图像的亮度反差增大，如图 3-57 所示。

例如，如果在背景图像上涂了 50%黑色，这是一个从黑色到白色的梯度，那着色时梯度的较暗区域变得更暗，而较亮区域呈现出更亮的色调。其实使颜色变亮或变暗，具体取决于“混合色”。此效果与发散的聚光灯照在图像上相似。如果“混合色”比 50% 灰色亮，则图像变亮，就像被减淡了一样；如果“混合色”比 50% 灰色暗，则图像变暗，就像被加深了一样。用纯黑色或纯白色绘画会产生明显较暗或较亮的区域，但不会产生纯黑色或纯白色。

13. “强光”（Hard Light）模式

“强光”模式将产生一种强光照射的效果。如果“混合色”比“基色”的像素更亮一些，那么“结果色”将更亮；如果“混合色”比“基色”的像素更暗一些，那么“结果色”将更暗。除了根据背景中的颜色而使背景色是多重的或屏蔽的之外，这种模式实质上同“柔光”模式是一样的。它的效果要比“柔光”模式更强烈一些，同“叠加”一样，这种模式也可以在背景对象的表面模拟图案或文本，如图 3-58 所示。

图 3-57 “柔光”模式

图 3-58 “强光”模式

例如，如果“混合色”比 50% 灰色亮，则图像变亮，就像过滤后的效果。这对于向图像中添加高光非常有用；如果“混合色”比 50%灰色暗，则图像变暗，就像复合后的效果。这对于向图像添加暗调非常有用。用纯黑色或纯白色绘画会产生纯黑色或纯白色。

14. “亮光”（Vivid Light）模式

通过增加或减小对比度来加深或减淡颜色，具体取决于“混合色”。如果“混合色”（光源）比 50% 灰色亮，则通过减小对比度使图像变亮。如果“混合色”比 50% 灰色暗，则通过增加对比度使图像变暗，如图 3-59 所示。

15. “线性光”（Linear Light）模式

通过减小或增加亮度来加深或减淡颜色，具体取决于“混合色”。如果“混合色”（光源）比 50% 灰色亮，则通过增加亮度使图像变亮。如果“混合色”比 50% 灰色暗，则通过减小亮度使图像变暗。如图 3-60 所示。

图 3-59 “亮光”模式

图 3-60 “线性光”模式

16. “点光”（Pin Light）模式

“点光”模式其实就是替换颜色，其具体取决于“混合色”。如果“混合色”比 50% 灰色亮，则替换比“混合色”暗的像素，而不改变比“混合色”亮的像素。如果“混合色”比 50% 灰色暗，则替换比“混合色”亮的像素，而不改变比“混合色”暗的像素。这对于向图像添加特殊效果非常有用。如图 3-61 所示。

17. “差值”（Difference）模式

在“差值”模式中，查看每个通道中的颜色信息，“差值”模式是将从图像中“基色”的亮度值减去“混合色”的亮度值，如果结果为负，则取正值，产生反相效果。由于黑色的亮度值为 0，白色的亮度值为 255，因此用黑色着色不会产生任何影响，用白色着色则产生被着色的原始像素颜色的反相。“差值”模式创建背景颜色的相反色彩，如图 3-62 所示。

图 3-61 “点光”模式

图 3-62 “差值”模式

例如，在“差值”模式下，当把蓝色应用到绿色背景中时将产生一种青绿组合色。“差值”模式适用于模拟原始设计的底片，而且尤其可用来在其背景颜色从一个区域到另一区域发生变化的图像中生成突出效果。

18. “排除”（Exclusion）模式

“排除”模式与“差值”模式相似，但是具有高对比度和低饱和度的特点。比用“差值”模式获得的颜色要柔和、更明亮一些。建议读者在处理图像时，首先选择“差值”模式，若效果不够理想，可以选择“排除”模式来试试。如图 3-63 所示。

其中与白色混合将反转“基色”值，而与黑色混合则不发生变化。其实无论是“差值”模式还是“排除”模式，都能使人物或自然景色图像合成更真实或更吸引人的图像。

19. “色相”（Hue）模式

“色相”模式只用“混合色”的色相值进行着色，而使饱和度和亮度值保持不变。当“基色”与“混合色”的色相值不同时，才能使用描绘颜色进行着色，如图 3-64 所示。但是要注意的是“色相”模式不能用于灰度模式的图像。

图 3-63 “排除”模式

图 3-64 “色相”模式

20. “饱和度”（Saturation）模式

“饱和度”模式的作用方式与“色相”模式相似，它只用“混合色”的饱和度值进行着色，而使色相值和亮度值保持不变。当“基色”与“混合色”的饱和度值不同时，才能使用描绘颜色进行着色处理，如图 3-65 所示。

在无饱和度的区域上（也就是灰色区域中），用“饱和度”模式是不会产生任何效果的。

21. “颜色”（Color）模式

“颜色”模式能够使用“混合色”的饱和度值和色相值同时进行着色，而使“基色”的亮度值保持不变。“颜色”模式可以看成是“饱和度”模式和“色相”模式的综合效果。该模式能够使灰色图像的阴影或轮廓透过着色的颜色显示出来，产生某种色彩化的效果。这样可以保留图像中的灰阶，并且对于给单色图像上色和给彩色图像着色都会非常有用。如图 3-66 所示。

图 3-65 “饱和度”模式

图 3-66 “颜色”模式

22. “亮度”（Luminosity）模式

“亮度”模式能够使用“混合色”的亮度值进行着色，而保持“基色”的饱和度和色相数值不变。其实就是用“基色”中的“色相”和“饱和度”以及“混合色”的亮度创建“结果色”。此模式创建的效果是与“颜色”模式创建的效果相反。

还有几种“混合模式”效果不再一一列出，有兴趣的读者可以自己试验下。很好地理解和掌握图层“混合模式”，无论是在 Photoshop 软件中，还是在影视后期处理软件 After Effects 中，对图层叠加效果都有非常大的帮助。

3.3 为图层添加样式

【案例 3-3】 金属字

“金属字”案例的效果图 3-67 所示。

 **案例设计创意**

该案例利用图层样式，快速制作出具有金属质感的文字效果，通过改变文字的颜色，能制作出各种颜色效果的金属文字。

图 3-67 “金属字”效果图

 **案例目标**

通过本案例的学习，不仅可以掌握图层样式等图层的各项操作命令，尤其是理解斜面浮雕图层样式中曲线的作用，利用图层样式快速制作出金属字的效果。

 **案例制作方法**

1）选择菜单“文件”→“新建（〈Ctrl+N〉组合键）”命令，设置文件的“宽度”为 16 厘米，“高度”为 12 厘米，“分辨率”为 72 像素/英寸，颜色模式为 RGB，“背景内容”为白色，名称为“金属字”，如图 3-68 所示。

2）将背景填充为青色（R=80，G=254，B=182）。

3）选择工具箱上的“文字工具”，输入文字“金属”，设置“字体”为“黑体”，“大小”为 160 点，“文字颜色”为（R=234，G=127，B=22），加粗，选择工具箱上的“移动工具”，调整好文字在画布上的位置，“字符”面板如图 3-69 所示。

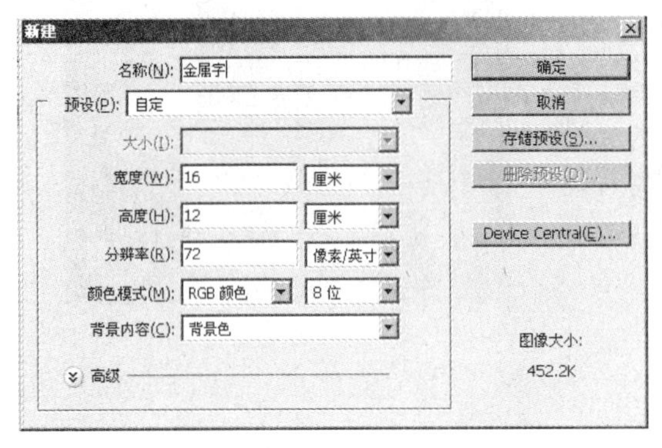

图 3-68 “新建”对话框

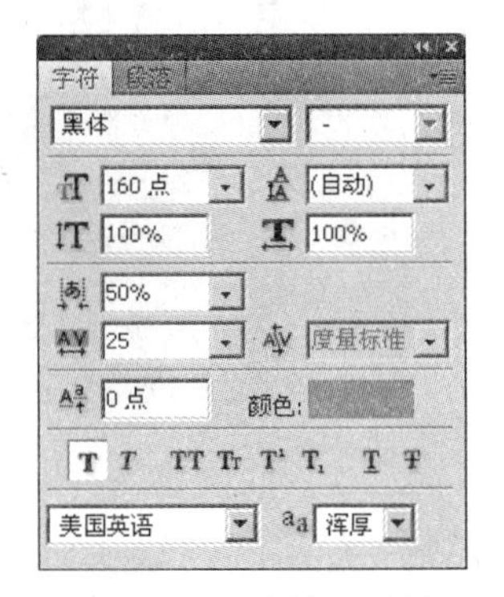

图 3-69 “字符”面板

4）单击“图层”面板上的“添加图层样式”按钮，选择“斜面和浮雕”，在如图 3-70 所示的对话框中设置参数，将“光泽等高线”设置为“环形—双”，“深度”设置为 100%，“大小”为 7 像素，“软化”为 2 像素，其余参数保留默认值。

5）调整文字的字体和颜色，还可以制作出其他的金属字效果来，如图 3-71 所示。

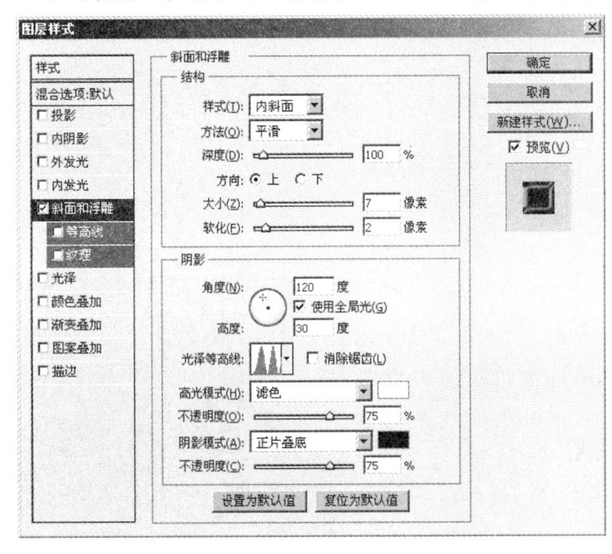

图 3-70 “图层样式”对话框

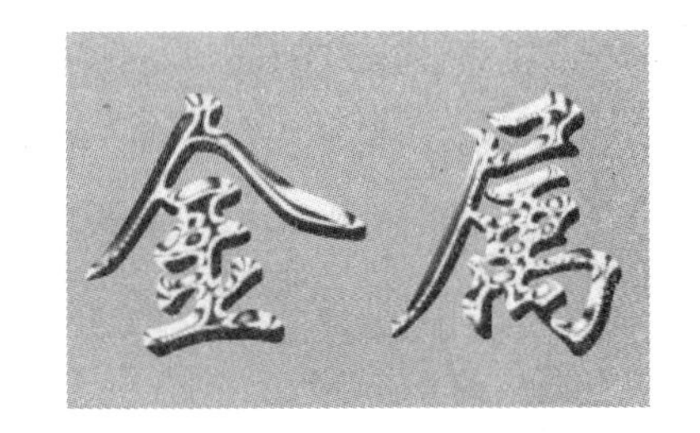

图 3-71 调整文字颜色后效果

【相关知识】 为图层添加图层样式

1. 为图层添加图层样式

使用图层样式可以方便地创建图层中整个图像的阴影、发光、斜面、浮雕等效果，赋予图层样式后会产生许多图层效果，这些图层效果的集合构成了图层样式。在“图层”面板中，图层名称的右边会显示 fx 图标。图层的下边会显示效果名称，如图 3-72 所示。单击 fx 图标右边的按钮，可以将图层下边显示的效果名称展开，此时图层名称的右边会显示 fx 按钮。

单击 fx ▲图标右边的▲按钮，可收缩图层下边的效果名称。

添加图层样式时，需要首先选中要添加图层样式的图层，然后采用下面所述的一种方法。

1）单击“图层”面板中的“添加图层样式”按钮 fx，打开“图层样式”菜单，如图 3-72 所示。

单击“混合选项”或其他命令，打开“图层样式”对话框，如图 3-73 所示，用其可以添加图层样式，产生各种不同的效果。

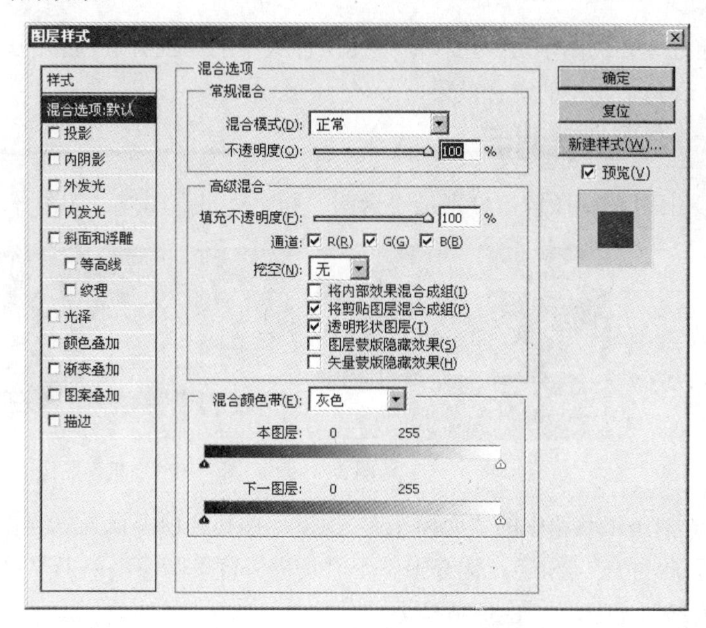

图 3-72 “图层样式”菜单　　　　图 3-73 “图层样式”对话框

如果单击“图层样式”菜单中的其他命令，也会打开“图层样式”对话框。

2）单击“图层”→“图层样式”→“混合选项”命令，或单击“图层”面板菜单中的“混合选项”命令，或双击要添加图层样式的图层，打开“图层样式”对话框。

3）双击“样式”面板中的一种样式图标，即可为选定的图层添加图层样式。

2. 设置图层样式

图 3-73 所示的“图层样式”对话框中各选项的作用和使用方法如下。

1）在“样式”选项组中有多个复选框，选中一个复选框，即可增加一种效果，同时在“预览”框中显示相应的综合效果视图。

2）选择“样式”选项组中的复选框后，可通过设置“混合选项”、“高级混合”及“混合颜色带”选项组中的选项调整图层样式。

图 3-74 “云中飞机”案例效果

3.4 编辑图层效果和图层样式

【案例 3-4】 云中飞机

“云中飞机”案例的效果图 3-74 所示。

案例设计创意

该案例是 Photoshop 高新技术考试中的一道案例题，案例中，通过将图 3-75 所示的素材“云图”和“飞机”图像处理加工，使得飞机和云无缝拼接，且飞机被云雾包围，有云里雾里的感觉。这种效果在设计中也经常应用。

案例目标

通过本案例的学习，可以掌握图层样式中的“混合选项”的应用以及“混合颜色带”的调整实现两个图层的混合效果。

案例制作方法

1）打开两幅图像，分别是“云图”和“飞机”图像，如图 3-75 所示。

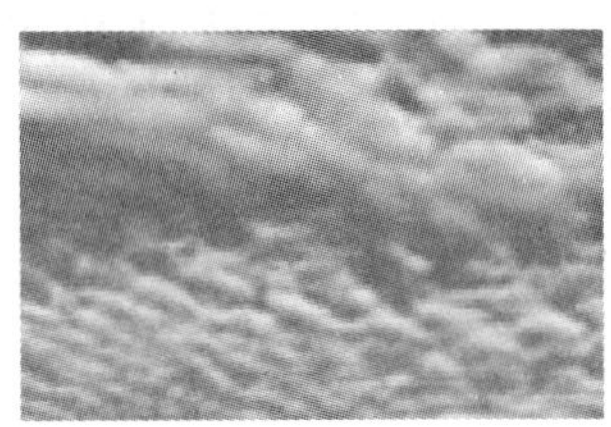

图 3-75　“云图”和“飞机”图像

2）单击工具箱中的“魔棒工具”，在其选项中设置“容差”为 50。单击“飞机”图像的背景，按住〈Shift〉键选中整个“飞机”背景图像。单击菜单“选择”→“反向”命令，将飞机图像选中，如图 3-76 所示。

3）单击菜单“编辑”→“拷贝”命令，将“飞机”图像复制到剪贴板中。在“云图”图像中，单击菜单“编辑”→“粘贴”命令，将剪贴板中的“飞机”图像粘贴到“云图”图像中，此时自动创建名为“图层 1”的图层。

4）单击“选择”→“自由变换”命令，调整“图层 1”中“飞机”图像的大小、位置和旋转角度。调整后按〈Enter〉键。效果如图 3-77 所示。

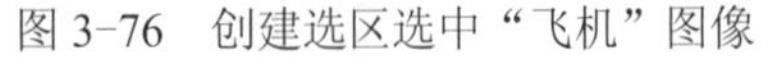

图 3-76　创建选区选中“飞机”图像

图 3-77　调整后的效果

5）双击“图层”面板中的“图层 1”（“飞机”图像所在图层），打开“图层样式”对话框，如图 3-78 所示。

使用“混合颜色带”选项组可以调整“云图”和“飞机”图像所在两个图层的混合效果。选择“混合颜色带”下拉列表框中的“灰色”选项，如图 3-78 所示，对这两个图层中的灰度进行混合效果调整（该下拉列表框中还有“红”、“绿”和“蓝”3 个选项）。

6）按住〈Alt〉键拖动“下一图层”的白色三角滑块，以调整下一图层（即“云图”图像所在的图层），如图 3-78 所示。此时，画布中的“飞机”图像如图 3-79 所示。

制作第 2 架云中飞机

7）单击工具箱中的“移动工具”，按住〈Alt〉键拖动“飞机”图像并复制，将复制后的“飞机”图像所在的图层命名为“图层 2”。

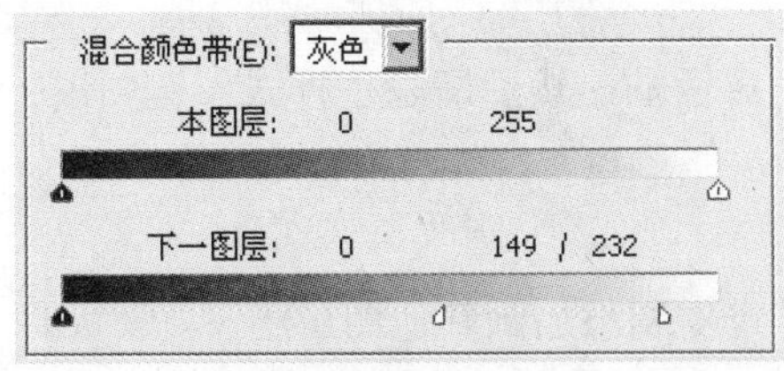

图 3-78　设置“混合颜色带”选项组

图 3-79　画布中的“飞机”图像

8）双击“图层”面板中的“图层 2”，打开“图层样式”对话框。使用“混合颜色带”选项组调整“飞机”和“云图”图像所在的两个图层的混合效果，调整结果如图 3-80 所示，最后效果如图 3-81 所示。

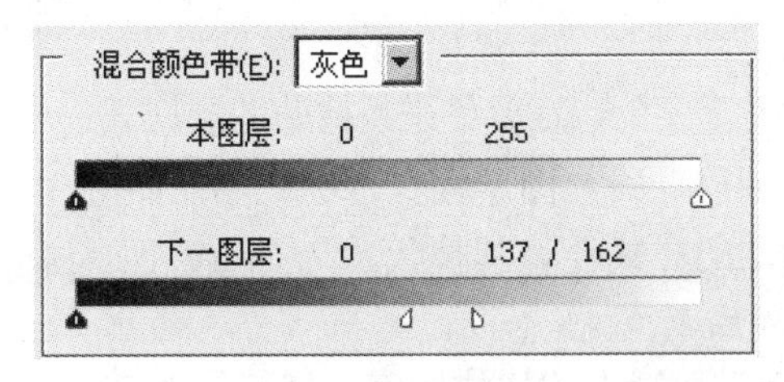

图 3-80　调整“混合颜色带”选项组

图 3-81　“图层 2”飞机最后效果

【相关知识】 编辑图层效果和图层样式

1. 隐藏和显示图层效果

（1）隐藏图层效果

单击“图层”面板中“效果名称”层左边的按钮，使其消失，就会隐藏该图层效果；单击“图层”面板中“效果”层左边的按钮，使其消失，就会隐藏所有图层效果。

（2）隐藏图层的全部效果

单击菜单“图层”→“图层样式”→“隐藏所有效果”命令，就会隐藏选中图层的全部效果，即隐藏图层样式。

（3）显示图层效果

单击“图层”面板中“效果”层左边的　按钮，会出现按钮，即是显示隐藏的图层效果。

2. 删除图层效果

（1）删除图层的一个效果

将“图层”面板中的“效果名称”行（如 投影 ）拖动到“删除图层”按钮之上。

（2）删除一个图层的所有效果

删除一个图层的所有效果的方法如下：

● 将“图层”面板中的“效果”行 效果 拖动到“删除图层”按钮之上。

● 右击添加图层样式的图层或效果行名称，打开其快捷菜单。单击其中的“删除图层样式”命令，即可删除全部图层效果（即图层样式）。

● 单击菜单“图层”→“图层样式”→“清除图层样式”命令。

● 单击“样式”面板中的“清除样式”按钮⊘。

（3）删除一个或多个图层效果

选中要删除图层效果的图层，打开“图层样式”对话框，然后清除“样式”选项组中的相应复选框。如果清除全部复选框，则删除图层效果。

3. 复制和粘贴图层样式

复制和粘贴图层样式的操作可以将一个图层的样式复制添加到其他图层中。

复制图层样式有如下两种方法。

● 右击添加图层样式的图层或其样式之上，打开其快捷菜单，单击“拷贝图层样式”命令。

● 单击添加图层样式的图层，单击菜单“图层”→“图层样式”→“拷贝图层样式”命令。

粘贴图层效果有如下两种方法。

● 右击要添加图层样式的图层之上，打开其快捷菜单，然后单击“粘贴图层样式”命令。

● 单击要添加图层样式的图层，单击菜单“图层”→“图层样式”→“粘贴图层样式”命令。如果选中的图层原来有样式，由粘贴的样式会将其替代。

4. 保存图层样式

按照上述方法复制图层样式，然后右击“样式”面板中的样式图案，打开如图 3-82 所示的快捷菜单。单击“新建样式”命令，打开“新建样式”对话框，如图 3-83 所示。命名样式并设置有关选项，单击“确定”按钮，在“样式”面板中样式图案的最后增加了一种新的样式图案。

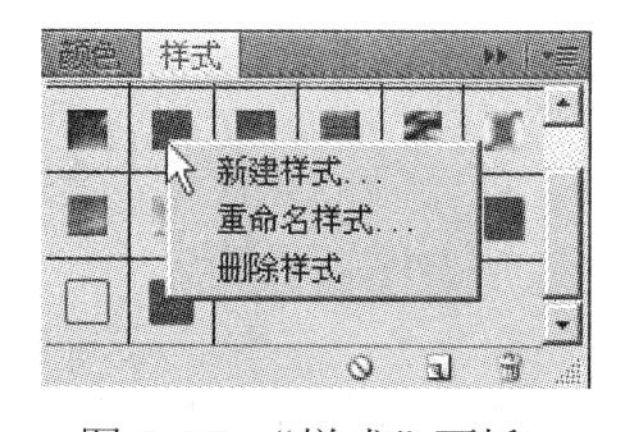

图 3-82 “样式”面板

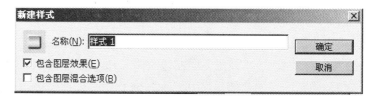

图 3-83 “新建样式”对话框

单击“样式”面板菜单中的“新建样式”命令，或者单击“图层样式”对话框中的“新建样式”按钮，也可打开“新建样式”对话框。

3.5 图层组

图层组是若干图层的集合，相当于文件夹。当图层较多时，可以将一些图层组成图层组，这样既方便于查找、管理，又方便于复制、移动和调整大小等操作。在“图层”面板中可以移动图层组与其他图层的相对位置，并改变图层组的颜色和大小。同时，其中的所有图层的属性也会随之改变。

1．创建图层组

（1）从图层中创建图层组

对前面的“女士休闲车”的案例进行改进，按住〈Ctrl〉键单击选中如图 3-84 所示的“图层”面板中上边的“汽车”、“女士”和“玻璃”3 个图层。单击菜单“图层”→“新建”→“从图层建立组”命令，打开“从图层建新建组”对话框，如图 3-85 所示。

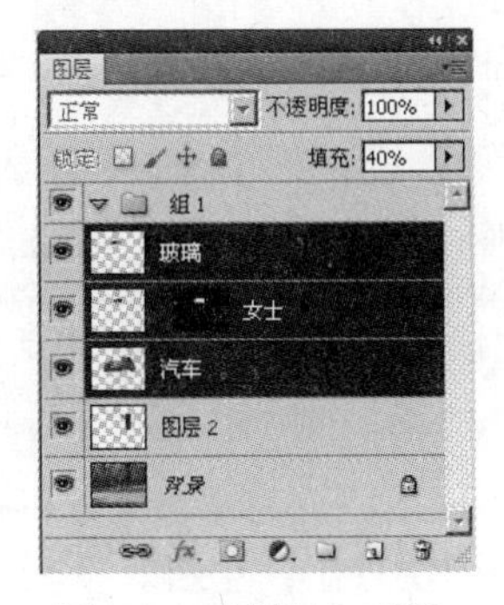

图 3-84 “图层”面板

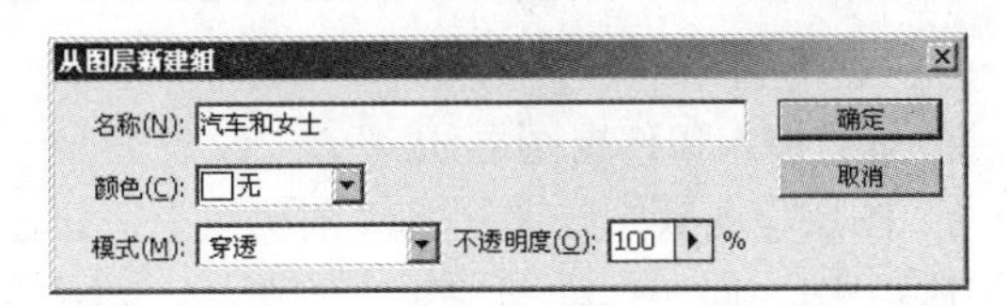

图 3-85 “从图层新建组”对话框

为图层组命名，并设置颜色、不透明度和模式等。然后单击“确定”按钮，创建一个新的图层组。将选中的图层置于该图层组中，如图 3-86 所示。单击“汽车”和“女士”左边的按钮，可以展开图层组中的图层，同时按钮变为，如图 3-87 所示。再次单击该按钮，又可以收缩图层组，同时按钮变为。这时，可以选中该图层组，对“汽车”和“女士”同时进行移动和缩放大小操作，比前面使用的链接图层操作更方便。

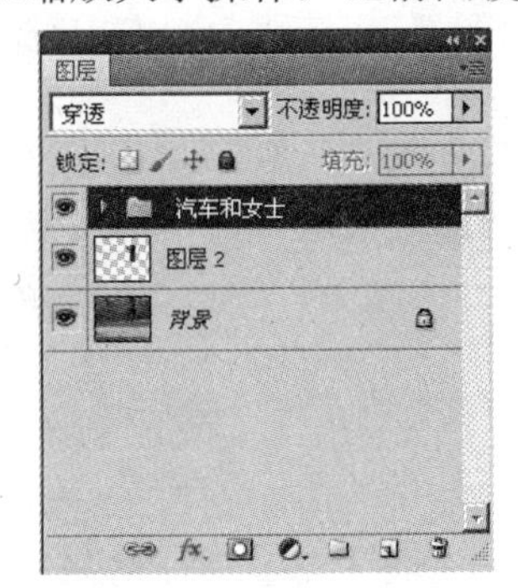

图 3-86 收缩图层组

图 3-87 展开图层组

（2）创建新的空图层组

单击菜单“图层”→“新建”→“组”命令，打开“新建组”对话框。设置有关选项，然后单击“确定”按钮，在当前图层或图层组之上创建一个新的空图层组。新的空图层组中没有图层，在图层组中还可以创建新图层组。

单击“图层”面板中的“创建新组”按钮，也可以创建一个新的空图层组。

2．删除和复制图层组

（1）删除图层组

选中“图层”面板中的图层组，单击菜单“图层”→“删除”→“组”命令打开一个提示对话框，如图 3-88 所示。单击“组和内容”按钮，删除图层组和图层组中的所有图层；单击“仅组”按钮，只删除图层组而保留组中的图层。

（2）复制图层组

选中“图层”面板中的图层组，单击菜单“图层”→“复制组”命令，打开“复制组”对话框。设置有关选项，然后单击“确定”按钮，复制选中的图层组（包括其中的图层）。

3. 锁定组中的所有图层

单击菜单“图层”→“锁定组内的所有图层”命令，打开“锁定组内的所有图层”对话框，如图3-89所示。设置锁定方式，然后单击“确定”按钮。

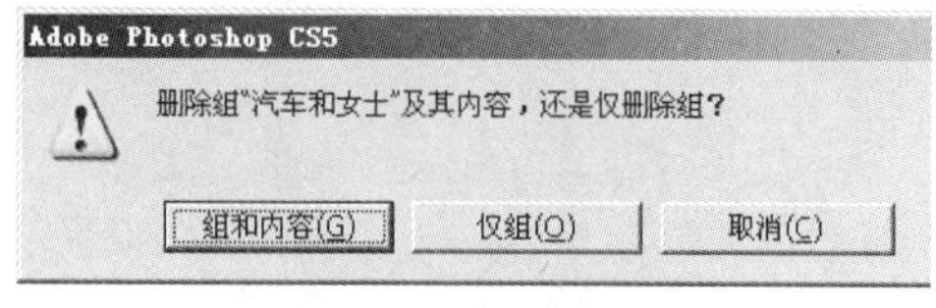

图3-88　提示对话框

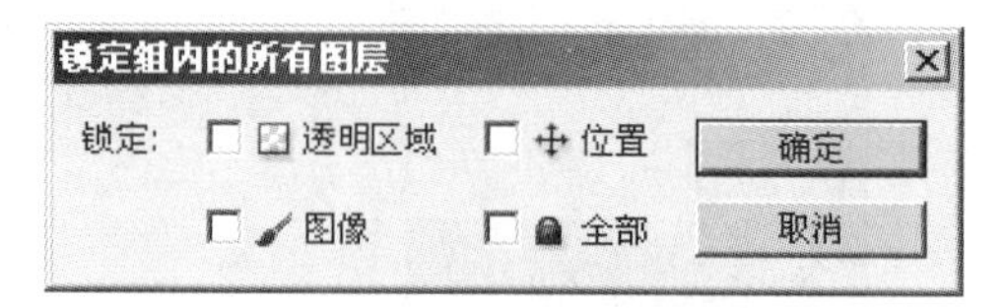

图3-89　“锁定组内的所有图层”对话框

4. 将图层移入和移出图层组

拖动“图层”面板中的图层到“图层组”按钮之上，当该按钮变为黑色时，可拖动图层移到图层组中。向左拖动图层组中的图层，可将图层组中的图层移出图层组。

5. 图层链接

建立图层链接后，许多操作会对所有建立链接的图层有效。

（1）链接图层

在“图层”面板中选中要建立链接的两个或两个以上的图层，然后单击“图层”面板中的“链接图层”按钮。

（2）清除图层链接

选中要清除链接的两个或两个以上的图层，单击“图层”面板中的“链接图层”按钮，即清除图层链接和链接标记。

（3）对齐链接图层

选中要对齐的两个或两个以上的链接图层，单击菜单“图层”→“对齐”命令，打开其子菜单，如图3-90所示。单击所需命令，将与当前图层链接的所有图层中的对象按要求对齐。

（4）分布链接图层

选中要分布的两个或两个以上的链接图层，单击菜单“图层”→“分布”命令，打开其子菜单，如图3-91所示。单击所需命令，将与当前图层链接的所有图层（必须为两个或两个以上的链接图层）中的对象按要求分布。

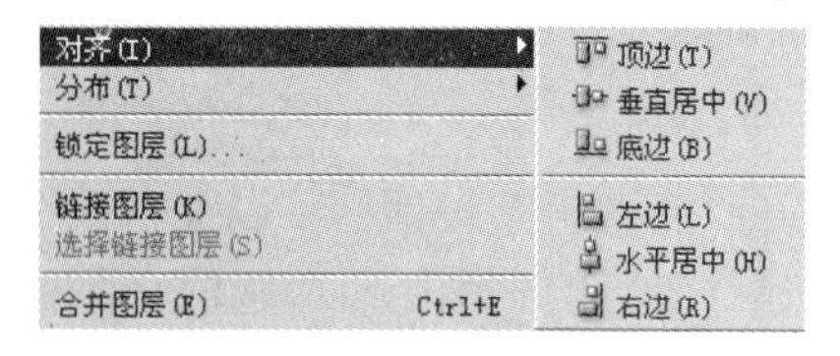

图3-90　“对齐”命令的子菜单

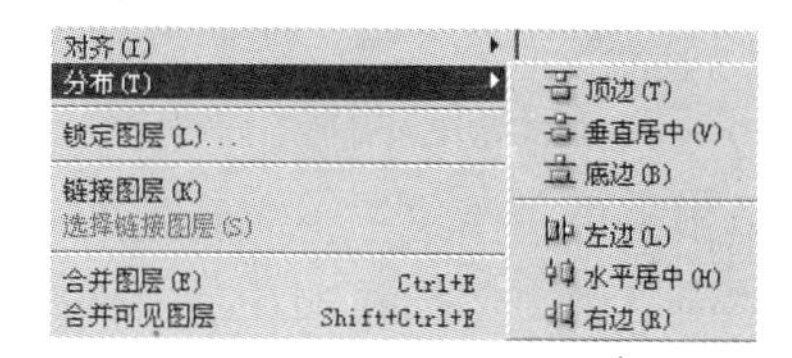

图3-91　“分布”命令的子菜单

单击“移动工具”选项栏中按钮组中的一个按钮，也可以将链接图层中的所有对象按要求对齐或分布。

3.6　本章小结

本章讲述了图层的概念及“图层”面板的操作应用，重点讲述创建编辑图层及图层混合模式、添加图层样式和图层组这几个知识点，读者应很好地掌握常用的几种图层混合模式和图层样式的应用。

3.7 练习题

1）通过对图 3-92 所示素材，对“小鸭”进行变换、复制等操作，制作出“小鸭”在水中的倒影效果，如图 3-93 所示。

图 3-92 第 1）题素材

图 3-93 小鸭在水中倒影效果图

2）通过层的运用，对图 3-94 素材进行处理，制作出人物在墙上投影的效果，要求完成的最后效果如图 3-95 所示。

图 3-94 第 2）题素材

图 3-95 人物在墙上投影效果

3）对素材图 3-96 的“天空”图像、图 3-97 的“热气球”图像进行加工，通过层样式中的混合选项技巧运用，制作出热气球在天空云彩间飞行的效果，如图 3-98 所示。

图 3-96 “天空”图像

图 3-97 “热气球”图像

图 3-98 合成效果图

第4章　图像色彩的调节

教学目标

通过前面章节的学习，读者对 Photoshop 软件基本操作有了比较全面的了解，本章将对 Photoshop 中色彩模式和图像的色彩调节及具体应用进行详细讲解，并通过实际案例应用这些知识点。读者通过本章节的学习，能够很好地运用 Photoshop 颜色模式，进行图像色彩的调整。

教学要求

知识要点	能力要求	相关知识
色彩模式	理解	色彩模式及特点
图像色调控制	掌握	对图像明暗度的调整、调整图像的色阶和色相/饱和度及灰点、白场校色法
图像色彩控制	掌握	调整图像色彩平衡、亮度/对比度
曲线调整	掌握	曲线命令的功能应用

设计案例

（1）褪色照片的校正

（2）调出婚片温柔暖色调

（3）为沙滩美女调出中性色

4.1　图像色彩调整基础知识

4.1.1　“调整”面板概述

在“调整”面板中找到用于调整颜色和色调的工具。单击“工具”图标以选择调整并自动创建调整图层。使用“调整”面板中的控件和选项进行的调整会创建非破坏性调整图层，起到保护原有素材的作用，“调整”面板如图 4-1 所示。

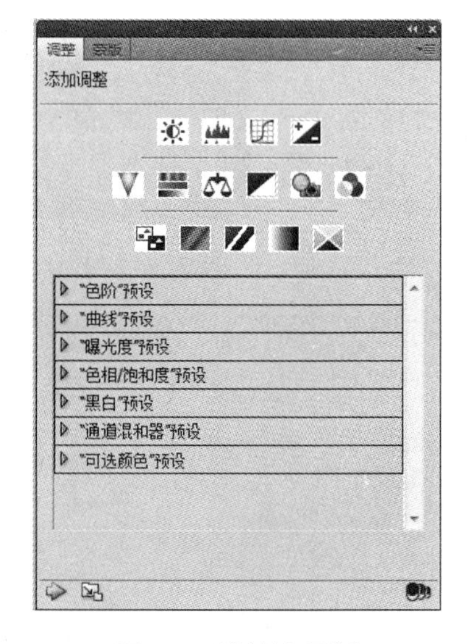

图 4-1　“调整”面板

“调整”面板具有应用常规图像校正的一系列调整预设。预设可用于色阶、曲线、曝光度、色相/饱和度、黑白、通道混合器以及可选颜色。单击“预设”按钮，使用“调整”图层将其应用于图像。

单击“调整”按钮或预设选项，将会显示特定调整的设置选项。

4.1.2　直方图

直方图又称为亮度分布图，它用图形表示图像的每个亮度级别的像素数量，展示像素在图像中的分布情况。直方图显示在某个图像的阴影中的细节（在直方图的左侧部分显示）、中间调（在中部显示）以及高光（在右侧部分显示）是否有足够的细节来进行良好的校正。

直方图还提供了图像色调范围或图像基本色调类型的快速浏览图。低色调图像的细节集中在阴影处，高色调图像的细节集中在高光处，而平均色调图像的细节集中在中间调处。全色调范围的图像在所有区域中都有大量的像素。识别色调范围有助于确定相应的色调校正，如图 4-2～图 4-4 所示。

图 4-2　曝光过度的照片

图 4-3　正确曝光的照片

图 4-4　曝光不足的照片

选择菜单“窗口”→“直方图”命令或单击“直方图”选项卡，以打开“直方图”面板。默认情况下，“直方图”面板将以“紧凑视图”形式打开，并且没有控件或统计数据，可以调整视图。

（1）“紧凑”视图

“紧凑”视图显示不带控件或统计数据的直方图，该直方图代表整个图像，如图 4-5 所示。

（2）“扩展”视图

“扩展”视图显示有统计数据的直方图，以及用于选取由直方图表示的通道的控件、查看“直方图”面板中的选项、刷新直方图以显示未高速缓存的数据、在多图层文档中选取特定图层，如图 4-6 所示。

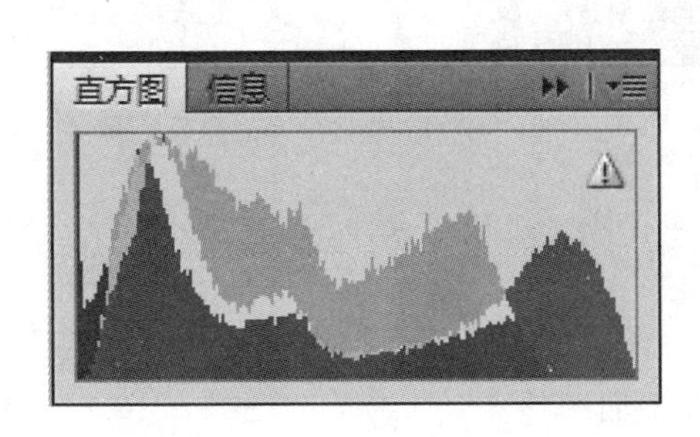

图 4-5 “紧凑”视图

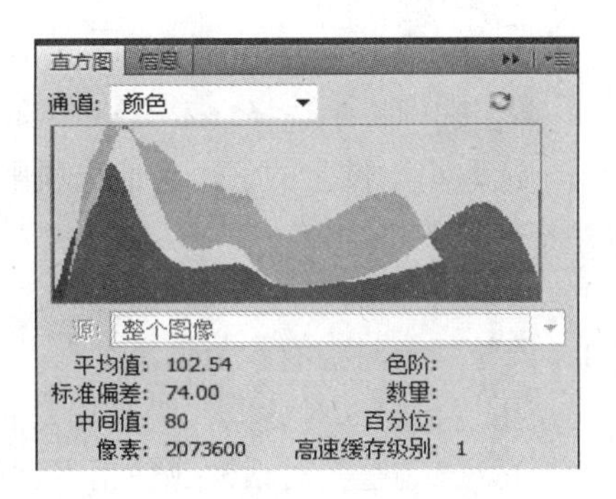

图 4-6 “扩展”视图

（3）“全部通道”视图

“全部通道”视图显示各个通道的单个直方图。单个直方图不包括 Alpha 通道、专色通道或蒙版，如图 4-7 所示。

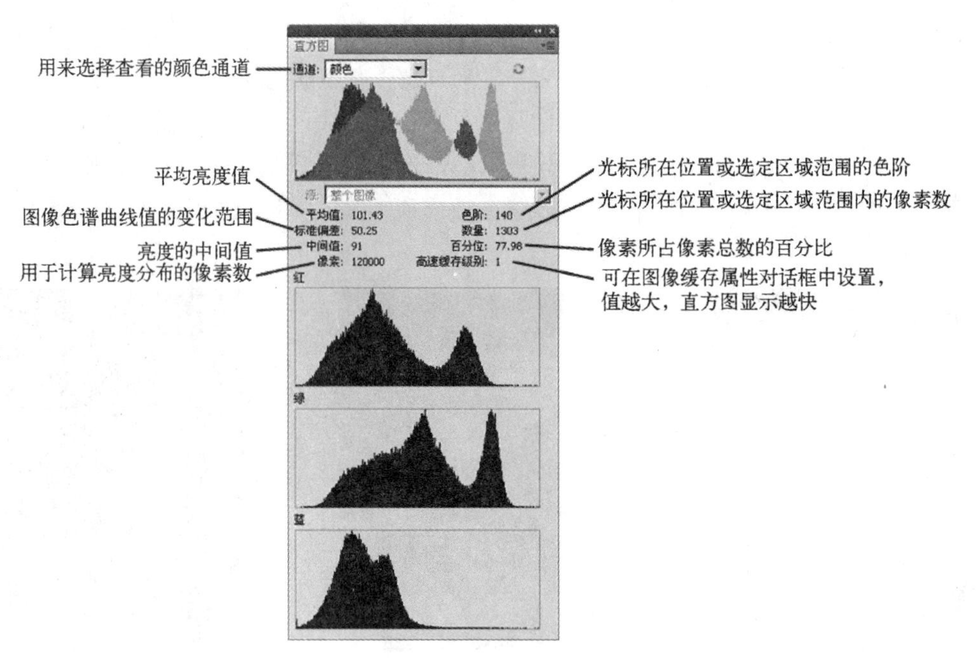

图 4-7 “全部通道”视图

4.1.3 查看图像中的颜色值

对颜色进行校正时，可以使用“信息”面板查看像素的颜色值。使用“色彩调整”对话框或“调整”面板时，“信息”面板显示指针下像素的两组颜色值。左栏中的值是像素原来的颜色值，右栏中的值是调整后的颜色值。

使用“吸管工具”查看单个位置的颜色。使用最多 4 个颜色取样器来显示图像中一个或多个位置的颜色信息。

1）选择“窗口”→“信息”以打开“信息”面板，如图 4-8 所示。

2）选择“吸管工具”或“颜色取样器工具”，并在选项栏中选择样本大小。“取样点”用于读取单一像素的值，其他选项用于读取像素区域的平均值。

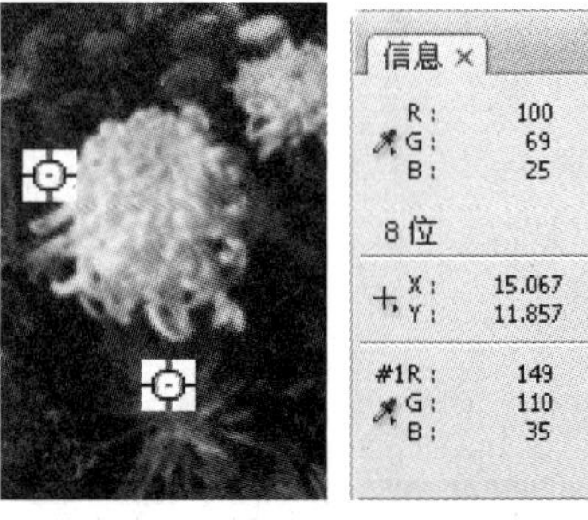

图 4-8 颜色取样器和“信息”面板

3）如果选择了“颜色取样器工具”，则最多可在图像上放置 4 个颜色取样器。

1. 调整颜色时查看颜色信息

在使用“调整”对话框或“调整”面板调整颜色时，查看图像中特定像素的颜色信息。

1）打开“调整”对话框或使用“调整”面板添加调整。

2）进行调整时，在“信息”面板中查看调整前和调整后的颜色值。在图像中移动指针以查看指针位置上的颜色值。

注：如果使用“调整”对话框，则在图像上移动指针时将会激活“吸管工具”。仍然可以使用键盘快捷键来访问滚动控件以及“抓手工具”和“缩放工具”。

3）如果已将颜色取样器放置在图像上，则颜色取样器下的颜色值将显示在“信息”面板的下半部分。

2. 添加新颜色取样器

要添加新的颜色取样器，则执行下列操作之一：

- 如果使用“调整”面板，则选择“颜色取样器工具”，并在图像中单击，或选择“吸管工具”，并按住〈Shift〉键在图像中单击。
- 如果使用“调整”对话框，则按住〈Shift〉键在图像中单击。

3. 调整颜色取样器

添加颜色取样器后，可以移动、删除或隐藏它，也可以更改在“信息” 面板中显示的颜色取样器信息。

4. 移动或删除颜色取样器

1）选择“颜色取样器工具”。

2）执行下列操作之一：

- 要移动颜色取样器，则将取样器拖移到新位置。
- 要删除颜色取样器，则将取样器拖出文档窗口；或者按住〈Alt〉键直到指针变成剪刀形状，然后单击取样器。
- 要删除所有颜色取样器，则单击选项栏中的“清除”按钮。
- 在调整对话框处于打开状态时删除颜色取样器，则按住〈Alt+Shift〉组合键单击取样器。

5. 隐藏或显示图像中的颜色取样器

要隐藏或显示“信息”面板中的颜色取样器信息，则从“面板”菜单中选择“颜色取样器”。复选标记表示颜色取样器信息处于可见状态。

4.2 调整图像的色阶和色相/饱和度及灰点、白场校色法

【案例 4-1】 褪色照片的校正

“褪色照片的校正”案例的效果如图 4-9 所示。

a)

b)

图 4-9 处理前后的照片对比

a) 处理前 b) 处理后

案例设计创意

该案例是对褪色照片的校正。这张照片已褪色比较厉害，已经没有什么颜色信息了，而且色调偏灰。南方的秋天还是枝繁叶茂的季节，植物的颜色应该是翠绿色的，在阳光的照射下会产生强烈的明暗色调的对比。应选择相应的调整色调命令使照片朝着这个大的方向进行调整。

案例目标

通过本案例的学习，可以掌握“色阶”、“色相/饱和度”等命令，提高照片色调对比度，增强色相饱和度，使照片颜色变鲜亮。

案例制作方法

1）单击菜单“文件”（File）→“打开”（Open）命令，打开“褪色照片.jpg”文件，如图 4-9a 所示。

2）在“图层”面板下方单击“创建新的填充或调整图层”按钮，选择“色阶”对话框，参考如图 4-10 所示，对对话框进行设置。完成设置后，单击“确定”按钮，关闭对话框。其效果如图 4-11 所示。

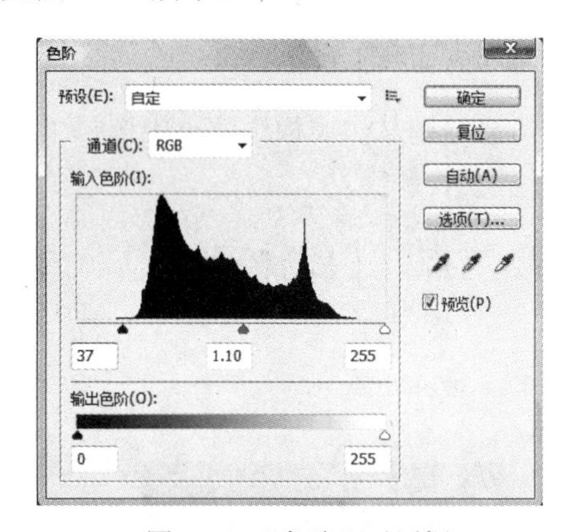

图 4-10 “色阶”对话框

图 4-11 执行色阶后的效果

3）现在照片有了明暗对比度，但颜色还是比较灰的，接下来将执行“色相/饱和度”命令，来增加照片的颜色饱和度。再次单击“图层”面板下方的“创建新的填充或调整图层”按钮，选择“色相/饱和度”，打开“色相/饱和度”对话框，在“编辑”下拉列表框中依次选择“全图”、“黄色”、“绿色”选项，然后参考图 4-12 所示，分别调整各个选项的参数，完成设置后，单击“确定”按钮，关闭对话框。

【相关知识】 调整色彩

调整色彩主要可以通过单击菜单“图像”→“调整”下面的命令来实现，菜单如图 4-13 所示。

1. “色阶”

“色阶”对话框中如图 4-14 所示，既能对合成的通道进行处理，也可选择个别颜色通道进行调整。向左移动上方的颜色滑块将把图像颜色沿通道下拉列表框中所选颜色的方向改变；而向右移动这些滑块则将使图像颜色朝着通道所选颜色相反的颜色转移。而移动底部的滑块作用则恰恰相反，向左移动将使图像颜色朝所选颜色相反的方向改变，向右移动将使图像颜色朝着所选颜色改变。

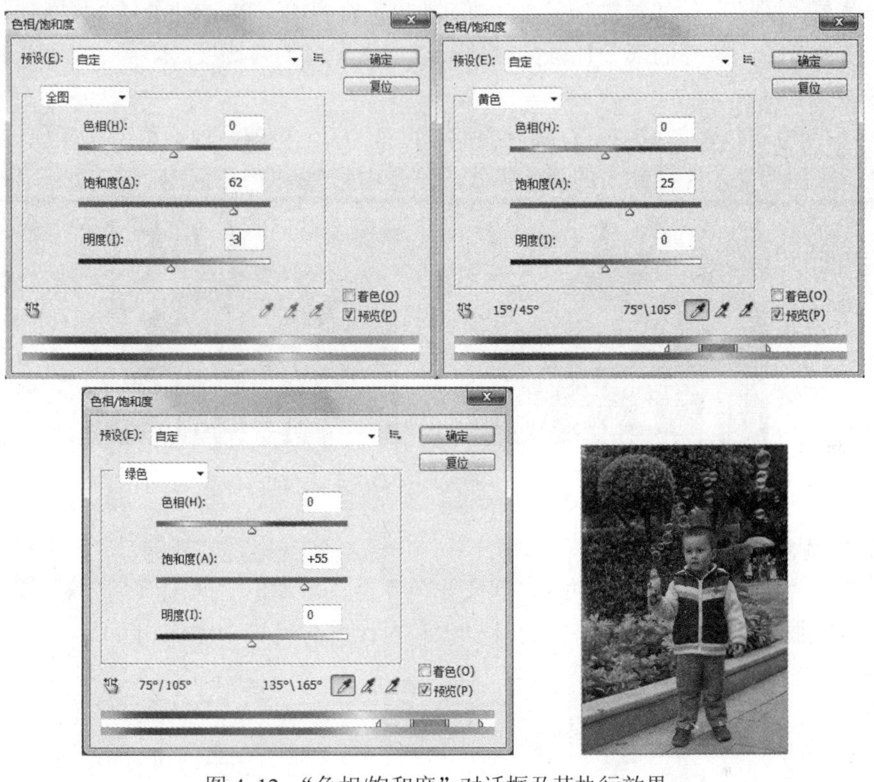

图 4-12 “色相/饱和度”对话框及其执行效果

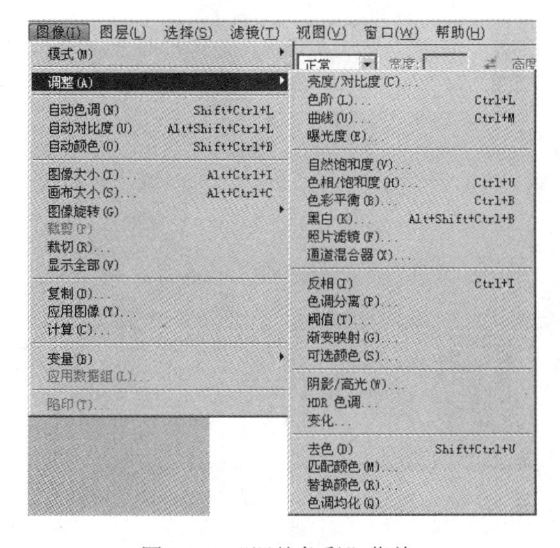

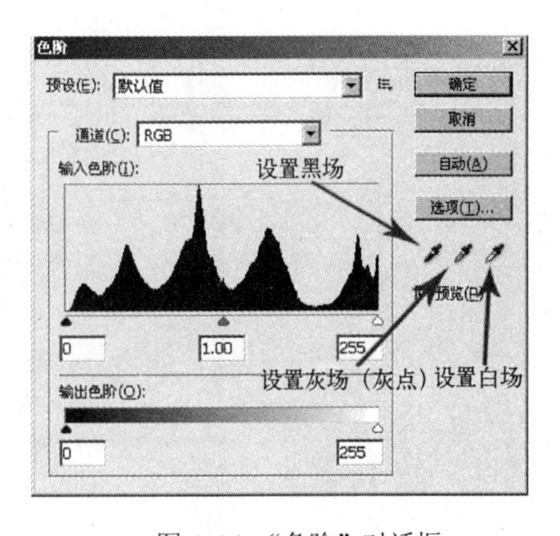

图 4-13 “调整色彩”菜单

图 4-14 “色阶”对话框

使用“输入色阶”可以增加图像的对比度；右边的白色滑钮用来增加图像中亮部的对比

度，而中间的灰色滑钮则用于控制图像中间色调的对比度值。

使用3个“吸管工具”可以在图像中以取样点作为图像的最亮点（白场），灰平衡点（灰场）以及最暗点（黑场）。

2. 自动对比度

执行菜单“图像”→“调整”→“自动对比度”命令时，Photoshop会自动将图像中最深的颜色加强为黑色，最亮的部分加强为白色，以增强图像的对比度。

3. 去色

“去色”命令可以使图像中所有颜色的饱和度变为0，也就是说会将所有颜色转化为灰阶值。转换后的图像仍然保持原来的彩色模式，只是由彩色图变成了灰阶图，如图4-15所示。

图4-15 执行“去色”命令前后的效果对比

4. 匹配颜色

执行菜单“图像”→“调整”→“匹配颜色”命令，弹出“匹配颜色”对话框。在这个对话框中可以很方便地将一个图像的总体颜色和对比度与另一个图像相匹配，使两张图像看上去一致，如图4-16所示。

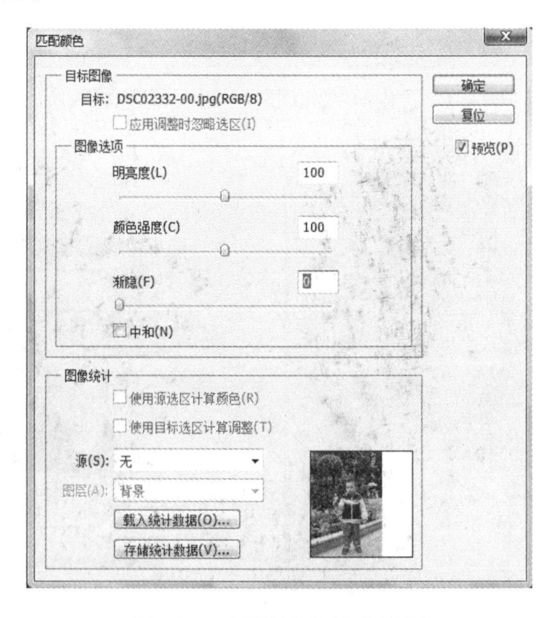

图4-16 “匹配颜色”对话框

5. 替换颜色

在“替换颜色”对话框中可以很方便地对指定的颜色进行颜色转换，但需要注意的是，这个命令不能用于调整图层，如图 4-17 所示。

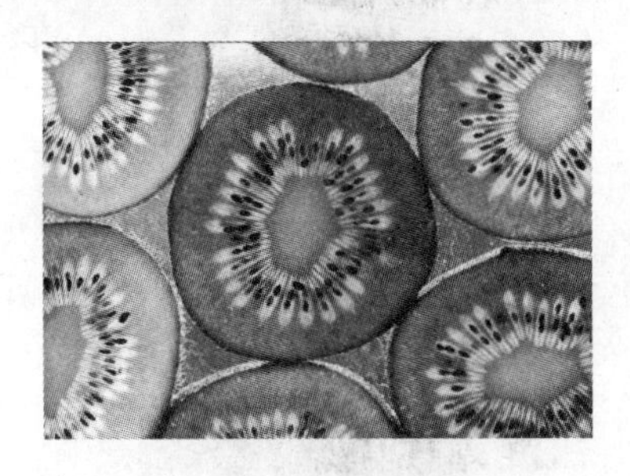

图 4-17　执行“替换颜色”命令前后的效果对比

6. 通道混合器

“通道混合器”可以完全混合“通道”面板中所显示出的通道内容。这个工具使用起来可能没有前面的工具那么直观，但确实是非常实用的工具，用它可以调整各个颜色通道的值，还可以将彩色图像转换成高质量的灰度图像，如图 4-18 所示。

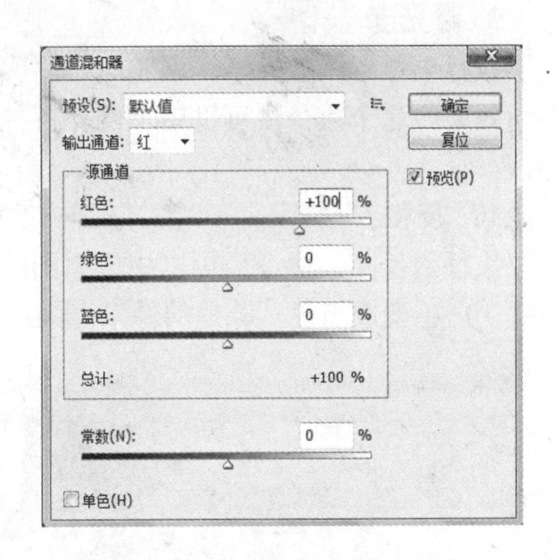

图 4-18 “通道混合器”对话框

7. 渐变映射

“渐变映射”命令用于将相等的灰度图像的灰度范围映射到指定的渐变填充色上，首先将图像转换为灰度，然后再用渐变条中显示的不同颜色来替换图像中的各级灰度。如果使用双色渐变填充，则图像中的暗调映射到渐变填充的一个端点颜色，高光映射到另一个端点颜色，而中间调则会映射到两个端点间的层次，如图 4-19 所示。

图 4-19　执行“渐变映射”命令前后的效果对比

8. 阴影/高光

当照相时有强逆光而使照片产生剪影效果时，使用“阴影/高光”命令可以轻松校正。该命令并不是简单地使图像变亮或变暗，而是对阴影或高光区周围的像素进行协调增亮或变暗，如图 4-20 所示。

图 4-20　执行“阴影/高光”命令前后的效果对比

9. 曝光度

执行菜单“图像”→“调整”→“曝光度”命令，可以模拟传统摄影中各种曝光程度的不同效果。这个命令既可以用于修补各种曝光不足或曝光过度的相片，也可以用于制作一些特效。

10. 反相

执行“反相”命令后可以生成原图的负片，看上去很像传统相机中的底片。当使用此命令后，白色变成黑色，其他的像素点则用 255 减去原像素值得到其对应值，如图 4-21 所示。

图 4-21　执行“反相”命令前后的效果对比

11. 色调均化

使用“色调均化”命令可以重新分配图像中各像素的像素值。当执行此命令后，Photoshop 会寻找图像中最亮和最暗的像素值并且平均所有的亮度值，使图像中最亮的像素代表白色而最暗的像素代表黑色，中间各像素值按灰度重新分配，如图 4-22 所示。

图 4-22　执行“色调均化”命令前后的效果对比

12. 阈值

“阈值”命令可将彩色或灰阶的图像变成高对比度的黑白图，如图 4-23 所示。

图 4-23　执行“阈值”命令前后的效果对比

13. 色调分离

“色调分离”命令可定义色阶的多少。此命令可用于在灰阶图像中减少灰阶数量，形成一些特殊的效果。可以在“色调分离”对话框中直接输入数值来定义色调分离的级数，如图 4-24 和图 4-25 所示。

图 4-24　执行“色调分离”前

图 4-25　执行“色调分离”后效果

14. 灰点白场校色法

照片出现色偏后还可以采用在图像中取校设置黑场、灰场、白场的方法进行快速校色。操作方法可单击菜单“图像”→“调整”→“色阶”命令，如图 4-26～图 4-29 所示。

图 4-26　调整前的照片 1

图 4-27　调整后的照片 1

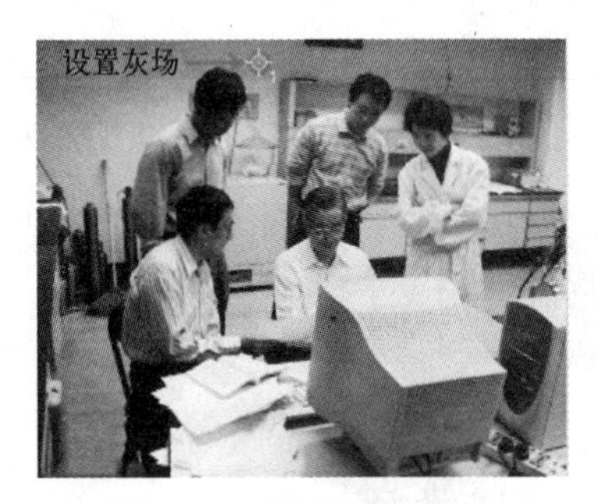

图 4-28　调整前的照片 2

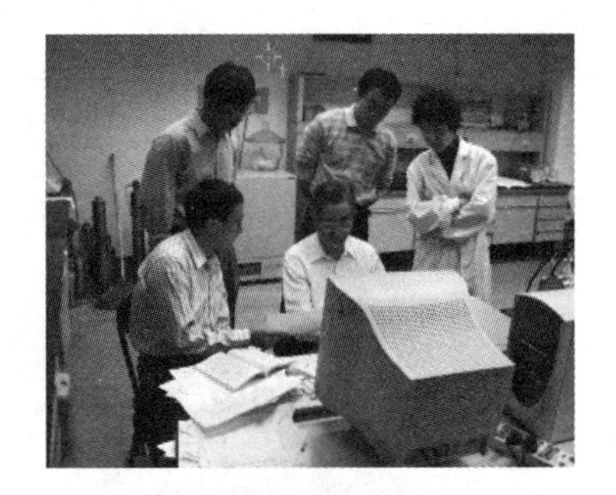

图 4-29　调整后的照片 2

15. 变化

“变化”命令可以用于调整图像的色彩平衡、对比度和饱和度。“变化”命令最常用来给灰度图着色。“变化”命令以位于 7 幅图像群中央位置的原始图像作为开始，当选中其周围的图像时，将替换中央的图像，并用新的替换图像计算新的周围图像，如图 4-30 所示。

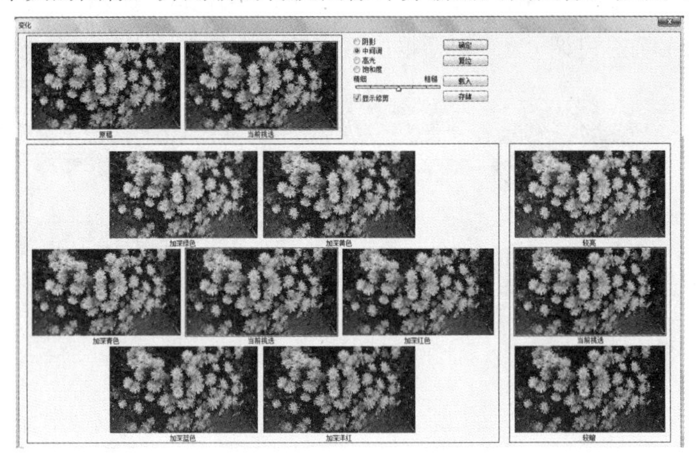

图 4-30　执行“变化”命令前后效果对比

4.3　调整图像色彩平衡、亮度/对比度及色相饱和度

【案例 4-2】 调出婚片温柔暖色调

“调出婚片温柔暖色调”案例的效果如图 4-31 所示。

图 4-31　“调出婚片温柔暖色调”案例的前后效果对比

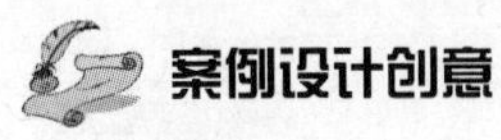

案例设计创意

该案例是通过 Photoshop 软件调色将发灰的婚片调出温柔暖色调的方法。

案例目标

通过本案例学习，可以掌握自动色阶、创建可选颜色、色相/饱和度、亮度/对比度、曲线调整层等技术来完成最终效果。

案例制作方法

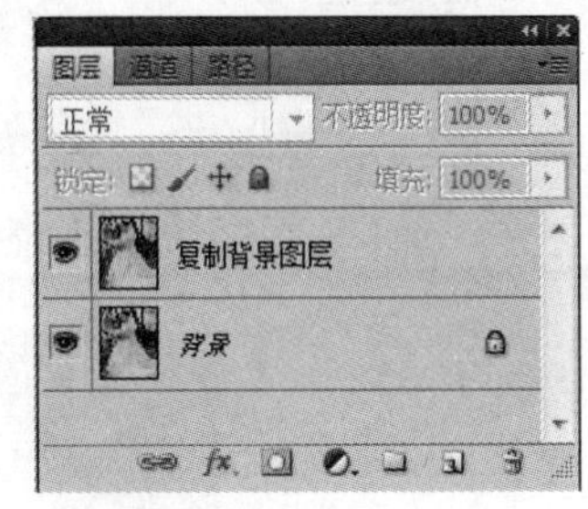

图 4-32　复制背景图层

1）单击菜单“文件”（File）→“打开”（Open）命令，打开素材文件“调出婚片温柔暖色调.jpg”，复制背景层（〈Ctrl+J〉组合键），执行“图像”→“调整”→“色阶”→“自动色阶”命令，或按〈Shift+Ctrl+L〉组合键执行自动色阶，如图 4-32 所示。

2）建立可选颜色调整层，设置参数如图 4-33 所示。

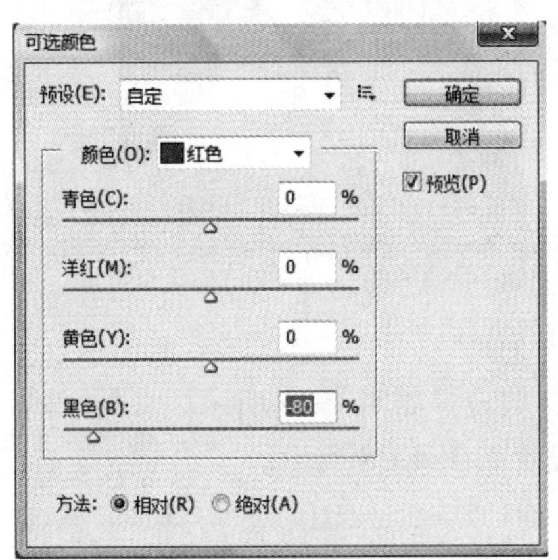

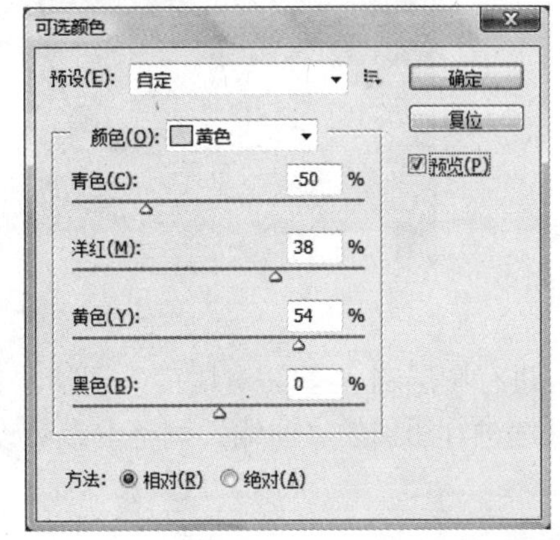

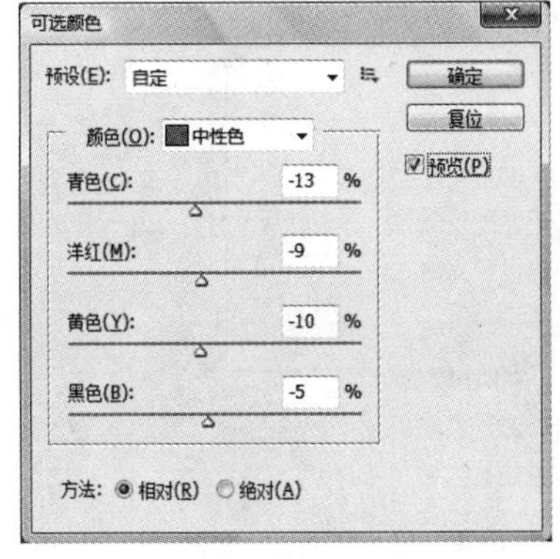

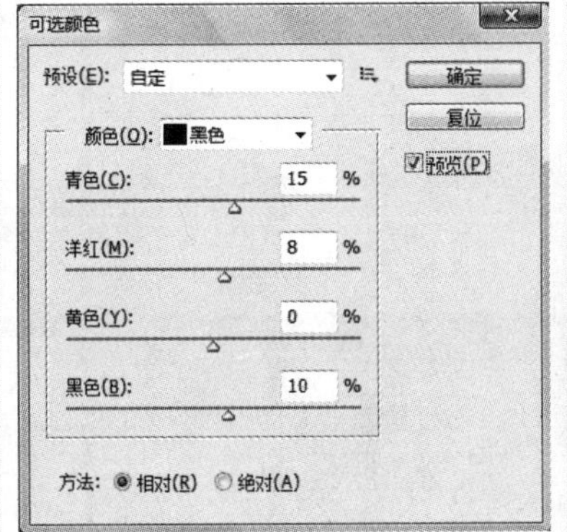

图 4-33　设置“可选颜色”

3）再建立“色相/饱和度”调整层，如图 4-34 所示，用“吸管工具”吸取人物身后的草地颜色，也可以直接选择黄色通道调整，设置参数如图 4-35 所示。

4）选择“画笔工具”，用黑色画笔在“色相/饱和度”蒙版层上把人物皮肤擦出来，尽力不要碰到背景，效果如图 4-36 所示。

图 4-34　建立“色相/饱和度”调整层

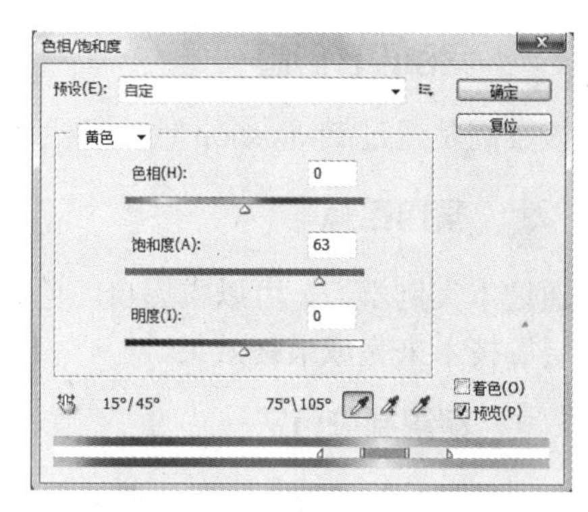

图 4-35　“色相/饱和度”对话框

图 4-36　擦出后的前后对比

5）再进行图层的“亮度/对比度”调整，参数设置如图 4-37 所示。

6）继续进行图层的“曲线”调整，参数设置如图 4-38 所示。

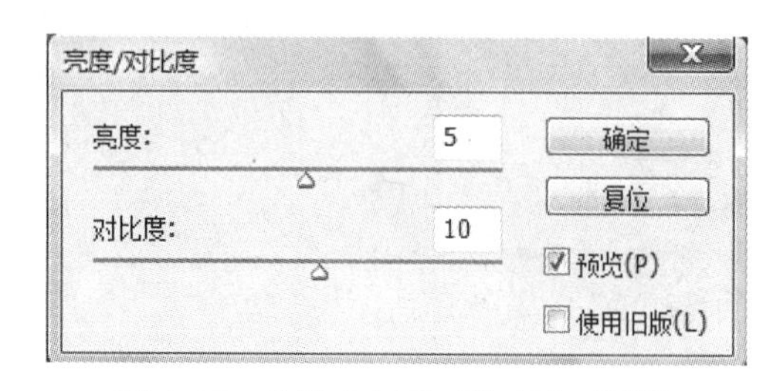

图 4-37　设置“亮度/对比度”对话框

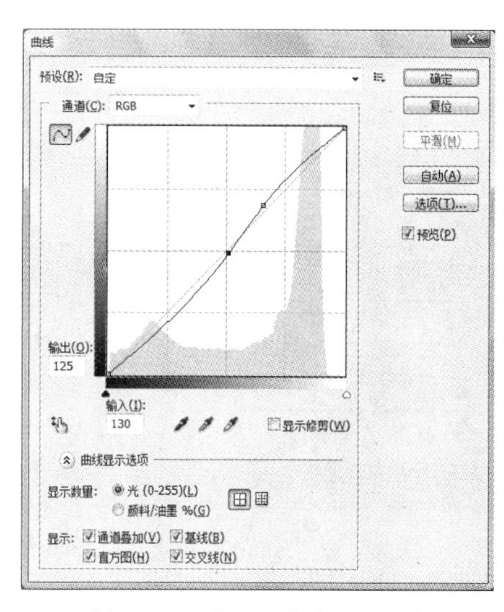

图 4-38　设置“曲线”对话框

7）为了使人物和背景看起来更融洽，可对图层进行“照片滤镜”调整，设置参数如图 4-39 所示。

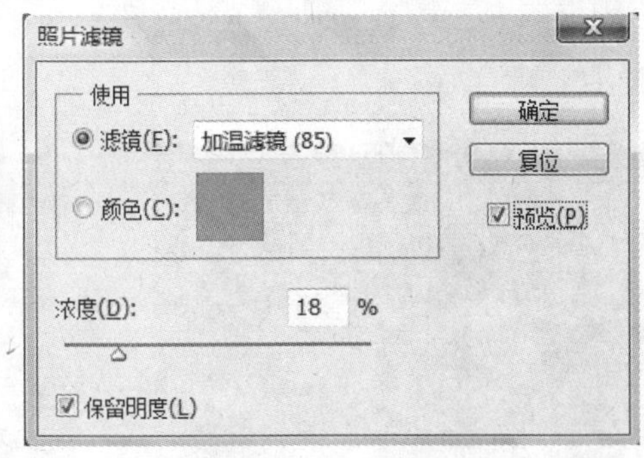

图 4-39　设置“照片滤镜”对话框

8）按〈Shift+Ctrl+Alt+E〉组合键，盖印可见图层，执行菜单“滤镜”→“锐化”→“USM锐化”命令，设置参数如图 4-40 所示。

9）最终效果如图 4-41 所示。

图 4-40　设置“USM 锐化”

图 4-41　最终效果

【相关知识】　调整图像色彩平衡、亮度/对比度及色相饱和度

1. 色彩平衡

执行菜单“图像”→“调整”→“色彩平衡”命令，可以改变图像中颜色的组成，但不能精确控制单个颜色成分，只能对图像进行粗略的调整，直接作用于复合颜色通道。正因为如此，它常常用做调整图层，使后面的修改变得更容易，如图 4-42 所示。

图 4-42　执行“色彩平衡”命令前后的效果对比

2. 亮度/对比度

执行菜单“图像”→“调整”→“亮度/对比度”命令，只适用于粗略地调整图像，如图4-43所示。

图 4-43　执行“亮度/对比度”命令前后的效果对比

3. 色相/饱和度

在“色相/饱和度”对话框的“编辑”下拉列表中可以选择红色、绿色、蓝色、青色、洋红色以及黄色共6种颜色中的任何一种单独进行编辑或选择“全图”来调整所有颜色。

通过适当地调整图像的色相、饱和度和明度值可以改善扫描的图片丢失颜色信息的现象，修改色偏、曝光不足或曝光过度的照片，并可以灵活地把彩色图像转换为灰度图或将灰度图着色为彩色图像等，但同时也需要注意，过度地修改也可能会引起图片失真，所以调整时应谨慎并不断进行比较，如图4-44所示。

4. 曲线

“曲线”命令可调整灰阶曲线中的任何一点。如果将曲线右上角的端点向左移动，则可以增加图像亮部的对比度，并使图像变亮；而如果将曲线左下角的端点向右移动，则会增加图像暗部的对比度，使图像变暗，如图4-45所示。

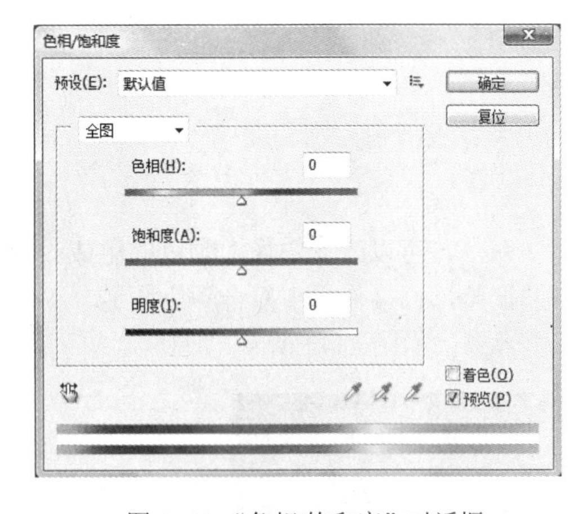

图 4-44　“色相/饱和度”对话框

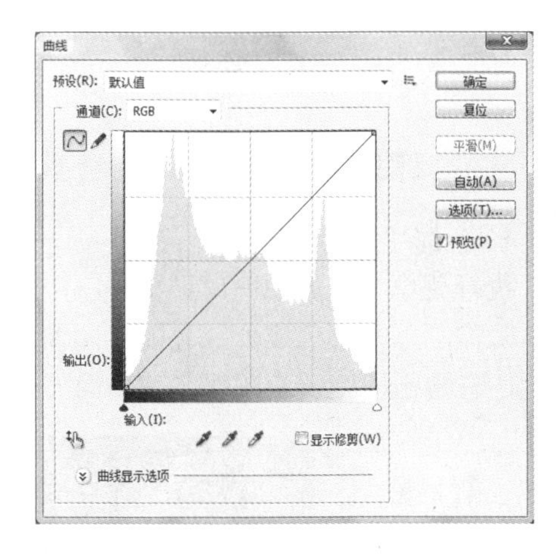

图 4-45　“曲线”对话框

5. 可选颜色

在“可选颜色”对话框中可以对RGB、CMYK和灰度等色彩模式的图像进行分通道调整颜色。从“颜色”下拉列表中选择一种想要改变的普通颜色，然后通过拖动中部的3个滑钮将所选颜色向原色转换，如图 4-46 所示。

图 4-46　执行“可选颜色”命令前后的效果对比

6. 照片滤镜

“照片滤镜”命令的功能相当于使用传统摄影中的滤光镜，即模拟在相机镜头前加上彩色滤光镜，以调整到达镜头的光线的色温和色彩平衡，从而使底片产生特定的曝光效果，如图 4-47 所示。

图 4-47　执行“照片滤镜”命令前后的效果对比

4.4　图像的高级调整——曲线调整

【案例 4-3】 为沙滩美女调出中性色

效果如图 4-48 所示。

图 4-48　调色前后的效果对比

案例设计创意

该案例是对拍摄的照片进行调色，利用“渐变映射”、“曝光度”、“曲线调整”，调成一种中性色调，给人一种怀旧的感觉。这在有些电影的后期调色处理中也经常用到。

案例目标

通过本案例学习，可以掌握“渐变映射”、“曝光度”、“曲线调整”等技术。

案例制作方法

1）打开图片，添加“渐变映射”调整图层，色彩代码如图 4-49 所示。将图层不透明度调整为 50%，如图 4-49 所示。

2）添加“曝光度”调整图层，设置参数如图 4-50 所示。

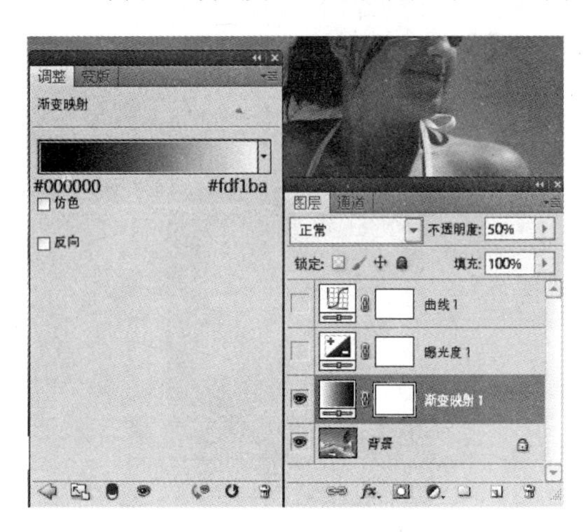

图 4-49 “渐变映射”调整

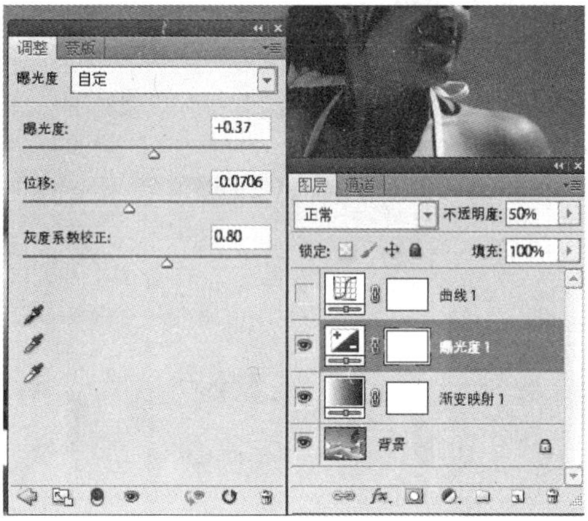

调整 蒙版
曝光度 自定
曝光度: +0.37
位移: -0.0706
灰度系数校正: 0.80
图层 通道
正常 不透明度: 50%
锁定: 填充: 100%
曲线 1
曝光度 1
渐变映射 1
背景

图 4-50 “曝光度”调整

3）添加曲线调整图层，先调整“红”通道曲线值，如图 4-51 所示。

4）再调整“蓝”通道曲线值，如图 4-52 所示。

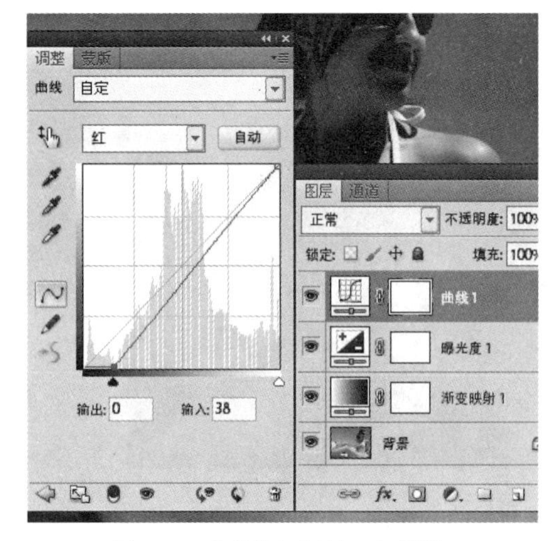

图 4-51 “曲线”调整（红通道）

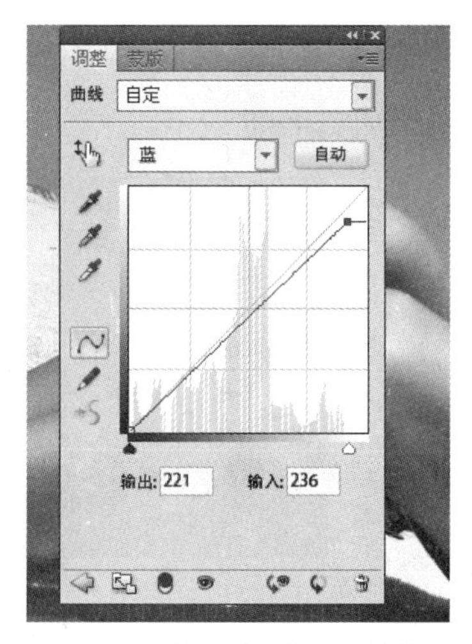

图 4-52 “曲线”调整（蓝通道）

5）最后将“曲线”调整图层不透明度设为 60%，如图 4-53 所示。最终效果如图 4-48 右图所示。

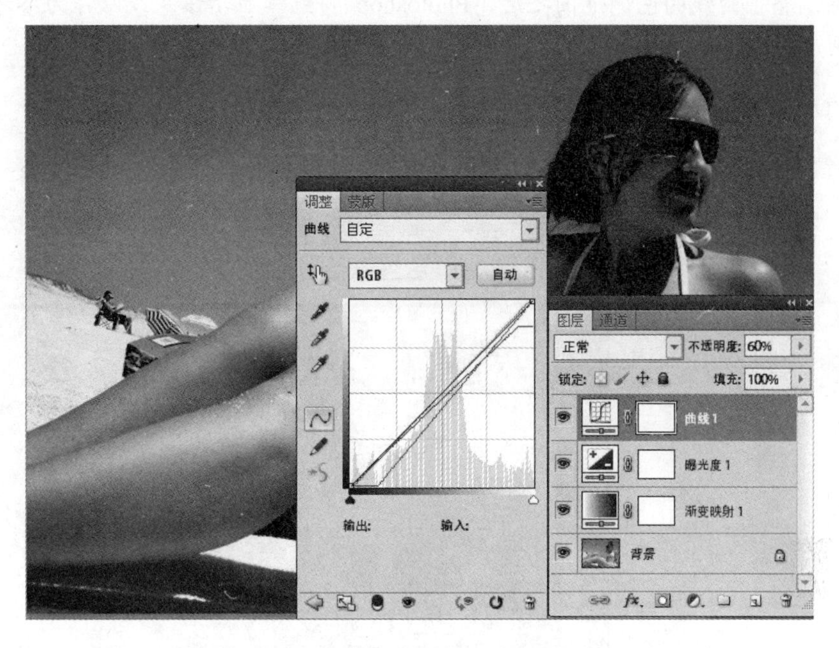

图 4-53　将“曲线”调整图层不透明度设为 60%

【相关知识】 曲线概述

如图 4-54 所示，可以使用“曲线”或“色阶”调整图像的整个色调范围。“曲线”可以调整图像的整个色调范围内的点（从阴影到高光）。“色阶”只有 3 个调整（白场、黑场、灰度系数）。也可以使用“曲线”对图像中的个别颜色通道进行精确调整。可以将“曲线”调整设置存储为预设。

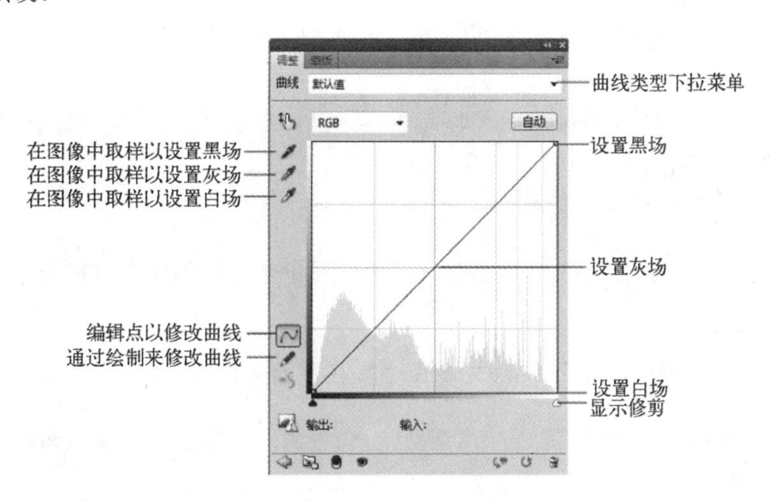

图 4-54　“曲线”面板

在“曲线”调整中，色调范围显示为一条直的对角基线，因为输入色阶（像素的原始强度值）和输出色阶（新颜色值）是完全相同的。

注：在调整了曲线的色调范围之后，Photoshop 将继续显示该基线以作为参考。要隐藏该基线，则应关闭“曲线显示选项”中的“显示基线”。

图形的水平轴表示输入色阶，垂直轴表示输出色阶，如图 4-55 所示。

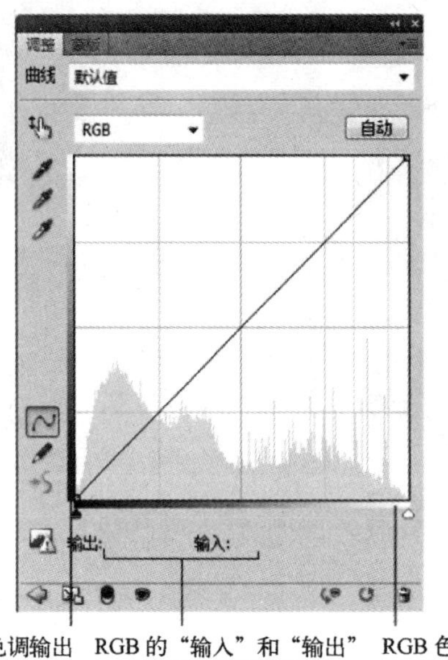

图 4-55 “曲线”对话框

1. 设置曲线显示选项

可以使用曲线显示选项控制曲线网格显示。

1）执行下列操作之一：

- 单击“调整”面板中的“曲线”图标或“曲线”预设，或从面板菜单中选择“曲线”。
- 选取菜单“图层”→“新建调整图层”→“曲线”命令。在“新建图层”对话框中单击“确定”按钮。
- 选取菜单“图像”→“调整”→“曲线”命令。

注意：选取菜单“图像”→“调整”→“曲线”命令，将调整直接应用于图像图层，会破坏原有图像信息。

2）在“调整”面板中，从“面板”菜单中选择“曲线显示选项”。

注意：如果选择菜单“图像”→“调整”→“曲线”命令，则在“曲线”对话框中展开“曲线显示选项”。

3）选取下列选项之一：

- 要反转强度值和百分比的显示，则选择“显示光量（0～255）”或“显示颜料/油墨量（%）”。曲线显示 RGB 图像的强度值（从 0 到 255），黑色（0）位于左下角。显示的 CMYK 图像的百分比范围是 0～100，并且高光（0%）位于左下角。将强度值和百分比反转之后，对于 RGB 图像，0 将位于右下角；而对于 CMYK 图像，0% 将位于右下角。

- 要以 25% 的增量显示网格线，则选择“简单网格”；要以 10% 的增量显示网格，则选择“详细网格”。要更改网格线的增量，则按住〈Alt〉键（Windows）或〈Option〉键（Mac OS）并单击网格。
- 要显示叠加在复合曲线上方的颜色通道曲线，则选择“显示通道叠加”。
- 要显示直方图叠加，则选择“显示直方图”。
- 要在网格上显示以 45 度角绘制的基线，则选择“显示基线”。
- 要显示水平线和垂直线以帮助用户在相对于直方图或网格进行拖动时将点对齐，则选择“显示交叉线”。

2. 使用曲线调整颜色和色调

通过在“曲线” 调整中更改曲线的形状，可以调整图像的色调和颜色。将曲线上移或下移可以使图像变亮或变暗，具体情况取决于是将“曲线” 设置为显示色阶还是显示百分比。曲线中较陡的部分表示对比度较高的区域；曲线中较平的部分表示对比度较低的区域。

如果将“曲线”调整设置为显示色阶而不是百分比，则会在图形的右上角呈现高光。移动曲线顶部的点可调整高光，移动曲线中心的点可调整中间调，而移动曲线底部的点可调整阴影。要使高光变暗，则将曲线顶部附近的点向下移动。将点向下或向右移动会将“输入”值映射到较小的“输出”值，并会使图像变暗。要使阴影变亮，则将曲线底部附近的点向上移动。将点向上或向左移动会将较小的“输入”值映射到较大的“输出”值，并会使图像变亮。

注意：通常在对大多数图像进行色调和色彩校正时只需进行较小的曲线调整。

1）执行下列操作之一：

- 单击“调整”面板中的“曲线”图标或“曲线”预设。
- 选取菜单“图层”→“新建调整图层”→“曲线”命令。在“新建图层” 对话框中单击“确定”按钮。

注意：还可以选取菜单“图像” →“调整” →“曲线”命令，但该方法会对图像图层进行直接调整并扔掉图像信息。

2)（可选）要调整图像的色彩平衡，则从“通道”菜单中选取要调整的一个或多个通道。

3)（可选）要同时编辑一组颜色通道，则在选择菜单“图像”→“调整”→“曲线”命令之前，按住〈Shift〉键并单击“通道”面板中的相应通道（此方法在“曲线”调整图层中不起作用）。然后，“通道”菜单会显示目标通道的缩写，例如“CM”表示青色和洋红色。此菜单还包含选定组合的各个通道。

注意：在“曲线显示选项”中，选择“通道叠加”以查看叠加在复合曲线上方的颜色通道曲线。

4）通过执行以下操作之一，在曲线上添加点：

- 如图 4-56 所示，直接在曲线上单击。
- 选择“图像调整工具”，然后单击图像中要调整的区域。向上或向下拖动指针以使照片中所有相似色调的值变亮或变暗。

注意：要识别正在修剪的图像区域（黑场或白场），则选择“曲线”对话框中的“显示修剪”或选择“调整”面板菜单中的“显示黑白场的修剪”。最多可以向曲线中添加 14 个控点。要移去控点，则将其从图形中拖出，选中该控点后按〈Delete〉键；或者按住〈Ctrl〉键（Windows）或〈Command〉键（Mac OS）并单击该控点。但不能删除曲线的端点。

要确定 RGB 图像中最亮和最暗的区域，则使用图像上“调整工具”在图像上拖移。“曲线”图显示的是指针下方区域的强度值和曲线上相对应的位置。在 CMYK 图像中拖动指针会在“颜色”面板上显示百分比（如果已将其设置为显示 CMYK 值）。

图 4-56　在曲线上单击以添加点

5）通过执行下列操作之一来调整曲线的形状：

- 单击某个点，并拖动曲线直到色调和颜色看起来正确。按住〈Shift〉键单击可选择多个点并将其一起移动。
- 选择“图像调整工具”。当在图像上移动鼠标指针时，鼠标指针会变成吸管，并且曲线上的指示器显示下方像素的色调值。在图像上找到所需的色调值并单击，然后向上、向下垂直拖动以调整曲线。
- 单击曲线上的某个点，然后在“输入”和“输出”文本框中输入值。

● 选择曲线网格左侧的铅笔，然后拖动以绘制新曲线。可以按住〈Shift〉键将曲线约束为直线，然后单击以定义端点。完成后，为使曲线平滑，可单击“曲线调整”面板中的“平滑”图标，或单击“曲线”对话框中的“平滑”按钮。

曲线上的点保持锚定状态，直到移动它们。因此，可以在不影响其他区域的情况下在某个色调区域中进行调整。

3．应用自动校正

单击“曲线调整”面板或“曲线”对话框中的“自动”按钮。

“自动”是默认设置，用于自动校正颜色、对比度或色阶。要更改默认设置，则使用“自动颜色校正选项”对话框中的选项，可以对图像应用“自动颜色”、“自动对比度”或“自动色调”校正。

4．使用黑场滑块和白场滑块设置黑场和白场

使用黑场滑块和白场滑块可快速设置黑场和白场。例如，如果将黑场滑块向右移到输入值 5 处，则 Photoshop 会将等于或低于输入值 5 的所有像素都映射到色阶 0。同样，如果将白场滑块移到左边的色阶 243 处，则 Photoshop 会将位于或高于色阶 243 的所有像素都映射到色阶 255。这种映射将影响每个通道中最暗和最亮的像素。其他通道中的相应像素按比例调整以避免改变色彩平衡。

1）将黑场滑块和白场滑块沿轴移动到任一点。拖动时要注意输入值会发生变化。

2）要在调整黑场和白场时预览修剪，则执行下列操作之一：

● 拖动滑块时按住〈Alt〉键（Windows）或〈Option〉键（Mac OS）。

● 从“调整”面板菜单中选择“显示黑白场的修剪”，或选择“曲线”对话框中的“显示修剪”选项。

5．使用“吸管工具”设置黑场和白场

1）双击“设置黑场”吸管工具。在 Adobe 拾色器中，选择 R、G 和 B 值相同的值。要将值设置为黑色，则将 R、G 和 B 值设置为 0。

2）使用吸管，单击图像中代表黑场的区域，或单击具有最低色调值的区域。

3）双击“设置白场”吸管工具，并选择具有相同 R、G 和 B 值的颜色。

4）单击图像中具有最高色调值的区域以设置白场。

6．键盘快捷键

曲线可以对曲线使用以下键盘快捷键：

● 在“曲线”对话框中，要设置当前通道的曲线上的点，则按住〈Ctrl〉键（Windows）或〈Command〉键（Mac OS）并单击该图像。

注意：如果要转而使用曲线调整，只需使用“图像调整工具”单击该图像即可。

● 要在每个颜色成分通道（而不是复合通道）中选定颜色的曲线上设置一个点，则按住〈Shift+Ctrl〉组合键（Windows）或〈Shift+Command〉组合键（Mac OS）并在图像中单击。

● 要选择多个点，则按住〈Shift〉键并单击曲线上的点。选定的点以黑色填充。

● 要取消选择曲线上所有的点，则在网格中单击，或按住〈Ctrl+D〉组合键（Windows）

或〈Command+D〉组合键（Mac OS）。

- 要选中曲线上的下一个较高点，则按〈+〉键；要选中下一个较低的点，则按〈-〉键。
- 要移动曲线上选定的点，则按箭头键。

4.5 本章小结

本章系统介绍了许多 Photoshop 处理颜色的工具和使用方法，每种工具都有各自的特点和适用的情况，但一般来说，只要能掌握“色相/饱和度”命令、“自动颜色”命令和“替换颜色”命令的用法就能使同一图像呈现不同颜色的效果。

4.6 练习题

1）对素材图 4-57 通过调整改变花的色相，并调整图像的亮度，将紫色花朵调整为红色，并将整个图像的亮度降低，如图 4-58 所示。

图 4-57 第 1）题素材

图 4-58 最终效果

2）对素材图 4-59 进行调整使图像更清晰，使花蕊的颜色变成红色，将图像的亮度提高，并将黄色花蕊通过改变油墨百分比调整成红色花蕊，如图 4-60 所示。

图 4-59 第 2）题素材

图 4-60 最终效果

3）对素材图 4-61 进行色彩调整使一幅图像呈现 3 种色彩效果，将图像分 3 部分调整，一部分呈灰度，一部分呈补色，一部分色相不变但饱和度提高，如图 4-62 所示。

图 4-61　第 3）题素材

图 4-62　最终效果

4）为黑白照片上色，如图 4-63 所示，其人物皮肤、衣服和环境的颜色遵照现实，制作出如图 4-64 所示的照片效果。

图 4-63　黑白照片

图 4-64　上色后的效果

第 5 章　通道与蒙版的使用

教学目标

通过前面章节的学习，读者对 Photoshop 软件的工具箱、图层以及色彩调节有了比较全面的了解，本章将对 Photoshop 中通道的概念和通道的创建、编辑以及具体应用，蒙版的基本概念和蒙版的创建、编辑及具体应用进行详细讲解，并通过实际案例应用这些知识点。读者通过本章节的学习，能够很好地掌握 Photoshop 中通道和蒙版的各种应用。

教学要求

知识要点	能力要求	相关知识
通道概念及作用	掌握	通道的概念及“通道”面板的操作应用
Alpha 通道的应用	掌握	Alpha 通道在选区及通道运算中的应用
蒙版与快速蒙版的基本概念	掌握	蒙版与快速蒙版的区别
蒙版的原理、作用及使用技巧	掌握	利用蒙版作出相应的效果

设计案例

（1）奔驰汽车

（2）斑斓

（3）溜冰鞋广告

（4）饰品广告

5.1　通道的基本概念

在 Photoshop 中，通道的作用主要有两种：存储颜色信息和保存选择区域。根据作用的不同，通道可以分为 3 种类型：用于保存彩色信息的颜色信息通道、用于保存选择区域的 Alpha 通道和用于存储专用颜色信息的专色通道。使用通道可以从另外一个方面来调整图像的色彩和创建选区，这样可以使加工一些复杂的效果变得简单和快捷。例如，可以编辑加工图像的基色通道，然后将编辑后的基色通道合成，获得一些特殊效果。还可以将选区存储为 Alpha 通道，并编辑其中的图像，然后将 Alpha 通道作为选区载入图像，这样可以获得复杂的选区。本章仅详细讲述前两种类型的通道。

5.1.1　彩色信息的颜色信息通道

颜色信息通道的数量取决于图像所采用的颜色模式。常用的颜色通道有灰色通道、RGB 通道、CMYK 通道和 Lab 通道等。

- 灰色模式只有一个灰色通道。
- RGB 模式有 4 个通道，即 RGB 通道（称为“RGB 复合通道”，一般它不属于颜色通道）、红通道、绿通道和蓝通道。

- CMYK 模式有 5 个通道，即 CMYK 通道（称为“CMYK 复合通道”，一般它不属于颜色通道）、青色通道、洋红色通道、黄色通道和黑色通道。
- Lab 模式有 4 个通道，即 Lab 通道（称为“Lab 复合通道”，一般它不属于颜色通道）、L 通道（即明亮通道，存储图像亮度情况的信息）、a 通道（存储绿色与红色之间的颜色信息）、b 通道（存储蓝色与黄色之间的颜色信息）。

5.1.2 Alpha 通道

用“选择工具”或图层建立的选择区域只能使用一次，而使用通道就可以将选择区域保存起来。保存的选择区域就是 Alpha 通道，通过这些 Alpha 通道，可以实现蒙版的编辑和存储，并可以随时调用，从而大大提高工作效率。

5.2 “通道”面板

单击菜单“窗口”→“通道”命令，即可显示“通道”面板，如图 5-1 所示。

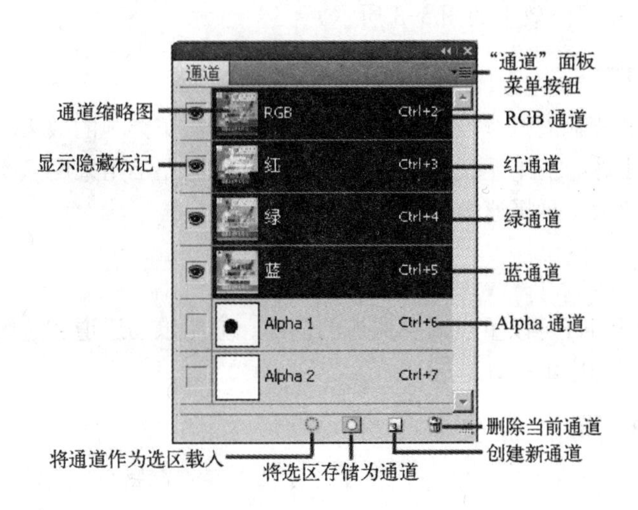

图 5-1 “通道”面板

1）单击“通道”面板中的任一通道，即可将该通道激活，此时被选择的通道颜色为蓝色。按住〈Shift〉键的同时，单击不同的通道，可以选择多个通道。

2）单击“通道”面板的第 1 列按钮，当显示眼睛图标时，则显示该通道的信息，反之隐藏该通道。

3）单击“通道”面板下方的按钮，可将 Alpha 通道内的选区载入图像窗口。

4）单击“通道”面板下方的按钮，可将选区保存到 Alpha 通道内。

5）单击“通道”面板下方的按钮，可新建一个 Alpha 通道。若按住鼠标左键，将某个通道向下拖动到按钮上，则可复制该通道。

6）单击“通道”面板下方的按钮，可删除被选择的通道。也可用鼠标左键按住某个通道，向下拖动到按钮上将其删除。

7）双击“通道”面板中的任意一个 Alpha 通道图标，即可弹出“通道选项”对话框，如

图 5-2 所示。在此对话框中，可以设置各项参数，更改通道的设置。

8）单击“通道”面板右上角的按钮，可弹出“通道”面板菜单，对于单个图层的图像，可以选“分离通道”命令，将通道拆分为与其数目相同的几个灰度图像。

9）调整通道缩略图的大小或隐藏通道缩略图：从“通道”面板菜单中选取“面板选项”。单击缩略图大小，或单击“无”关闭缩略图显示。查看缩略图是一种跟踪通道内容的简便方法；不过，关闭缩略图显示可以提高性能。

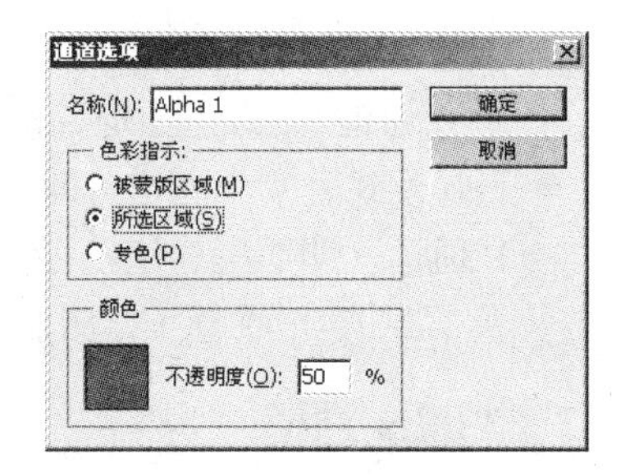

图 5-2 “通道选项”对话框

5.3 通道的创建、编辑以及通道与选区的互相转换

【案例 5-1】 奔驰的汽车

“奔驰的汽车”案例的效果如图 5-3 所示。

案例设计创意

该案例是用动感模糊对汽车及背景进行处理，达到汽车奔驰的效果，但汽车头部保持清晰，能鲜明地突出主题，而不至于整个画面都模糊。画面左上角采用风吹的效果对“奔驰”二字进行处理，也给人一种极速奔驰的效果。

案例目标

通过本案例的学习，可以重点掌握通道的创建、应用以及通道和选区互相转换的操作和应用，为后面的蒙版的应用打好基础。

案例制作方法

1）打开素材文件“汽车.psd”，单击菜单“文件”→“存储为”命令，将打开的汽车文件保存为“奔驰的汽车.psd”。

2）单击工具箱中的“魔棒工具”，将选项栏上的“容差”设置为 80，单击“草地”部分，这时可以将除“汽车”以外的“草地”都选中。再单击菜单“选择”→“反向”命令，则选中整个“汽车”，如图 5-4 所示。

图 5-3 “奔驰的汽车”效果

图 5-4 选取“汽车”

3）按〈Ctrl+C〉组合键，将汽车的轮廓复制至剪贴板中，再按〈Ctrl+V〉组合键，这时将“汽车”粘贴到新建的“图层 1”中，然后按〈Ctrl+D〉组合键取消选择区。先隐藏“图层 1”，在“图层”面板中选中“背景”图层。

4）单击菜单“滤镜”→“模糊”→“动感模糊”命令，在弹出的“动感模糊”对话框中设置参数，如图 5-5 所示。参数设置完成后，单击“确定”按钮，效果如图 5-6 所示。

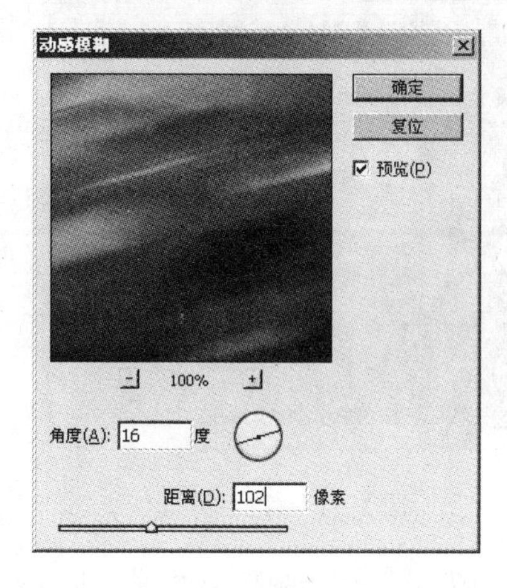

图 5-5　“动感模糊”对话框

图 5-6　动感模糊后的图像效果

5）按〈Ctrl+A〉组合键选取整个画布，再单击菜单“选择”→“存储选区”命令，在弹出的“存储选区”对话框中设置参数，如图 5-7 所示。参数设置完成后，单击“确定”按钮，在“通道”面板中会建立一个新通道“Alpha 1”，如图 5-8 所示。

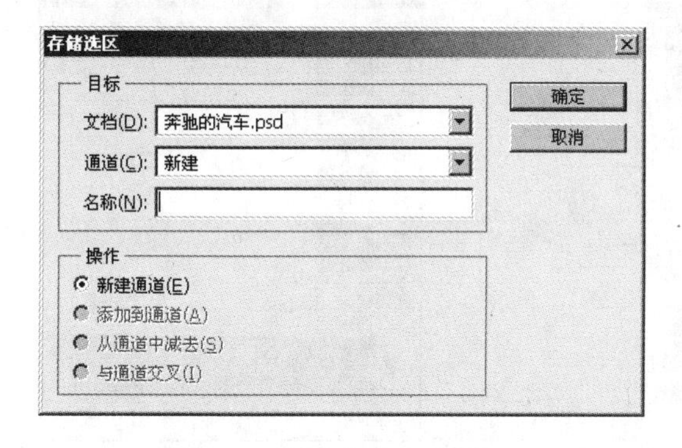

图 5-7　“存储选区”对话框

图 5-8　“通道”面板

6）在“通道”面板中，单击“Alpha 1”通道，将其激活，然后单击工具栏中的“渐变工具”，在选项栏中设置白色到黑色的线性渐变，如图 5-9 所示。

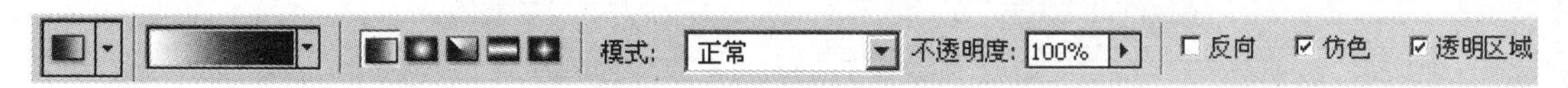

图 5-9　“渐变工具”选项栏

7）在“画布”窗口中，按住鼠标左键，自右上向左下拖曳，即可拖曳出如图 5-10 所示的线性渐变效果。

8）回到“图层”面板中，单击“图层 1”，选中该图层，并单击该图层前面的显示隐藏标记，将第 3）步中隐藏的“汽车”显示出来。

9）按住〈Ctrl〉键，单击“通道”面板中的“Alpha 1”通道，此时图像文件中建立了一个选区，如图 5-11 所示。

图 5-10　用鼠标拖曳出线性渐变效果

图 5-11　建立的选区

10）按〈Delete〉键，然后取消选区，这时汽车头清晰且具有奔驰效果的汽车制作完成，如图 5-12 所示。

11）在“通道”面板中，单击下方的按钮，建立新的通道，自动命名为“Alpha 2”，如图 5-13 所示。

图 5-12　制作出的奔驰汽车效果

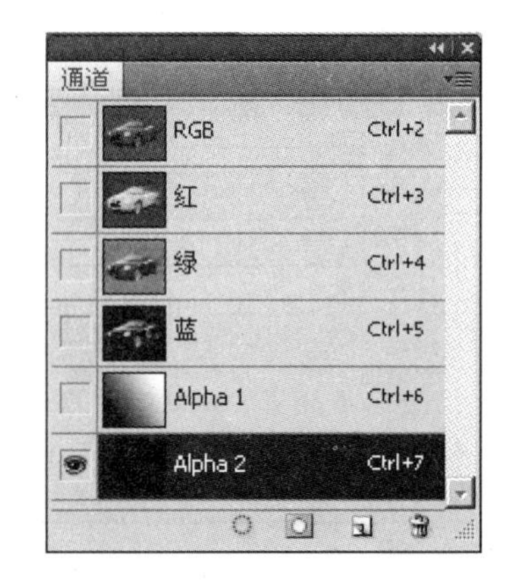

图 5-13　建立新通道后的“通道”面板

12）将前景色设置为白色，单击工具箱中的“横排文字工具” T，在其选项栏中设置参数，如图 5-14 所示。

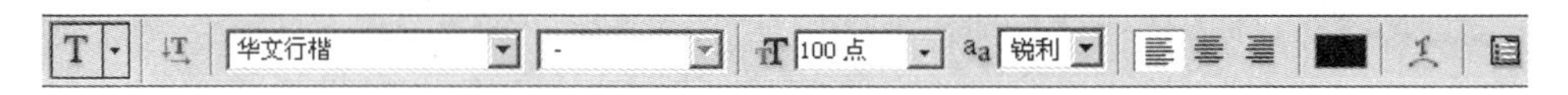

图 5-14　“横排文字工具”选项栏

13）输入文字“奔驰”，其文字的位置如图 5-15 所示。

14）在“通道”面板中，将“Alpha 2”通道拖动到按钮处，可复制出名称为“Alpha 2

副本”的通道。

15）用鼠标单击“Alpha 2”通道，然后单击菜单“滤镜”→“风格化”→“风”命令，在弹出的“风”对话框中按如图5-16所示设置好各项参数，单击“确定”按钮（注意：执行风滤镜效果时必须取消选区）。执行风滤镜后的文字效果如图5-16中的预览效果所示。

图5-15　输入的文字位置

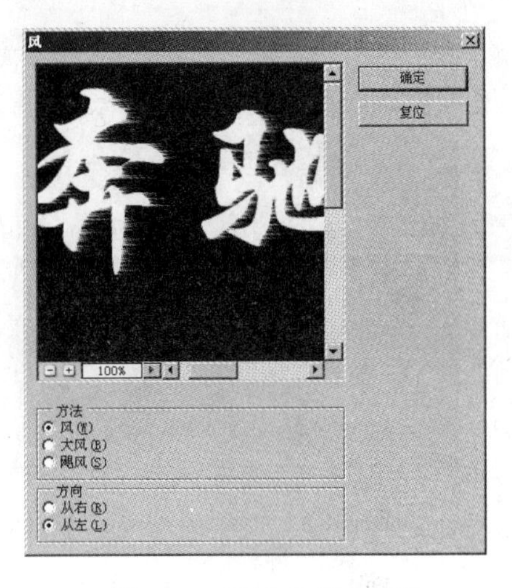

图5-16　“风”滤镜对话框

制作提示：如果风的效果不太明显，可以按〈Ctrl+F〉组合键，可再次执行起风命令，直至达到理想的风效果为止。

16）在“通道”面板中，单击RGB通道，然后在“图层”面板中选择“背景”图层。

17）单击菜单“滤镜”→“渲染”→“光照效果”命令，在弹出的“光照效果”对话框中设置各参数，并在“纹理通道”下拉列表中选“Alpha 2”，如图5-17所示。执行“光照效果”后图像效果如图5-18所示。

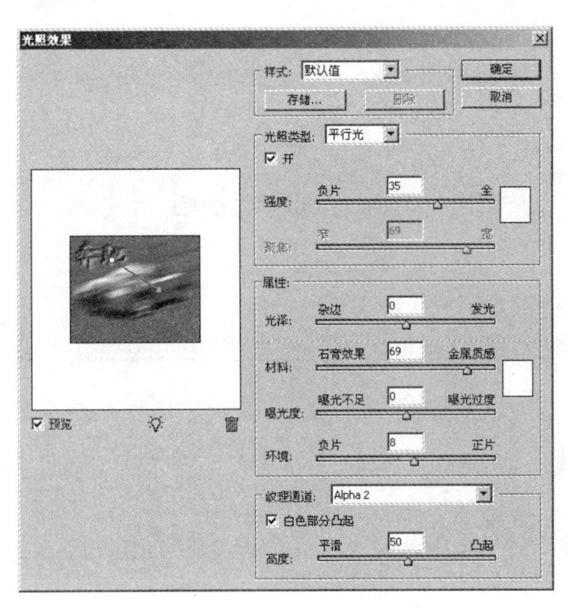

图5-17　“光照效果”对话框

18）单击菜单“选择”→“载入选区”命令，在弹出的“载入选区”对话框中，“通道”选择“Alpha 2 副本”，“操作”选择“新建选区”，单击“确定”按钮。这时可载入“奔驰”文字选区，然后依次按〈Ctrl+C〉组合键进行复制、〈Ctrl+V〉组合键进行粘贴，在“图层”面板中，复制的文字会自动粘贴到生成的“图层 2”中，如图 5-19 所示。

图 5-18 “光照”后的文字效果

图 5-19 “图层”面板

19）单击菜单“图层”→“图层样式”→“阴影”命令。在弹出的“图层样式”对话框中设置各项参数，并将颜色设置为黑色，如图 5-20 所示。

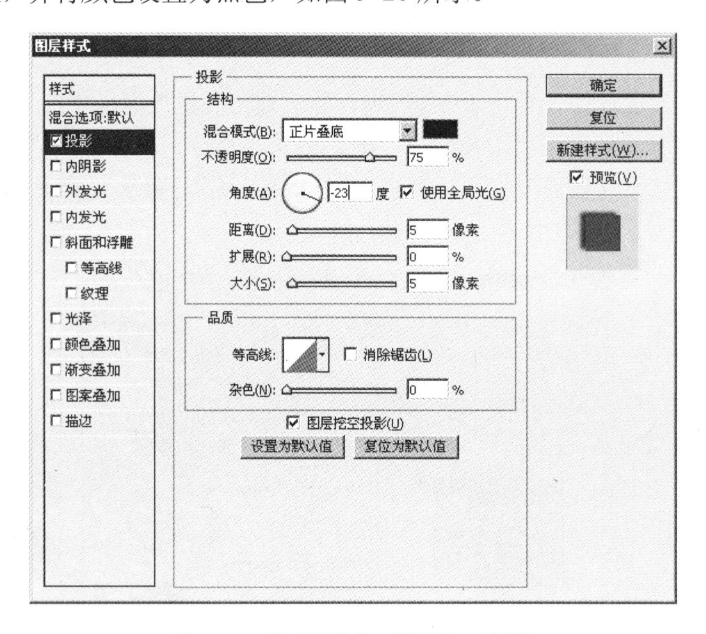

图 5-20 “图层样式—阴影”对话框

20）在“图层样式”对话框中，勾选“外发光”复选框，然后设置右侧的各项参数，如图 5-21 所示。

21）在“图层样式”对话框中，勾选“斜面和浮雕”复选框，然后设置右侧的各项参数，如图 5-22 所示。

22）单击“图层样式”对话框中的“确定”按钮，“奔驰”文字被加上带有光感的浮雕效果，最终效果如图 5-3 所示。

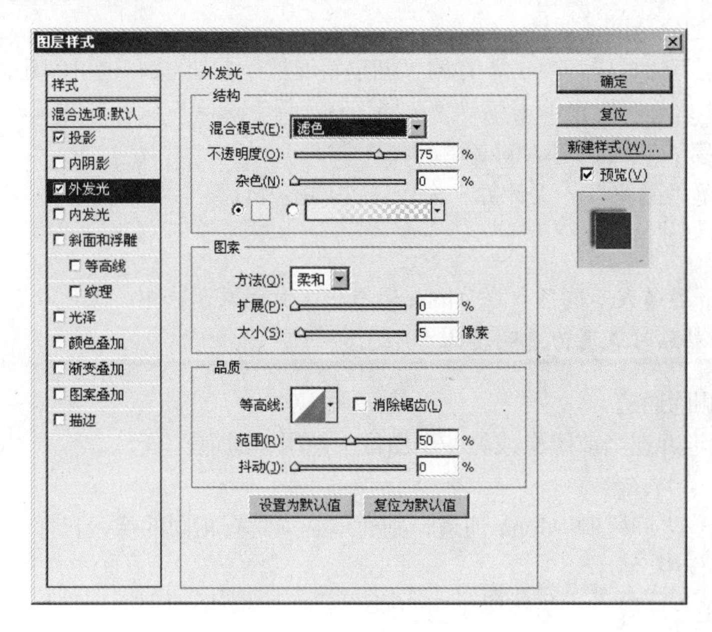

图 5-21 “图层样式－外发光”对话框

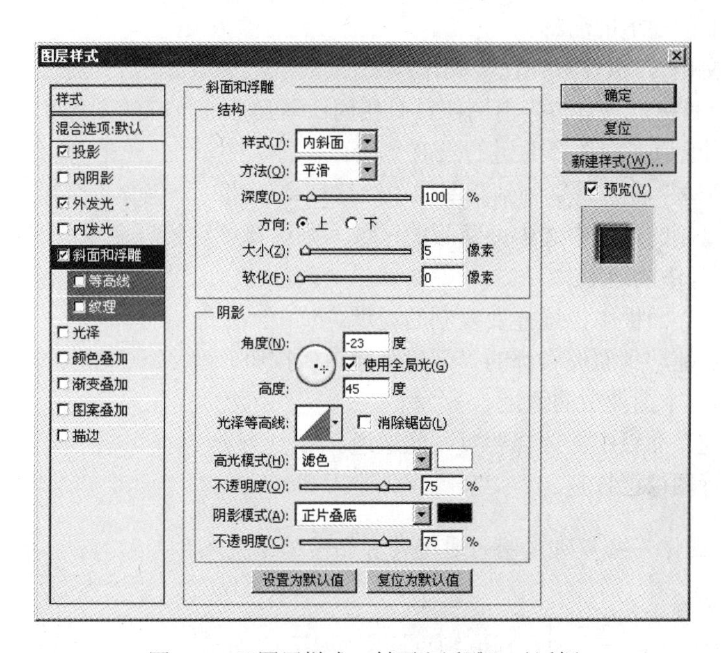

图 5-22 “图层样式－斜面和浮雕”对话框

**【相关知识】**通道的创建与编辑

1. 通道的创建

颜色通道是由图像的色彩模式决定的，不能创建颜色通道。而要创建 Alpha 通道有以下 4 种方法：

1）单击“通道”面板菜单按钮，选择“新建通道”，在弹出的“新建通道”对话框中，调整参数，即可创建 Alpha 通道。

2）在“通道”面板中，单击下方的“创建新通道”按钮，也可创建 Alpha 通道。

3）当画布中有选区时，单击菜单“选择”→“保存选区”命令，并调整“保存选区”对话框中的各项参数，也可创建 Alpha 通道。

4）单击菜单“图像”→“计算”命令，并调整“计算”对话框的参数，同样可以创建 Alpha 通道。

注意：Alpha 通道表示选区，在 Alpha 通道中，白色表示选中，黑色表示未选中，灰色表示半选中（复制粘贴时表现为透明度为 50%）。

2. 复制和删除通道

可以复制通道并在当前图像或另一个图像中使用该通道。

（1）复制通道

如果要在图像之间复制 Alpha 通道，则通道必须具有相同的像素尺寸。不能将通道复制到位图模式的图像中。

1）在“通道”面板中，选择要复制的通道。

2）从“通道”面板菜单中选取“复制通道”。

3）输入复制的通道的名称。

4）对于“文档”，执行下列任一操作：

- 选取一个目标。只有与当前图像具有相同像素尺寸的打开的图像才可用。要在同一文件中复制通道，则选择通道的当前文件。
- 选取“新建”将通道复制到新图像中，这样将创建一个包含单个通道的多通道图像。

5）要反转复制的通道中选中并蒙版的区域，则选择“反相”命令。

（2）复制图像中的通道

1）在“通道”面板中，选择要复制的通道。

2）将该通道拖动到面板底部的“创建新通道”按钮。

（3）复制另一个图像中的通道

1）在“通道”面板中，选择要复制的通道。

2）确保目标图像已打开。

注意：目标图像不必与所复制的通道具有相同的像素尺寸。

3）执行下列操作之一：

- 将该通道从“通道”面板拖动到目标图像窗口，复制的通道即会出现在“通道”面板的底部。
- 选择菜单“选择”→“全部”命令，然后选择菜单“编辑”→“拷贝”命令。在目标图像中选择通道，并选择菜单“编辑”→“粘贴”命令。所粘贴的通道将覆盖现有通道。

（4）删除通道

存储图像前，可能想删除不再需要的专色通道或 Alpha 通道。复杂的 Alpha 通道将会极大地增加图像所需的磁盘空间。

在 Photoshop 中，在“通道”面板中选择该通道，然后执行下列操作之一：

- 按住〈Alt〉键并单击“删除”图标。
- 将面板中的通道名称拖动到“删除”图标。
- 从“通道”面板菜单中选择“删除通道”。
- 单击面板底部的“删除”图标，然后单击“是”按钮。

注意：从带有图层的文件中删除颜色通道时，将拼合可见图层并丢弃隐藏图层。之所以这样做，是因为删除颜色通道会将图像转换为多通道模式，而该模式不支持图层。当删除 Alpha 通道、专色通道或快速蒙版时，不对图像进行拼合。

3. 将通道转换为选区

将通道转换为选区有如下 5 种方法，具体操作方法如下：

1）按住〈Ctrl〉键单击“通道”面板中相应的 Alpha 通道的缩略图。

2）按住〈Ctrl+Alt〉组合键再按通道编号数字键，编号从上到下（不含第 1 个复合通道），依次为 1、2、3、……

3）单击“通道”面板中相应的 Alpha 通道，并单击“通道”面板中的“将通道作为选区载入”按钮。

4）将“通道”面板中相应的 Alpha 通道拖动到“将通道作为选区载入”按钮上。

5）执行菜单“选择”→“载入选区”命令，选择相应的 Alpha 通道，这种方法将在下面介绍。

4. 存储和载入选区

可以将任何选区存储到新的或现有的 Alpha 通道中，然后从该通道中重新载入选区。

通过载入选区使其处于现用状态，然后添加新的图层蒙版，可将选区用做图层蒙版。

（1）将选区存储到新通道

1）选择图像的一个或多个区域。

2）单击“通道”面板底部的“存储选区”按钮，新通道即出现，并按照创建的顺序而命名。

（2）将选区存储到新的或现有的通道

1）使用“选择工具”选择想要存储的一个或多个图像区域。

2）选择菜单“选择”→“存储选区”命令。

3）在“存储选区”对话框中指定以下各项，然后单击“确定”按钮。

- 文档：为选区选取一个目标图像。默认情况下，选区放在当前图像中的通道内。可以选取将选区存储到其他打开的且具有相同像素尺寸的图像的通道中，或存储到新图像中。
- 通道：为选区选取一个目标通道。默认情况下，选区存储在新通道中。可以选取将选区存储到选中图像的任意现有通道中，或存储到图层蒙版中（如果图像包含图层）。

4）如果要将选区存储为新通道，则在“名称”文本框中为该通道输入一个名称。

5）如果要将选区存储到现有通道中，则选择组合选区的方式。

- 替换通道：替换通道中的当前选区。
- 添加到通道：将选区添加到当前通道内容。
- 从通道中减去：从通道内容中删除选区。

● 与通道交叉：保留与通道内容交叉的新选区的区域。

可以从“通道”面板中选择“通道”以查看以灰度显示的存储的选区。

（3）载入存储的选区

如果从另一个图像载入存储的选区，则要确保将其打开。同时应确保目标图像处于现用状态。

1）单击菜单“选择”→“载入选区”命令，打开“载入选区”对话框。

2）在“载入选区”对话框中指定“源”选项。

● 文档：选择要载入的源。
● 通道：选取包含要载入的选区的通道。
● 反相：选择未选中区域。

3）选择一个“操作”选项，以便指定在图像已包含选区的情况下如何合并选区。

● 新建选区：添加载入的选区。
● 添加到选区：将载入的选区添加到图像中的任何现有选区。
● 从选区中减去：从图像的现有选区中减去载入的选区。
● 与选区交叉：从与载入的选区和图像中的现有选区交叉的区域中存储一个选区。

注意：可以将选区从打开的 Photoshop 图像拖动到另一个图像中。

5.4 通道与选区的分离与合并及专色通道

【案例 5-2】 斑斓

“斑斓”案例的效果如图 5-23 所示。

图 5-23 “斑斓”案例的效果

**案例设计创意**

在色彩斑斓的背景图片上有“斑斓”文字，该文字从左边到中间逐渐显现，从中间到右边逐渐透明，从而体现出色彩斑斓、丰富多彩的效果。

**案例目标**

通过本案例的学习，可以掌握创建 Alpha 通道、编辑通道、通道转换为选区及填充选区

等技术。

案例制作方法

1）打开“斑斓素材.tif”素材文件，如图 5-24 所示。

2）单击工具箱中的“横排文字工具” T，在其选项栏中设置“字体”为“隶书”，“大小”为 200 点，颜色为蓝色。输入文字“斑斓”，并移动到画布中央。用鼠标右击该文字图层，在弹出的快捷菜单中选择“栅格化文字”命令。

3）选择菜单“滤镜”→“扭曲”→“波浪”命令，在弹出的“波浪”对话框中按图 5-25 所示调整参数，并用鼠标单击“随机化”按钮，使得“斑斓”两字达到满意效果。

图 5-24 “斑斓”素材文件

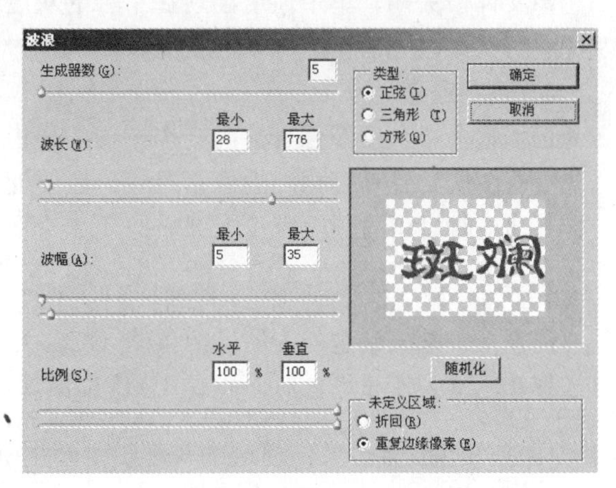

图 5-25 “波浪”对话框

4）按住〈Ctrl〉键，单击“斑斓”图层缩略图，载入文字选区。

5）删除“斑斓”文字图层，切换到“通道”面板。单击“通道”面板中的“将选区存储为通道”按钮，将文字选区转换为一个新的 Alpha 通道“Alpha 1”。只显示“通道”面板中的“Alpha 1”通道，此时可以看到“Alpha 1”通道中的文字和选区，如图 5-26 所示。

6）单击工具箱中的“渐变工具”，在其选项栏中设置线性渐变方式，渐变色为黑－白－黑，在文字选区中水平拖动，为文字选区填充水平渐变色，如图 5-27 所示。

图 5-26 Alpha 通道中的文字和选区

图 5-27 为文字填充水平渐变色

7）按〈Ctrl+D〉组合键取消选区，单击“通道”面板中的“将通道作为选区载入”按钮，将通道转换为选区。

8）切换到“图层”面板，设置前景色为纯蓝色，按〈Alt+Delete〉组合键两次，为选区填充蓝色。可以看出通道中填充的颜色越深，此处填充的蓝色越透明。

9）按〈Ctrl+D〉组合键清除选区，效果如图 5-23 所示。

**【相关知识】** 通道与选区的分离与合并及专色通道

1．将通道分离为单独的图像

只能分离拼合图像的通道。当需要在不能保留通道的文件格式中保留单个通道信息时，分离通道非常有用。

要将通道分离为单独的图像，应从“通道”面板菜单中选取“分离通道”命令。

原文件被关闭，单个通道出现在单独的灰度图像窗口。新窗口中的标题栏显示原文件名以及通道。可以分别存储和编辑新图像。

2．合并通道

可以将多个灰度图像合并为一个图像的通道。要合并的图像必须处于灰度模式，已被拼合（没有图层）且具有相同的像素尺寸，还要处于打开状态。已打开的灰度图像的数量决定了合并通道时可用的颜色模式。例如打开 3 个图像，可以将它们合并为一个 RGB 图像；打开 4 个图像，则可以将它们合并为一个 CMYK 图像。

注意：如果遇到意外丢失了链接的 DCS 文件（并因此无法打开、放置或打印该文件），则可打开通道文件并将它们合并成 CMYK 图像，然后将该文件重新存储为 DCS EPS 文件。

1）打开包含要合并的通道的灰度图像，并使其中一个图像成为现用图像。为使“合并通道”选项可用，必须打开多个图像。

2）从“通道”面板菜单中选择“合并通道”命令。

3）对于“模式”，选取要创建的颜色模式。适合模式的通道数量出现在“通道”文本框中。

4）如有必要，请在“通道”文本框中输入一个数值。在 RGB 或 Lab 模式下，通道的最大个数为 3；在 CMYK 模式下，最大个数为 4。

如果输入的通道数量与选中模式不兼容，则将自动选中多通道模式。这将创建一个具有两个或多个通道的多通道图像。

5）单击“确定”按钮。

6）对于每个通道，要确保需要的图像已打开。如果要更改图像类型，则单击“模式”按钮返回“合并通道”对话框。

7）如果要将通道合并为多通道图像，则单击“下一步”按钮，然后选择其余的通道。

注意：多通道图像的所有通道都是 Alpha 通道或专色通道。

8）选择完通道后，单击“确定”按钮。

选中的通道合并为指定类型的新图像，原图像则在不做任何更改的情况下关闭。新图像出现在未命名的窗口中。

注意：不能分离并重新合成（合并）带有专色通道的图像。专色通道将作为 Alpha 通道添加。

3．专色通道

专色是特殊的预混油墨，用于替代或补充印刷色（CMYK）油墨。通过专色通道可在印

刷物中标明运行特殊印刷的区域。下面通过实际操作来学习如何创建专色通道。

1）选择“风景”文档，单击“通道”面板中的复合通道，将图像显示。接着使用“套索”或“魔棒”工具绘制选区，如图 5-28 所示。

2）按下〈Ctrl〉键的同时，单击“通道”面板右上角的菜单按钮，在弹出菜单上选“新建专色通道”，弹出如图 5-29 所示的对话框。

图 5-28　绘制选区

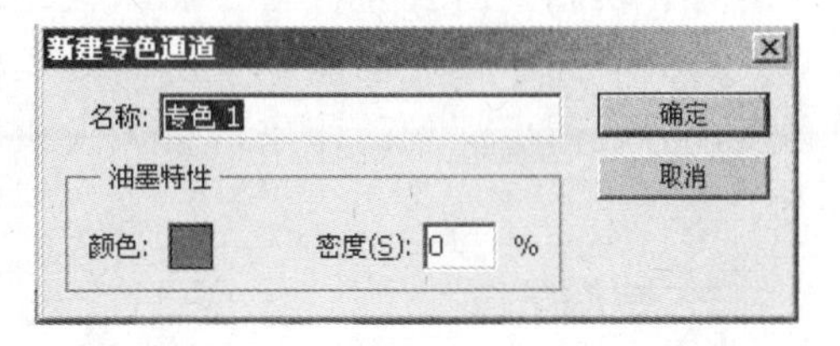

图 5-29　“新建专色通道”对话框 1

3）单击颜色图标，弹出“拾色器”对话框。接着在对话框中单击“颜色库”按钮，弹出“颜色库”对话框，参照图 5-30 选择色标，并根据需要选择专色，如图 5-30 所示。

4）单击“确定”按钮回到“新建专色通道”对话框，将密度设置为合适的透明度，如图 5-31 所示。

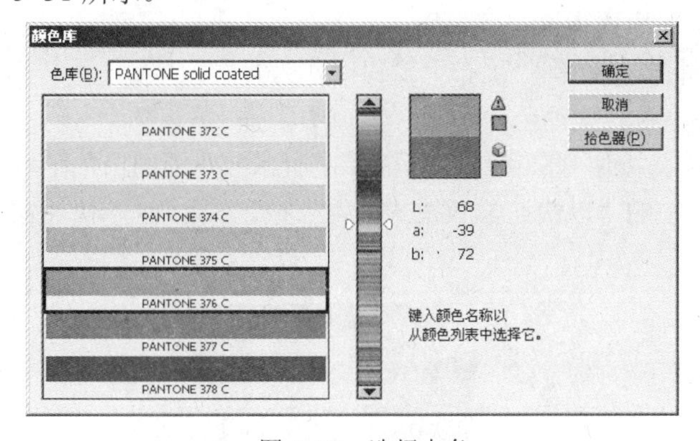

图 5-30　选择专色

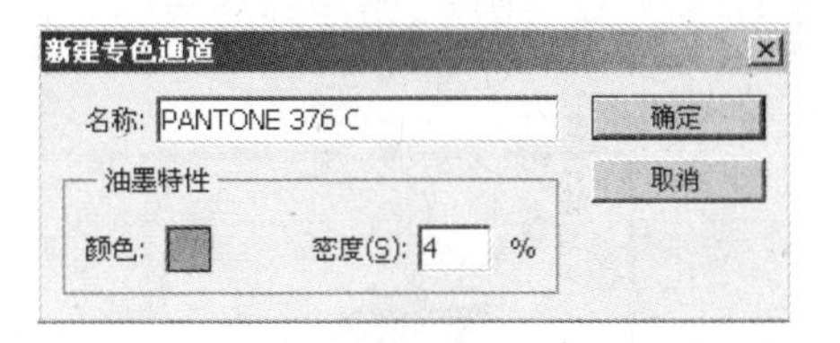

图 5-31　“新建专色通道”对话框 2

注意：密度选项可在屏幕上模拟印刷后专色的密度，可输入 0%和 100%之间的任意值。如果设置值为 100%将模拟完全覆盖下层油墨的油墨；而设置为 0%将模拟完全显示下层油墨的透明油墨。

5）单击“确定”按钮，在“通道”面板上会出现一名为“PANTONE 376C”的专色通道，如图 5-32 所示。

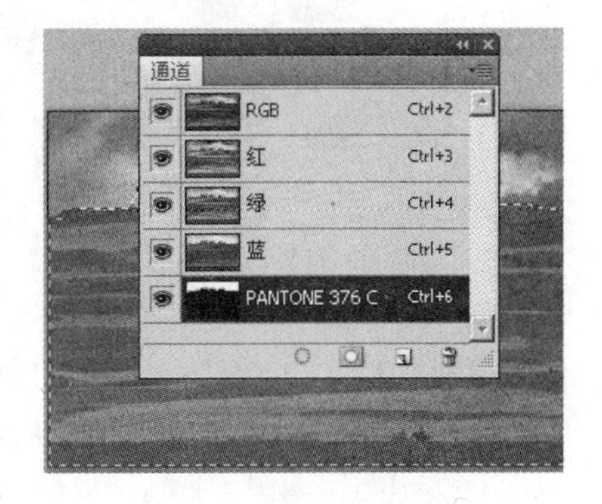

图 5-32　专色通道

注意：为了使其他应用程序能够更好地识别打印专色通道，自动形成的通道名称最好不要随意更改。若要输出专色通道，在 Photoshop 中则需要将文件以 DCS 2.0 格式或 PDF 格式存储。

5.5　快速蒙版

【案例 5-3】 溜冰鞋广告

"溜冰鞋广告"案例的效果如图 5-33 所示。

图 5-33　"溜冰鞋"案例的效果

**案例设计创意**

案例中以蓝天白云为背景，溜冰鞋在空中跑在数架战斗机前面，体现出溜冰鞋时尚的风格和飞快的速度，给人留下深刻的印象，可大大激发人们的购买欲望。

**案例目标**

通过本案例的学习，可以掌握快速蒙版和图层蒙版的应用技术。

案例制作方法

1）新建一个名为"溜冰鞋广告"的文件，将"画布"窗口设置如下：宽为 800 像素，高为 600 像素、分辨率为 72 像素/英寸，颜色模式为 RGB 颜色。

2）打开名为"天空"的图像文件，将其拖动到"画布"窗口中作为背景图像。

3）打开名为"溜冰鞋"的图像文件，将其拖动至"画布"窗口中。

4）单击工具箱中的"魔棒工具"，按住〈Shift〉键单击，在溜冰鞋四周的白色区域创建选区，如图 5-34 所示。单击工具箱中的"以快速蒙版模式编辑"按钮，进入快速蒙版编辑状态，如图 5-35 所示。

图 5-34　创建选区

图 5-35　快速蒙版编辑状态

5）设置前景色为白色，使用"画笔工具"在溜冰鞋外部的半透明红色区域中涂抹，以消除红色区域（如有大块区域，可使用"矩形选框工具"选中后填充白色）。设置前景色为黑色，使用"画笔工具"在溜冰鞋内部的白色区域中涂抹，将其涂抹为红色。要确保溜冰鞋图像中部为红色，外部无红色，完成后的效果如图 5-36 所示。

6）单击工具箱中的"以标准模式编辑"按钮，退出快速蒙版编辑状态。此时快速蒙版中的红色区域在选区之外（即溜冰鞋图像在选区外），按菜单"选择"→"反选"命令则反向选中溜冰鞋图像，效果如图 5-37 所示。

图 5-36　完成后的效果

图 5-37　退出快速蒙版编辑状态后效果

7）单击菜单“选择”→“修改”→“羽化”命令，打开“羽化选区”对话框。设置“羽化半径”为 1 像素，单击“确认”按钮完成羽化。在“图层”面板中，单击下方的“添加图像蒙版”按钮，为“溜冰鞋”图像图层添加图层蒙版，效果如图 5-38 所示。可以看到原来在选区外的图像部分已成为透明区域。

8）打开名为“空中机群”的图像文件，将其拖动到画布窗口中。

9）按前面第 4）～7）步的操作，为“空中机群”图像上方的“战机”和尾部的“烟雾”添加图层蒙版，完成后的效果如图 5-39 所示。

图 5-38　图层蒙版效果

图 5-39　战机完成后的效果

10）在“图层”面板中复制多个“战机”图像，并移动到合适位置，如图 5-33 所示。

11）单击工具箱中的“横排文字工具”，在画布窗口右上方输入文字“SPORTS 冰鞋　体验飞速时尚潮流”。其中，设置英文“字体”为 Algerian，中文“字体”为“黑体”，字母“S”为红色，“R”为黄色，其他文字为白色。

至此，整个溜冰鞋广告制作完成，最终效果如图 5-33 所示。

【相关知识】 快速蒙版

在快速蒙版模式下，可以将选区转换为蒙版。此时创建一个临时的蒙版，并在“通道”面板中创建一个临时的 Alpha 通道。以后可以使用几乎所有工具和滤镜来编辑修改蒙版，修改蒙版后返回标准模式下，即可将蒙版转换为选区。

默认状态下，快速蒙版呈半透明红色，与掏空了选区的红色胶片相似，遮盖在非选区图像的上边。因为蒙版是半透明的，所以可以通过蒙版观察到其下的图像。

在图像中创建一个选区，然后双击工具箱中的“以快速蒙版模式编辑”按钮打开“快速蒙版”对话框，如图 5-40 所示。设置有关选项，单击“确定”按钮建立快速蒙版，此时的图像如图 5-41 所示。

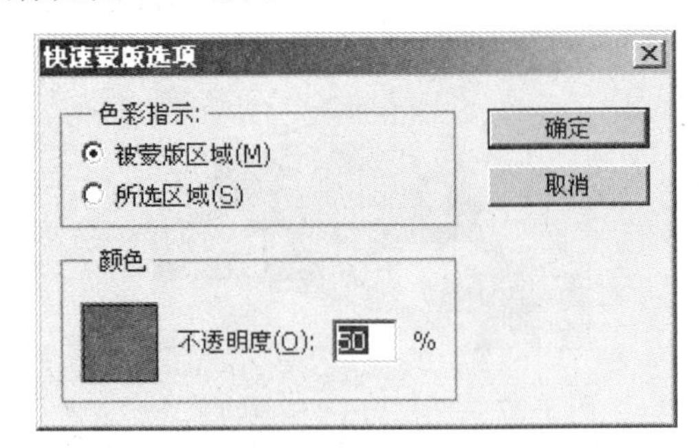

图 5-40 “快速蒙版选项”对话框

图 5-41 建立快速蒙版后的图像效果（被蒙版区域）

1．“快速蒙版选项“对话框

“快速蒙版选项”对话框中各选项的作用如下。

1）“被蒙版区域”单选按钮：选中后，蒙版区域（即非选区）有颜色，非蒙版区域（即选区）没有颜色。

2）“所选区域”单选按钮：选中后，选区（蒙版区域）有颜色，非选区（非蒙版区域）没有颜色。

3）“颜色”选项组：在“不透明度”文本框中输入不透明的百分比数据。单击色块，打开“拾色器”对话框，可设置蒙版的颜色，默认值是不透明度为 50%的红色。

如果选择“所选区域”单选按钮，颜色为蓝色，不透明度为 80%，则单击“确定”按钮，图像效果如图 5-42 所示。建立快速蒙版后的“通道”面板如图 5-43 所示，可以看出其中增加了一个“快速蒙版”临时通道。

图 5-42 进入快速蒙版后的图像效果（被选区域）

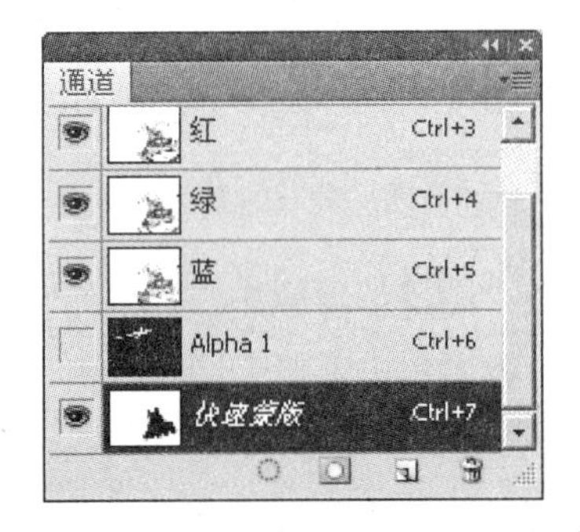

图 5-43 快速蒙版在“通道”面板中

2．编辑快速蒙版

单击“通道”面板中的“快速蒙版”通道，然后就可以使用各种工具和滤镜编辑快速蒙版。改变快速蒙版的大小与形状，也就调整了选区的大小与形状。在用画笔和橡皮擦等工具修改快速蒙版时，遵从以下规则：

1）针对图 5-41 所示的图像，有颜色区域越大，蒙版越小，选区越小；针对图 5-42 所示图像，有颜色区域越大，蒙版越大，选区越大。

2）如果前景色为白色，并在有颜色区域绘图就会减少有颜色区域；如果前景色为黑色，并在无颜色区域绘图就会增加有颜色区域。

3）如果前景色为白色，并在无颜色区域擦除就会增加有颜色区域；如果前景色为黑色，并在有颜色区域擦除就会减少有颜色区域。

4）如果前景色为灰色，则在绘图时就会创建半透明的蒙版和选区；如果背景色为灰色，在擦除时就会创建半透明的蒙版和选区。灰色越淡，透明度越高。

3. 将快速蒙版转换为选区

编辑加工快速蒙版的目的是为了获得特殊效果的选区。将快速蒙版转换为选区的方法很简单，只要用鼠标单击工具箱内的“以标准模式编辑”按钮即可。当将快速蒙版转换为选区后，“通道”面板中的“快速蒙版”临时通道就会自动取消。

5.6 蒙版

**【案例 5-4】** 饰品广告

“饰品广告”案例的效果如图 5-44 所示。

图 5-44 “饰品广告”案例的效果

**案例设计创意**

案例中以蓝色星光作为底衬营造出高雅、超凡脱俗的环境气氛；把高贵、典雅的钻石饰物作为辅助图形，可展现其种类的多样性和华丽的外形，在激发人们购买欲望的同时也可烘托出人们的真情告白，从而尽显时尚魅力。

**案例目标**

通过本案例的学习，可以掌握图层蒙版的应用技术。

**案例制作方法**

1）将背景色设置为黑色，前景色设置为蓝色（R=44、G=0、B=155）。

2）单击菜单“文件”→“新建”命令，按图 5-45 所示参数新建画布。

3）单击“图层”面板上的“创建新图层”按钮，建立一个新图层“图层 1”，按〈Alt+Delete〉组合键，将“图层 1”用前景色填充，如图 5-46 所示。

4）单击工具箱中的“以快速蒙版模式编辑”按钮，进入快速蒙版编辑状态。

5）单击工具箱中的“渐变工具”，在其选项栏中调整各项参数，如图 5-47 所示。

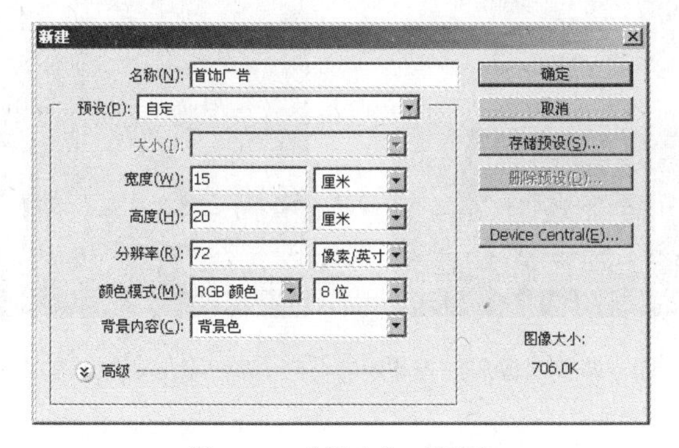

图 5-45 “新建”对话框

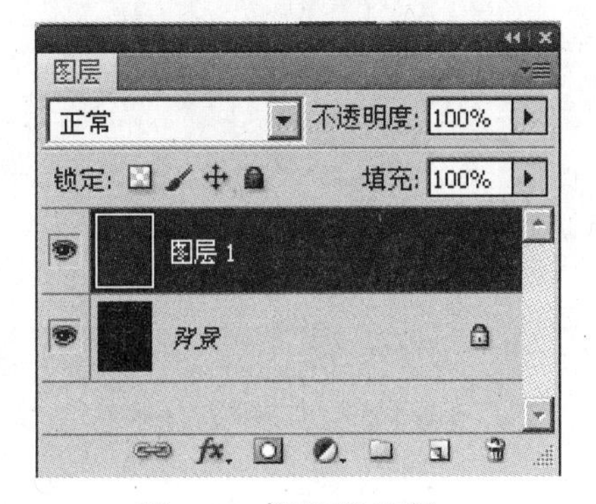

图 5-46 “图层”面板

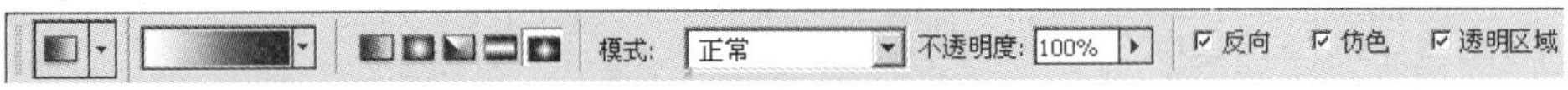

图 5-47 “渐变工具”选项栏

6）将鼠标移到图像内，按住鼠标左键，由左下角向右上角拖曳，此时的图像效果如图 5-48 所示。

7）单击工具箱中的“以标准模式编辑”按钮，使图像返回到标准模式，此时在图像内会出现一个选择区。

8）按〈Ctrl+Shift+I〉组合键，反选图像，再按〈Del〉键，删除不需要的部分，此时图像效果如图 5-49 所示。然后按〈Ctrl+D〉组合键取消选择。

图 5-48 渐变图像效果

图 5-49 创建的选区

9）打开“首饰照片.jpg”素材文件，如图 5-50 所示。

10）单击工具箱中的“移动工具”，然后将光标放置在图像内，按住鼠标左键，将“首饰照片.jpg”文件拖曳至“首饰广告”图像文件中，此时可生成新的图层“图层 2”，调整其大小与位置，效果如图 5-51 所示。

11）单击“图层”面板中的“添加图层蒙版”按钮，然后在画布中由上到下设置从白到黑的线性渐变。图像效果和“图层”面板分别如图 5-52 和图 5-53 所示。

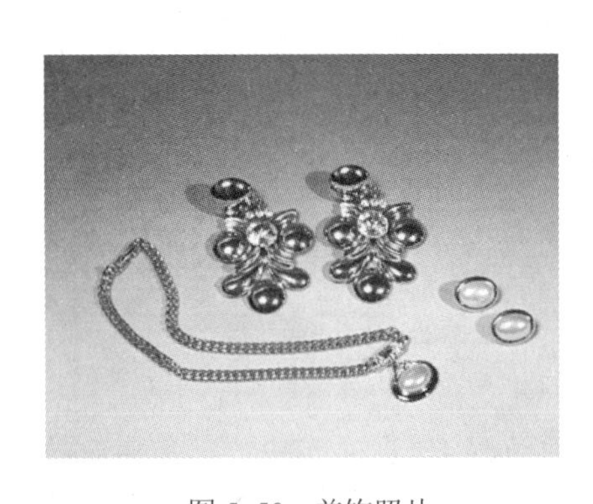

图 5-50 首饰照片

图 5-51 调整图像后的效果

图 5-52 添加蒙版后的效果

12）单击菜单“文件”→“打开”命令，打开“下金蛋.psd”素材文件，如图 5-54 所示。

13）用同样的方法，将图像拖曳到“饰品广告”画布中，按〈Ctrl+T〉组合键自由变换，调整其大小与位置，如图 5-55 所示。

14）单击工具箱中的“直排文字工具”，在选项栏中调整各项参数，如图 5-56 所示。然后输入“尽显”二字，如图 5-57 所示。

图 5-53 “图层”面板

图 5-54 “下金蛋.psd”

图 5-55 调整后的图像效果

图 5-56 “直排文字工具”选项栏

15）单击“图层”面板中的“添加图层样式”按钮，在弹出的菜单中单击“斜面与浮雕”选项，在“图层样式”对话框中调整各项参数，如图 5-58 所示。

图 5-57 直排文字效果

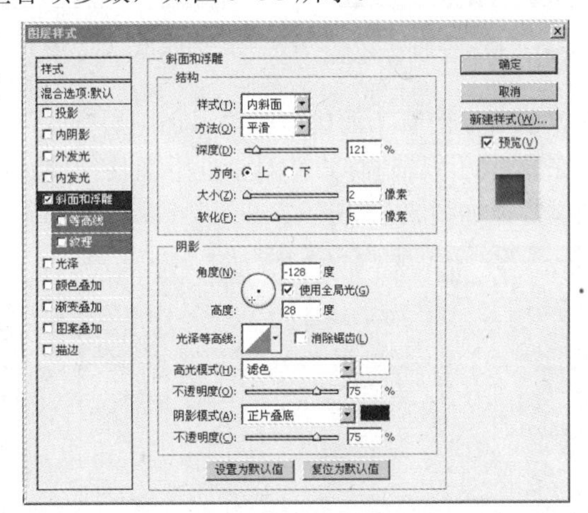

图 5-58 “斜面与浮雕”图层样式

16）在“图层样式”对话框中选择“阴影”选项，调整各项参数，如图 5-59 所示。

17）用同样方法调整“渐变叠加”选项的各项参数，如图 5-60 所示。

18）单击“图层样式”对话框中的“确定”按钮，并调整文字的位置，效果如图 5-61 所示。

19）单击工具箱中的“直排文字工具”，在选项栏调整各项参数，如图 5-62 所示，设置“字体”为“粗宋体”，“大小”为 60pt，“颜色”为红色，输入文字“时尚”，此时图像效果如图 5-63 所示。

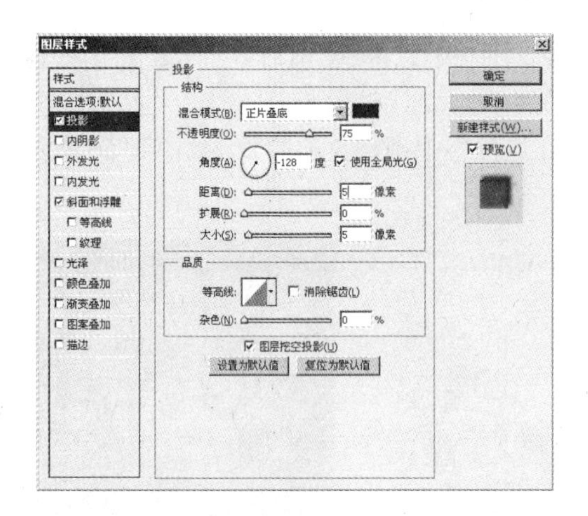

图 5-59 “阴影”图层样式

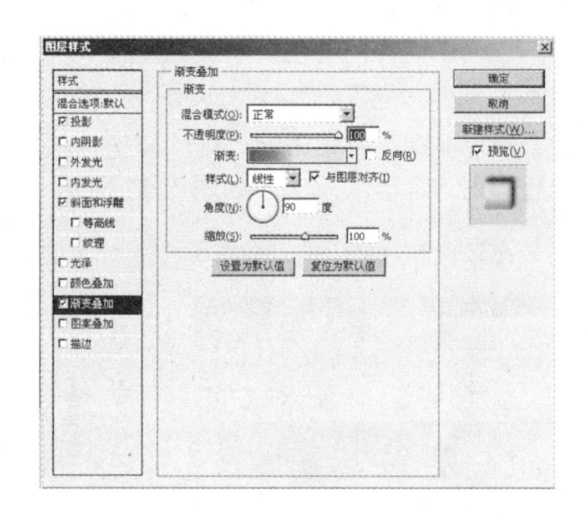

图 5-60 “渐变叠加”图层样式

图 5-61 编辑后图像效果

图 5-62 文字工具选项

图 5-63 输入文字后效果

20）单击“图层”面板中的“添加图层样式” 按钮 fx，在弹出的菜单中单击“描边”命令，在弹出的“图层样式”对话框中调整各项参数，如图 5-64 所示。单击“确定”按钮，此时图像效果如图 5-65 所示。

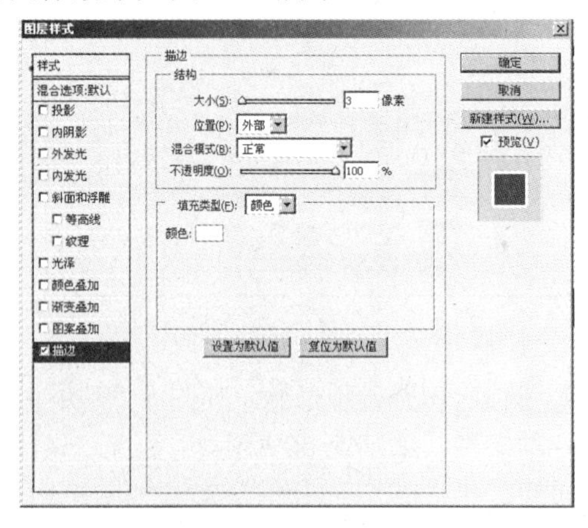

图 5-64 “描边”图层样式

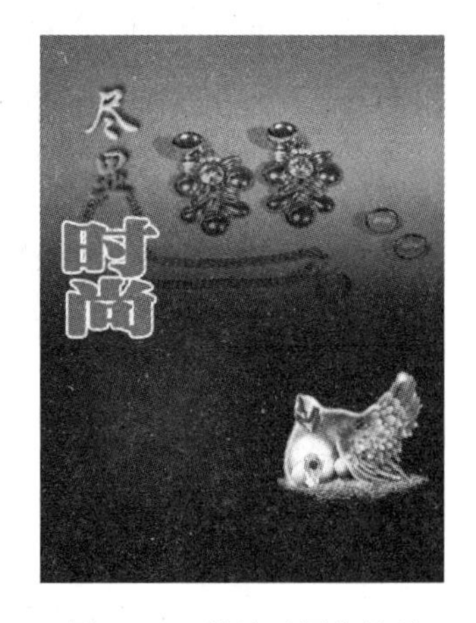

图 5-65 描边后图像效果

21）单击工具箱中的“直排文字工具”，调整“字符”面板的各项参数，如图 5-66 所示。

输入文字“魅力”。

22）将“魅力”层设为当前图层，双击“图层”面板上的该图层，可弹出“图层样式”对话框，勾选“斜面浮雕”项，按默认值设置即可。调整“渐变叠加”选项中的各项参数，如图 5-67 所示，然后单击“确定”按钮。

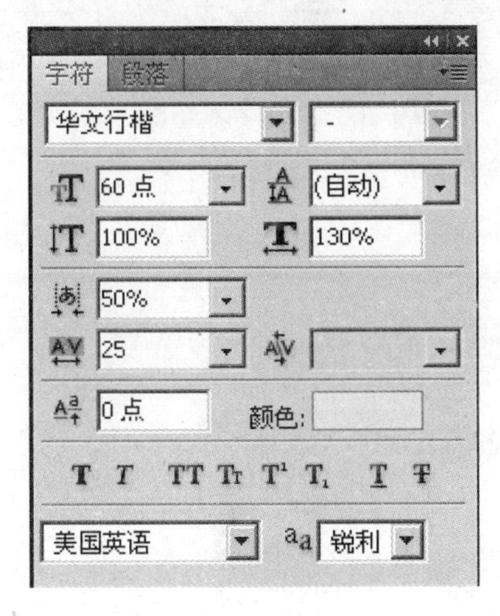

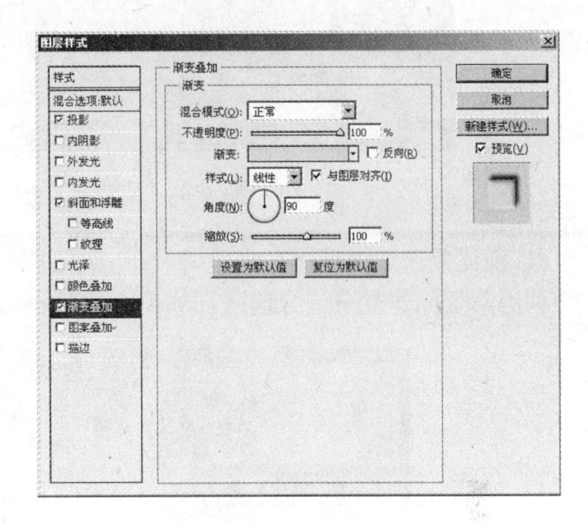

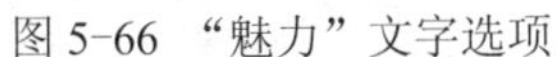

图 5-66 “魅力”文字选项　　　　图 5-67 “渐变叠加”图层样式

23）用前面的方法，为图像添加其他文字，则图像的最终效果如图 5-44 所示。

**【相关知识】** 蒙版与快速蒙版的基本概念及区别

蒙版也称为图层蒙版，它的作用是保护图像的某一个区域，使用户的操作只能对该区域之外的图像进行。从这一点来说，蒙版和选区的作用正好相反。选区的创建是临时的，一旦创建新选区后，原来的选区便自动消失，而蒙版可以是永久的。

选区、蒙版和通道是密切相关的。在创建选区后，实际上也就创建了一个蒙版。将选区和蒙版存储起来，即生成了相应的 Alpha 通道。它们之间相对应，还可以相互转换。

蒙版与快速蒙版有相同与不同之处。快速蒙版的主要目的是建立特殊的选区，所以它是临时的，一旦由“快速蒙版”模式切换到“标准”模式，快速蒙版转换为选区，而图像中的快速蒙版和“通道”面板中的“快速蒙版”通道就会立即消失。创建快速蒙版时，对图像的图层没有要求。蒙版一旦创建，它就会永久保留，同时在“图层”面板中建立蒙版图层（进入“快速蒙版”模式时不会建立蒙版图层）和在“通道”面板中建立“蒙版”通道。只要不删除它们，它们就会永久保留。

5.7 蒙版的五大功能

蒙版在 Photoshop 图像处理中具有非常强大的功能。在蒙版的作用下，Photoshop 中的各项调整功能才能真正发挥到极致。现将蒙版的功能归纳为如下 5 个方面。

1. 无痕迹拼接多幅图像

利用蒙版无痕迹拼接多幅图像，如图 5-68 所示。

图 5-68　用蒙版无痕迹拼接多幅图像

2．创建复杂边缘选区

利用蒙版创建复杂边缘选区，如图 5-69 所示。

图 5-69　创建复杂边缘选区

3．替换局部图像

利用蒙版替换局部图像，如图 5-70 所示。

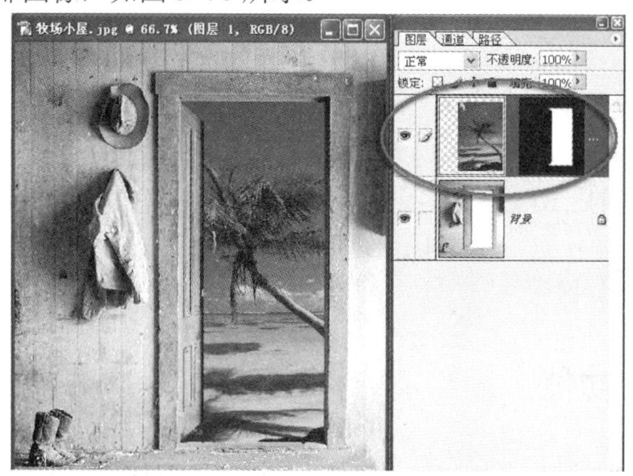

图 5-70　替换局部图像

4．结合调整层来随心所欲调整局部图像

利用蒙版结合调整层来随心所欲地调整局部图像，如图 5-71 所示。

图 5-71 结合调整层来随心所欲调整局部图像

5. 使用灰度蒙版按照灰度关系调整图像影调

实际上使用蒙版的更精彩之处在于结合调整层的操作，灵活调整局部图像，如图 5-72 所示。下面这张片子在没有处理之前如图 5-73 所示，几乎是废片。

图 5-72 使用灰度蒙版按照灰度关系调整图像影调

图 5-73 调整之前的照片几乎是废片

5.8 本章小结

本章讲述了 Photoshop 中较为重要的通道和蒙版的概念、创建、编辑和具体应用。通道的主要作用有两个：存储颜色信息和保存选择区域。蒙版的五大功能可以归纳为：用蒙版无痕迹拼接多幅图像；创建复杂边缘选区；替换局部图像；结合调整层来随心所欲地调整局部图像和使用灰度蒙版按照灰度关系调整图像影调。此外，还讲述了快速蒙版和蒙版的异同点。通道和蒙版也是一个难点，读者可多加练习并灵活应用。

5.9 练习题

1）对如图 5-74 和图 5-75 所示的“火箭”、“地球”素材文件进行合成处理，制作出火箭从裂开的地球中冲出的效果，如图 5-76 所示。

图 5-74 “火箭”图片

图 5-75 “地球”图片

图 5-76 火箭从地球中冲出的效果图

2）对如图 5-77 所示素材图片进行合成处理，使图片间不留下生硬的边界，最终效果如图 5-78 所示。

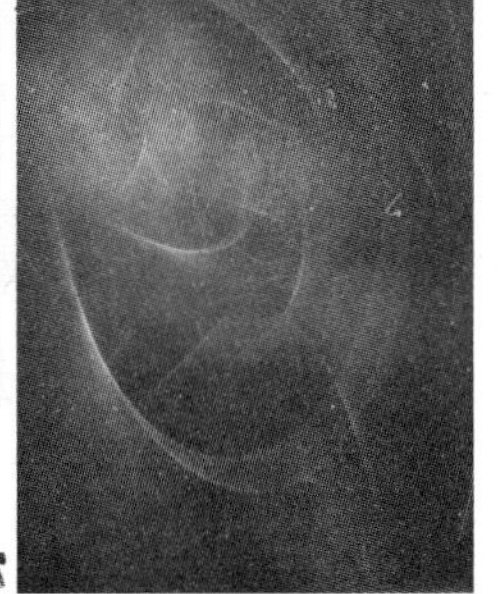

图 5-77 待合成素材图片

图 5-78 合成效果图

3）对如图 5-79 所示的“大海”素材图片和图 5-80 所示的“高楼”素材图片进行合成处理，制作出如图 5-81 所示的大海中海市蜃楼的效果。

图 5-79 大海

图 5-80 高楼

图 5-81 合成海市蜃楼效果

第6章　路径与动作

教学目标

本章将对 Photoshop 软件中路径的概念及具体应用进行详细讲解、并通过实际案例对这些知识点进行应用。路径是 Photoshop 软件提供的强大的图像处理工具，主要用于对图案的描边、填充及选择区相互转换。Photoshop 能够绘制并编辑各种矢量图形，主要归功于“路径工具”，“路径工具”可以将一些不确定的选择区域转换成路径，并对其进行编辑，使其精确。使用“动作”面板可以记录、播放、编辑和删除个别动作，还可以用来存储和载入动作文件。读者通过本章节的学习，能够很好地掌握 Photoshop 软件中路径的各种应用。掌握 Photoshop 的自动批处理功能，这样可尽量减少这些“多而繁”的工作。

教学要求

知识要点	能力要求	相关知识
路径概念及“路径”面板	理解	路径的基本概念和使用“路径”面板管理组织路径曲线
路径的创建	掌握	创建路径矢量曲线的方法
路径的编辑	掌握	路径曲线的编辑与修改方法
“动作”面板	理解	“动作”面板的组成和使用方法
记录动作	理解	记录动作的操作
编辑动作	掌握	记录的编辑操作

设计案例

（1）制作水晶水果图标

（2）篮球运动招贴广告

（3）二维卡通形象的绘制

（4）批量制作邮票

6.1　路径

6.1.1　路径的基本概念

路径是由线型（直线或曲线）构成，并不占图层位置，在最终的导出图中是不显示。创建路径或任意形状，可使用“钢笔工具”。

路径上有些矩形的小点，称为锚点，锚点标记路径上线段或曲线的端点，通过调整锚点的位置和形态，可以对路径进行各种变形调整。

路径可分为开放路径和闭合路径。

注意：

1）终止开放路径的创建，可按住〈Ctrl〉键的同时在图像中任意位置单击。

2）路径的首尾相接即可创建闭合路径。

直线路径可直接在工作区单击创建，如图 6-1 所示。

提示：按住〈Shift〉键并绘制路径可绘制直线路径，并且可将创建路径线段的角度限制为 45° 的倍数，如图 6-2 所示。

要创建曲线路径，可在绘制锚点的同时，拖动鼠标不放直至出现带箭头的指针，如图 6-3 所示。

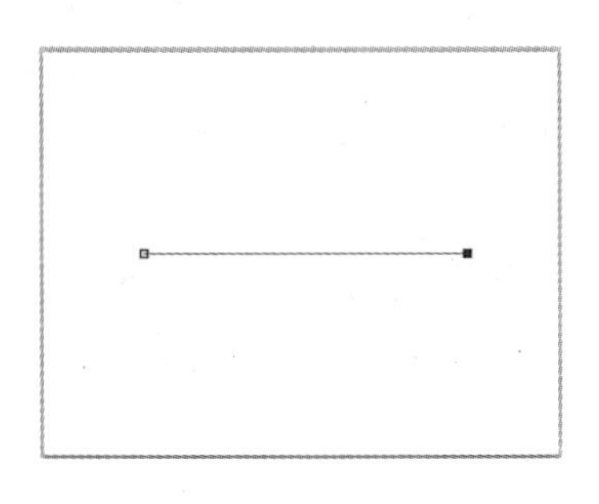

图 6-1 绘制直线

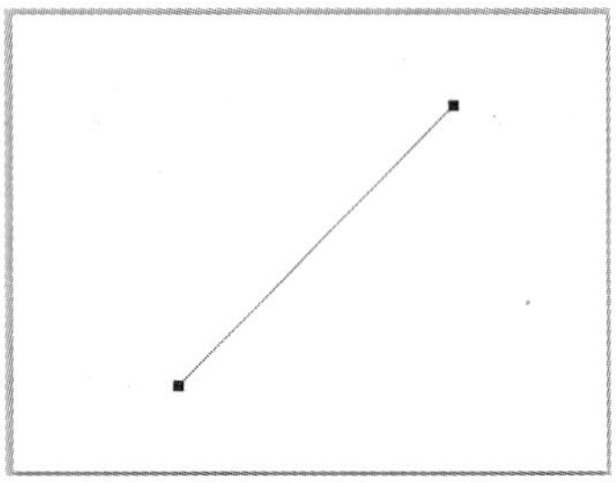

图 6-2 绘制 45° 直线

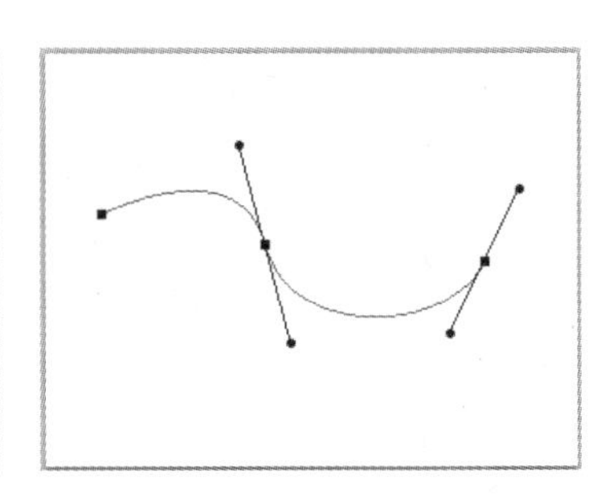

图 6-3 绘制曲线

一条开放路径的开始和最后的锚点叫做端点。如果选择填充一条开放路径，Photoshop 将在两个端点之间绘制一条连线并填充这个路径。

6.1.2 “钢笔工具”

“钢笔工具”是最基本和常见的路径绘制工具，用于创建或编辑直线、曲线或自由线条的路径。“钢笔工具”是生成路径曲线的最直接也是最通用的方法。

当选择“钢笔工具”后，“钢笔工具”选项栏会在 Photoshop 窗口中显示出来，如图 6-4 所示。

图 6-4 “钢笔工具”选项栏

钢笔工具选项栏的各选项含义如下所示。

“形状图层”按钮：表示当前正在创建或编辑图形或形状图层。

“路径”按钮：表示当前正在绘制路径。

“钢笔工具”：选中表示当前使用的是“钢笔工具”。

“自由钢笔工具”：选中表示当前使用的是“自由钢笔工具”。

“矩形工具”：用于绘制矩形形状或路径。

“圆角矩形工具”：用于绘制圆角矩形形状或路径。

“椭圆工具”：用于绘制椭圆形状或路径。

“多边形工具”：用于绘制多边形形状或路径。

“直线工具”：用于绘制直线形状或路径。

“自定义形状工具”：用于从各种预设形状选取自定义形状或路径。

"添加到路径区域"：□"：选中可将新区域添加到重叠路径区域。

"从路径区域减去"□：选中可将新区域从重叠路径区域减去。

"交叉路径区域"□：选中会将路径区域限制为所选路径区域和重叠路径区域的交叉区域。

"重叠路径区域除外"□：选中可从合并路径中排除重叠区域。

自动添加或删除：选中此选项，在单击线段时会自动添加锚点或单击线段时自动删除锚点。

选取了"路径工具"后，即可在图像中绘制路径。

6.2 "路径"面板

单击菜单栏中的"窗口"→"路径"命令，可显示"路径"面板，如图 6-5 所示。

"路径"面板和"图层"面板基本相同，可以结合"图层"面板掌握其使用方法，"路径"面板中各按钮的作用如下所示。

图 6-5 "路径"面板

□按钮：可用前景色填充路径。

□按钮：可用前景色描边路径。

□按钮：可将路径转换为选择区域。

□按钮：可将选择区域转换为路径。

□按钮：可建立一个新路径。

□按钮：可删除当前路径。

6.3 路径的创建与编辑及路径描边

【案例 6-1】 制作"水晶水果"图标

"水晶水果"图标案例的效果图如图 6-6 所示。

图 6-6 "水晶水果"图标效果

案例设计创意

该案例是制作"水晶水果"图标，即利用"路径工具"绘制出"水果"图标的外形以及高光部分，并利用颜色渐变填充，绘制出可爱的"水晶水果"图标的效果，给人的感觉是线条光滑，色彩鲜艳，能起到很好的吸引眼球的作用。

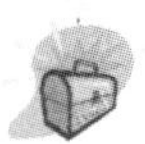

案例目标

通过本案例的学习，可以掌握路径的创建与编辑，以及路径的组合方法和技巧。这里以青梨为例，其他的水果做法大同小异。所用图层比较多，在制作过程中要养成给图层重命名的好习惯。

案例制作方法

1）单击工具箱中的按钮，将前景色、背景色分别设置为黑色和白色。

2）单击菜单栏“文件”→“新建”命令，在弹出的“新建”对话框中设置“宽度”和“高度”分别为 800 和 600 像素，“分辨率”为 72 像素/英寸，“颜色模式”为 RGB 颜色，“背景内容”为“背景色”，并单击“确定”按钮，创建一个以白色为背景的图像文件。

3）单击工具箱中的“钢笔工具”，在其选项栏中调整各参数，如图 6-7 所示。

4）画出如图 6-8 所示的“梨身”路径，并将“路径”面板上的“工作路径”重命名为“梨身”。

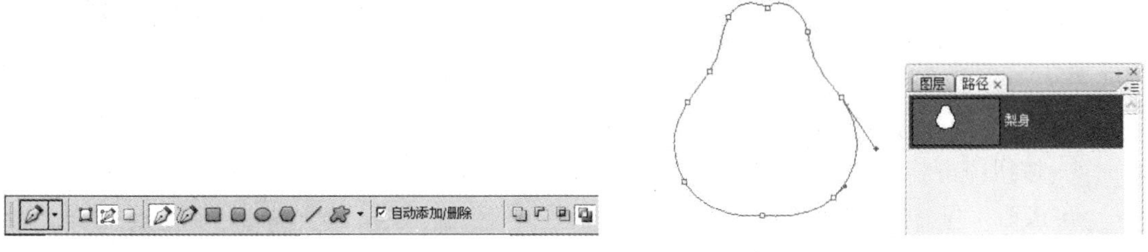

图 6-7 “钢笔工具”选项栏　　图 6-8 “梨身路径”效果

5）按〈Ctrl+Enter〉组合键将路径转为选区，新建图层并命名为“梨身”，单击工具栏上的“渐变工具”，设置渐变颜色从（R=144、G=174、B=52）到（R=201、G=231、B=49），并设置从选区右上向左下拉渐变，效果如图 6-9 所示。然后按〈Ctrl＋D〉组合键取消选区。

6）新建图层“高光 1”，打开路径面板并选中前面绘制的“梨身”路径，用“钢笔工具”在减法状态下大致画出“路径 2”，注意选项栏上要选择“减法”选项，如图 6-10 所示。

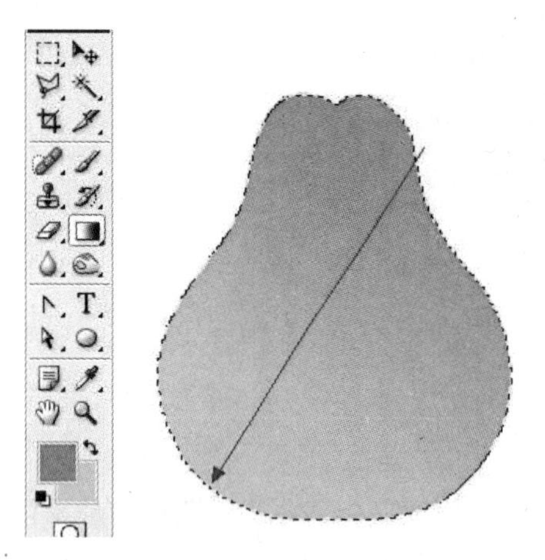

图 6-9 渐变后的效果

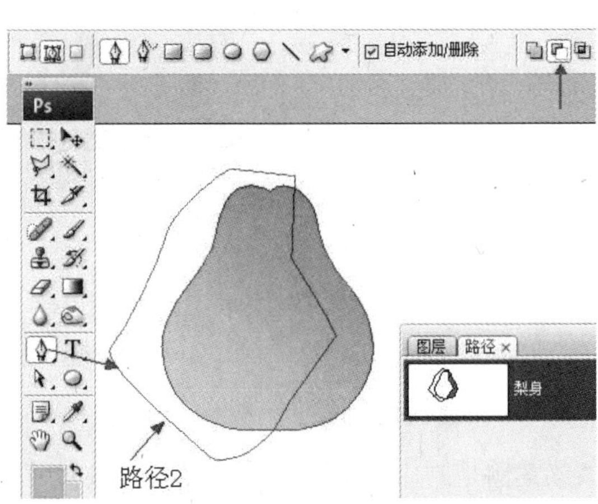

图 6-10 画出路径 2

7）单击工具箱中的“路径选择工具”，对前面绘制的所有路径进行框选，然后单击选项栏的“组合”按钮进行组合。注意选项栏上要选择“减法”选项，如图 6-11a 所示。组合运算结果如图 6-11b 所示。

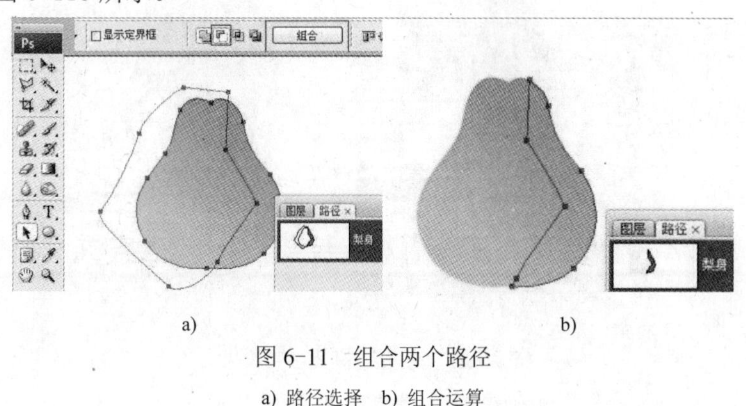

a) b)

图 6-11 组合两个路径

a) 路径选择 b) 组合运算

8）再对路径进行细致调整，得到如图 6-12 所示路径，单击“路径”面板上的建立选区。

9）设置渐变颜色，颜色要比“梨身”上的要浅，设置渐变颜色从（R=179、G=212、B=21）到（R=211、G=238、B=81），并设置从上到下渐变，效果如图 6-13 所示。

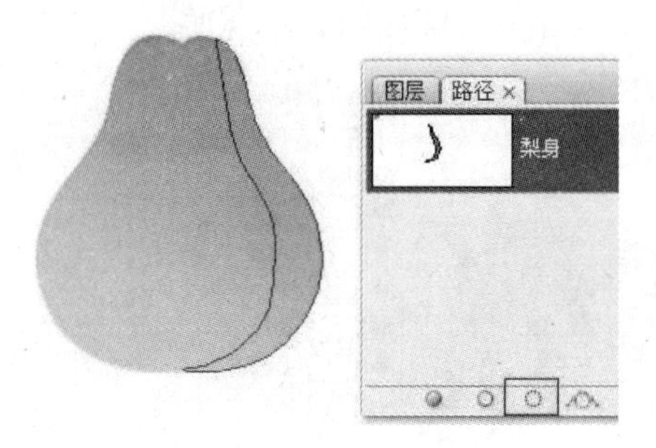

图 6-12 调整路径

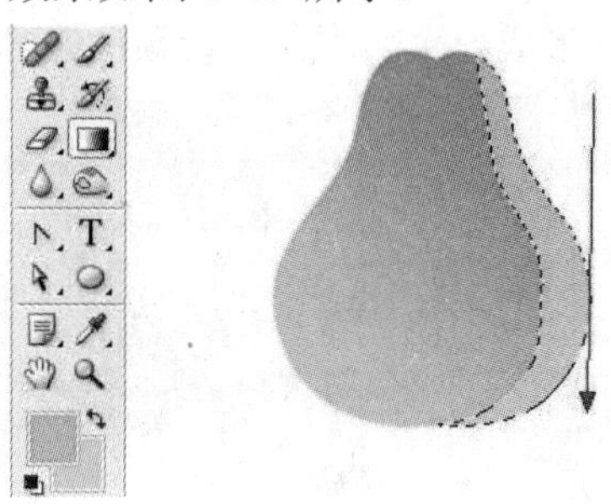

图 6-13 渐变后的效果

10）新建如图 6-14a 所示的“高光 2”路径。按〈Ctrl＋Enter〉组合键转换为选区，回到“图层”面板，新建图层“高光 2”，设置一个从上往下由白色到透明的渐变，如图 6-14b 所示。

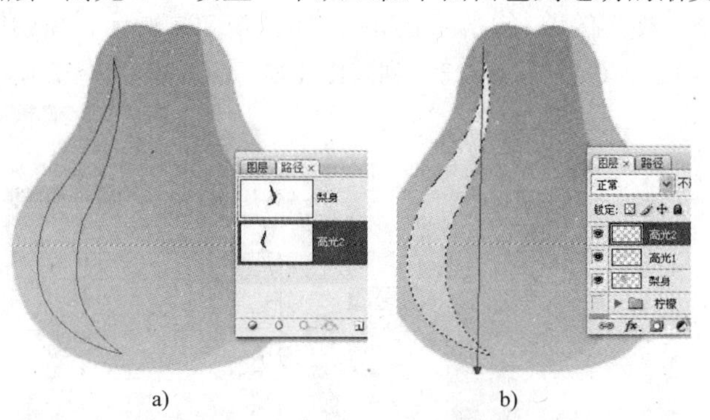

a) b)

图 6-14 创建高光路径并设置渐变

a)“高光 2”路径 b) 设置渐变

11）新建图层“高光 3”，单击工具箱中的“多边型套索工具”，画两个白条填充白色，如图 6-15a 所示。按住〈Ctrl〉键并单击“高光 2”图层缩略图，载入“高光 2”选区，再按〈Shift+Ctrl+I〉组合键反选，如图 6-15b 所示，按〈Del〉键删除溢出部分。

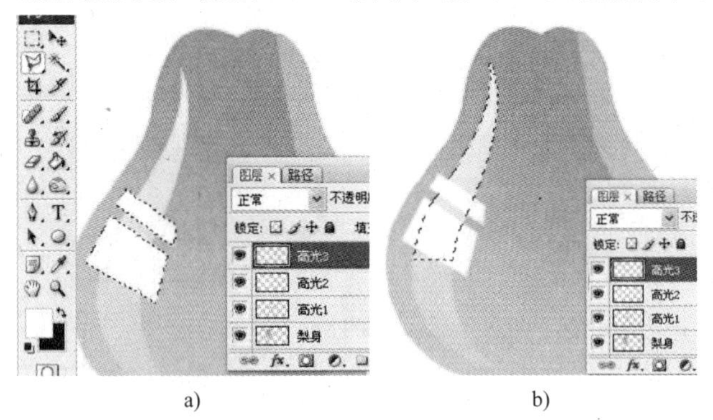

图 6-15　创建“高光 3”效果

a) 新建“高光 3”图层　b) 删除溢出部分

12）新建图层并命名为“梨心”，在形状里找到“水滴形状”，为了更加好看可以再调整一下路径，并填充颜色制作“梨心”，效果如图 6-16a 所示。

13）新建图层并命名为“凹面”，在“梨”的顶部建立椭圆选区，并设置前景到透明的渐变，从而形成一个凹面。前景颜色比“梨身”略深一点，效果如图 6-16b 所示。

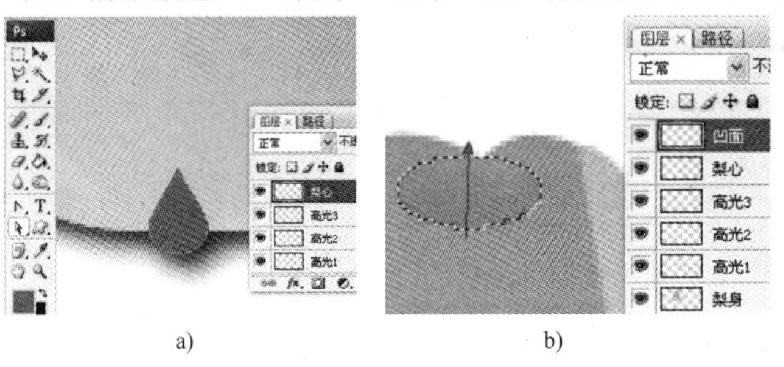

图 6-16　制作“梨心”和凹面

a) 制作“梨心”　b) 制作凹面

14）再建立一个“梗”的路径，转为选区，如图 6-20a 所示。新建图层并命名为“梗”，设置渐变颜色从（R=121、G=59、B=22）到（R=195、G=130、B=72），效果如图 6-17b 所示

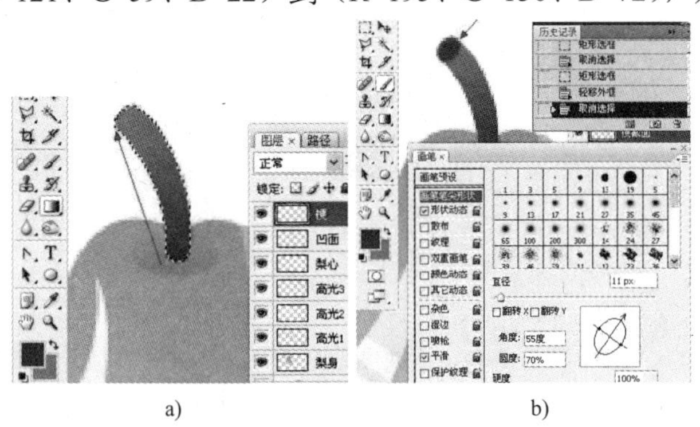

图 6-17　制作“梗”

a) 建立“梗”路径　b) 设置渐变

15）绘制“叶”路径，并用绿色（R=49、G=152、B=45）进行填充，如图 6-18 所示。

16）创建新图层并命名为“叶高光”，稍稍调整一下“叶”路径位置，如图 6-19 所示，按〈Ctrl+Enter〉组合键将路径转换为选区，设置渐变颜色从（R=167、G=219、B=111）到透明，按如图 6-20 所示进行渐变填充，并处理一下溢出部分。

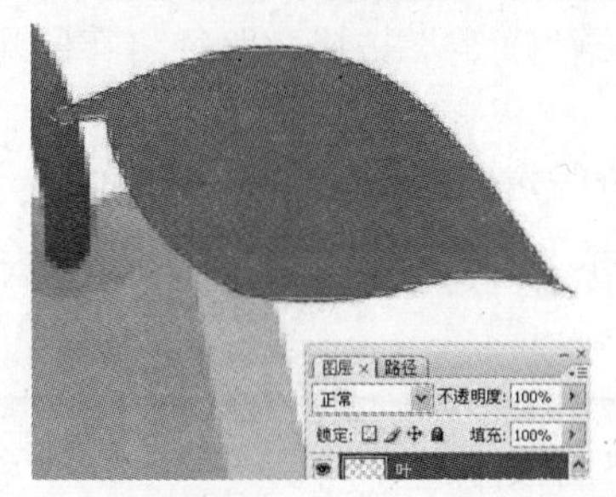

图 6-18　绘制“叶”路径并填充绿色

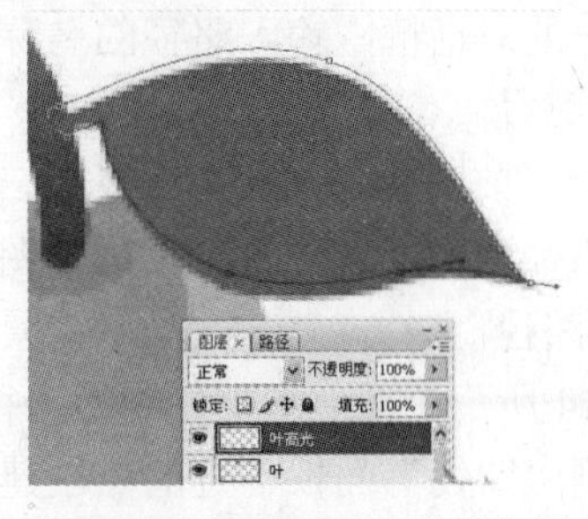

图 6-19　调整“叶”路径位置

17）画一条主叶脉，调整画笔大小，选择模拟压力，新建图层“叶脉”，设置前景为白色并描边。注意“画笔预设”里要选择“钢笔压力”，如图 6-21 所示。

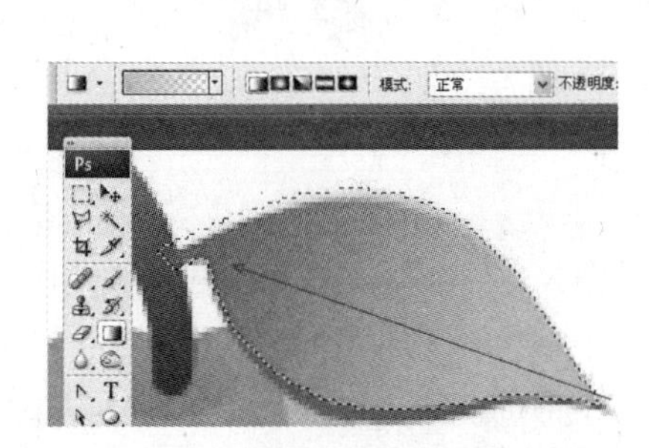

图 6-20　渐变填充“叶高光”部分

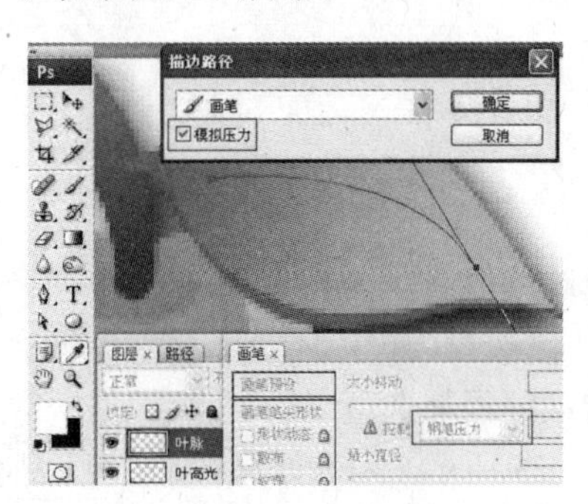

图 6-21　画“主叶脉”

18）其他几个小的“叶脉”可以用复制路径的方法一次性描边，注意画笔要调小一点。如图 6-22 所示。

19）选中“叶子”的 3 个图层，将其链接起来拖到图层“梗”的下面。

20）把“叶脉”的“模式”改为“柔光”，似乎不够清晰，再复制一层叶脉即可，如图 6-23 所示。

21）最后合并添加投影。其他水果做法类似，最终效果如图 6-6 所示。

图 6-22　画“叶脉”

图 6-23　复制“叶脉”

【相关知识】 路径的创建与编辑

1．存储路径

使用“路径工具”创建好路径后，单击“路径”面板右上角的小三角，选择“存储路径”命令。在弹出的对话框中输入路径的名称后，单击“确定”按钮，路径将存储起来。

2．删除路径

想要删除当前路径，则选中路径后，在弹出的菜单中选择“删除路径”命令或者直接将路径拖到“路径”面板下方的垃圾桶小图标上即可。

3．复制路径

如图 6-24 所示，选中想要复制的路径，在弹出的菜单中选择“复制路径”命令，或者直接将路径拖到“路径”面板下方的“创建新路径”小图标上即可。

图 6-24　复制路径

4．更改路径名

双击“路径”面板中路径名称部分就会变成输入框，直接输入新的路径名即可。

5．转换路径与选区

如图 6-25 所示，勾勒好路径后，可以将路径转换成浮动的选择线，用鼠标将“路径”面板中的路径线拖到面板下方的“将路径作为选区载入”小图标上，路径包含的区域就变成了可编辑的图像选区。

也可将浮动的选区范围转换成为路径。当图像中已存在选区时，单击“路径”面板底部的“从选区生成工作路径”小图标，即可将选择范围转换为工作路径。

图 6-25　选区转换路径

【案例 6-1】 篮球运动招贴广告

“篮球运动招贴广告”案例的效果如图 6-26 所示。

图 6-26 “篮球运动招贴广告”效果

案例设计创意

广告创意的表现最终是视觉形象来传达的，是通过代表不同词义的形象组合使创意的含义得以链接，从而构成完整的视觉语言进行信息的传达。该案例在设计中利用色彩的变化，具有很强的视觉冲击力和吸引力。大面积的留白突出运动的韵律，给人一视觉审美上的前卫感。

案例目标

通过本案例的学习，不仅可以掌握使用“钢笔工具”绘制不规则路径的方法，还可以掌握许多操作技巧，同时了解关于篮球运动的广告招贴的设计思路。

案例制作构思

1）这张招贴广告重在突出篮球运动是充满激情和动力的特点，根据设计意图，在制作中选择了 3 张篮球赛的摄影图片，这 3 张图片经过加工组织到一起，作为招贴广告的主题画面。最后加入修饰图案和文字。

2）在制作装饰图案时，使用了“自由钢笔工具”，绘制出充满动感的不规则路径。

3）在添加文字时多次用到了渐变叠加，目的是为了使文字产生黑白反向的效果。

案例制作方法

1. 拼合任务图像

1）首先执行菜单“文件”→“新建”命令，在弹出的“新建”对话框中输入各项参数，如图 6-27 所示。并单击“确定”按钮，此时创建了一个以白色为背景的图像文件。

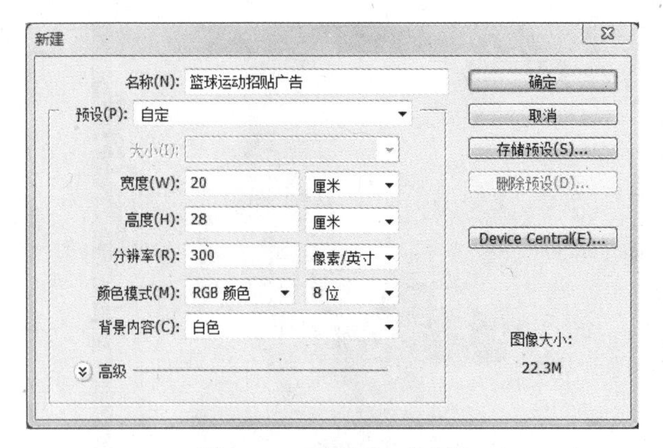

图 6-27 “新建”对话框

2）单击菜单“文件”（File）→“打开”（Open）命令，打开素材文件“人物 1.jpg”、“人物 2.jpg”、“人物 3.jpg”图像文件。如图 6-28 所示。

图 6-28 打开的“人物 1.jpg”、“人物 2.jpg”、“人物 3.jpg”图像

3）首先打开“人物 1.jpg”文档，在工具栏中，单击“魔棒工具”，使用该工具在“人物 1”文档中的空白区域单击，将图像中空白区域全部选择，如图 6-29 所示。

4）在工具箱中，确定前景色为默认状态，按〈Alt+BackSpace〉组合键，使用前景色将选区填充。

5）单击工具箱中的“移动工具”，使用此工具将选区中图像拖动到新建的文档中，创建“图层 1”，如图 6-30 所示。

6）依据以上步骤的制作步骤，制作“人物 2.jpg”和“人物 3.jpg”文档中的空白图像，并将其拖动到“招贴广告”文档中，分别放置在如图 6-31 所示的位置。

图 6-29 将图像中空白区域全部选择

图 6-30 将图像拖动到新文档中

图 6-31 制作的人物剪影图像

2. 制作装饰色块和装饰线

1）在“图层”面板中，单击面板底部的“创建新的图层”按钮，新建“图层 4”。

2）在工具箱中，单击“矩形选框工具”，参照图 6-32 所示设置其选项栏，然后使用此工具在视图的右端和下端的边缘部分绘制选区。

图 6-32　绘制选区

3）确定前景色为黑色后，按〈Alt+BackSpace〉组合键，使用前景色将选区填充；完毕后，按〈Ctrl+D〉组合键，取消选区。

4）在“图层”面板中单击“创建新的图层”按钮，创建“图层 5”，然后将“图层 5”拖动到“图层 1”的下面。

5）单击工具箱中的“自由钢笔工具”，使用此工具绘制如图 6-33 所示的选区。此路径可随意绘制，只要看起来美观、简洁、富有动感即可，切忌繁琐。绘制完成后，按〈Ctrl+Enter〉组合键，将路径转换为选区。

6）然后在工具箱中，单击“前景色”按钮，打开“拾色器”对话框，将颜色调整成蓝色（R=35、G=24、B=252）；按〈Alt+BackSpace〉组合键，使用前景色将选区填充；填充完毕后，按〈Ctrl+D〉组合键，取消选区，效果如图 6-34 所示。

图 6-33　绘制路径

图 6-34　填充选区

7）在“图层”面板中，将“图层 5”拖动到面板底部的“创建新的图层”按钮处两次，创建“图层 5 副本”和“图层 5 副本 2”；然后分别对复制图像的颜色、大小进行调整，再将其交错放置，效果如图 6-35 所示。

8）在“图层”面板中，单击面板底部的“创建新的图层”按钮，新建“图层 6”。

9）接下来制作装饰线。在工具箱中，将前景色调整为蓝色（R=35、G=24、B=252）后，单击“直线工具”，参照图 6-36 所示设置其选项栏。设置完毕后，按〈Shift〉健的同时，右侧绘制拉出一个带有箭头的直线。

10）依据以上制作装饰线的方法，完成装饰线的制作，效果如图 6-37 所示。

图 6-35　调整图像

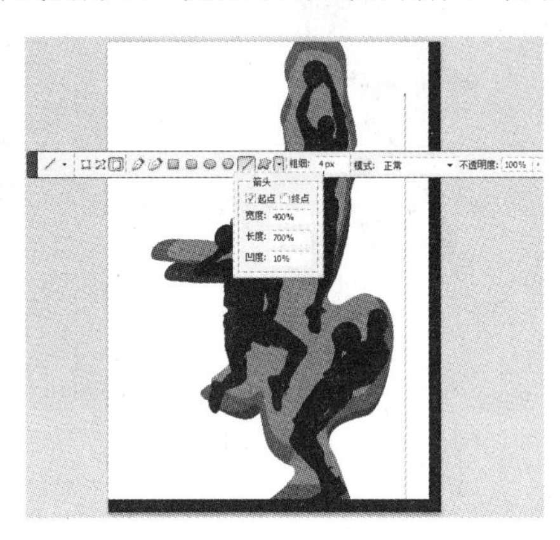

图 6-36　绘制直线

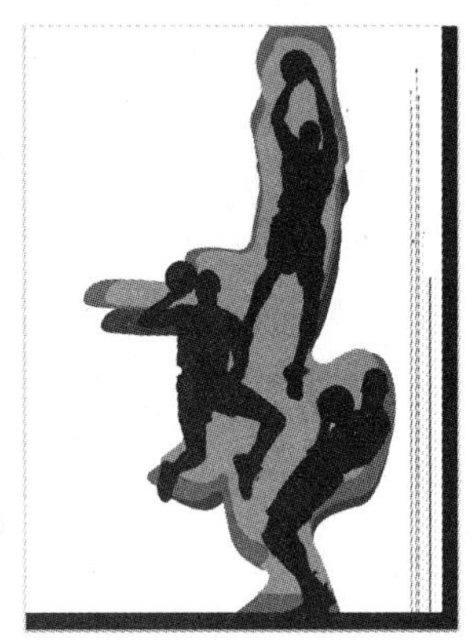

图 6-37　完成装饰线的制作

3. 添加文字信息

1）使用工具箱中的“横排文字工具”，在其选项栏中单击“切换字符和段落面板”按钮，打开“字符”面板，参照图 6-38 所示设置“字符”面板。设置完毕后，在视图的底部输入“SPORTER”字样。

2）然后在“图层”面板底部，单击“图层样式”按钮，在弹出的菜单中执行“渐变叠加”命令，打开“图层样式”对话框。参照图 6-39 和图 6-40 所示对“渐变叠加”选项进行设置，为字体制作黑白反向效果。

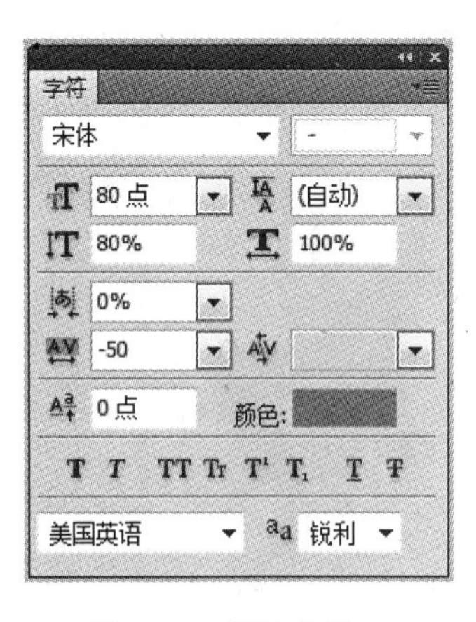

图 6-38　设置字体

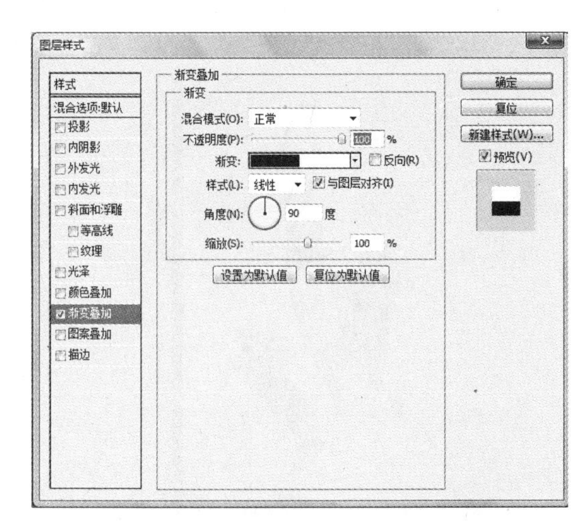

图 6-39　设置“渐变叠加”对话框

3）在“图层”面板底部，单击“创建新的图层”按钮，新建“图层 7”。

4）在工具箱中，将前景色设置为黑色，再单击“矩形选框工具”，使用此工具在视图的左上角绘制一个矩形选区。按〈Alt+BackSpace〉组合键，使用前景色将选区填充。填充完毕后，按〈Ctrl+D〉组合键，取消选区，如图 6-41 所示。

图 6-40 “渐变叠加”效果　　　　图 6-41 填充选区

5）在“图层”面板中，单击面板底部“添加图层样式”按钮，在弹出的菜单中分别执行“渐变叠加”、“描边”、“投影”命令，如图 6-42 所示分别对对话框进行设置，为黑色色块添加“渐变叠加”、“描边”、“投影”效果。

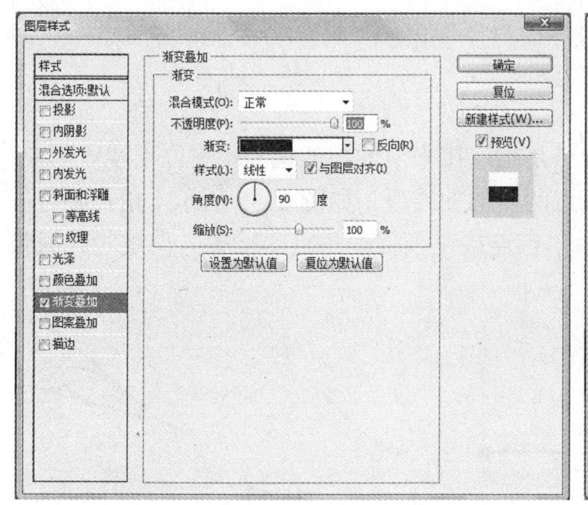

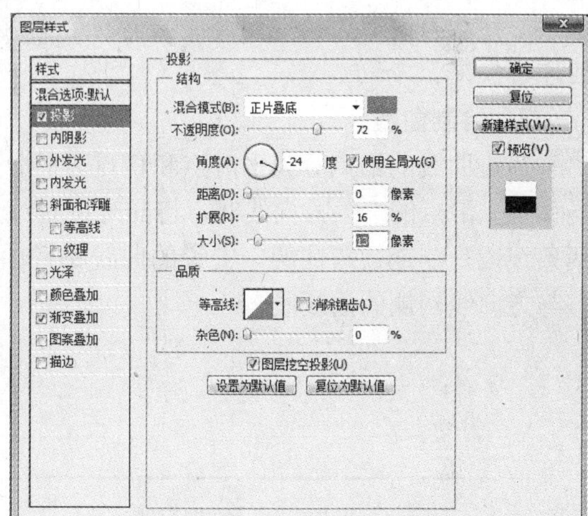

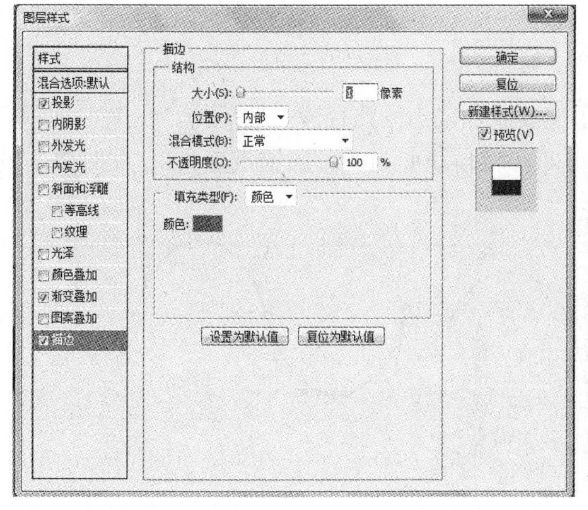

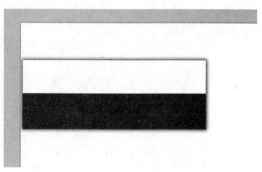

图 6-42 设置“图层样式”面板

6）根据以上学习到的设置文字的方法，创建如图 6-43 所示的文字对象，并将其格式化。

图 6-43　制作文字

7）最后在视图的右方添加招贴广告的标语，如图 6-26 所示。现在招贴广告的制作已经完成。

【相关知识】　使用“钢笔工具”创建路径

1．绘制直线

使用“钢笔工具”可以十分方便地绘制直线，只需要简单地在适当的位置单击即可创建锚点，从而完成直线或折线的创建。

如图 6-44 所示，将“钢笔工具”放在画布中需要绘制的直线的开始点，单击确定第一个锚点。移动“钢笔工具”到直线的另一个端点处，再次单击，可以看到两个锚点之间会以直线连接起来。

2．绘制曲线

连接曲线的锚点分为平滑点和角点。平滑点是指连接平滑曲线的锚点，它位于线段中央，当移动平滑点的一条方向线时，将同时调整该点两侧的曲线段。如图 6-45 所示，角点临近的两条线段是非连续弯曲的，尖锐的曲线路径由角点连接，当移动角点的一条方向线时，只调整与方向线同侧的曲线段。

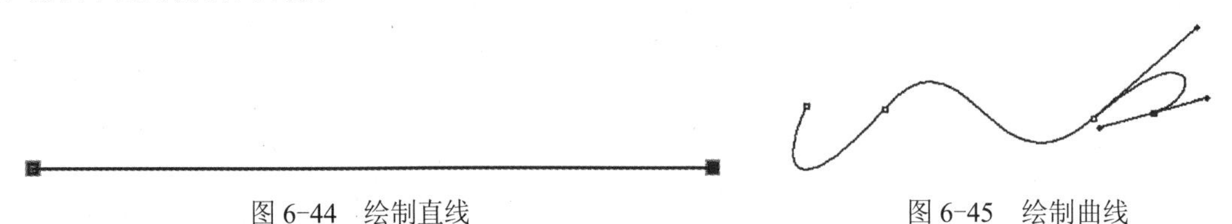

图 6-44　绘制直线　　图 6-45　绘制曲线

3．修改锚点

（1）添加锚点

如图 6-46 所示，首先用“选择工具”选中需要添加锚点的路径段。然后将“钢笔工具”移动到路径上，当“钢笔工具”处于选中的路径段时，将自动变为“添加锚点工具”，此时单击就可以添加一个锚点。

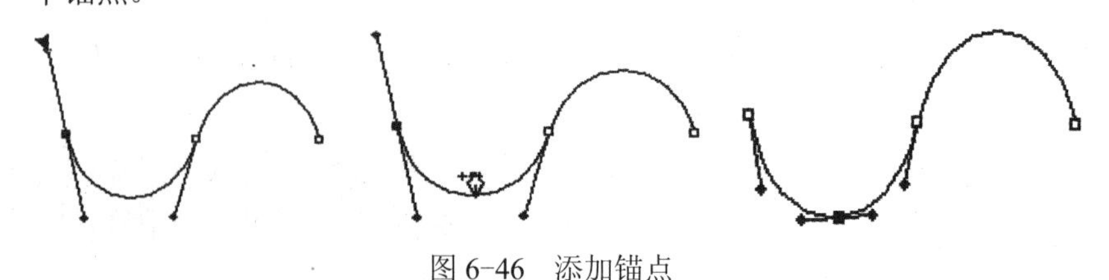

图 6-46　添加锚点

（2）删除锚点

如图 6-47 所示，首先用“选择工具”选中需要删除锚点的路径段。将“钢笔工具”移动

到路径上，当“钢笔工具”处于选中的路径段的锚点上时，将自动变为“删除锚点工具”，此时单击就可以删除一个锚点。

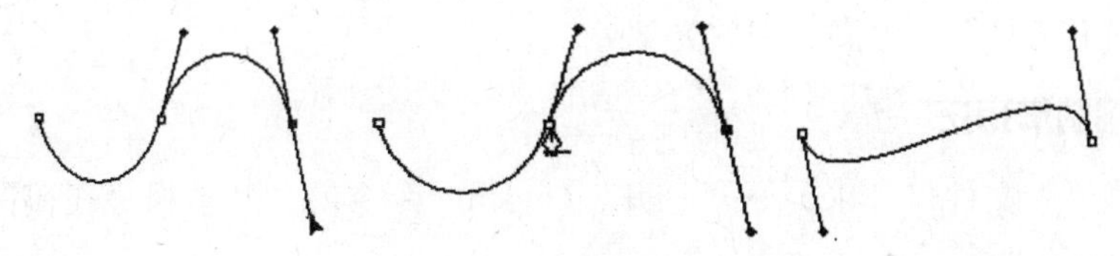

图 6-47　删除锚点

（3）转换锚点

如图 6-48 所示，选中“转换点工具”，单击曲线点就可以将曲线点变成直线点；如果拖拉直线点，就可拖拉出方向线，将它变成曲线点；如果拖拉方向线的方向点，就可以改变方向线的方向，进而改变方向线所控制的弧线的形状。

4. 调整路径

如果想要移动整个曲线片断而不改变它的形状，用“直接选择工具”，单击曲线片断的一端，然后按住〈Shift〉键，单击曲线片断另一端的锚点处，即将曲线片断的所有锚点都选中，按住鼠标拖拉就可以移动路径的位置而不改变它的形状。

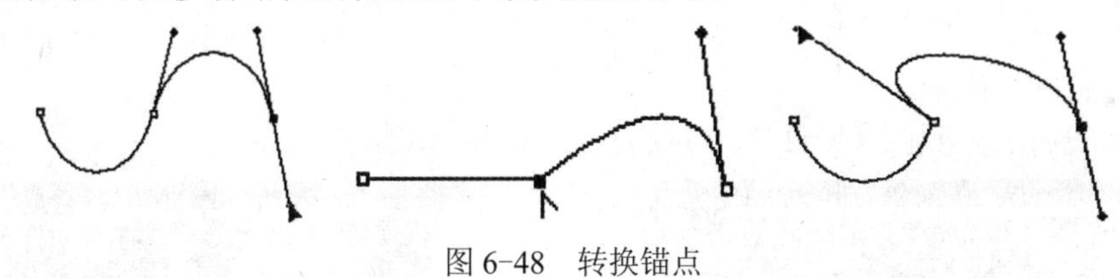

图 6-48　转换锚点

如果想要移动一条直线段，可以使用“直接选择工具”单击直线段，然后按住鼠标进行拖拉即可。

5.“自由钢笔工具”

“自由钢笔工具”可以通过记录鼠标自由滑动的轨迹来创建路径，按住鼠标拖动，路径开始，松开鼠标，路径终止。下一段路径的起点若放置到上一段路径的终点处，则两条路径自动连接起来，若将鼠标拖动到起点处，就可以封闭路径。

【案例 6-3】　二维卡通形象的绘制

“二维卡通形象的绘制”案例的效果如图 6-49 所示。

案例设计创意

该案例是二维卡通形象，在现代商业活动中，吉祥物越来越广泛地被运用于各个领域，吉祥物形象大多亲切、可爱，用来塑造代言形象，达到备受瞩目的效果。

图 6-49　“二维卡通形象的绘制”案例效果

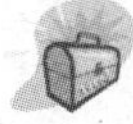案例目标

通过卡通形象绘制，使学生掌握由线描稿到色彩稿的制作程序与方法，为学生的二维动画制作打下基础。

制作构思，可分以下 3 步完成：

1）用“钢笔工具”勾出其外轮廓。

2）用“钢笔工具”把耳朵、脸、肚子的形状抠出来并填充颜色。

3）用“画笔工具”点出高光和放光部分。

案例制作方法

1）单击菜单“文件”（File）→“打开”（Open）命令，打开素材“线稿图”，背景填充成灰色，如图 6-50 所示。

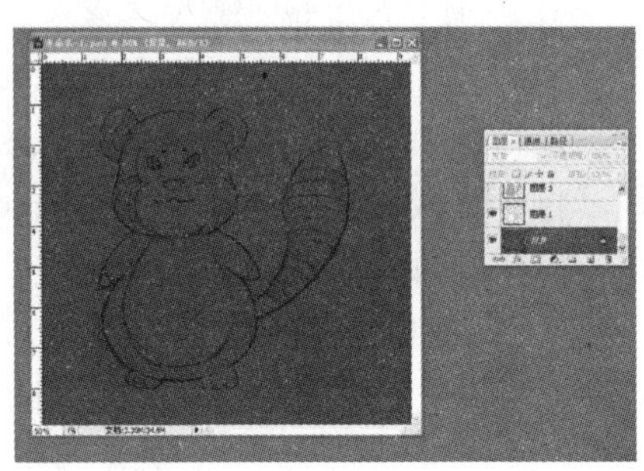

图 6-50　线稿图

2）用“钢笔工具”勾出其外轮廓，设置前景色为黑色，并设置画笔直径及硬度，然后描边路径，如图 6-51 所示。

3）在黑线内填充颜色（R=252、G=233、B=23），如图 6-52 所示。

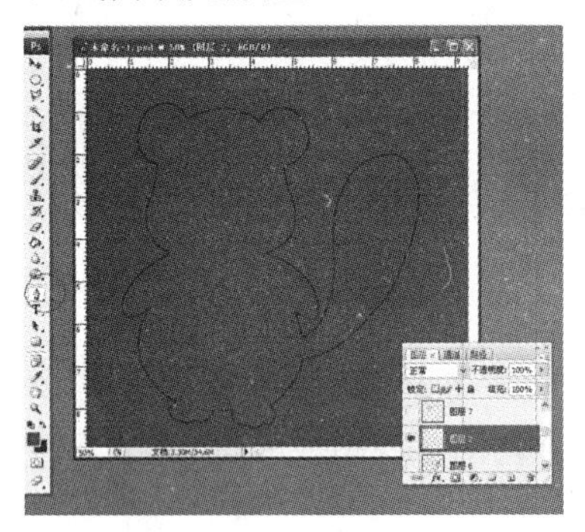

图 6-51　描边后的效果

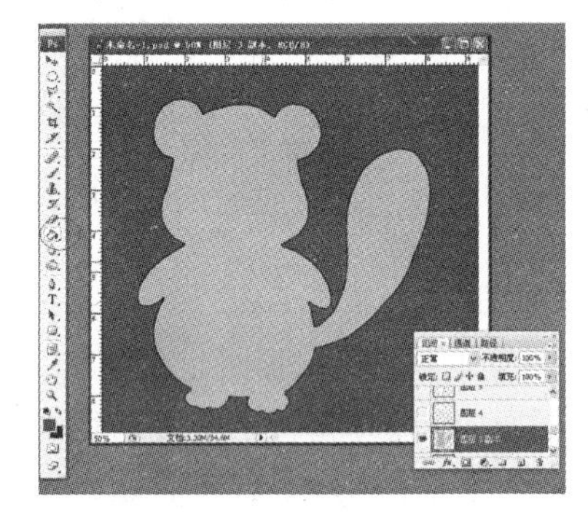

图 6-52　填充后的效果

4）再用“钢笔工具”把耳朵、脸、肚子的形状抠出来，并填充颜色（R=255、G=253、B=215）。如图 6-53 所示。

5）用同样的办法，把条纹用钢笔勾线和填充做出如图 6-54 所示的效果。

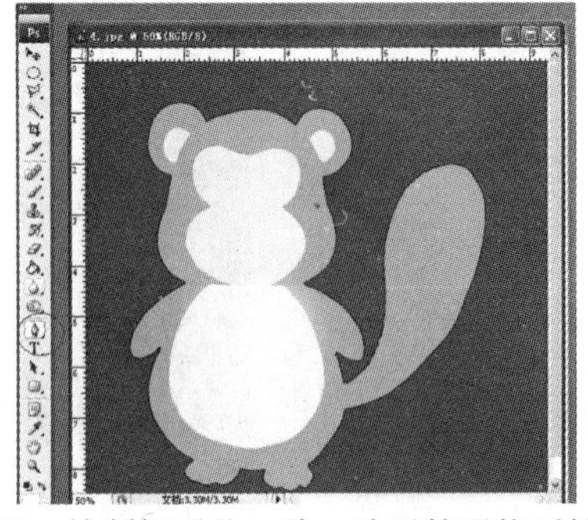

图 6-53　绘制把耳朵、脸、肚子的形状后填充颜色

图 6-54　制作条纹

6）用“加深减淡工具”或“画笔工具”画出其暗部，如图 6-55 所示。

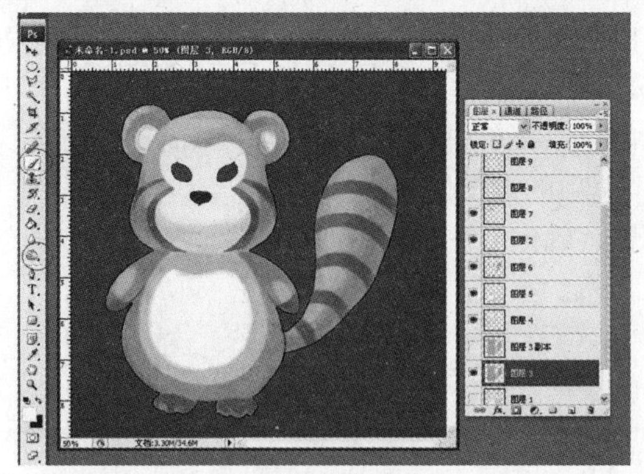

图 6-55　绘制暗部

7）用同样的方法画出中间色和亮色，并刻画出五官部分，如图 6-56 所示。

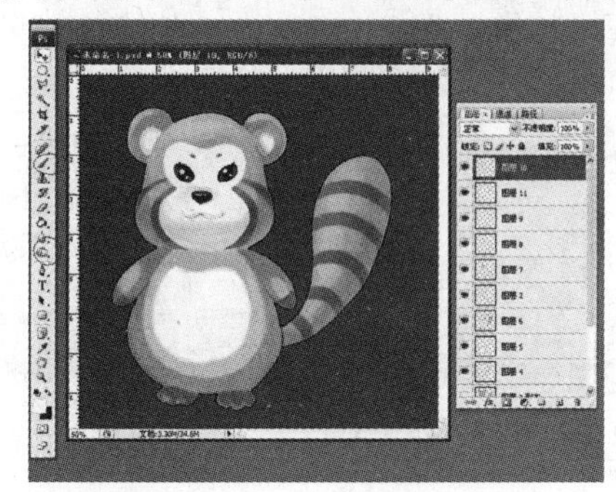

图 6-56　刻画五官

8）最后用“画笔工具”点出高光和放光部分，颜色如图 6-57 所示，整个作品就完成了，如图 6-49 所示。

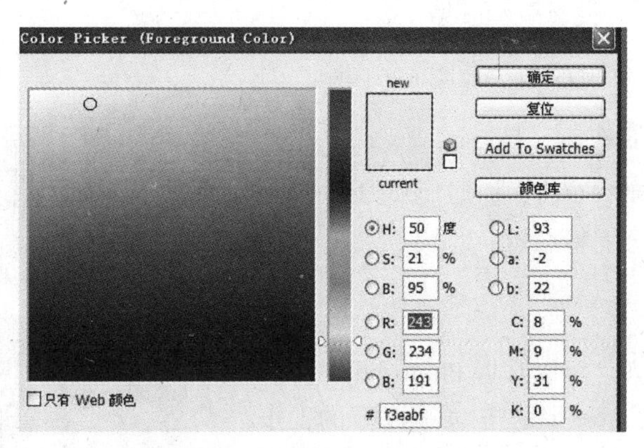

图 6-57　高光的颜色不要纯白

【相关知识】路径填充及描边

1. 填充路径

填充路径的方法如下：

1）用“魔棒工具”选择图像中的剪纸区域，如图 6-58 所示。

2）在“路径”面板的弹出菜单中选择“建立工作路径”命令，弹出“建立工作选区”对话框。指定容差值为 0.5。

3）在“路径”面板的弹出菜单中选择“填充路径”命令，弹出“填充路径”对话框。在此对话框中可以指定各个选项的设定值。

4）完成设置后，单击“确定”按钮。在“路径”面板的空白处单击将路径关闭，得到最终的效果图，如图 6-59 所示。

2. 描边路径

填充路径的方法如下：

1）用“魔棒工具”选择图像中的剪纸区域。

2）在“路径”面板的弹出菜单中选择“建立工作路径”命令，弹出“建立工作选区”对话框。

3）在“路径”面板的弹出菜单中选择“描边路径”命令，弹出“描边路径”对话框。

4）选择所选择所需的画笔，执行“描边路径”命令，如图 6-60 所示。

图 6-58　选择剪纸区域

图 6-59　填充路径后的效果

图 6-60　描边路径后的效果

6.4　动作

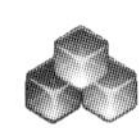【案例 6-4】　批量制作邮票

“批量制作邮票”案例的效果如图 6-61 所示。

**案例设计创意**

将大批量的图片进行更改，如增加水印、改变颜色、套用外框、添加公司标志等。

**案例目标**

通过本案例的学习，可以掌握 Photoshop 的自动批处理功能。这样可尽量减少这些“多而繁”的工作。

制作构思，可分以下 3 步完成：

1）单击“动作”面板上的“新建动作”按钮新建一动作；并命名为“邮票效果动作”。

图 6-61 “批量制作邮票”案例的效果

2）单击工具栏中的“自定形状工具”，选取“邮票形状工具”，并设置文字。

3）运用自动批处理改变所有的图片，设置自动批处理对话框。

案例制作方法

1）把所需要编辑邮票效果的所有图片复制到一个新建的文件夹；在 Photoshop 里双击灰色工作区域打开其中的一个文件。

2）打开“动作”面板（单击菜单“窗口”→“动作”命令；或按〈Alt+F9〉组合键）。

3）单击“动作”面板下方文件夹状的按钮新建一动作组。如图 6-62 所示，在弹出的面板中将动作组命名为“邮票效果”。

4）单击“动作”面板上的“新建动作”按钮新建一动作，并命名为“邮票效果动作”，设置功能键为〈F2〉，颜色为橙色，单击“记录”按钮开始进行“邮票效果动作”的录制。

5）按〈Ctrl+Alt+I〉组合键调整图像文档的高度为 280 像素。按〈Ctrl+A〉组合键全选选区，按〈Ctrl+C〉组合键复制图像。

6）按住〈Ctrl〉键，双击灰色工作区域，新建一文件名为“邮票”，大小为 220×280 像素的文件。按〈Ctrl+V〉组合键粘贴图像。如图 6-63 所示。

7）按〈Ctrl+A〉组合键全选邮票文档选区，单击菜单“图层”→“图层与选区对齐”→“水平对齐”命令。按〈Ctrl+D〉组合键取消选区。

8）单击工具栏“自定形状工具”。在工具属性栏中单击“形状”旁的下拉箭头并选取“邮票形状工具”。如图 6-64 所示，单击自定形状按钮旁的下拉箭头，在出现的“自定形状选项”中单击“定义的比例”按钮。

图 6-62　新建一动作组

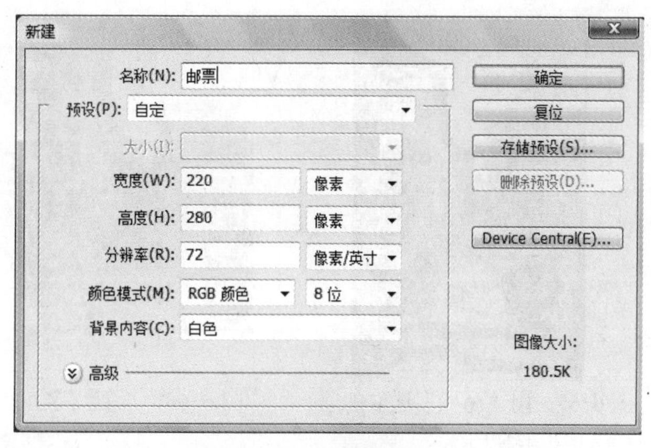

图 6-63　新建文档

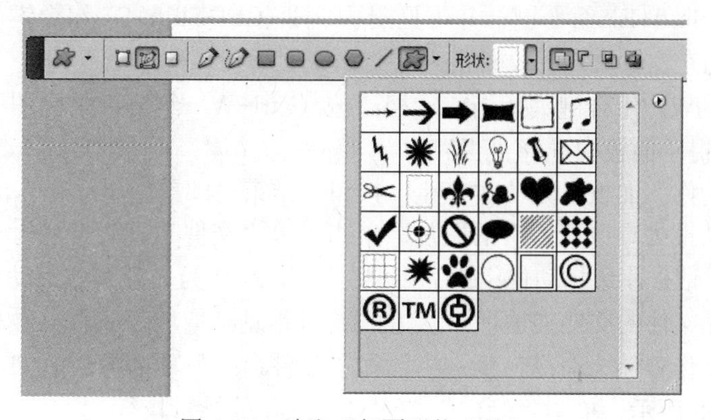

图 6-64　选取“邮票形状工具”

9）在邮票文档中，新建一图层，用“自定形状工具”在文档拖动并产生邮票形状的路径，按〈Ctrl+Enter〉组合键转化路径为选区，按〈D〉键复位前景及背景色，按〈Ctrl+Delete〉组合键为选区填充背景色白色，按〈Ctrl+D〉组合键取消选区。

10）在当前邮票框图层中，按〈W〉键用“魔棒工具”选取邮票框外围选区。如图 6-65 所示，选择图片图层，按〈Delete〉键删除路径，按〈Delete〉键删除选区内图像。（注意：请按两次删除，路径在动作执行时会保留，必须删除。）；按〈X〉键交换前景色和背景色。

11）选择“字体工具”，在文档的右上角位置单击鼠标左键，按〈Ctrl+T〉组合键弹出字体工具“设置”面板，设置字体为“宋体”、“18 号”，宽度为“120%”，“消除锯齿”项为“锐化”，其余选项默认。

12）竖排输入“中国邮政”，敲一字按一下回车键。按小键盘〈Enter〉键确认输入。

13）同样，在邮票左下角输入文字“80 分”，设置字体形状及大小，如图 6-66 所示。

14）按住〈Ctrl〉键，在“图层”面板中依次选取除背景图层外的所有图层，按〈Ctrl+E〉组合键合并已选图层。按〈Ctrl+A〉组合键全选图像，选择菜单“图像”→“裁切”命令裁切图像，按〈Ctrl+D〉组合键取消选区。

15）双击“图层”面板中合并图层的灰色区域或单击面板下方的“图层样式”按钮，在弹出的“图层样式”面板中选择“投影”项，设置投影的“不透明度”为“25%”，“角度”为“120 度”，其余默认。单击“好”按钮结束图层样式的编辑。如图 6-67 所示。

图 6-65 用“魔棒”选取邮票框外围选区

图 6-66 设置文字

图 6-67 设置投影

16）按〈Ctrl+Shift+E〉组合键合并可见图层，按〈Ctrl+Shift+S〉组合键另存储文件为 JPG 格式到一个新建的空文件夹中。文件名不用做改动。

17）按〈Ctrl+W〉组合键关闭当前文档，按〈Ctrl+W〉组合键关闭图像文档，在弹出的“是否保存改动”提示面板中选择“否”。

18）按下“动作”面板下方的“停止”按钮，结束“邮票效果动作”的编辑。

19）运用自动批处理改变所有的图片。单击菜单“文件”→“自动”→“批处理”命令弹出“批处理”对话框，选择动作组为“邮票效果”，动作为“邮票效果动作”；“源”文件地址选取所需要改变文件的文件夹地址；“目的”文件地址选取所需要存储改后文件的文件夹地址，勾选“覆盖动作存储为命令”复选框；在“文件命名”项内为改后的文件命名。具体设置可参考如图 6-68 所示，单击“确定”按钮开始动作的批量执行。

20）最后打开看一看成果，如图 6-61 所示。

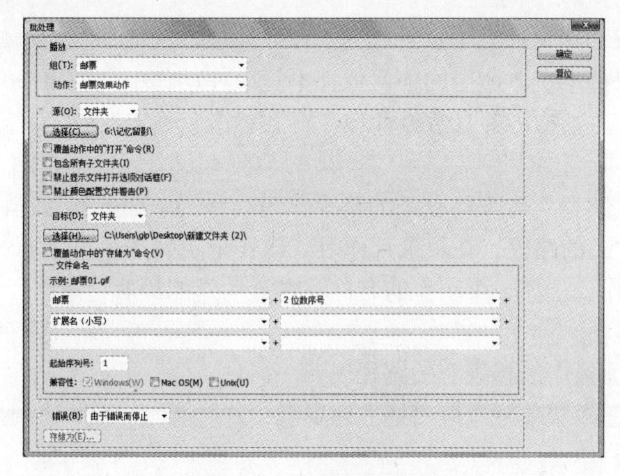

图 6-68 批处理对话框

**【相关知识】** “动作”面板

“动作”面板显示在 Photoshop 主窗口右侧的面板栏中。

使用“动作”面板可以记录、播放、编辑和删除个别动作，还可以用来存储和载入动作文件，如图 6-69 所示。

1．播放动作

如果要播放整个动作，选择该动作的名称，然后在“动作”面板中单击“播放”按钮，或从面板菜单中选择“播放”命令。如果为动作指定了组合键，则按该组合键就会自动播放动作。如果要播放动作的一部分，选择要开始播放的命令，并单击“动作”面板中的“播放”按钮，或从面板菜单中选择“播放”命令。

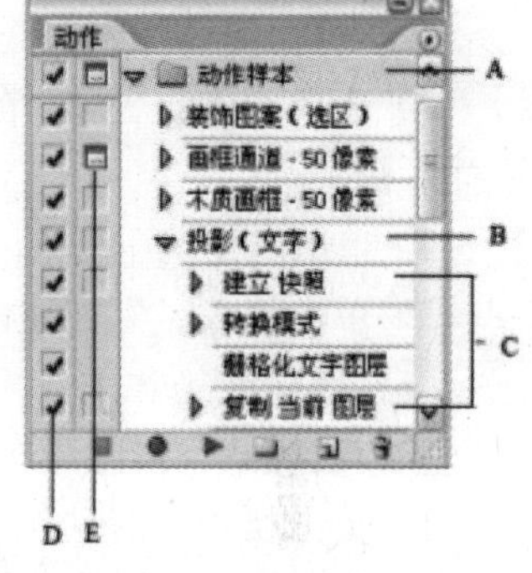

图 6-69 “动作”面板

2．记录动作

记录动作时请注意以下原则：

可以在动作中记录大多数而非所有命令。

可以记录用选框、移动、多边形、套索、魔棒、裁剪、切片、魔术橡皮擦、渐变、油漆桶、文字、形状、注释、吸管和颜色取样器工具执行的操作，也可以记录在历史记录、色板、颜色、路径、通道、图层、样式和动作面板中执行的操作。

3．记录动作方法

记录动作的具体方法如下：

1）打开创建动作的图像文件，在“动作”面板中，单击“创建新动作”按钮。在弹出的“新建动作”对话框中输入动作的名称。

2）单击“记录”按钮，“动作”面板中的“记录”按钮变成红色。

3）执行要记录的操作和命令。

4．编辑动作

（1）插入不可记录的命令

对于无法记录的绘画和色调工具、工具选项、“视图”命令和“窗口”命令，可以使用“插入菜单项目”命令将其插入到动作中。

在记录动作时或动作记录完毕后可以插入命令。插入的命令直到播放动作时才执行，因此插入命令时文件保持不变。命令的任何值都不记录在动作中。如果命令打开一个对话框，在播放期间将显示该对话框，并且暂停动作，直到单击“确定”或“取消”按钮为止。

（2）插入路径

可以使用“插入路径”命令将复杂的路径作为动作的一部分包含在内。播放动作时，工作路径被设置为所记录的路径。在记录动作时或动作记录完毕后可以插入路径。方法如下：

1）开始记录动作。选择一个动作的名称，在该动作的最后记录路径；或选择一个命令，在该命令之后记录路径。

2）从“路径”面板中选择现有的路径。

3）从“动作”面板菜单中选取“插入路径”。

（3）插入停止

可以在动作中包含停止，以便执行无法记录的任务，如使用“绘画工具”等。

完成任务后，即可单击“动作”面板中的“播放”按钮完成动作。在记录动作时或动作记录完毕后可以插入停止。也可以在动作停止时显示一条短信息。例如，可以提醒自己在动作继续前需要做的操作，可以选择将“继续”按钮包含在消息框中。这样，读者就可以检查文件中的某个条件是否满足要求，如果不需要执行任何操作则继续。

（4）在动作中添加命令

可以将命令添加到动作中，方法如下：

1）选择动作的名称，在该动作的最后插入新命令，或者选择动作中的命令，在该命令之后插入命令。

2）单击“记录”按钮，或从“动作”面板菜单中选择“开始记录”命令，记录其他命令。

3）单击“停止”按钮停止记录。

（5）排除或包含命令

在列表模式下排除命令的方法如下：

1）单击要处理的动作左侧的三角形来展开动作中的命令列表。

2）单击要排除的特定命令左侧的选中标记；再次单击可以包括该命令。要排除或包括一个动作中的所有命令，单击该动作名称左侧的选中标记。

（6）设置模态控制

模态控制可使动作暂停以便在对话框中指定值或使用“模态工具”。只能为启动对话框或“模态工具”的动作设置模态控制。如果不设置模态控制，则播放动作时不出现对话框，并且不能更改已记录的值。

（7）再次记录动作

再次记录的方法如下：

1）选择动作，然后从“动作”面板中选择“再次记录”命令。

2）对于“模态工具”，使用工具创建更理想的效果，然后单击“确定”按钮。

3）对于对话框，更改设置，然后单击“确定”按钮记录设置。

（8）存储和载入动作

默认情况下，“动作”面板显示预定义的动作和用户创建的所有动作，也可以将其他动作载入“动作”面板。

动作自动存储在 Photoshop 安装文件夹的预置 Photoshop 动作子文件夹中。如果此文件丢失或被删除，创建的动作也将丢失。可以将创建的动作存储在一个单独的动作文件中，以便在必要时可恢复它们。在 Photoshop 中，也可以载入与该程序一起提供的多个动作组。

6.5 本章小结

本章系统介绍了路径的绘制与编辑，以及动作的应用。用户可以使用 Photoshop 提供的“路径工具”绘制并编辑各种矢量图形。

6.6 练习题

1）调出文件如图 6-70 所示，使用“Path 路径勾勒工具”沿树袋鼠的外轮廓绘制一个封闭的图形。将上方轮廓填充纯黄色，加纯黑色圆点作为眼睛，纯红色圆点作为鼻子，将下方轮廓四周喷纯黑色带白色羽状边效果，用纯黑色作眼睛，纯红色作鼻子。最终效果如图 6-71 所示。

2）调出文件如图 6-72 所示，使用“Path 路径勾勒工具”沿雉的外轮廓绘制一个封闭的图形。将左侧轮廓填充纯黑色，加纯白色圆点作为眼睛，将右侧轮廓填充纯黄色，加纯黑色圆点作为眼睛，最终效果如图 6-73 所示。

图 6-70　练习 1 素材

图 6-71　最终效果 1

图 6-72　练习 2 素材

图 6-73　最终效果 2

3）调出文件如图 6-74 所示，使用“Path 路径勾勒工具”沿鸟的外轮廓绘制一个封闭的图形。将上侧轮廓填充为纯黄色，加黑色圆点作为眼睛，下侧喷出简易阴影效果。最终效果如图 6–75 所示。

图 6–74　练习 3 素材

图 6–75　最终效果 3

4）制作出如图 6–76 所示的刀面的效果。

5）制作出如图 6–77 所示的明信片的效果。

图 6–76　刀面效果

图 6–77　明信片

第7章　滤镜的应用

教学目标

本章中将介绍 Photoshop 中的各种滤镜的参数含义和使用方法，重点介绍常用的几个滤镜组，如模糊滤镜组、扭曲滤镜组、风格化滤镜组、纹理滤镜组、杂色滤镜组、艺术效果滤镜组等，另外还介绍了液化和外挂滤镜组。

教学要求

知识要点	能力要求	相关知识
滤镜的通用特点、滤镜库的使用技巧	理解	滤镜的通用特点、滤镜的使用技巧
模糊、扭曲、风格化、像素化	掌握	模糊、扭曲、风格化、像素化的参数和使用
纹理、杂色、渲染、艺术效果	掌握	素描、纹理、杂色、渲染、艺术效果的参数和使用
锐化、素描、其他滤镜和视频滤镜	理解	锐化滤镜、素描、其他滤镜和视频滤镜的参数和使用
液化图像	掌握	液化图像参数设置

设计案例

（1）木纹相框

（2）雨中别墅

（3）制作瀑布

（4）“生合在于运动”宣传海报

（5）蓝天白云

（6）节约用水公益广告

7.1　滤镜的通用特点、模糊与扭曲滤镜

**【案例 7-1】** 木纹相框

“木纹相框”案例的效果如图 7-1 所示。

图 7-1　“木纹相框”最终效果

**案例设计创意**

本案例制作的是一个木制的相框，可以掌握“杂色”、“滤镜”的使用方法，制作相框的关键在于利用 Photoshop 制作出较逼真的木纹材质效果，在此基础上可以扩展制作出竹子表面

纹理等。

案例目标

本案例的制作，主要用的是渲染、杂色、模糊滤镜、扭曲滤镜。

案例制作方法

1）单击菜单 “文件”→“新建”命令（〈Ctrl+N〉组合键），设置文档的“宽度”为 15 厘米、“高度”为 10 厘米，“分辨率”为 72 像素/英寸，“颜色模式”为“RGB 颜色”，“背景内容”为白色，并命名为“木纹相框”。

2）按〈D〉键，让前景色和背景色恢复默认色（前黑/背白），按〈Ctrl+Shift+N〉组合键打开“新建图层”对话框，在“名称”栏输入“木纹”，按〈Enter〉键确认，选择菜单“滤镜”→“渲染”→“云彩”命令，单击“确定”按钮，如图 7-2 所示。

3）选择菜单“滤镜”→“杂色”→“添加杂色”命令，在“添加杂色”对话框中，设置数量为 400，“分布”设为“高斯分布”，并选中“单色”复选框，单击“确定”按钮，如图 7-3 所示。

4）选择菜单“滤镜”→“模糊”→“动感模糊”命令，在“动感模糊”对话框中将“角度”设为 0 度，“距离”设为 999 像素，如图 7-4 所示。（如果达不到想要的效果，可以多次按〈Ctrl+F〉组合键执行“动感模糊”滤镜）

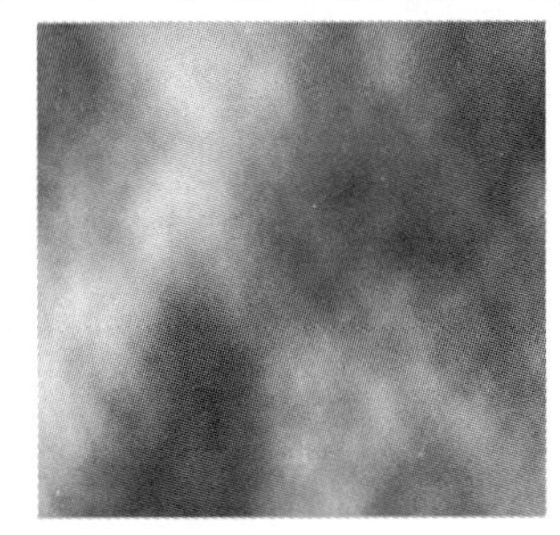

图 7-2　应用“云彩”的图像

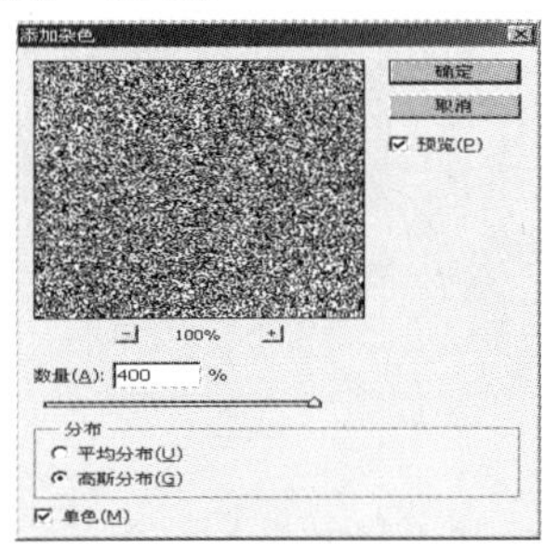

图 7-3　“添加杂色”对话框

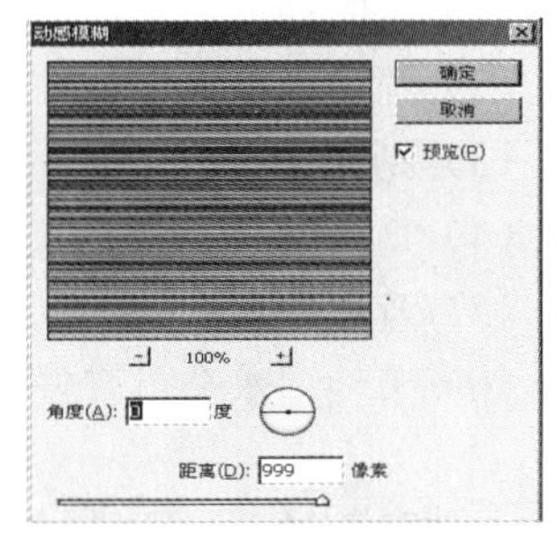

图 7-4　“动感模糊”对话框

5）选择菜单“滤镜”→“模糊”→“高斯模糊”命令，在“高斯模糊”对话框中将“半径”设为 1 像素，如图 7-5 所示。

6）选择工具箱上的“矩形选框工具”，在任意处选择“横长形的选区”，如图 7-6 所示，选择菜单“滤镜”→“扭曲”→“旋转扭曲”命令，在“旋转扭曲”对话框中将“角度”设为−126°，如图 7-7 所示。

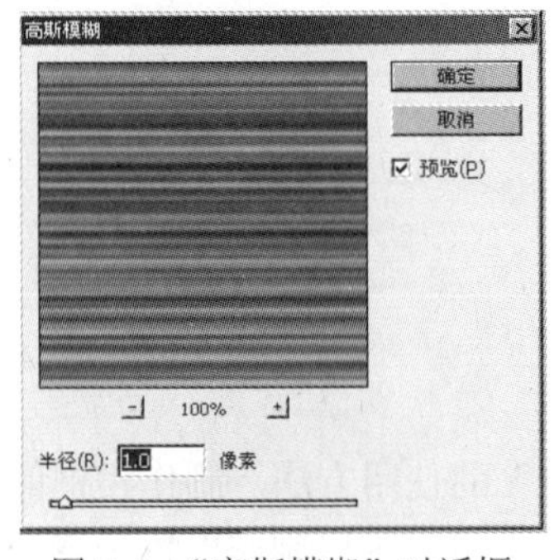

图 7-5　“高斯模糊”对话框

图 7-6　用“矩形选框工具”选框

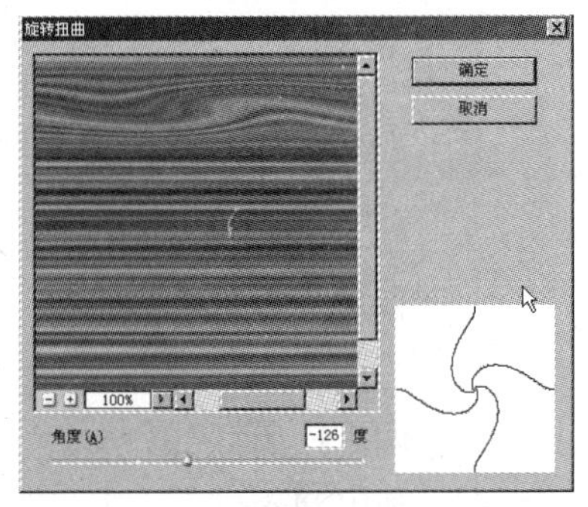

图 7-7　“旋转扭曲”对话框

7）使用与步骤 6）同样的方法，接下来多次重复使用刚才框选的选区（也可以重新建立选区），将选区每移动到一个不同的区域，使用“旋转扭曲”滤镜，以不同的旋转角度，制作出的木纹效果如图 7-8 所示，按〈Ctrl+D〉组合键取消选区（注意：用鼠标或键盘上的方向键移动选区时，要保证工具箱上当前所选的工具是“矩形选框工具”，否则无法移动）。

8）为木纹材质着色。选择菜单“图像”→“调整”→“色相/饱和度”命令，选中“着色”复选框，将“色相”设为 29，“饱和度”设为 39，“明度”设为 28，如图 7-9 所示，单击“确定”按钮，效果如图 7-10 所示。

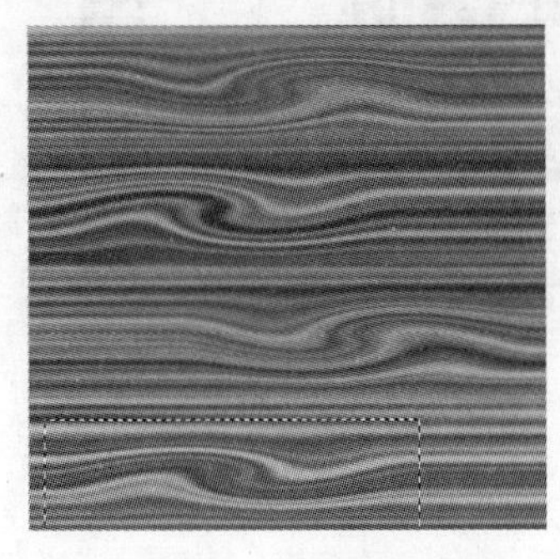

图 7-8　木纹效果

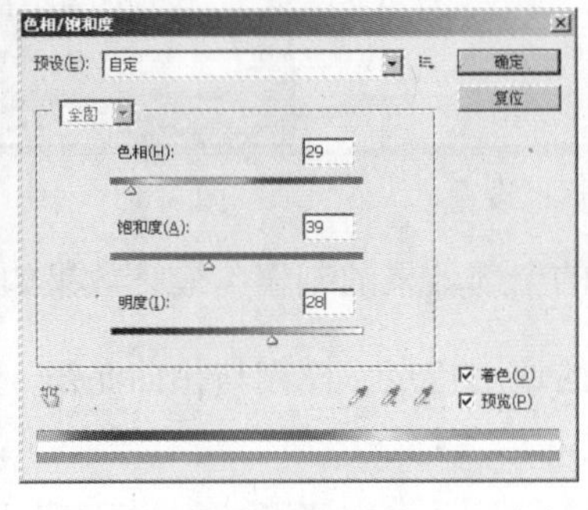

图 7-9　“色相/饱和度”对话框

图 7-10　“着色”后效果

9）打开一幅名为“宝宝.jpg”的图像文件，如图 7-11 所示，按〈Ctrl+A〉组合键全选，按〈Ctrl+C〉组合键复制，回到“木纹相框”文档，选择“木纹”图层，按〈Ctrl+A〉组合键全选，按〈Ctrl+Shift+V〉组合键原位贴入，“图层”面板上多出一个名为“图层 1”的图层，将该图层重命名为“宝宝”，按〈Ctrl+T〉组合键激活变形选区，将宝宝图像调整到适当的大小。

10）将“宝宝”图层移到“木纹”图层的下方并选中“木纹”图层，选择工具箱中的“矩形选框工具”，建立矩形选区，如图 7-12 所示，然后按〈Delete〉”键清除选区内容，不能取消选选区，如图 7-13 所示（注意：为了更好的框选，可以拉出几条辅助线（青绿色））。

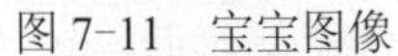

图 7-11　宝宝图像

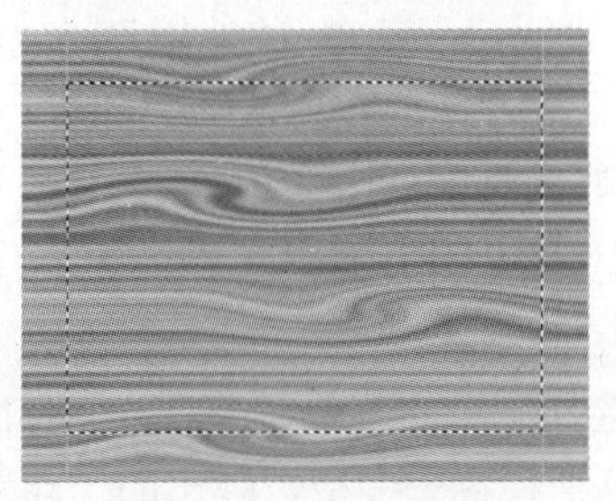

图 7-12　建立矩形选区

图 7-13　按〈Delete〉键后效果

11）双击“木纹”图层，打开“图层样式”对话框，在“图层样式”对话框中，选择左边的“斜面和浮雕”选项，在右边将“样式”设为“内斜面”，其他参数使用默认值即可，单击“确定”按钮，如图 7-14 所示。

12）按〈Ctrl+D〉组合键取消选区，使用与步骤 6）同样的方法，为“木纹”图层加内阴影，参数默认即可。

13）单击“图层”面板下的“新建图层”按钮，将前景色设为粉红色（R=239，G=145，B=139），选择工具箱上的“直排文字蒙版工具”，输入文字“快乐成长”，字体为华文彩云，大小为 28，按〈Alt+Delete〉组合键用前景色填充，按〈Ctrl+D〉组合键取消选区，如图 7-15 所示。

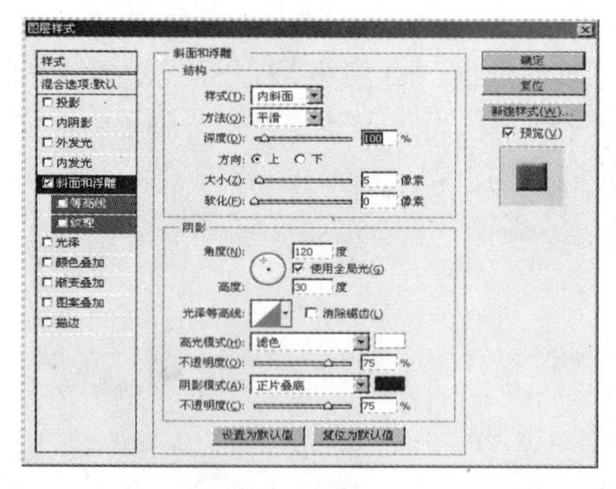

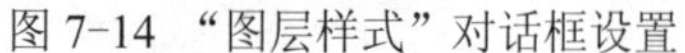

图 7-14 “图层样式”对话框设置　　　　图 7-15　添加图层样式和文字后的图像

至此，完成“木纹相框”的全部效果的制作。最终效果如图 7-9 所示。

【相关知识】 滤镜的通用特点、模糊与扭曲滤镜

1. 滤镜的通用特点

滤镜是 Photoshop 中最具有吸引力的功能之一，它就像一个魔术师，可以把普通的图像变为非凡视觉的艺术作品。

使用滤镜的实质是将整幅图像或选区中的图像进行特殊处理，将各个像素的色度和位置数值进行随机或预定义的计算，从而改变图像的形状。Photoshop CS5 系统默认的滤镜分为 13 个滤镜组，其相应的菜单命令均放在“滤镜”菜单中。另外，Photoshop CS5 还可以使用外部滤镜，如 KPT、Eye Candy、Ulead Gif.Plusing 滤镜等。

相于 Photoshop 7.0 来说，从 Photoshop CS2 开始在滤镜方面有了较大的改进。对“风格化”、“画笔描边”、“扭曲”、“素描”、“纹理”和“艺术效果”几个滤镜的对话框进行了合成，生成了“滤镜库”，被单独列出在“滤镜”菜单（“滤镜”→“滤镜库”），使操作更加方便了。另外，在合成的对话框中，可以非常方便地在各滤镜之间进行切换。

（1）滤镜的作用范围和“滤镜”对话框中的预览

1）滤镜的作用范围：如果图像中创建了选区，则滤镜的作用范围是当前可见图层选区中的图像，否则是整个当前可见图层的图像。

2）“滤镜”对话框中预览：选择滤镜的菜单命令后，会弹出一个相应的对话框。例如，选择菜单“滤镜”→“模糊”→“高斯模糊”命令，弹出的“高斯模糊”对话框如图 7-16 所示，对话框中均有预览框，选中它后，可以在画布中看到图像经过滤镜处理后的预览效果。单击预览窗口下的 - 和 + 按钮可将预览图像放大或缩小。将光标移至预览框内，单击拖动鼠标，可移动预览内的图像，如果要查看某一区域内的图像，可以将光标放到文档中，光标会变为方框状，如图 7-17 所示。单击鼠标，“滤镜”预览框内显示单击处的图像，如图 7-18 所示。

（2）重复使用刚刚使用过的滤镜

当刚刚使用过一次滤镜后，在“滤镜”菜单中的第一个子菜单命令是刚刚使用过的滤镜名称，其组合键是〈Ctrl+F〉。

1）按〈Ctrl+F〉组合键，可以再次执行刚刚使用过的滤镜，对滤镜效果进行叠加。

2）按〈Ctrl+Alt+F〉组合键，可以重新打开刚刚执行的“滤镜”对话框。

3）按〈Shift+Ctrl+F〉组合键，可以弹出“渐隐”对话框，利用它可以调整图像的不透明度和图像混合模式。

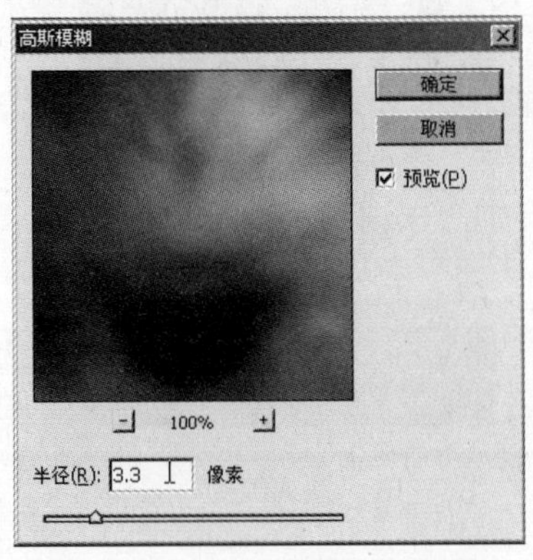

图 7-16 “高斯模糊”对话框

图 7-17 光标变为“方框”状

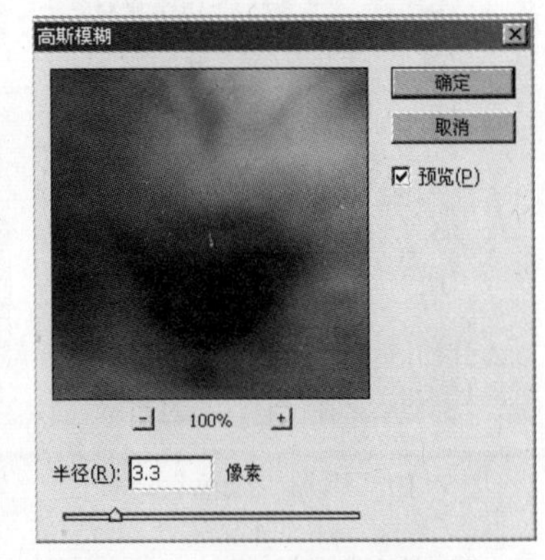

图 7-18 显示单击处的图像

4）按〈Ctrl+Z〉组合键可以在使用滤镜后的图像与使用滤镜前的图像之间切换。

（3）滤镜使用规则和技巧

Photoshop 中的滤镜具有以下几个相同的特点，读者在操作时需要遵守以下规则，才能更准确、有效地处理图像：

- 首先，使用滤镜处理图层中的图像时，该图层必须是可见的。
- 滤镜可以处理图层蒙版、快速蒙版和通道。
- 滤镜的处理效果是以像素为单位进行计算的，因此，相同的滤镜参数，但处理不同分辨率的图像，其效果不同。
- 只有“云彩”滤镜可以应用在没有像素的区域，其他滤镜都必须应用在包含像素的区域，否则不能使用滤镜。
- RGB 模式的图像可以使用全部滤镜，部分滤镜不能用于 CMYK 模式的图像，索引模式和位图模式的图像则不能使用滤镜。如果要对位图滤镜、索引模式或 CMYK 模式的图像应用于一些特殊的滤镜，可以先将它们转换为 RGB 模式，再进行处理。

使用滤镜处理图像时常采用如下一些技巧：

- 对于较大的或分辨度较高的图像，在进行滤镜处理时会占用较大的内存，速度会较慢。为了减小内存的使用量，加快处理速度，可以分别对单个通道进行处理，然后再合并对象。也可以在低分辨率情况下进行滤镜处理，记下“滤镜”对话框的处理数据，再对高分辨率图像进行一次性滤镜处理。
- 可以对图像进行不同滤镜的叠加多重处理。还可以将多个使用过程录制成动作（Action），然后可以一次使用多个滤镜对图像进行加工处理。
- 图像经过滤镜处理后，会在图像边缘处出现一些毛边，这时可以对图像边缘进行适当的羽化处理，使图像的边缘平滑。
- 在任意一个“滤镜”对话框中按住〈Alt〉键，对话框中的“取消”按钮都会变成“复位”按钮，单击它可以将滤镜的参数复位到初始状态。
- 使用滤镜处理图像后，可以使用菜单“编辑”→“渐隐”命令（或按〈Shift+Ctrl+F〉组合键）修改滤镜效果的混合模式和不透明度，图 7-19 所示为使用“添加杂色”滤镜处理的图像，图 7-20 和图 7-21 所示为使用“渐隐”命令编辑后的效果。

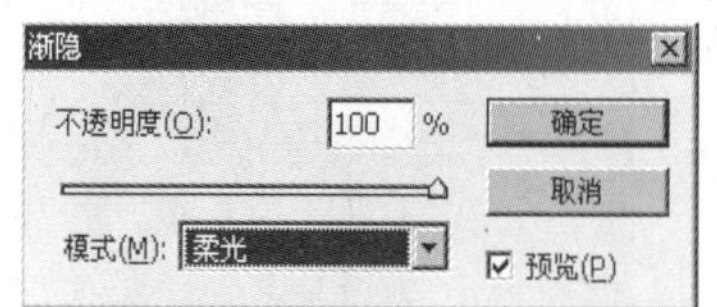

图 7-19　添加“杂色”滤镜图　　图 7-20　“渐隐”对话框　　图 7-21　模式改为“柔光”

● 如果在执行滤镜的过程中要终止滤镜，可以按下〈Esc〉键。

注意：“渐隐”命令必须是在进行编辑操作后立即执行，如果这中间又进行了其他操作，则无法执行该命令。对于文字图层必须先经过栅格化后，才能加滤镜。

2．模糊滤镜

选择菜单“滤镜”→“模糊”命令，即可看到子菜单命令，如图 7-22 所示。由图中可以看出模糊滤镜组有 11 个滤镜（比原来增加了 3 个滤镜）。它们的作用主要是减小图像相邻像素间的对比度，将颜色变化较大的区域平均化，以达到柔化图像和模糊图像的目的。

（1）动感模糊滤镜

它可以使用图像的模糊且有动态的效果。例如，打开一幅玫瑰花图像，创建选中玫瑰花的选区，可以使用工具箱中的“快速选择工具”（这是 Photoshop CS5 新增的功能，就相当于以前的“抽出”滤镜），如图 7-23 所示。选择菜单“滤镜”→“模糊”→“动感模糊”命令，弹出“动感模糊”对话框，如图 7-24 所示。进行设置后，单击“确定”按钮，即可将图像模糊。

表面模糊...
动感模糊...
方框模糊...
高斯模糊...
进一步模糊
径向模糊...
镜头模糊...
模糊
平均
特殊模糊...
形状模糊...

动感模糊
确定
取消
预览(P)
100%
角度(A): 0 度
距离(D): 19 像素

图 7-22　“模糊”菜单　图 7-23　选取出的玫瑰花（原图）　图 7-24　“动感模糊”对话框

（2）径向模糊滤镜

它可以生产旋转或缩放模糊效果。选择菜单“滤镜”→“模糊”→“径向模糊”命令，弹出“径向模糊”对话框。按照如图 7-25 所示进行设置，再单击“确定”按钮，即可将如图 7-26 所示的图像（按〈Ctrl+D〉组合键取消选区）加工成如图所示的图像。可以用鼠标在该对话框内的“中心模糊”显示框内拖动调整模糊的中心点。

径向模糊
数量(A) 20
确定
取消
模糊方法:
旋转(S)
缩放(Z)
中心模糊
品质:
草图(D)
好(G)
最好(B)

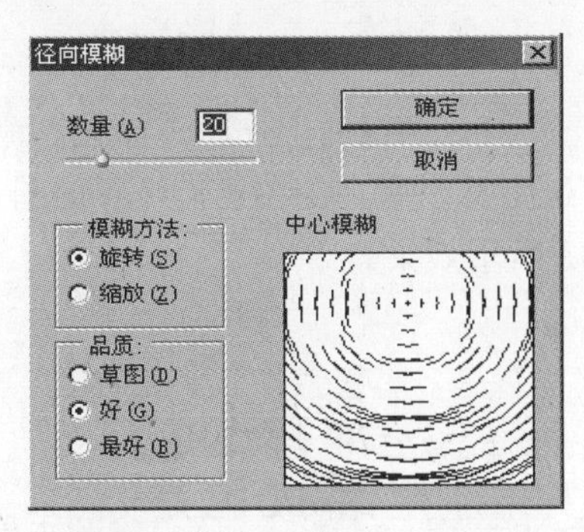

图 7-25 “径向模糊”对话框

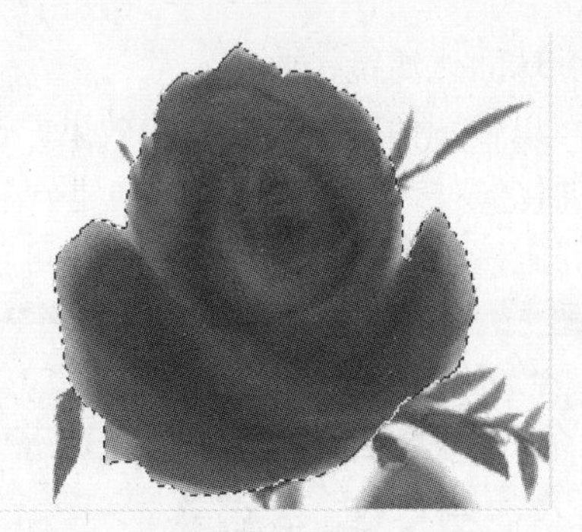

图 7-26 径向模糊后的图像

3. 扭曲滤镜

选择“滤镜”→“扭曲”菜单命令，即可看到其子菜单命令，如图 7-27 所示。由图中可以看出扭曲滤镜组有 13 个滤镜（比原来增加 1 个滤镜）。它们的作用主要是按照某种几何方式将图像扭曲，产生三维或变形的效果。举例如下所示。

（1）波浪滤镜

它可将图像呈波浪式效果。选择菜单“滤镜”→“扭曲”→“波浪”命令，弹出“波浪”对话框。按照图 7-28 所示进行设置，再单击“确定”按钮，即可将一幅如图 7-29 所示的图像加工成如图 7-30a 所示的图像。如果选择了“三角形”单选按钮，则滤镜处理后的效果如图 7-30b 所示。

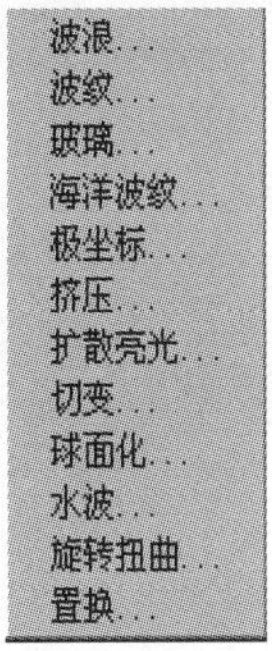

波浪...
波纹...
玻璃...
海洋波纹...
极坐标...
挤压...
扩散亮光...
切变...
球面化...
水波...
旋转扭曲...
置换...

图 7-27 “扭曲”菜单

波浪
生成器数(G): 10
类型
正弦(I)
三角形(T)
方形(Q)
确定
取消
最小 最大
波长(W): 99 100
波幅(A): 15 16
水平 垂直
比例(S): 80 % 60 %
随机化
未定义区域:
折回(R)
重复边缘像素(E)

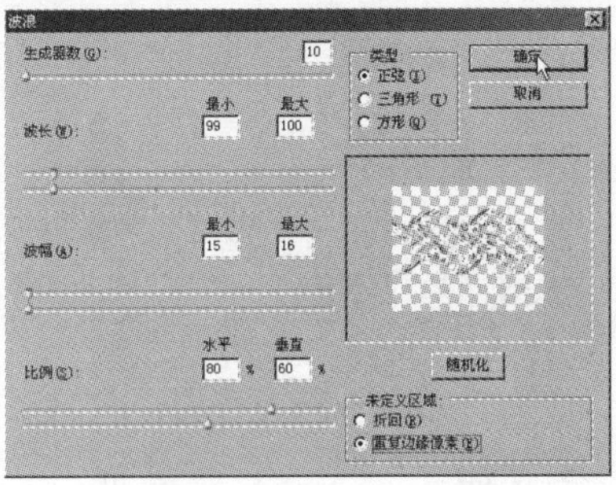

图 7-28 “波浪”对话框

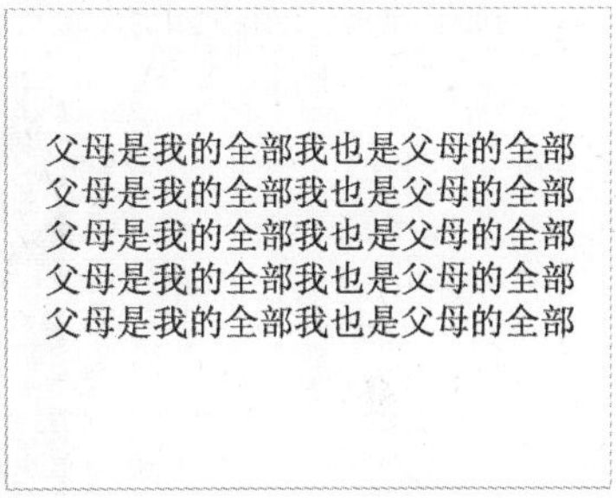

父母是我的全部我也是父母的全部
父母是我的全部我也是父母的全部
父母是我的全部我也是父母的全部
父母是我的全部我也是父母的全部
父母是我的全部我也是父母的全部

图 7-29 输入 5 行文字

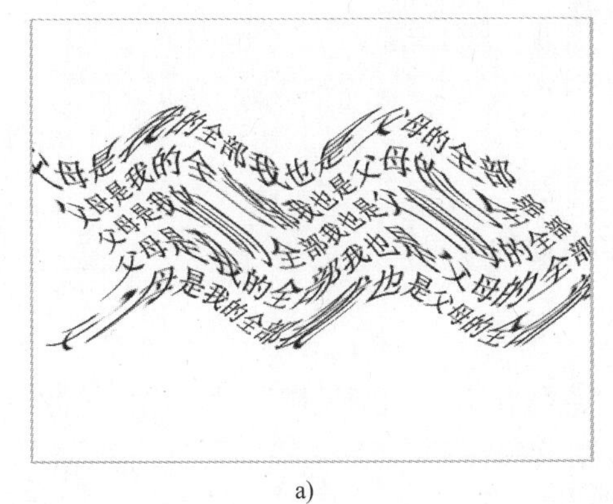

a) b)

图 7-30 波浪滤镜处理后的效果

a) 波浪对话框里类型选的是“正弦” b) 波浪对话框里类型选的是“三角形”

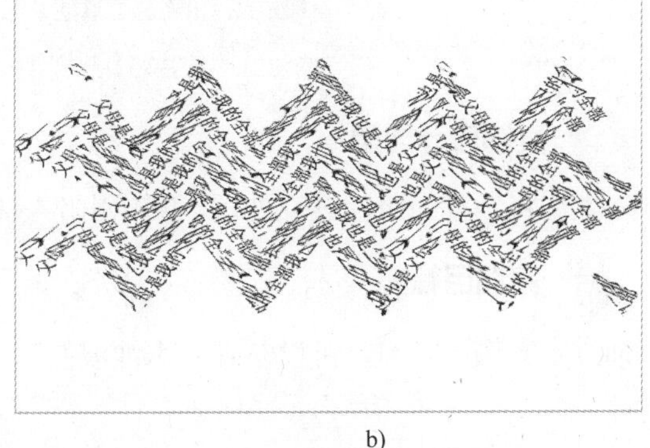

（2）球面化滤镜

它可以使图像产生向外凸的效果。选择菜单“滤镜”→“扭曲”→“球面化”命令，弹出“球面化”对话框，在图中间创建一个圆形区域，选中文字所在的图层，按照如图 7-31 所示进行设置，单击“确定”按钮，即可获得如图 7-32 所示效果。

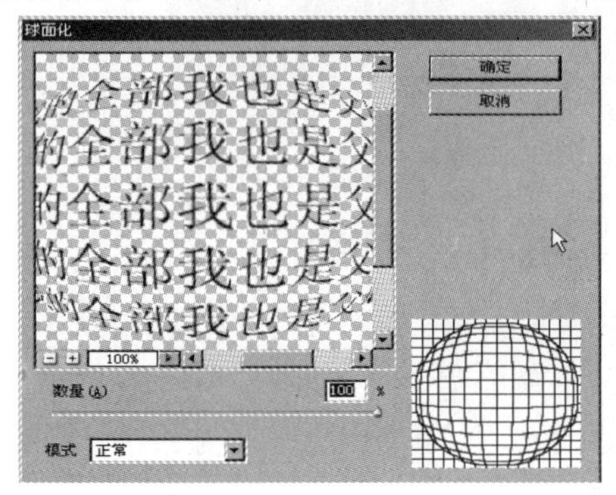

图 7-31 “球面化”对话框

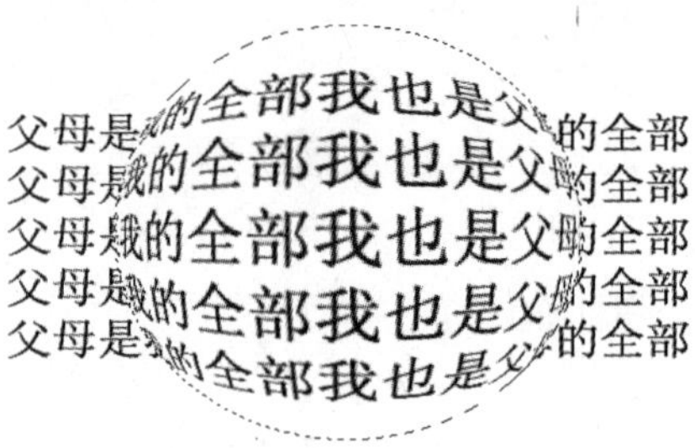

图 7-32 将选区内的图像球面化处理

7.2 风格化、像素化、锐化滤镜

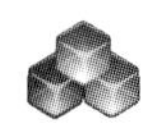【案例 7-2】 雨中别墅

“雨中别墅”案例的效果如图 7-33 所示。

图 7-33 “雨中别墅”最终效果

 **案例设计创意**

本案例将别墅的照片进行处理，制作出倒影和下雨的效果。

 **案例目标**

通过本案例的学习，可以掌握“水池波纹”、“点状化”、“动感模糊”、“锐化”等滤镜的使用。

 **案例制作方法**

1）打开一幅名为“别墅.jpg”图像，单击“矩形选框工具”，将别墅的上半部图像选

中，如图 7-34 所示，按〈Ctrl+C〉组合键复制，〈Ctrl＋V〉组合键粘贴一下，将自动生成的“图层 1”命名为“倒影”。

2）单击菜单“编辑”→“变换”→“垂直翻转”命令，并用“移动工具”移动到如图 7-35 所示位置。并可适当调整“图层 1”的不透明度为 80，这样，别墅倒影就做好了。

图 7-34 “别墅.jpg”图像

图 7-35 “别墅”倒影

3）单击工具箱中的“椭圆选框工具”，将选项栏的“羽化”设置为 8，在中下部圈选一块区域，然后单击菜单“滤镜”→“扭曲”→“水波”命令，在“水波”对话框中设置“数量”为 26，“起伏”为 10，“样式”为“水池波纹”。如图 7-36 所示。

4）单击“图层”面板中的“创建新图层”按钮，新建一个图层，取名为“雨”。选中该图层，设置前景色为黑色，背景色为白色，按〈Alt+Delete〉组合键，将“雨”图层填充为黑色。

5）单击菜单“滤镜”→“像素化”→“点状化”命令，打开“点状化”对话框，在“单元格大小”文本框中输入 3，单击“确定”按钮，效果如图 7-37 所示。

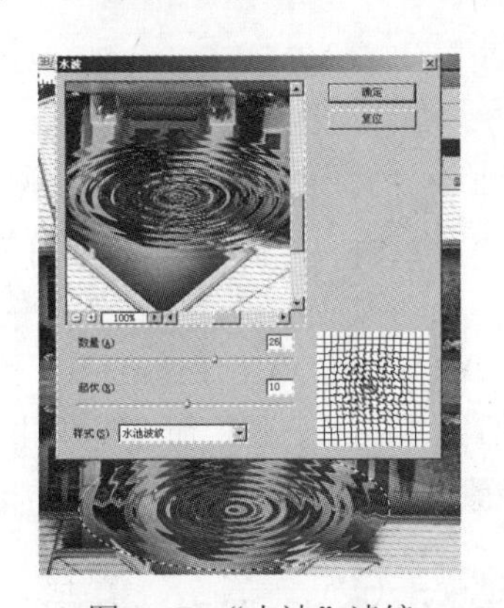

图 7-36 “水波”滤镜

图 7-37 “点状化”后的效果

6）单击菜单“图像”→“调整”→“阈值”命令，打开如图 7-38 所示的“阈值”对话框。将“阈值色阶”调整到最大，单击“确定”按钮，使画面中的白点减少。

7）在“图层”面板中的“设置图层的混合模式”下拉列表框中选择“滤色”选项，将“雨”图层的混合模式改为“滤色”。

8）单击菜单“滤镜”→“模糊”→“动感模糊”命令，打开“动感模糊”对话框，“角度”设置为 60 度，“距离”为 15 像素，如图 7-39 所示，设置后单击“确定”按钮。

9）单击菜单“滤镜”→“锐化”→“USM 锐化”命令，打开“USM 锐化”对话框，将“数量”设为 300，“半径”设为 10 像素，“阈值”设为 0 色阶，单击“确定”按钮，效果如图 7-33 所示。如果觉得雨点过于突出，可适当调整“雨”图层的不透明度。

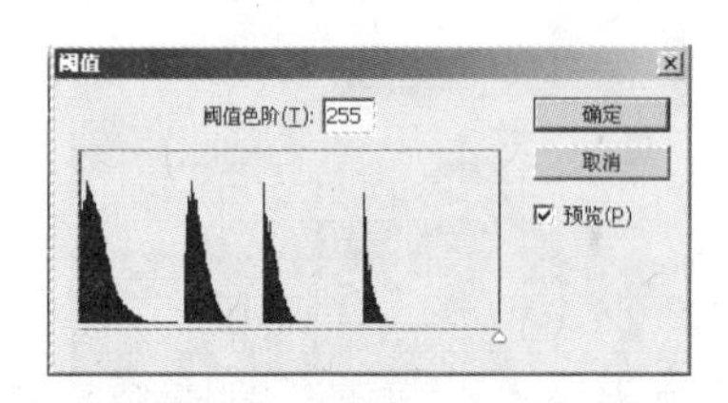

图 7-38 “阈值”对话框

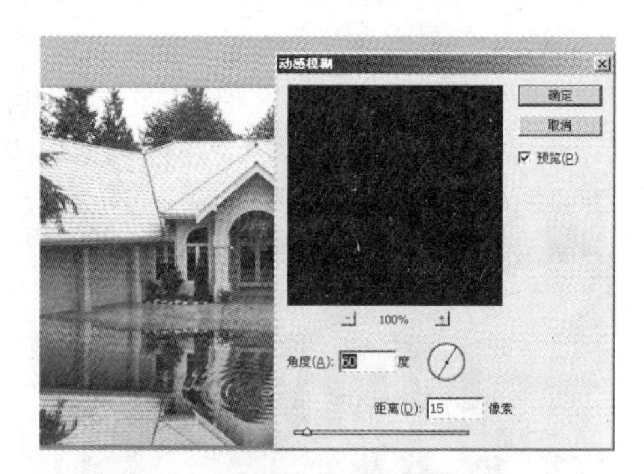

图 7-39 “动感模糊”对话框及效果

至此，完成“雨中别墅”的全部效果的制作。最终效果如图 7-33 所示。

【案例 7-3】 制作瀑布

“制作瀑布”案例的效果如图 7-40 所示。

案例设计创意

不利用任何素材，利用 Photoshop 制作出瀑布的效果。

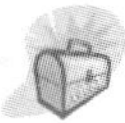

案例目标

通过本案例的学习，可掌握“云彩”、“彩块化”、“锐化”、“强化边缘”、“极坐标”等滤镜的使用及效果。

案例制作方法

1）选择菜单“文件”→“新建”命令（〈Ctrl+N〉组合键），设置文档的“宽度”为 10 厘米，“高度”为 15 厘米，“分辨率”为 100 像素/英寸，“背景内容”为白色，“名称”为“制作瀑布”，“颜色模式”为 RGB 颜色。

2）按〈D〉键恢复前景色和背景色的默认色（前黑背白），按〈Ctrl+Shift+N〉组合键新建一个名为“瀑布”的图层，并选择菜单“滤镜”→“渲染”→“云彩”命令，单击“确定”按钮，效果如图 7-41 所示，再选择菜单“滤镜”→“像素化”→“彩块化”命令，单击“确定”按钮，效果如图 7-42 所示。

3）按〈Ctrl+F〉组合键 8 次，重复执行“彩块化”滤镜，效果如图 7-43 所示。

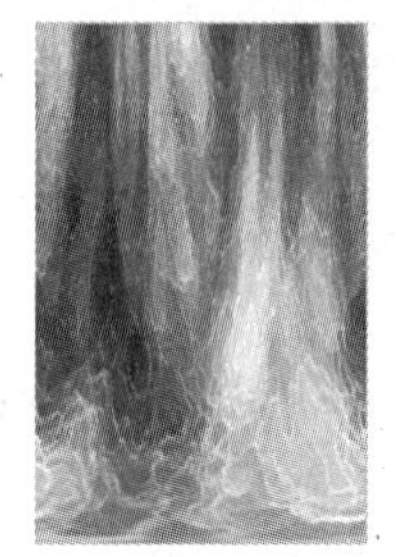

图 7-40 “制作瀑布”最终效果

图 7-41 “云彩”滤镜效果

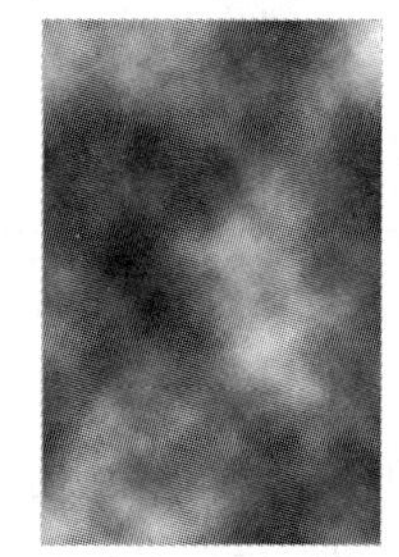

图 7-42 “彩块化”滤镜（1 次）

4）选择菜单“滤镜”→“锐化”→“锐化”命令，效果如图 7-44 所示，接着按〈Ctrl+F〉组合键 3 次重复执行锐化命令，效果如图 7-45 所示。

图 7-43 “彩块化”图像（1+8）

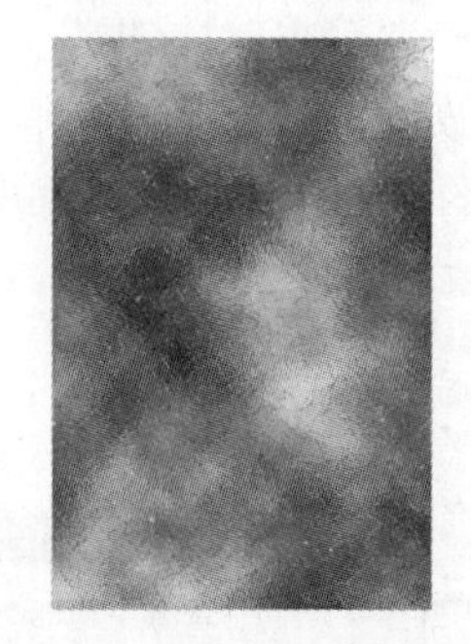

图 7-44 “锐化”图像（1 次）

图 7-45 “锐化”图像（1+3）

5）选持菜单“滤镜”→“画笔描边”→“强化的边缘”命令，在“强化的边缘”对话框中，设置“强光宽度”为 1，“边缘亮度”为 50，“平滑度”为 7，如图 7-46 所示，单击“确定”按钮，效果如图 7-47 所示。

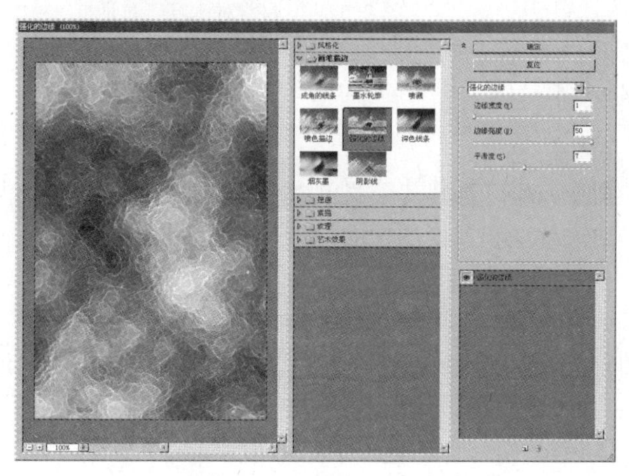

图 7-46 “强化边缘”对话框

图 7-47 应用“强化边缘”效果

6）选择菜单“滤镜”→“扭曲”→“极坐标”命令，在“极坐标”对话框中，选择“极坐标到平面坐标”选项，如图 7-48 所示，单击“确定”按钮，效果如图 7-49 所示，按〈Ctrl+T〉组合键激活变形选框，在选框上右击选择“垂直翻转”命令，效果如图 7-50 所示。

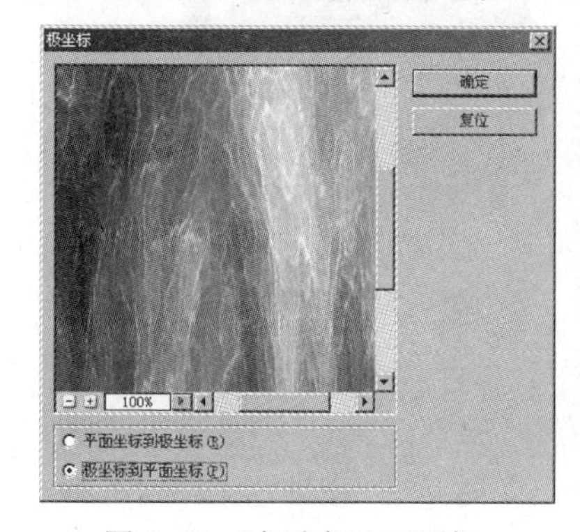

图 7-48 “极坐标”对话框

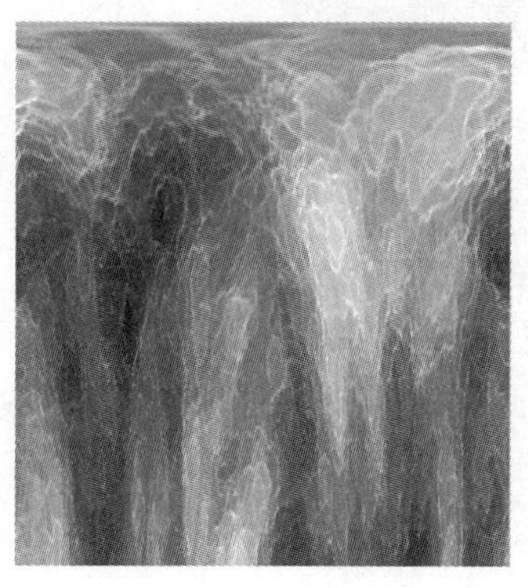

图 7-49 应用“极坐标”效果

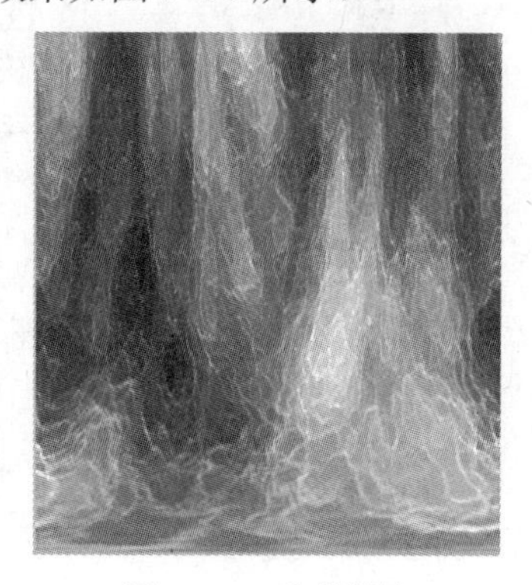

图 7-50 垂直翻转

7）按〈Ctrl+U〉组合键，弹出“色相/饱和度”对话框，选中“着色”复选框，将“色相”设为212，“饱和度”设为46，“明度”设为0，如图7-51所示，单击“确定”按钮。

8）选择菜单“图像”→“调整”→“亮度/对比度”命令，在“色相/饱和度”对话框中，设置“亮度”为27，“对比度”为8，如图7-52所示，单击“确定”按钮。

至此，完成“瀑布”的全部效果的制作。最终效果如图7-40所示。

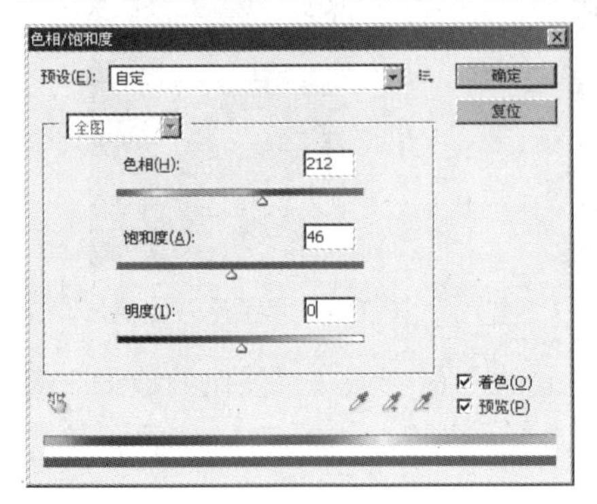

图7-51 “色相/饱和度”对话框

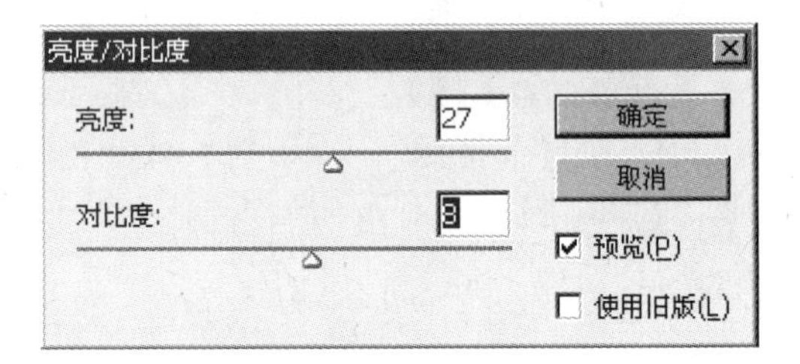

图7-52 “亮度/对比度”对话框

**【相关知识】** 风格化、像素化、锐化和Digimarc滤镜

1. 风格化滤镜

选择菜单“滤镜”→“风格化”命令，即可看到其子菜单命令（风格化滤镜有9个滤镜），如图7-53所示。它们的作用主要是通过移动和置换图像的像素，来提高图像像素的对比度，使图像产生刮风和其他风格的效果，举例如下所示。

（1）浮雕效果滤镜

它可以勾画各区域的边界，降低边界周围的颜色值，产生浮雕效果。选择菜单“滤镜”→“风格化”→“浮雕效果”命令，弹出“浮雕效果”对话框。按照图7-54所示进行设置，单击“确定”按钮，即可将如图7-55所示图像加工成如图7-56所示的图像。

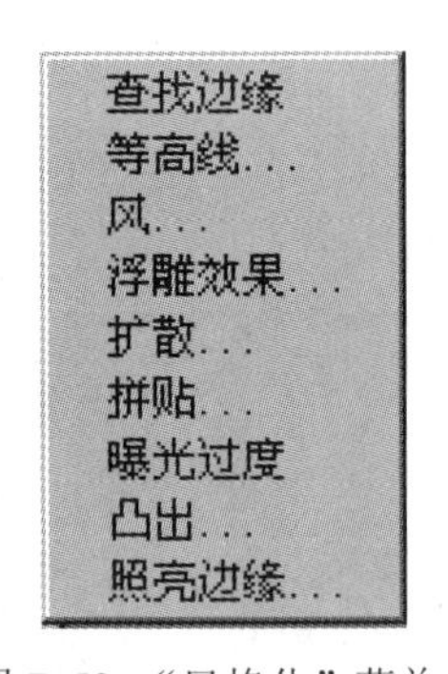

图7-53 “风格化”菜单

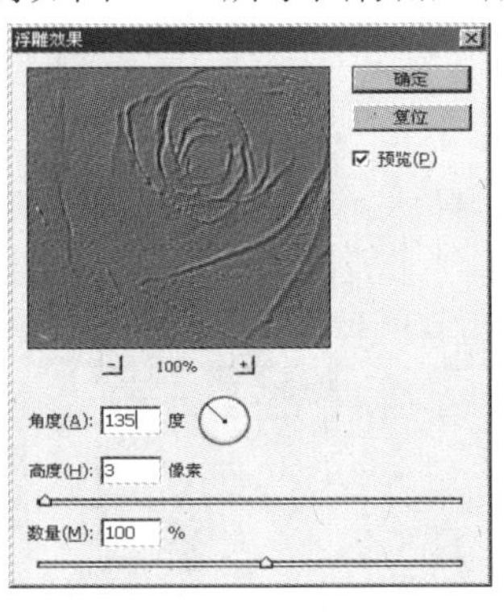

图7-54 “浮雕效果”对话框

图7-55 原图像

（2）凸出滤镜

它可以将图像分为一系列大小相同的三维立体块或立方体，并叠放在一起，产生凸出的三维效果。选择菜单“滤镜”→“风格化”命令，弹出“凸出”对话框，按照如图7-57所示进行设置，再单击“确定”按钮，即可将如图7-55所示图像加工成如图7-58所示的图像。

图 7-56　加工后的图像

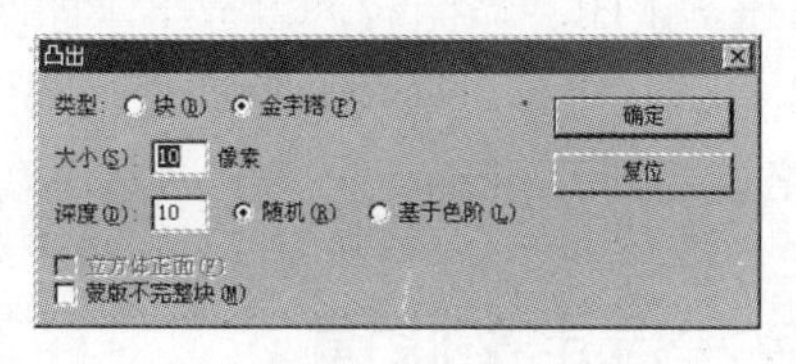

图 7-57　“凸出”对话框

图 7-58　加工后的图像

2. 像素化滤镜

选择菜单“滤镜”→“像素化”命令，即可看到其子菜单命令（像素化滤镜组有 7 个滤镜），如图 7-59 所示。它们的作用主要是将图像分块或将图像平面化。

（1）晶格化滤镜

它可以使图像产生晶格效果。选择菜单“滤镜”→“像素化”→“晶格化”命令，弹出“晶格化”对话框，按照如图 7-60 所示进行设置，再单击“确定”按钮，即可将如图 7-55 所示的原图像加工成晶格化图像。

（2）铜版雕刻滤镜

它可以在图像上随机分布各种不规则的线条和斑点，产生铜版雕刻的效果。选择菜单“滤镜”→“像素化”→“铜版雕刻”命令，弹出“铜版雕刻”对话框，按照图 7-61 所示进行设置，单击“确定”按钮，即可将图 7-55 所示的原图像加工成铜版雕刻图像。

3. 锐化滤镜

选择菜单“滤镜”→“锐化”命令，即可看到其子菜单命令（锐化滤镜组有 4 个滤镜），它的作用主要是增加图像相邻像素间的对比度，减少甚至消除图像的模糊，以达到使图像轮廓分明和更清晰的目的。

彩块化
彩色半调...
点状化...
晶格化...
马赛克...
碎片
铜版雕刻...

图 7-59　“像素化”菜单

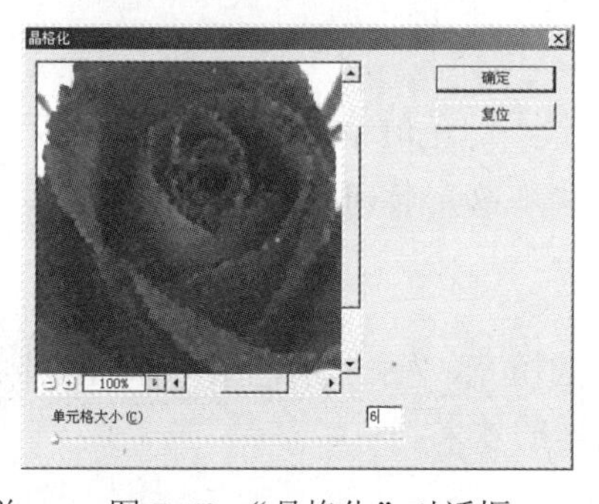

图 7-60　“晶格化”对话框

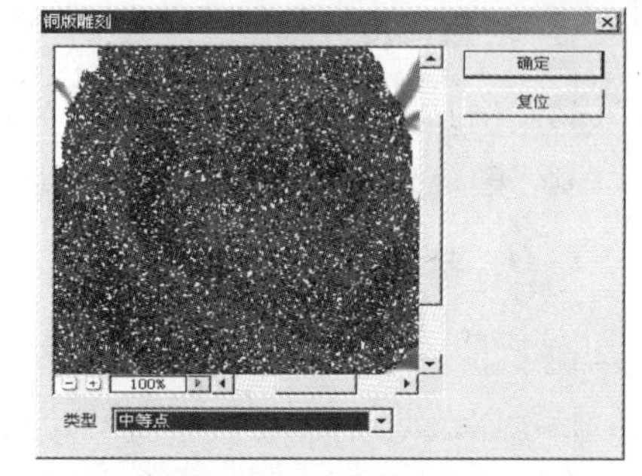

图 7-61　“铜版雕刻”对话框

4. Digimarc（作品保护）滤镜

选择菜单“滤镜”→“Digimarc”命令，即可看到其子菜单命令（Digimarc 滤镜组有 2 个滤镜），它们的作用是给图像加入或读取著作权信息。

（1）嵌入水印滤镜

它主要用来给图像加入含有著作信息的数字水印。这种水印是以杂纹形式加入到图像中的，不会影响图像的特征，但将保留在计算机图像或印刷物中。要在图像中嵌入水印，必须先到 Digimarc 公司网站注册，并获得一个 Creator ID，然后将该 ID 号和著作权信息插入到图像中，完成嵌入水印的任务。

（2）读取水印滤镜

它主要用来读取图像中的数字水印。当图像嵌入数字水印时，系统会在图像的标题栏或状态栏显示一个“C”标记。执行该滤镜后，系统会自动查找图像的数字水印，如果找到水印ID，则会根据ID号，通过网络链接到Digimarc公司的网站，查找图像的相关信息。

7.3 素描、纹理、杂色和自定义滤镜

【案例7-4】 “生命在于运动”宣传海报

“生命在于运动”案例的效果如图7-62所示。

图7-62 “生命在于运动”最终效果

 **案例设计创意**

该案例是以一幅卡通风景图像为背景，绿色的草地、向日葵和蓝天都是生命与青春的象征，制作的跳跃式足球提醒人们一定要多运动，从而起到广告宣传作用。

 **案例目标**

通过本案例的学习，可以掌握图案的填充、“添加杂色”、“球面化”滤镜和图层效果的应用等技术以及通过Photoshop制作出足球的效果。

 **案例制作方法**

1）新建一个名为“生命在于运动”，宽为800像素，高为600像素，分辨率为72像素/英寸，背景为白色，颜色模式为RGB颜色的“画布”窗口。

2）新建一个图层“图层1”，单击工具箱中的“多边形工具”，在其选项栏中选“路径”按钮，在“边”文本框中输入数值6，在画布中绘制一个六边形路径，然后按〈Ctrl+Enter〉组合键，将路径转换为选区，然后单击菜单“编辑”→“描边”命令，在“描边”对话框中设置“宽度”为2像素，“颜色”为黑色，“位置”为居中，则在“图层1”中画出一个黑色边框的六边形。

3）在“图层”面板中将“图层1”拖动到底下的处，即复制出“图层1副本”图层，

同样方法，再将“图层 1”复制出 2 个图层，自动命名为“图层 1 副本 2”、“图层 1 副本 3”，用“移动工具”将这 4 个六边形边框移动摆放成如图 7-63 所示。

4）将 4 个六边形的图层合并，使用工具箱中的“矩形选框工具”创建一个矩形选区，如图 7-64 所示。单击菜单“编辑”→“定义图案”命令，打开“图案名称”对话框。输入图案名称为“足球图案”，单击“确定”按钮。

5）新建一个名为“球面”的图层，单击工具箱中的“椭圆选框工具”，按住〈Shift〉键创建一个正圆形选区（正圆形选区的大小以大约能摆得下 7 个完整的六边形再稍大一些）。单击菜单“编辑”→“填充”命令，打开“填充”命令，打开“填充”对话框，在“使用”下拉列表框中选择“图案”选项，在“自定图案”面板中选择刚定义的图案，单击“确定”按钮，为选区填充图案效果。

6）单击菜单“编辑”→“描边”命令，打开“描边”对话框，在“宽度”文本框中输入 1，“位置”为居外，“不透明度”为 70%，单击“确定”按钮，按〈Ctrl+D〉组合键清除选区，效果如图 7-65 所示的图形。

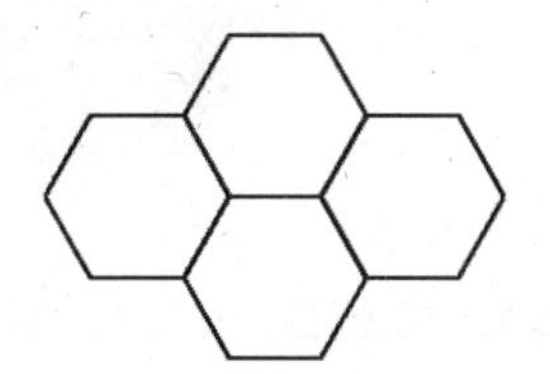

图 7-63　绘制图形

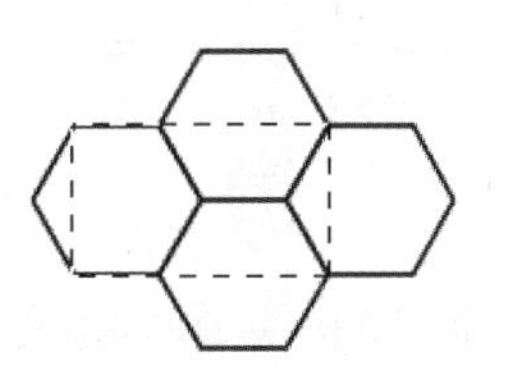

图 7-64　创建选区

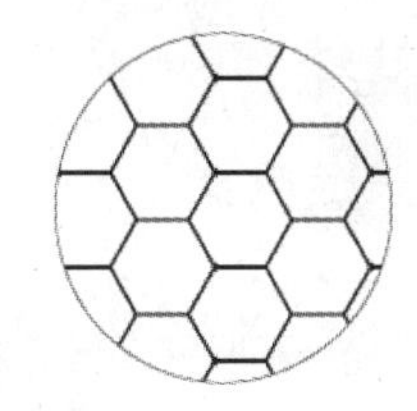

图 7-65　描边效果

7）设置前景色为黑色，使用工具箱中的“魔棒工具”选取“球”图像中的小方块，按〈Alt+Delete〉组合键填充前景色。按住〈Ctrl〉键并单击“图层”面板中“球面”的缩略图，选中整个球面，如图 7-66 所示。单击菜单“滤镜”→“扭曲”→“球面化”命令，打开“球面化”对话框，在“数量”文本框中输入 70，单击“确定”按钮。按〈Ctrl+D〉组合键清除选区，效果如图 7-67 所示。

8）使用工具箱中的“魔棒工具”选取“球”图像中的白色部分，，按〈Delete〉键删除，如图 7-68 所示。

9）单击“图层”面板下方的“添加图层样式”按钮，单击弹出菜单中的“斜面与浮雕”命令，打开“图层样式”对话框。选择“样式”下拉列表中的“枕状浮雕”选项，单击“确定”按钮，效果如图 7-69 所示。

图 7-66　选中球面

图 7-67　球面化效果

图 7-68　删除白色部分

图 7-69　图层效果

10）新建一个名为“球”的图层，单击工具箱中的“椭圆选框工具”，按住〈Shift〉键创建一个正圆形选区。单击工具箱中的“渐变工具”，在其选项栏中设置渐变类型为白色到灰色（R=62、G=62、B=62）的径向渐变。在选区内从左上方到右下方拖动进行渐变填充，按〈Ctrl+D〉组合键清除选区。

11）单击菜单“滤镜”→“杂色”→“添加杂色”命令，打开“添加杂色”对话框，设置数量为5，勾选“单色”复选框，再单击“确定”按钮，效果如图7-70所示。

12）单击“图层”面板下方的“添加图层样式”按钮 fx，单击弹出菜单中的“投影”命令，打开“图层样式”对话框，按图7-71所示设置有关选项，单击“确定”按钮，效果如图7-72所示。

图7-70　杂色效果

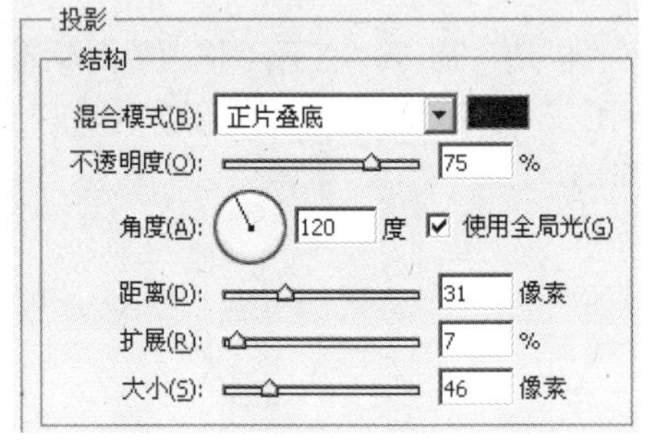

图7-71　设置“投影”样式选项

图7-72　投影效果

13）将“球”图层放至“球面”图层之下，合并“球”和“球面”图层。命名为“球”，效果如图7-73所示。

14）打开“向日葵背景”的图像文件，如图7-74所示，将其拖动至画布中。

15）复制3份“球”图像，将复制的“球”图像由大到小放置。并设置“球”的模糊度，造成视觉上的效果。

16）单击工具箱中的“横排文字工具”，在其选项栏中设置文字字体为“方正姚体”，字体大小为100点，颜色为白色，在画布的上方输入文字“生命在于运动”。

17）单击菜单“窗口”→“样式”命令，打开“样式”面板。单击“蓝色渐变描边”按钮，为文字添加样式效果，至此，完成“生命在于运动”的全部效果的制作。最终效果如图7-62所示。

图7-73　合并“球”和“球面”图层

图7-74　“向日葵背景”图像

【相关知识】 素描、纹理、杂色和自定义滤镜

1．素描滤镜

选择菜单“滤镜”→“素描”命令，即可看到其子菜单命令（素描滤镜组有 14 个滤镜），如图 7-75 所示。它们的作用主要用来模拟素描和速写等艺术效果。它们一般需要与前景色和背景色配合使用，注意在使用滤镜前，应设置好前景色和背景色。

（1）铬黄渐变滤镜

它可以用来模拟铬黄渐变绘画效果。选择菜单“滤镜”→“素描”→“铬黄...”命令，弹出“铬黄渐变”对话框，如图 7-76 所示，进行设置后，单击“确定”按钮，即可完成图像的加工。

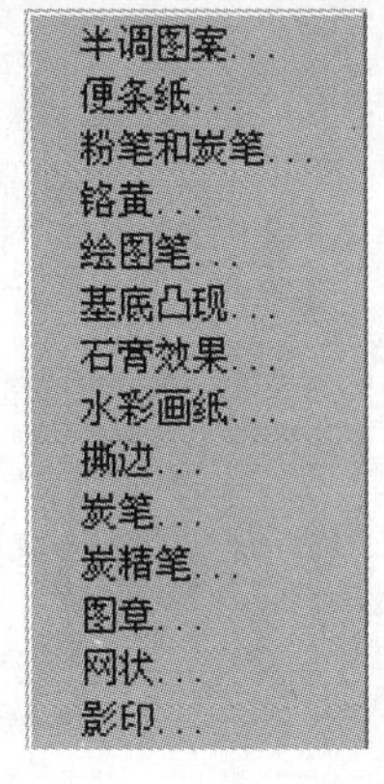

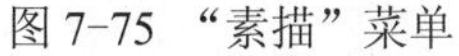
图 7-75 “素描”菜单

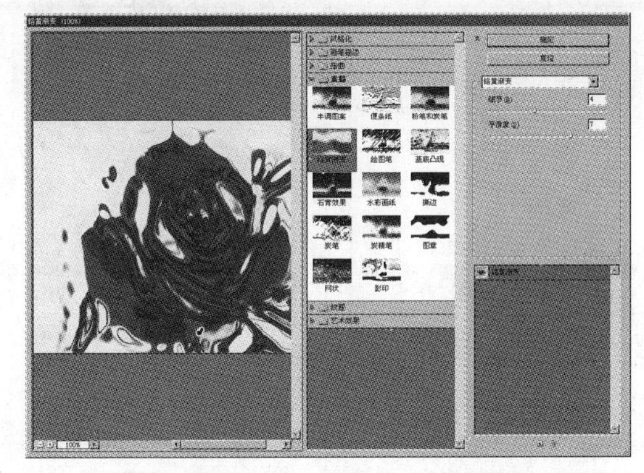

图 7-76 “铬黄渐变”对话框

从图 7-76 可以看出，在该对话框内，单击中间一栏内的不同小图像或者在右边的下拉列表框选择不同的选项，可以在许多滤镜之间进行切换（也就是菜单“滤镜”→“滤镜库”命令），非常方便。

（2）影印滤镜

它可以产生模拟影印的效果。其前景色用来填充高亮度区，背景色用来填充低亮度区。选择菜单“滤镜”→“素描”→“影印...”命令，可以弹出“影印”对话框，如图 7-77 所示，进行设置后，单击“确定”按钮，即可完成图像的加工。

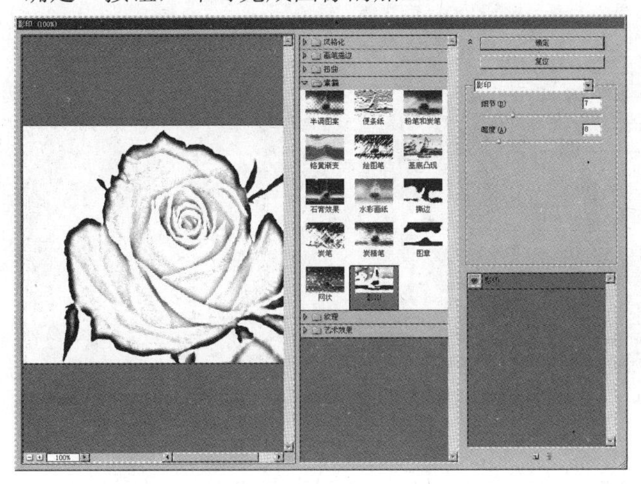

图 7-77 “影印”对话框

2. 纹理滤镜

选择菜单“滤镜”→“纹理”命令，即可看到其子菜单命令（纹理滤镜组有 6 个滤镜），如图 7-78 所示。它们的作用主要是给图像加上指定的纹理。

（1）马赛克拼贴滤镜

它可以将图像处理成马赛克拼贴图的效果。选择菜单“滤镜”→“纹理”→“马赛克拼贴”命令，弹出“马赛克拼贴”对话框。按照如图 7-79 所示进行设置，再单击“确定”按钮，即可完成图像的加工。

龟裂缝...
颗粒...
马赛克拼贴...
拼缀图...
染色玻璃...
纹理化...

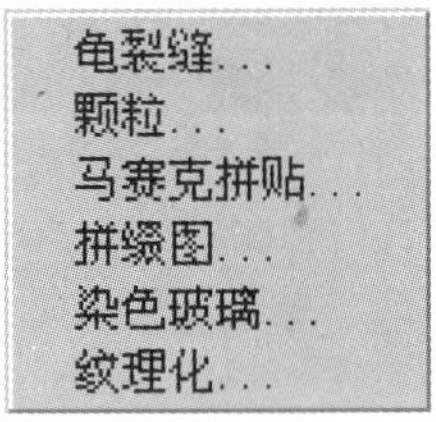

图 7-78 “纹理”菜单

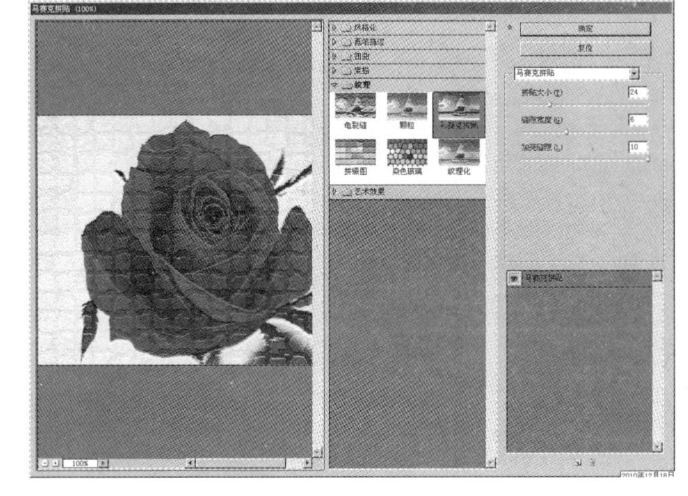

图 7-79 “马赛克拼贴”对话框

（2）龟裂缝滤镜

它可以在图像中产生不规则的龟裂缝效果。选择菜单“滤镜”→“龟裂缝”命令，弹出“龟裂缝”对话框。按照如图 7-80 所示进行设置，再单击“确定”按钮，即可完成图像的加工。

图 7-80 “龟裂缝”对话框

3. 杂色滤镜

选择菜单“滤镜”→“杂色”命令，即可看到其子菜单命令（杂色滤镜组有 5 个滤镜），如图 7-81 所示。它们的作用主要是给图像添加或除去杂点。

（1）添加杂色滤镜

它可以给图像随机地加一些细小的混合色杂点，选择菜单“滤镜”→“杂色”→“添加杂色”命令，弹出“添加杂色”对话框，如图 7-82 所示。进行设置后单击“确定”按钮，即可完成图像的加工处理。

（2）中间值滤镜

它可将图像中中间值附近的像素用附近的像素替代。选择菜单“滤镜”→“杂色”→“添加杂色”命令，弹出“中间值”对话框，如图 7-83 所示。进行设置后，单击“确定”按钮，即可完成图像的加工处理。

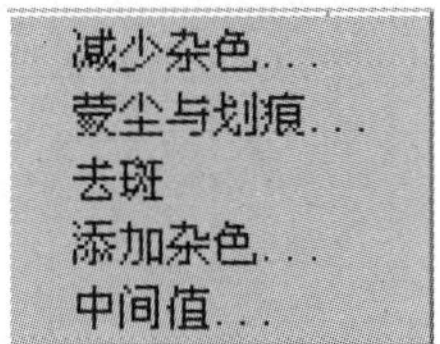

图 7-81 “杂色”菜单

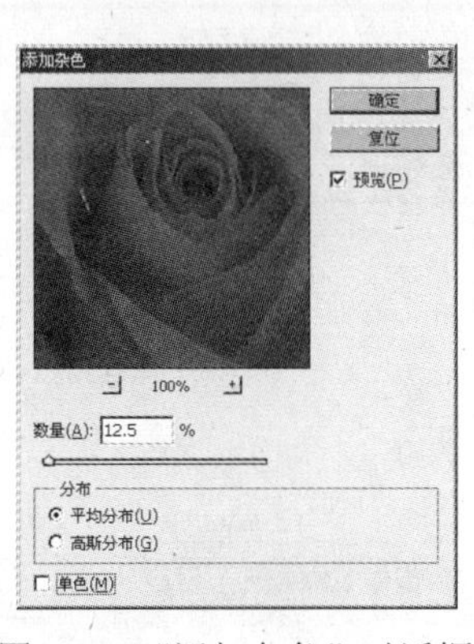

图 7-82 “添加杂色”对话框

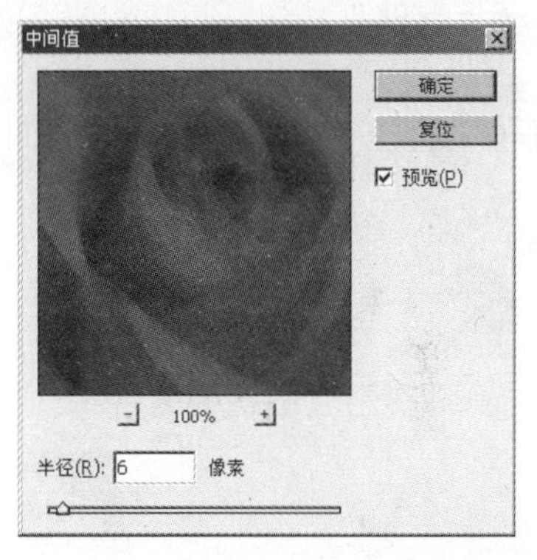

图 7-83 “中间值”对话框

4．其他滤镜

选择菜单“滤镜”→“其他”命令，即可看到其子菜单命令（其他滤镜组有 5 个滤镜），如图 7-84 所示。它们的作用主要是用来修饰图像的一些细节部分，用户也可以创建自己的滤镜。

（1）高反差保留滤镜

它可以删除图像中色调变化平缓的部分，保留色调高反差部分，使图像的阴影消失，使亮点突出。选择菜单“滤镜”→“其他”→“高反差保留”命令，弹出“高反差保留”对话框。设置半径后，单击“确定”按钮，即可完成图像的加工处理。

（2）自定滤镜

它可以用它创建自己锐化、模糊或浮雕等效果的滤镜。选择菜单“滤镜”→“其他”→“自定”命令，弹出“自定”对话框。如图 7-85 所示，进行设置后单击“确定”按钮，即可完成图像的加工处理。“自定”对话框中各选项的作用如下所示。

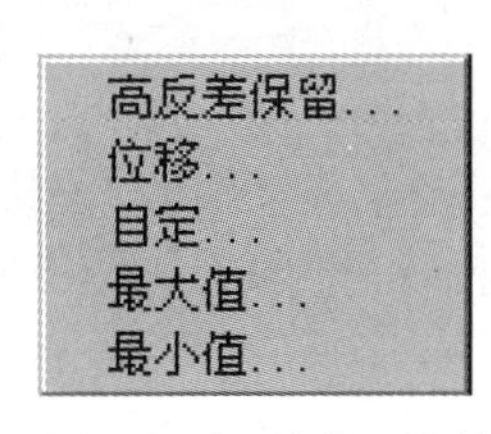

图 7-84 “其他”菜单

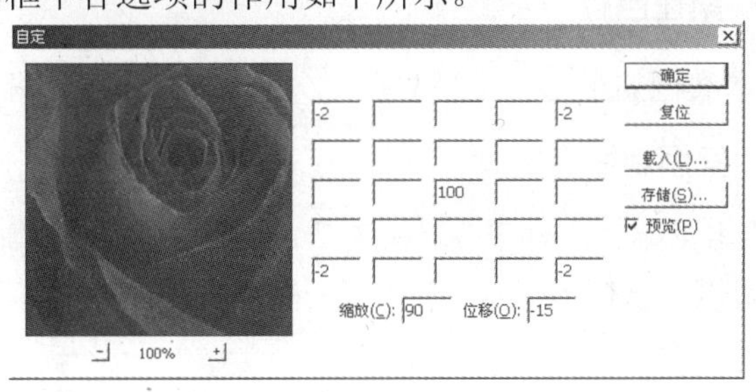

图 7-85 “自定义”对话框

- 5×5 的文本框：中间的文本框代表目标像素，四周的文本框代表目标像素周围对应位置的像素。通过改变文本框中的数值（-999～+999），来改变图像的整体色调。文本框中的数值表示了该位置像素亮度增加的倍数。系统会将图像各像素亮度值（Y）与对应位置文本框中的数值（S）相乘，再将其值与像素原来的亮度值相加，然后除以缩放量（SF），最后与位移量（WY）相加，即（Y×S+Y）/SF+WY。计算出来的数值作为相应像素的亮度值勤，用以改变图像的亮度。
- “缩放”文本框：用来输入缩放量，其取值范围是 1～9999。
- “位移”文本框：用来输入位移量，其取值范围是－9999～＋9999。
- “载入”按钮：可以载入外部用户自定义的滤镜。
- “存储”按钮：可以将设置好的自定义滤镜存储。

7.4 渲染、艺术效果和视频滤镜

【案例 7-5】 蓝天白云

“蓝天白云”案例的效果如图 7-86 所示。

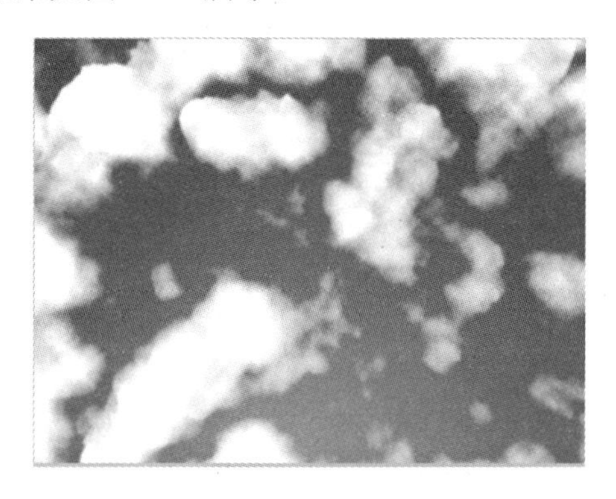

图 7-86 “蓝天白云”最终效果

**案例设计创意**

通过 Photoshop 滤镜制作出蓝天白云的效果，可应用于多种场合。尤其是在没有现成的蓝天白云时可以用此方法快速制作出蓝天白云的效果。

通过本案例的学习，可以掌握“分层云彩”、“凸出”、“高斯模糊”滤镜的使用。

**案例制作方法**

1）单击菜单“文件”→“新建”命令（〈Ctrl+N〉组合键），设置文档的“宽度”为 20 厘米、“高度”为 15 厘米，“分辨率”为 72 像素/英寸，“颜色模式”为 RGB 颜色，“背景内容”为白色，名称为“蓝天白云”。

2）在工具箱中设前景色为（R=118、G=182、B=244），背景色为（R=62、G=108、B=170），

在工具箱中选择“渐变工具”，并在属性栏中单击“径向渐变”按钮，在“渐变”拾色器中选择“前景到背景”渐变色块，如图 7-87 所示，然后在画布中从下方向上方拖动以给画布进行渐变填充。如图 7-88 所示。

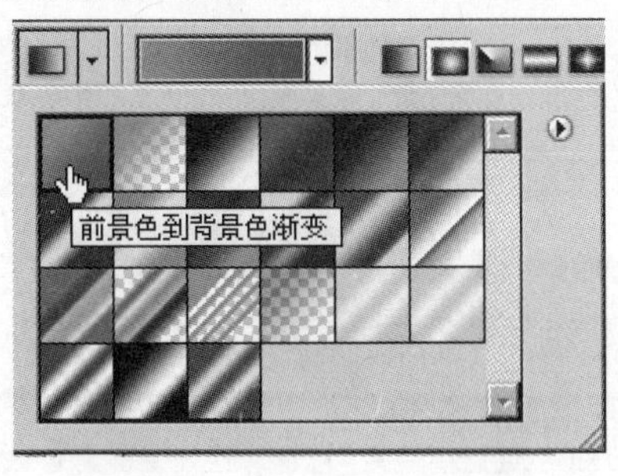

图 7-87 “渐变”拾色器

图 7-88 从下向上填充

3）按〈D〉键选择默认前景色和背景色（即前景色为黑色，背景色为白色），在“图层”面板中单击“创建新图层”按钮，新建“图层 1”，如图 7-89 所示，单击菜单“滤镜”→“渲染”→“云彩”命令，如图 7-90 所示。

4）选择菜单“滤镜”→“渲染”→“分层云彩”命令，如图 7-91 所示。

图 7-89 “图层”面板

图 7-90 “云彩”后的图像

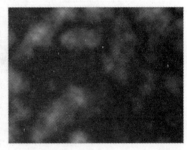

图 7-91 “分层云彩”后的图像

5）选择菜单“图像”→“调整”→“色阶”命令（或按〈Ctrl+L〉组合键），在对话框中设置“输入色阶”为 30、1.00、100，如图 7-92 所示，单击“确定”按钮，效果如图 7-93 所示。

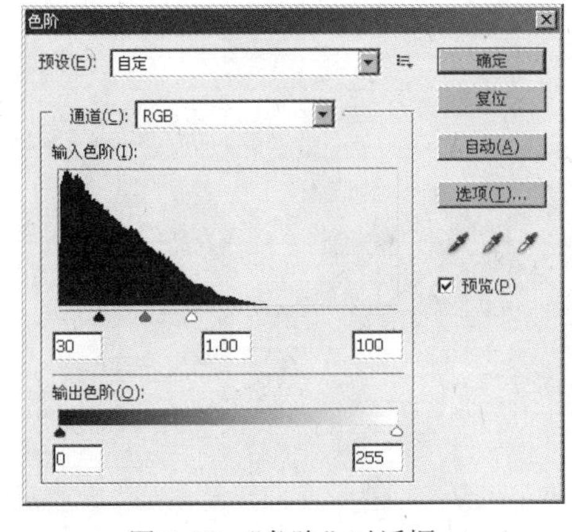

图 7-92 “色阶”对话框

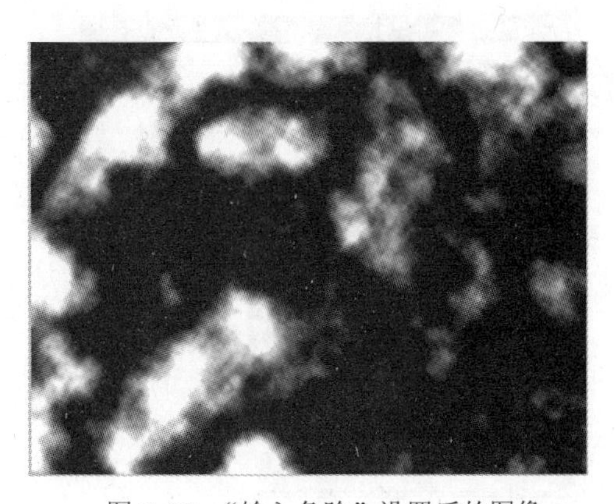

图 7-93 “输入色阶”设置后的图像

6）确定当前图层为“图层 1”，按〈Ctrl+J〉组合键，在“图层”面板上就会多出一个名为“图层 1 副本”的图层，如图 7-94 所示，选择菜单“滤镜”→“风格化”→“凸出”命令，在对话框中设置“类型”为“块”，“大小”为 2 像素，选中“基于色阶”单选框和“立方体正面”复选框，如图 7-95 所示，单击“确定”按钮，效果如图 7-96 所示。

图 7-94 “图层”面板

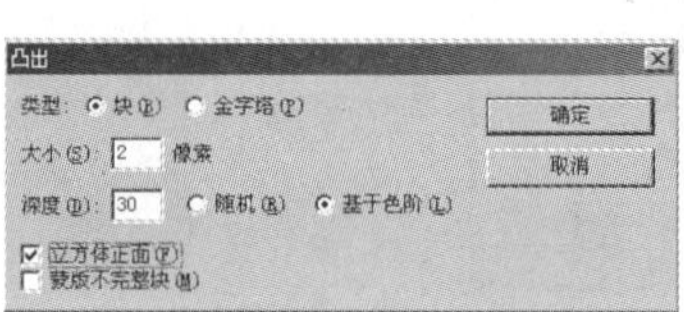

图 7-95 “凸出”对话框

图 7-96 “凸出”后的图像

7）在“图层”面板中设定“图层 1”和“图层 1 副本”的混合模式都为“滤色”选项，如图 7-97 所示，效果如图 7-98 所示。

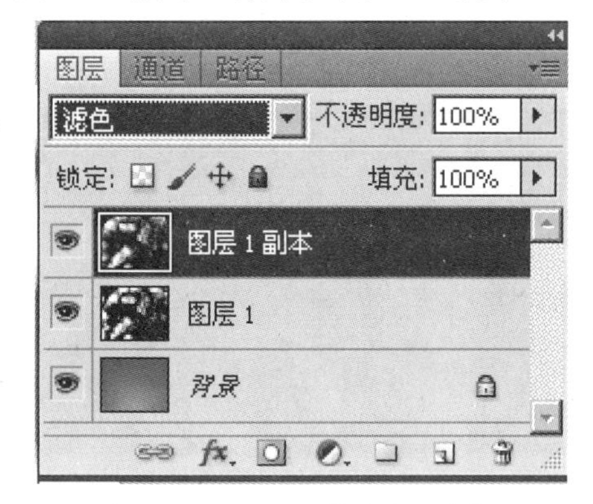

图 7-97 设图层模式为“滤色”

图 7-98 图层模式为“滤色”后的图像

8）确定当前图层为“图层 1 副本”，选择菜单“滤镜”→“模糊”→“高斯模糊”命令，在对话框中设置“半径”为 1.8 像素，如图 7-99 所示，单击“确定”按钮，效果如图 7-100 所示。

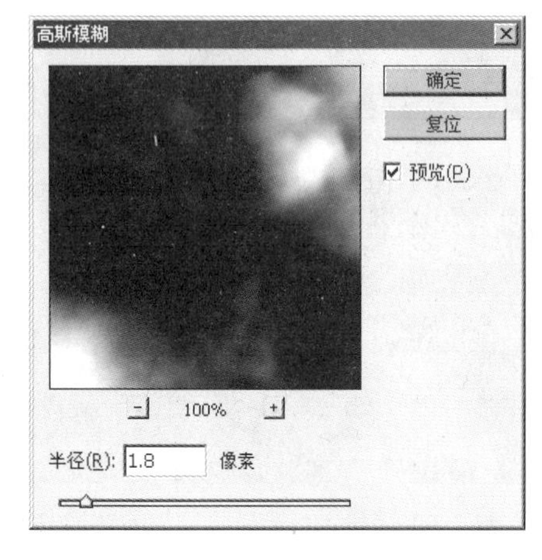

图 7-99 “高斯模糊”对话框

图 7-100 “高斯模糊”后的图像

至此，完成“蓝天白云”的全部效果的制作。最终效果如图 7-86 所示。

**【相关知识】** 渲染、艺术效果和视频滤镜

1. 渲染滤镜

选择菜单“滤镜”→“渲染”命令，即可看到其子菜单命令（渲染滤镜组有 5 个滤镜），如图 7-101 所示。它们的作用主要是给图像加入不同的光源，模拟产生不同的光照效果。另外，还可创建三维造型，如球体、柱体和立方体等。

（1）分层云彩滤镜

它可以通过随机地抽取前景色和背景色，替换图像中一些像素的颜色，使图像产生柔和云彩的效果。选择菜单“滤镜”→“渲染”→“分层云彩”命令，即可将图 7-102 所示图像加工成如图 7-103 所示的图像。

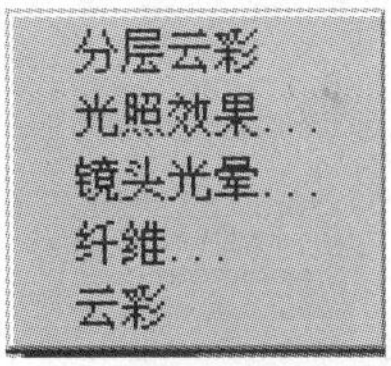

分层云彩
光照效果...
镜头光晕...
纤维...
云彩

图 7-101 “渲染”菜单

图 7-102 玫瑰花原图

图 7-103 分层云彩后的图像

（2）光照效果滤镜

该滤镜的功能很强大，运用恰当可以产生极佳的效果。选择菜单“滤镜”→“渲染”→“光照效果”命令，弹出“光照效果”对话框，按照如图 7-104 所示设置，再单击“确定”按钮，即可将图 7-102 所示图像加工成如图 7-105 所示的图像。

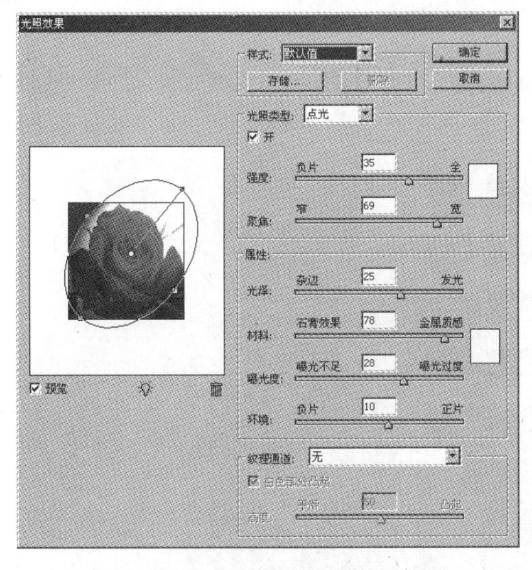

图 7-104 “光照效果”对话框

图 7-105 “光照效果”后的图像

2. 艺术效果滤镜

选择菜单“滤镜”→“艺术效果”命令，即可看到其子菜单命令（艺术效果滤镜组有 15

个滤镜），如图 7-106 所示。它们的作用主要是用来处理计算机绘制的图像，除去计算机绘图的痕迹，使图像看起来更像人工绘制的。

1）绘画涂抹滤镜：它可以模拟绘声绘色画笔，在图像上绘图，产生指定画笔的涂抹效果。选择菜单“滤镜”→“艺术效果”→“塑料包装”命令，弹出“塑料包装”对话框，如图 7-107 所示。进行设置后单击“确定”按钮，即可完成图像的加工处理。

2）选择菜单“滤镜”→“艺术效果”→“绘画涂抹”命令，弹出“绘画涂抹”对话框，如图 7-108 所示。进行设置后单击“确定”按钮，即可完成图像的加工处理。也可以单击图 7-107 所示“塑料包装”对话框内的“绘画涂抹”小图像，或者在右边的下拉列表框中选择“绘画涂抹”选项，都可以弹出“绘画涂抹”对话框。

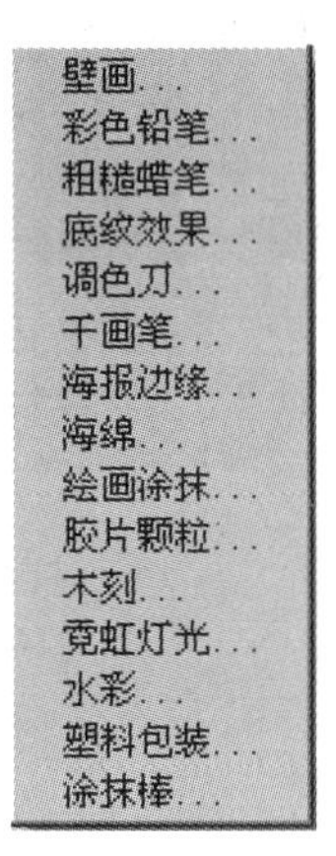

图 7-106 “艺术效果”菜单

图 7-107 “塑料包装”对话框

图 7-108 “绘画涂抹”对话框

3．画笔描边滤镜

选择菜单“滤镜”→“画笔描边”命令，即可看到其子菜单命令（画笔描边滤镜组有 8 个滤镜），如图 7-109 所示。它们的作用主要是对图像边缘进行强化处理，产生喷溅等效果。

（1）喷溅滤镜

它可以产生图像边缘有笔墨飞溅的效果，有点像用喷枪在图像的边缘上喷涂一些彩色笔墨一样。选择菜单“滤镜”→“画笔描边”→“喷溅”命令，弹出“喷溅”对话框，按照图 7-110 所示进行设置。将图 7-102 所示加工成如图 7-111 所示的喷溅加工。

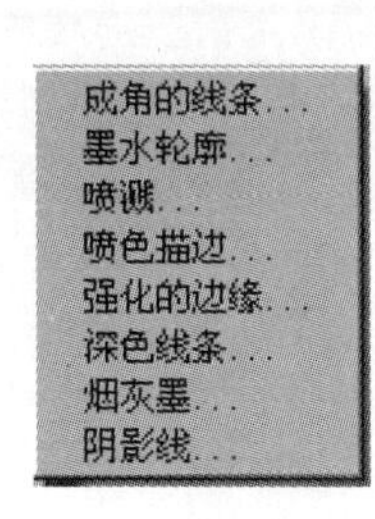

图 7-109 “画笔描边”菜单

图 7-110 “喷溅”对话框

图 7-111 “喷溅”后的图像

（2）喷色描边滤镜

它可以产生图像的边缘有喷色的效果。选择菜单“滤镜”→“画笔描边”→“喷色描边”命令，弹出“喷色描边”对话框。按照图 7-112 所示进行设置。将图 7-102 所示加工成如图 7-113 所示的喷溅加工。也可以在图 7-110 所示对话框内单击“喷色描边”图标，或者从下拉列表框中选择“喷色描边”选项，切换到“喷色描边”对话框。对于其他的相关滤镜，也可以采用这种方法来切换相应的对话框。

图 7-112 “喷色描边”对话框

图 7-113 “喷色描边”后的图像

4．视频滤镜

选择菜单“滤镜”→“视频”命令，即可看到其子菜单命令（视频滤镜组有 2 个滤镜），它们的作用主要是用来解决视频图像输入与输出系统的差异问题。

（1）NTSC 颜色滤镜

常用的彩色视频信号的制式有 NTSC 制和 PAL 制。该滤镜可以减少彩色视频图像中的色阶，使彩色视频图像的色彩更符合 NTSC 制的要求，使不正常的颜色转换为接近正常的颜色。

（2）逐行滤镜

视频图像是隔行扫描的，即先扫描图像的奇数行，再扫描图像的偶数行，这会使视频图像的产生扫描线的错位。使用该滤镜，可以消除图像中的错位扫描线，使视频图像扫描正确，图像平滑。

7.5　液化图像

【案例 7-6】 节约用水公益广告

“节约用水公益广告”案例的效果如图 7-114 所示。

图 7-114 “节约用水公益广告”最终效果

**案例设计创意**

本案例通过一只在干裂土地上仅剩下小小的一滩水，上面被迫进化在陆地生活的海鱼眼睛里淌着泪，以反面教育的形式，向人们倡议“节约用水”，从而达到“节约用水”公益宣传的效果。

**案例目标**

通过本案例的学习，可以掌握“Xenofex”外挂滤镜中“龟裂土地”滤镜、“液化”滤镜的使用，并对以前所学的图层“混合模式”进行应用。

**案例制作方法**

1）单击菜单“文件”→“新建”命令（〈Ctrl+N 组合键〉），设置文档的“宽度”为 50 厘米，“高度”为 30 厘米，“分辨率”为 100 像素/英寸，“颜色模式”为“RGB 颜色”，“背景内容”为白色，名称为“节约用水”。

2）打开一幅名为“沙漠”的图像文件，如图 7-115 所示，按〈Ctrl+A〉组合键（全选），按〈Ctrl+C〉组合键，将整幅图像复制到剪贴板中，关闭该文件，回到“节约用水公益广告”文档，按〈Ctrl+V〉组合键，即可将剪贴板中的沙漠图像粘贴到画布中，并用〈Ctrl+T〉组合键，调整好沙漠图像与画布的大小使之吻合，“图层”面板中将自动生成一个名为“图层 1”的图层，“图层”面板如图 7-116 所示。

3）确定当前图层为“图层 1”，单击菜单“滤镜”→“Xenofex 1.0” →“龟裂土地”命令，在“龟裂土地”对话框中，设置“调节裂片长度”为 68，“调节裂片宽度”为 9，“调节裂片边沿的撕裂效果”为 70，“随机分布效果”为 72，“调整高光亮度”为 50，“调整高光聚集度”为 23，“方向”为 44，“倾斜度”为 53，如图 7-117 所示，单击按钮，即可为图像添加龟裂土地效果，效果如图 7-118 所示。

图 7-115 “沙漠.jpg”

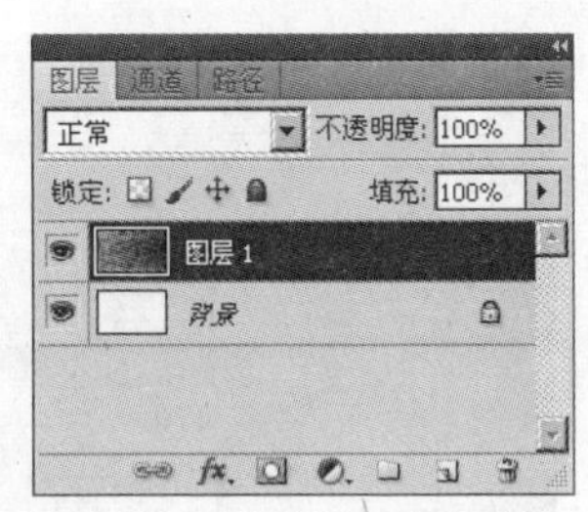

图 7-116 “图层”面板

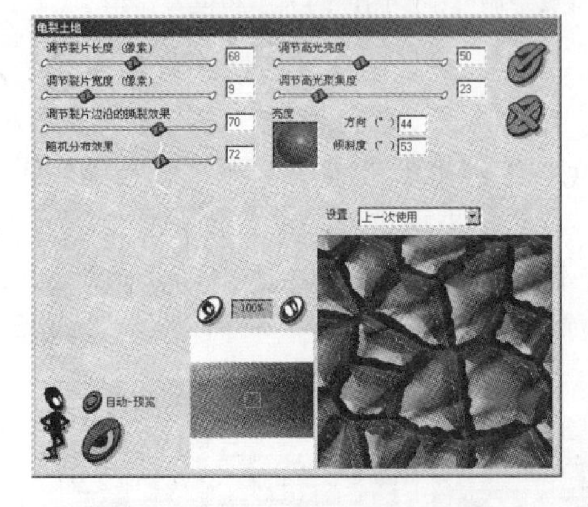

图 7-117 “龟裂土地”对话框

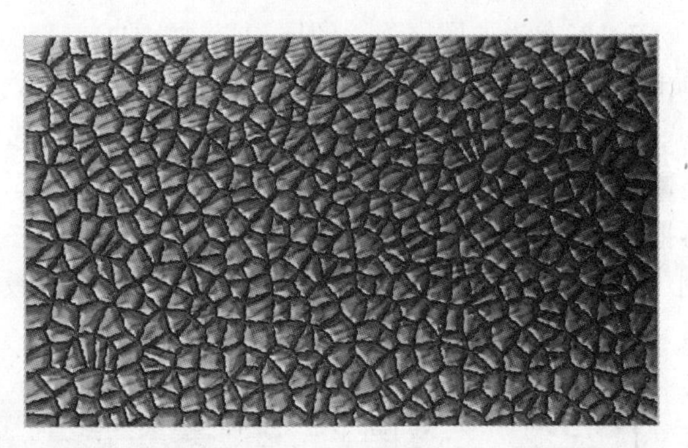

图 7-118 加了“龟裂土地”效果

4）按〈Ctrl+-〉组合键，将图像的显示比例缩小，单击菜单“编辑”→“变换”→“透视”命令，进入透视变换状态，调整图像为远小近大的效果，如图 7-119 所示，按〈Enter〉键确认，如图 7-120 所示。

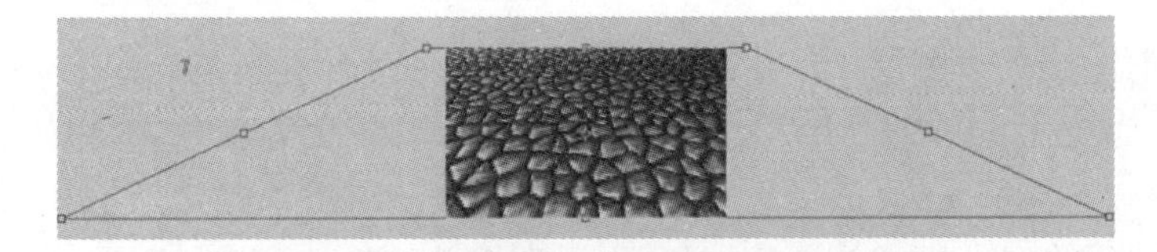

图 7-119 调整图像为远小近大的透视效果

图 7-120 调整后的图像

5）打开一幅名为“晚霞”的图像文件，如图 7-121 所示，按〈Ctrl+A〉组合键（全选），按〈Ctrl+C〉组合键将整幅图像复制到剪贴板中，关闭该文件。

6）回到“节约用水”文档，按〈Ctrl+V〉组合键，即可将剪贴板中的晚霞图像粘贴到画布中，此时，“图层”面板中将自动生成一个名为“图层 2”的图层，单击菜单“编辑”→“自由变换”命令，调整好晚霞图像在画布上的大小和位置，按〈Enter〉键确认，如图 7-122 所示。

图 7-121　晚霞.jpg

图 7-122　调整粘贴图像的大小和位置

7）确定当前图层为“图层 2”，按〈D〉键将前景色和背景色恢复到默认前黑/背白色，单击“图层”面板下的“添加图层蒙版”按钮，为“图层 2”添加蒙版，如图 7-123 所示。

8）使用工具箱中的“渐变工具”，在其选项栏内，单击“线性渐变”按钮，再单击下拉列表框，弹出“渐变编辑”对话框，在对话框里选择“前景到背景”渐变色，再把黑色滑块向右移一些，单击“确定”按钮，在“图层 2”的图层的蒙版中“从下到上”绘制一个渐变，效果如图 7-124 所示，此时图层蒙版如图 7-125 所示。

图 7-123　添加蒙版

图 7-124　渐变效果

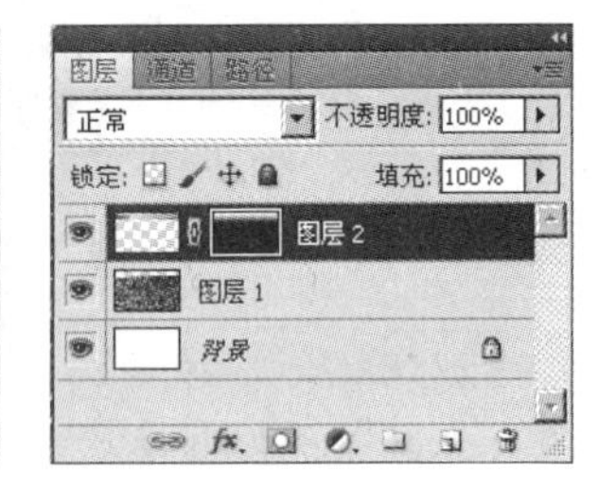

图 7-125　图层蒙版状态

9）确定当前图层为“图层 2”，按〈Ctrl+Shift+N〉组合键新建一个名为“图层 3”的图层，设置前景色为黄色（C=9，M=22，Y=67，K=0），背景色为橙色（C=0，M=75，Y=100，K=0），单击菜单“滤镜”→“渲染”→“云彩”命令，单击“确定”按钮，如图 7-126 所示，并设“图层 3”的混合模式为“叠加”，不透明度为 50%，“图层”面板如图 7-127 所示，效果如图 7-128 所示。

图 7-126　添加云彩效果

图 7-127　“图层”面板

图 7-128　产生融合效果

10）打开一幅名为“海水”的图像文件，如图 7-129 所示，按〈Ctrl+A〉组合键全选，然后按〈Ctrl+C〉组合键，将整个海水图像复制到剪贴板中，将文件关闭，回到“节约用水”文档，按〈Ctrl+V〉组合键，将整幅图粘贴到画布中，在“图层”面板上自动生成一个名为“图层 4”的图层，选择菜单“编辑”→“变换”→“透视”命令，调整图像为透视效果，如图 7-130 所示。

图 7-129 “海水.jpg”

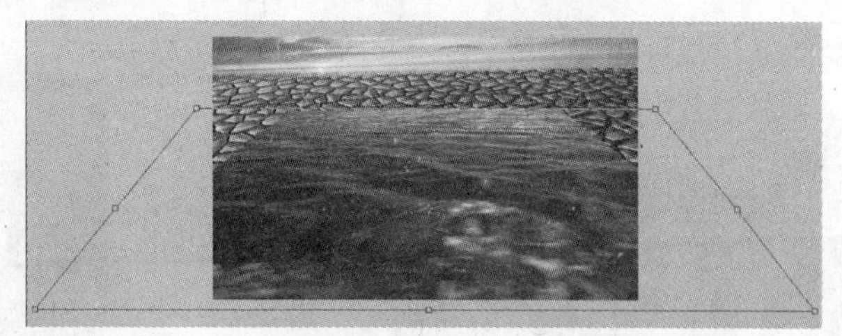

图 7-130 透视效果

11）确定当前图层为“图层 4”，按〈D〉键将前景色和背景色恢复到默认的黑/白色，单击“图层”面板下的“添加图层蒙版”按钮，为“图层 4”图层添加蒙版，单击工具箱中的“画笔工具”，按〈F5〉键打开“画笔”面板，如图 7-131 所示，设置“直径”为 100，“硬度”为 0，“间距”为 25%，“不透明度”为“40%”，单击“画笔”面板上的按钮将“画笔”面板隐藏（或直接按〈F5〉键隐藏），然后在画布上沿着海水进行涂抹，如图 7-132 所示。

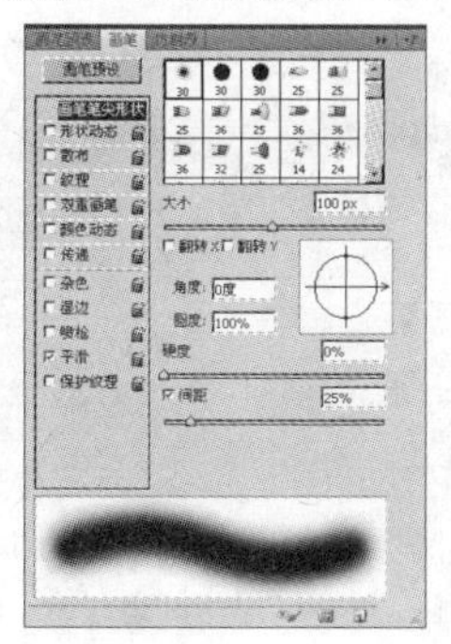

图 7-131 “画笔”面板

图 7-132 涂抹后的效果

12）在“图层”面板上，设置“图层 4”的混合模式为“滤色”（将“图层 4”中的图像和其下面的图层中的图像进行融合，产生将要干涸的效果），如图 7-133 所示，拖动“图层 4”到“图层”面板内下边的“创建图层”按钮之上，复制一个相同的图层，该图层的名称为“图层 4 副本”，设置该图层的“混合模式”为“强光”，“不透明度”为 40%（加强水纹效果），如图 7-135 所示，此时“图层”面板如图 7-134 所示。

图 7-133 产生干涸的效果

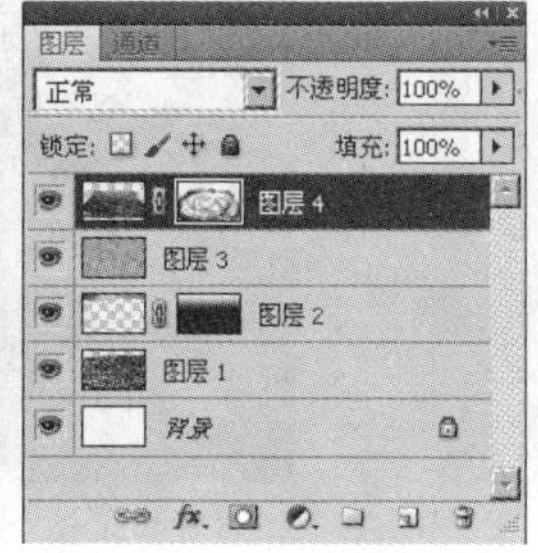

图 7-134 “图层”面板

图 7-135 加强水纹效果

13）打开一幅名为“海鱼.psd”的文件，如图 7-136 所示，按〈Ctrl〉键的同时，单击“图层”面板下的“图层 1”，调出选区，使用工具箱中的“移动工具”，拖动选区到“节约用水”的文档画布上才松开，这时“节约用水”文档的“图层”面板下就会多出一个名为“图层 5”的图层，单击菜单“编辑”→“自由变换”命令图像，调整图像的大小和位置，按〈Enter〉键确认，如图 7-137 所示。

图 7-136　海鱼.psd

图 7-137　调整海鱼图像的大小和位置

14）按〈Ctrl+M〉组合键，打开“曲线”对话框，设置如图 7-138 所示，单击“确定”按钮，将海鱼图像调亮，增强图像的感染力，如图 7-139 所示。

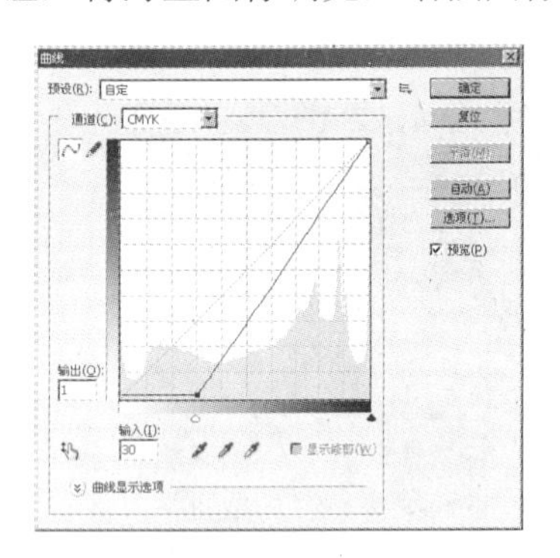

图 7-138　“曲线”对话框

图 7-139　将海鱼图像照亮

15）确定当前图层为“图层 5”，选择菜单“滤镜”→“液化”命令，弹出“液化”对话框，用“向前变形工具”对海鱼的嘴巴进行液化，如图 7-140 所示，效果如图 7-141 所示。

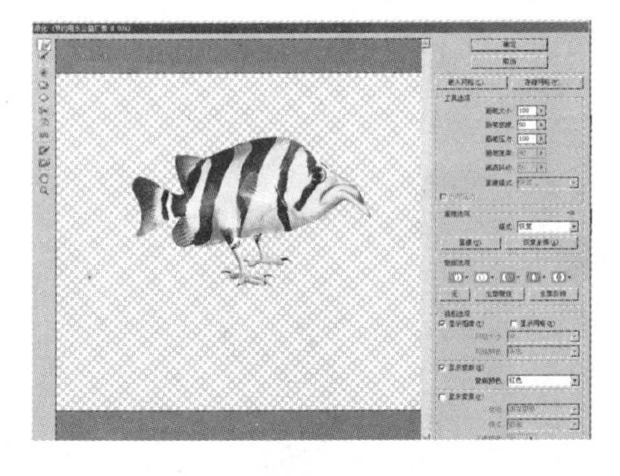

图 7-140　“液化”对话框

图 7-141　“液化”后的图像

图 7-142　海鱼的眼泪

16）按〈Ctrl+Shift+N〉组合键，新建一个图层名为“图层 6”，按〈D〉键，恢复前景（黑）背景（白）的默认颜色，再按〈X〉键，将前景和背景互换，用“钢笔工具”画两滴眼泪的形状，单击“路径”面板下的“工作路径”，再单击面板下的图标，以前景色填充，并把“工作路径 v”删除。如图 7-142 所示。

17）单击工具箱上的“文本工具”，设置字体为“方正细等线简体”，字体颜色为白色，大小为 200，字形加粗，在龟裂土地的左上角，单击输入“水”，选择菜单“滤镜”→“液化”命令，对“水”字进行一定的液化，对话框如图 7-143 所示，单击“确定”按钮，效果如图 7-144 所示。

18）同理，在海鱼的嘴巴旁边加上文字“被迫的进化……”，设置字体为“方正大黑简体”，字体颜色为黑色，大小为 35，双击该图层，为字描边 5 像素，在海鱼的下面写上文字“生命之源泉”，字体为“方正大黑简体”，字号为 80，颜色为白色；输入“请节约用水”，字体为“方正等细线简体”，字体颜色为深蓝色（C=92，M=75，Y=0，K=0），大小为 80，双击该图层，为字描边 5 像素，读者可以根据自己喜好设置。

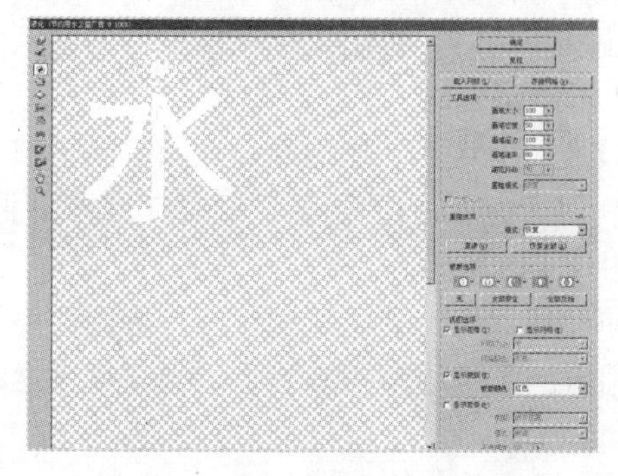

图 7-143　“液化”对话框

图 7-144　“液化”后的图像

至此，完成“节约用水公益广告”的全部效果的制作。最终效果如图 7-114 所示。

注意：在对“文字”图层进行液化时，一定要对“文字”图层栅格化，不然做不了，还有就是读者也可以用液化滤镜，让海鱼在眨眼睛的同时，眼泪流下来，这样就更生动了。

【相关知识】　液化图像

液化图像是一种非常直观和方便的图像调整方式，它可以将图像或蒙版图像调整为液化状态。选择菜单“滤镜”→“液化”命令，弹出“液化”对话框，如图 7-145 所示。

该对话框中间显示的是要加工的当前整个图像（图像中没有创建选区）或选区中的图像，左边是加工使用的“液化工具”，右边是对话框的选项栏。将光标移到中间的画面，光标呈圆形状。用鼠标在图像上拖动或单击图像，即可获得液化图像的效果。在图像上拖动鼠标的速度会影响加工人效果。“液化”对话框中各工具和部分选项的作用及操作方法如下所示。

“液化”对话框中各工具的作用如下。

1）“向前变形工具”：单击该按钮，设置画笔大小和画笔压力等，再用鼠标在图像上拖动，即可获得涂抹图像的效果，如图 7-146 所示。

图 7-145 “液化”对话框

2）“重建工具”：单击该按钮，设置画笔大小和压力等，再用鼠标在加工后的图像上拖动，即可将拖动处的图像恢复原状。如图 7-147 所示。

3）“顺时外旋转扭曲工具”：单击该按钮，设置画笔大小和压力等，使画笔的正圆正好圈住要加工的那部分图像。然后单击鼠标左键，即可看到正圆内的图像在顺时针旋转扭曲，当获得满意的效果时，松开鼠标左键即可，效果如图 7-148 所示。

4）“褶皱工具”：单击该按钮，设置画笔大小和压力等，使画笔的正圆正好圈住要加工的那部分图像。然后单击鼠标左键，即可看到正圆内的图像逐渐褶皱缩小，当获得满意的效果时，松开鼠标左键即可，效果如图 7-149 所示。

图 7-146　向前变形效果

图 7-147　重建的效果

图 7-148　顺时外旋转效果

图 7-149　褶皱效果

5）“膨胀工具”：单击该按钮，设置画笔大小和压力等，使画笔的正圆正好圈住要加工的那部分图像。然后单击鼠标左键，即可看到正圆内的图像逐渐膨胀扩大，当获得满意的效果时，松开鼠标左键即可，如图 7-150 所示。

6）“转换像素工具”：单击该按钮，设置画笔大小和压力等，再用鼠标在图像上拖动，即可获得用邻近图像像素替换涂抹处图像像素和挤压图像效果，如图 7-151 所示。

7）“对称工具”：单击该按钮，设置画笔大小和压力等，再用鼠标在图像上拖动，即可获得用邻近图像像素替换图像像素和挤压图像效果，如图 7-152 所示。

8）“紊流工具”：单击该按钮，设置画笔大小和压力等，使画笔的正圆正好圈住要加工的那部分图像。然后单击鼠标左键，即可看到正圆内的图像在顺时针旋转，如图 7-153 所示。

图 7-150　膨胀效果

图 7-151　转换像素效果

图 7-152　对称效果

图 7-153　紊流效果

9）“冻结工具”：单击该按钮，设置画笔大小和压力等，再用鼠标在不要加工的图像上拖动，即可在拖动过的地方覆盖一层半透明的颜色，建立保护的冻结区域，这时再用其他“液化工具”（不含“解冻工具”）在冻结区域拖动鼠标，则不能改变区域内的图像，如图 7-154 所示

10）“解冻工具”：单击该按钮，设置画笔大小和压力等，再用鼠标在冻结区域拖动，则可以擦除半透明颜色，使冻结区域变小，达到解冻的目的，如图 7-155 所示。

图 7-154　冻结效果

图 7-155　解冻效果

11）“缩放工具”：单击该按钮，再单击画面，则可放大图像，按〈Alt〉键，同时单击画面，则可缩小图像。

12）“抓手工具”：当图像较大，不能全部显示时，单击该按钮，再用鼠标在画面中拖动，即可移动图像的显示范围。

7.6　本章小结

本章以案例结合相关知识点的方式，介绍了 Photoshop CS5 中部分内置滤镜的使用方法，由于篇幅有限，不能逐一详尽地介绍每一种滤镜的使用方法。但是通过本章的具体案例，不仅能让读者掌握 Photoshop 中滤镜的使用方法，也能深刻感受 Photoshop 中滤镜精彩，同时还能了解并掌握外挂滤镜的使用，为使用 Photoshop 软件进行图形图像处理和设计、制作奠定了坚实的基础。

7.7　练习题

1）分别运用分层云彩、铜版雕刻、径向模糊、旋转扭曲、USM 锐化等滤镜，做出如图 7-156 所示的“交织线”效果。

2）分别运用添加杂色、动感模糊、极坐标、径向模糊、云彩、分层云彩等滤镜，做出如图 7-157 所示的制作“爆炸”效果。

图 7-156 “交织线”效果

图 7-157　制作“爆炸”效果

3）分别运用添加杂色、自定、动感模糊等滤镜，做出如图 7-158 所示的“圣诞贺卡”下雪的效果。

4）分别运用照亮边缘、高斯模糊做出如图 7-159 所示的“黄昏变夜景”效果。

图 7-158 “圣诞贺卡”下雪的效果

图 7-159 “黄昏变夜景”效果

5）分别运用云彩、分层云彩等滤镜，做出如图 7-160 所示的“玉佩”的效果。

6）分别运用添加杂色、高斯模糊、染色玻璃、浮雕效果等滤镜，做出如图 7-161 所示的“瓷器加纹理”的效果。

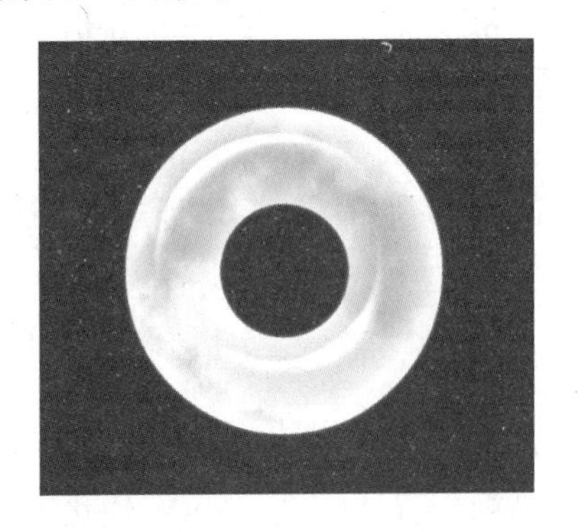

图 7-160 “玉佩”的效果

图 7-161 “瓷器加纹理”的效果

第 8 章　文字的创建与效果设计

教学目标

本章中将介绍 Photoshop CS5 中关于文字设计与处理方法，主要内容包括“文字工具”的使用方法，设定文字的属性，制作点文字和段落文字，对“文字”图层的栅格化，将文字转换路径或选区，文字变形的方法和沿路径排列文字的方法。

教学要求

知识要点	能力要求	相关知识
“文字工具”	掌握	“文字工具”的使用
文字选区	掌握	学会如何制作文字选区
文字的变形	了解	文字的变形的方法
沿路径排列文字	掌握	沿路径排列文字的方法

设计案例

（1）火焰字
（2）玻璃字
（3）打眼字
（4）冰凌字
（5）彩带字

8.1 【案例 8-1】火焰字

“火焰字”案例的效果如图 8-1 所示。

图 8-1 “火焰字”最终效果

案例设计创意

本案例中置于前面黑色的“燃烧”文字，像是被火焰烧焦后留下的，后面由黑色“燃烧”字延伸出由黄到红和扭曲的火焰，使得“燃烧”字更具有逼真的燃烧效果。

案例目标

通过本案例的学习，可以掌握“扭曲”滤镜中“风”滤镜的使用，同时让读者对图像的“索引”模式、颜色表等有更进一步的理解和掌握，整个案例也能为火焰效果制作奠定基础。

案例制作方法

1）选择菜单“文件”→“新建（〈Ctrl+N〉组合键）”命令，设置文件的“宽度”为 16 厘米，“高度”为 12 厘米，“分辨率”为 100 像素/英寸，“颜色模式”为灰度，“背景内容”为白色，“名称”为“火焰字”，如图 8-2 所示。

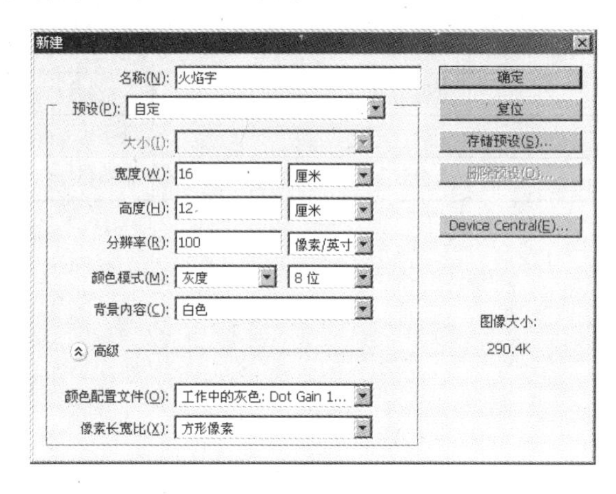

图 8-2 “新建”对话框

2）将背景填充为黑色，选择“通道”面板，并单击“通道”面板右下角的“新建”按钮，新建一个 Alpha 通道，如图 8-3 所示，选择工具箱上的“文字工具”按钮，在画布单击并输入文字“燃烧”，设置字体为黑体，大小为 140，加粗，选择工具箱上的“移动工具”，调整好文字在画布上的位置，如图 8-4 所示。

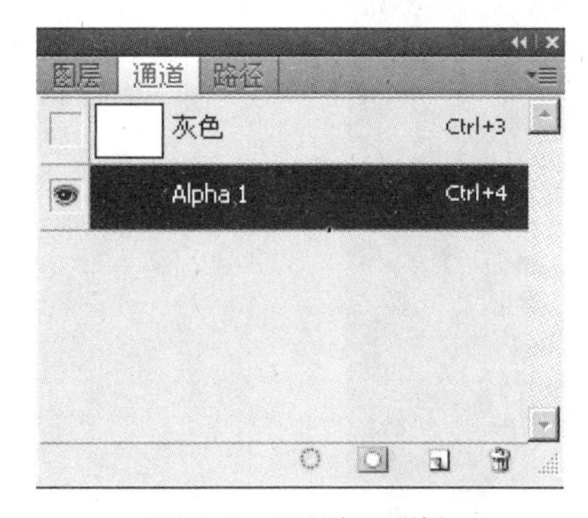

图 8-3 “通道”面板

图 8-4 在 alpha1 通道“输入文字“燃烧”

3）返回“图层”面板，单击右下角的“新建”按钮，新建一个图层，将文字填充为白色，按〈Ctrl+D〉组合键取消选区，如图 8-5 所示，选择菜单“图像”→“图像旋转”→“90 度（逆时针）”命令，将画布旋转，如图 8-6 所示。

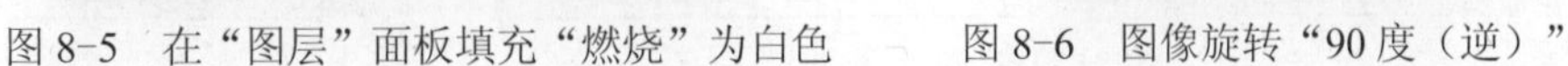

图 8-5 在“图层”面板填充“燃烧”为白色　　图 8-6 图像旋转“90 度（逆）”

4）选择菜单“滤镜”→“风格化”→“风”命令，给“燃烧”文字添加风的效果，具体参数设置为默认的值，如图 8-7 所示，单击“确定”按钮，效果如图 8-8 所示，可以根据自己的需要多次添加“风”的效果，本实例添加次数为 4 次（可以用〈Ctrl+F〉组合键，重复使用刚刚使用过的滤镜），如图 8-9 所示。

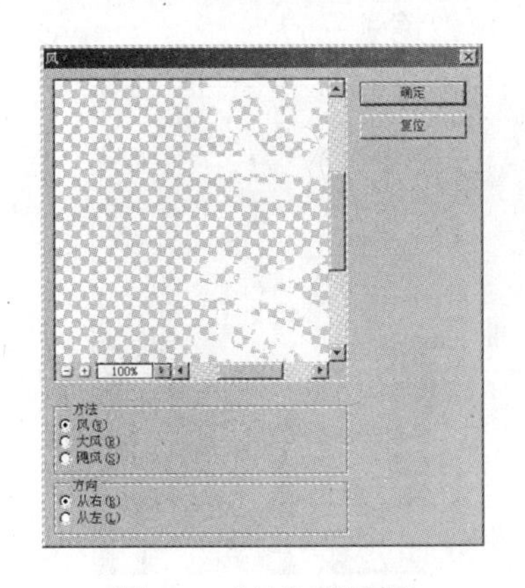

图 8-7 “风”对话框

图 8-8 “风”后的图像（1 次）

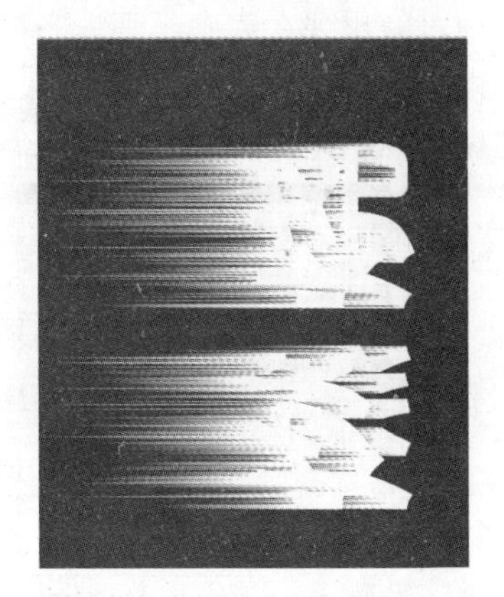

图 8-9 “风”后的图像（4 次）

5）选择菜单“图像”→“图像旋转”→“90 度（顺时针）”命令，将画布的位置恢复原样，如图 8-10 所示，选择菜单“滤镜”→“扭曲”→“波纹”命令，在对话框里设置“数量”为 45%，“大小”为中，如图 8-11 所示，单击“确定”按钮，效果如图 8-12 所示。

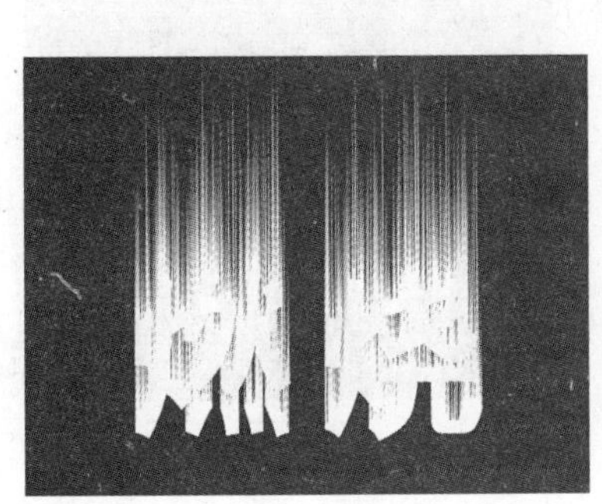

图 8-10 图像顺时针旋转“90 度”

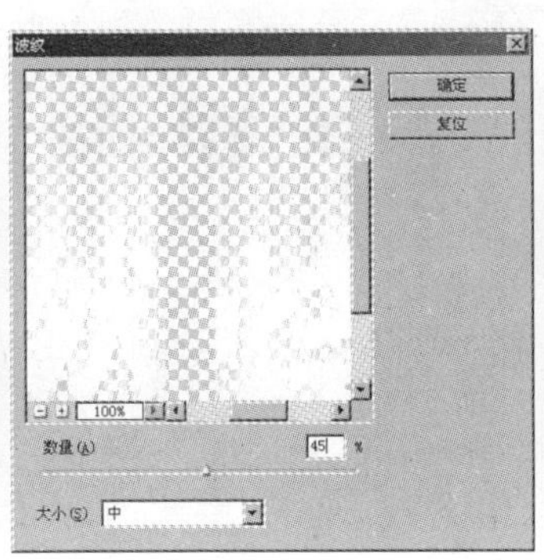

图 8-11 “扭曲”对话框

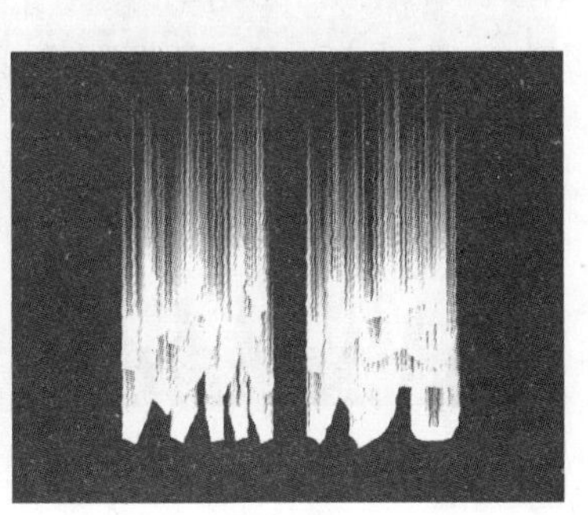

图 8-12 “扭曲”后图像

6）选择菜单“图像”→“模式”→“索引模式”命令，会弹出一个对话框，如图 8-13 所示，单击“确定”按钮，会弹出另外一个对话框，参数为默认值，如图 8-14 所示，单击“确定”按钮，此时“图层”面板如图 8-15 所示。

图 8-13　拼合图层

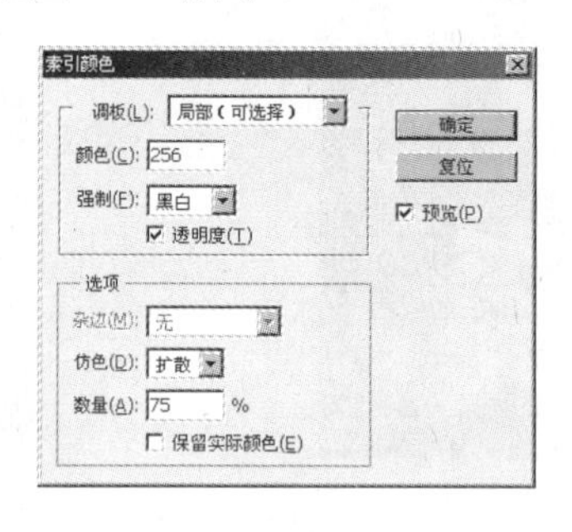

图 8-14　“索引颜色”对话框

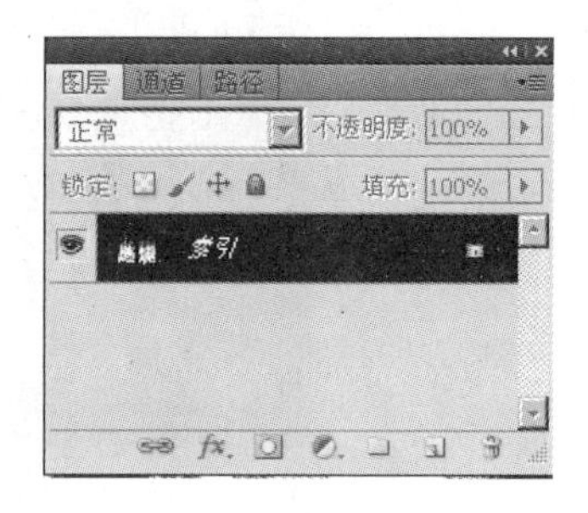

图 8-15　“图层”面板

7）选择菜单“图像”→“模式”→“颜色表”命令，在对话框中选择“黑体”，如图 8-16 所示，单击“确定”按钮，如图 8-17 所示。（索引颜色模式使用最多 256 种颜色，当转换为索引颜色模式时，Photoshop 将根据颜色查找表对比图像中的颜色，如果图像中的某种颜色没有出现在表中，则程序将选取现有颜色中最接近的一种来模拟该颜色。）

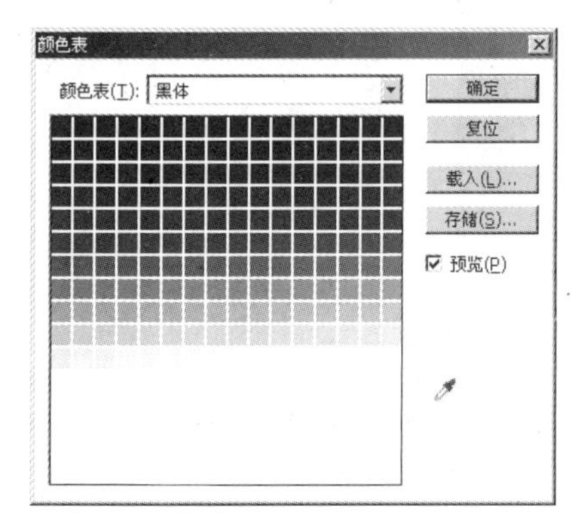

图 8-16　“颜色表”对话框

图 8-17　选择“颜色表”后的图像

8）选择“通道”面板，按住〈Ctrl〉键的同时，单击“Alpha1”通道前面的缩略图标，调出选区，如图 8-18 所示；回到“索引”通道，如图 8-19 所示；将选区填充为黑色，按〈Ctrl+D〉组合键取消选区，如图 8-20 所示。

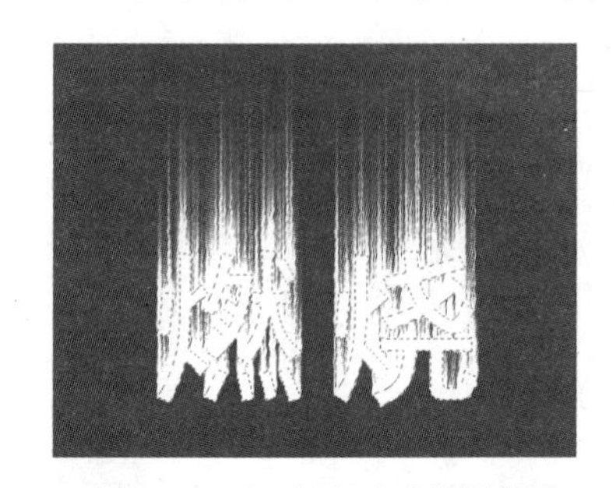

图 8-18　调出选区后的图像

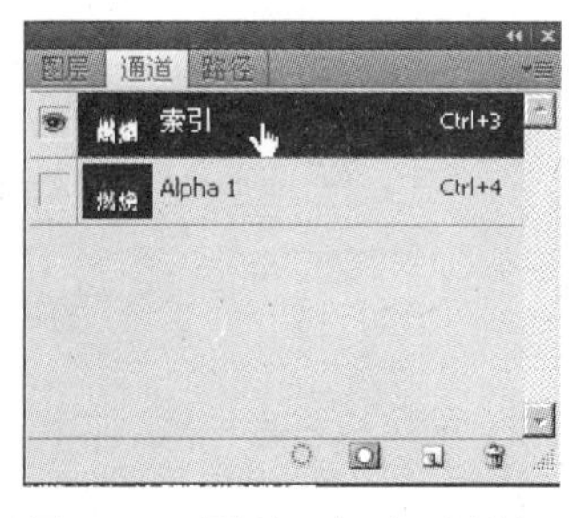

图 8-19　回到“索引”通道

图 8-20　将选区填充为黑色

至此，完成“燃烧”文字的全部效果的制作。最终效果如图 8-1 所示。

8.2 【案例 8-2】玻璃字

“玻璃字”案例的效果如图 8-21 所示。

图 8-21 “玻璃字”最终效果

案例设计创意

本案例的黑色背景中，晶莹透亮并带有七彩发光的“玻璃”文字，能展示出“玻璃”字的特效。

案例目标

通过本案例的学习， 可以掌握“动感模糊”、“查找边缘”滤镜的使用以及达到的效果，并配合黑色背景以及“色谱”渐变制作出玻璃文字效果。

案例制作方法

1）选择菜单“文件”→“新建（〈Ctrl+N〉组合键）”命令，设置文件的“宽度”为 16 厘米，“高度”为 12 厘米，“分辨率”为 100 像素/英寸，“颜色模式”为 RGB，“背景内容”为白色，“名称”为“玻璃字”，如图 8-22 所示。

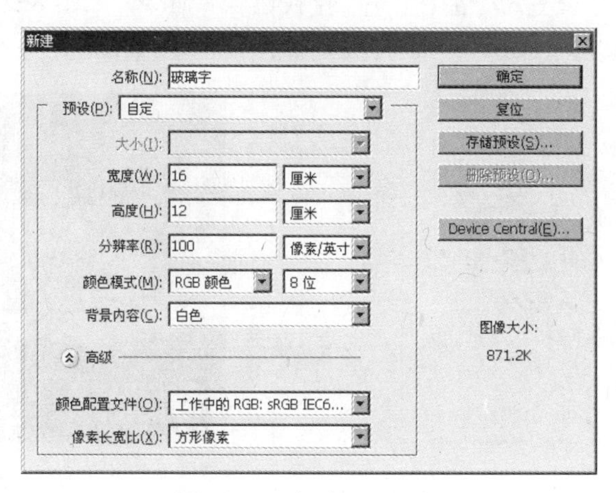

图 8-22 “新建”对话框

2）将背景填充为黑色，选择“通道”面板，并单击“通道“面板右下角的“新建”按钮，新建一个 Alpha 通道，如图 8-23 所示，选择工具箱上的“文字工具” T 按钮，在画布单击一下，输入文字“玻璃”，设置字体为黑体，大小为 160，加粗，选择工具箱上的“移动工具”，调整好文字在画布上的位置，按〈Ctrl+D〉组合键取消选区，如图 8-24 所示。

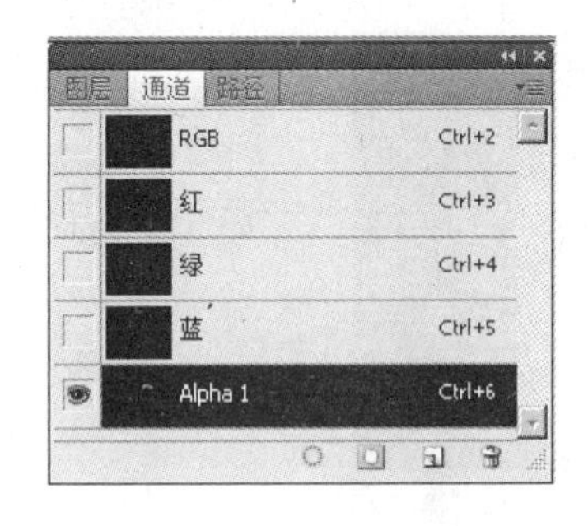

图 8-23 “通道”面板

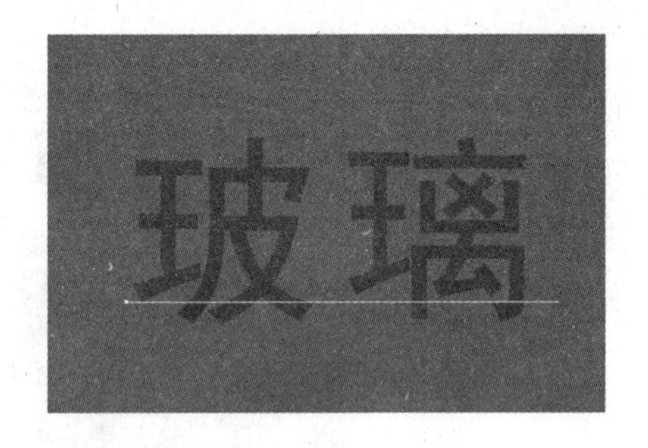

图 8-24 在“通道”画布上输入文字“玻璃”

3）选择菜单“滤镜”→“模糊”→“动感模糊”命令，设置“角度”为 45 度，“距离”为 25 像素，如图 8-25 所示，单击“确定”按钮，效果如图 8-26 所示。

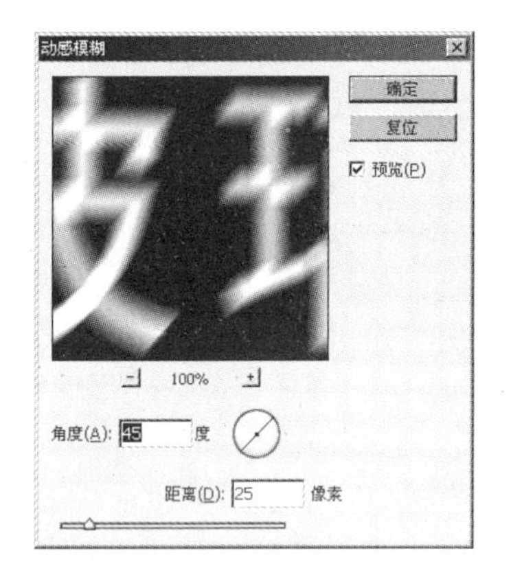

图 8-25 “动感模糊”对话框

图 8-26 “动感模糊”后的图像

4）选择菜单“滤镜”→“风格化”→“查找边缘”命令，如图 8-27 所示，选择菜单“图像”→“调整”→“反相（〈Ctrl+I〉组合键）”命令，如图 8-28 所示。

图 8-27 “查找边缘”后的图像

图 8-28 “反相”后的图像

5）选择“通道”面板右下角的 按钮，将通道作为选区载入，如图 8-29 所示，选中“通道”面板的“RGB”通道，如图 8-30 所示，返回“图层”面板。

图 8-29 将通道作为选区载入

图 8-30 选中“RGB”通道

6）选择“图层”面板右下角 按钮，新建一个图层，选择工具箱上的 “渐变工具”，单击选项栏 下拉菜单，打开“渐变拾色器”，选择“色谱”渐变色块，如图 8-31 所示，并在选项栏中单击“线性渐变” ，然后从文字的左边向右边拖动以给选区作渐变填充（至少拉 3 次），按〈Ctrl+D〉组合键取消选区，如图 8-32 所示。

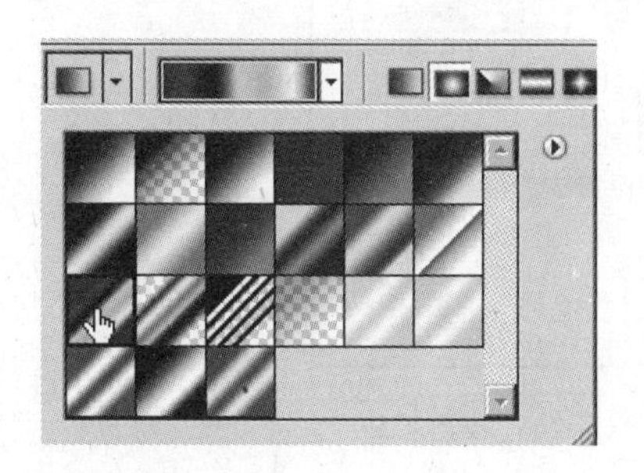

图 8-31 “渐变”拾色器选中色谱

图 8-32 色谱渐变后的图像（3 次）

至此，完成“玻璃”文字的全部效果的制作。最终效果如图 8-21 所示。

8.3 【案例 8-3】打眼字

“打眼字”案例的效果如图 8-33 所示。

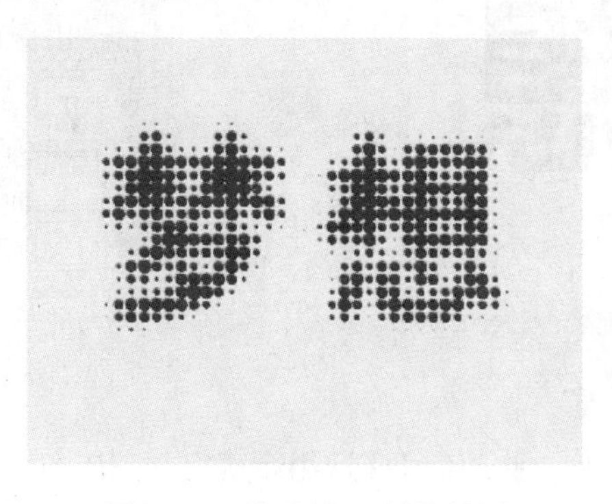

图 8-33 “打眼字”最终效果

案例设计创意

本案例将文字通过“彩色半调”滤镜处理为充满洞眼的效果，从而给人一种梦幻的感觉。

案例目标

通过本案例的学习，可以掌握“高斯模糊”、“彩色半调”滤镜的使用，以及这两种滤镜的配合使用制作打眼文字效果。

案例制作方法

1）选择菜单“文件”→“新建（〈Ctrl+N〉组合键）”命令，设置文件的“宽度”为 16 厘米，“高度”为 12 厘米，“分辨率”为 100 像素/英寸，“颜色模式”为 RGB，“背景内容”为白色，“名称”为“打眼字”，如图 8-34 所示。

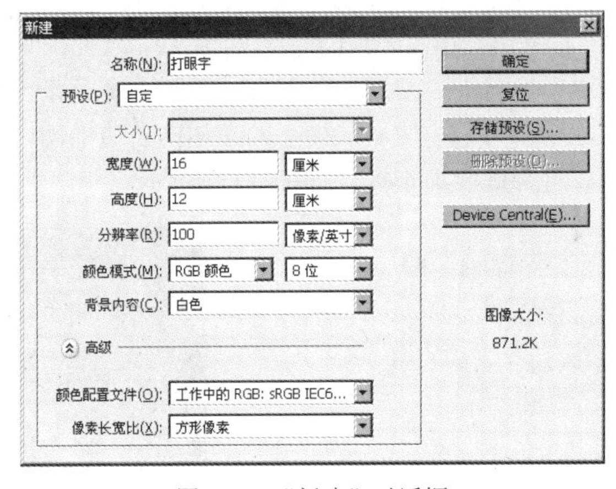

图 8-34 “新建”对话框

2）设置前景色为纯红色（R=255，G=0，B=0），选择工具箱上的“文字工具”T，在画布单击一下，输入文字“梦想”，设置字体为黑体，大小为 160，加粗，选择工具箱上的“移动工具”，调整好文字在画布上的位置，按〈Ctrl+D〉组合键取消选区，如图 8-35 所示，背景层和文字层之间创建一个新的图层，并填充颜色为白色，如图 8-36 所示。

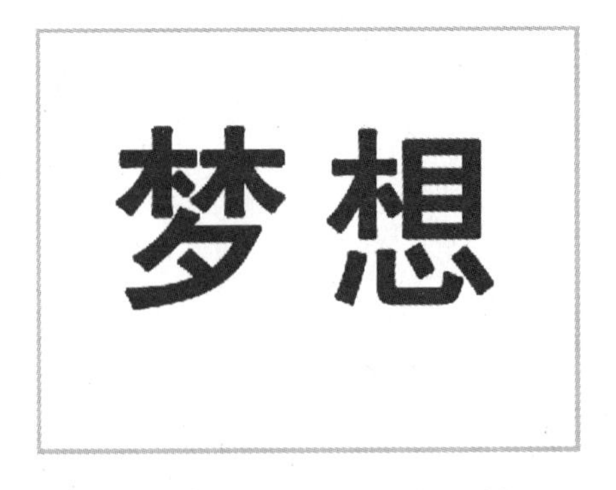

图 8-35 在画布上输入文字“梦想”

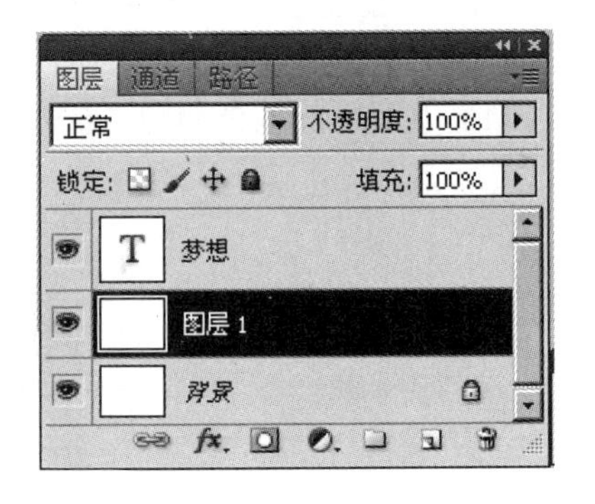

图 8-36 新建图层

3）选中文字“梦想”图层，按〈Ctrl+E〉组合键将此图层与图层 1 合并，选中合并后的图层（合并图层名为“图层 1”），选择菜单“滤镜”→“模糊”→“高斯模糊”命令，在“高斯模糊”对话框内，设置“半径”为4.3，如图8-37所示，单击“确定”按钮，效果如图8-38所示。

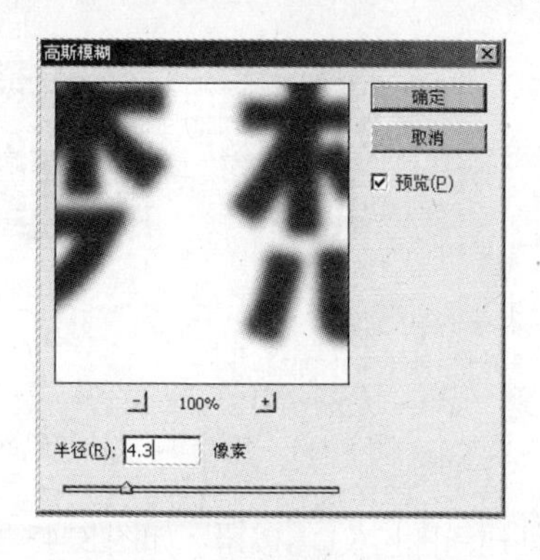

图 8-37 “高斯模糊”对话框

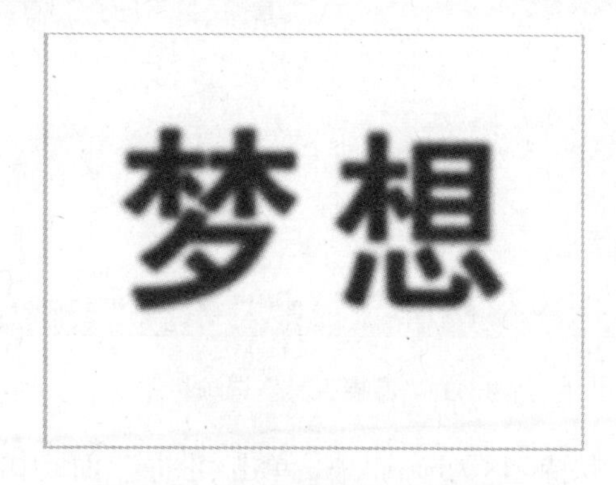

图 8-38 “高斯模糊”后的图像

4）按〈Ctrl+L〉组合键，弹出“色阶“对话框，在对话框中向左拖动“输入色阶”的右侧白色三角滑块，如图8-39所示，使文字的线条更清晰一些，效果如图8-40所示。

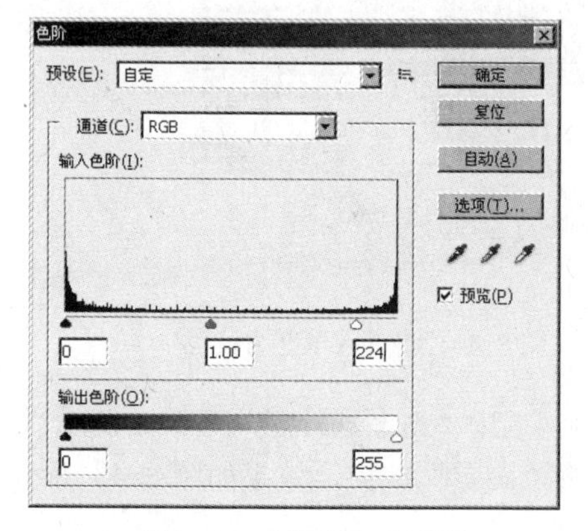

图 8-39 “色阶”对话框

图 8-40 “输入色阶”后的图像

5）选择菜单“滤镜”→“像素化”→“彩色半调”命令，在“彩色半调”对话框内，设置“最大半径”为10，“通道1”为108，其他通道的值为0，如图8-41所示，单击“确定”按钮，效果如图8-42所示。

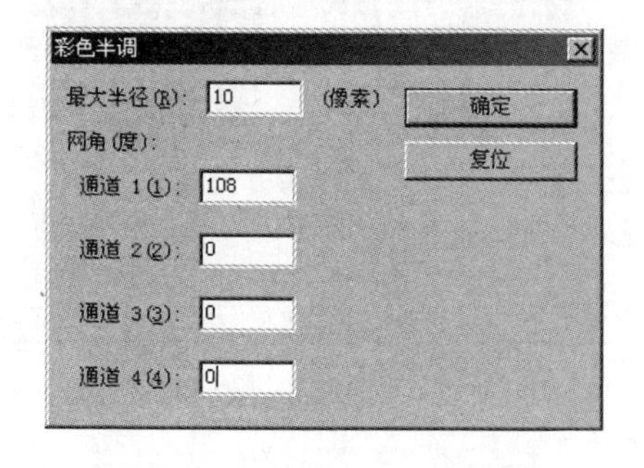

图 8-41 “彩色半调”对话框

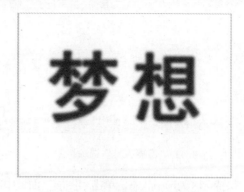

图 8-42 “彩色半调”后的图像

6）选择“魔棒工具”，并在选项栏中去掉“连续”选项，如图8-43所示，然后在文字图层的白色部分单击，选择除了文字以外的白色区域，如图8-44所示。

容差: 32 ☑ 消除锯齿 ☐ 连续 ☐ 对所有图层取样

图 8-43 “魔棒工具”选项栏

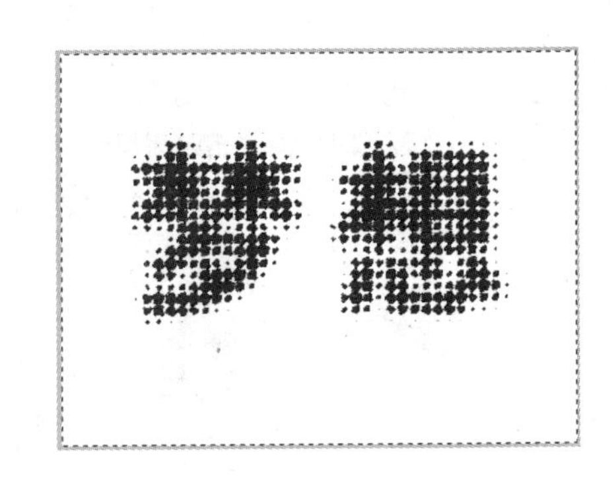

图 8-44 用魔棒选中白色区域

7）保持选区为选中状态，单击“图层”面板中的“创建新图层”按钮，如图 8-45 所示，创建“图层 2”，设前景色为黄色，并填充此时的选区，按〈Ctrl+D〉组合键取消选区，如图 8-46 所示。

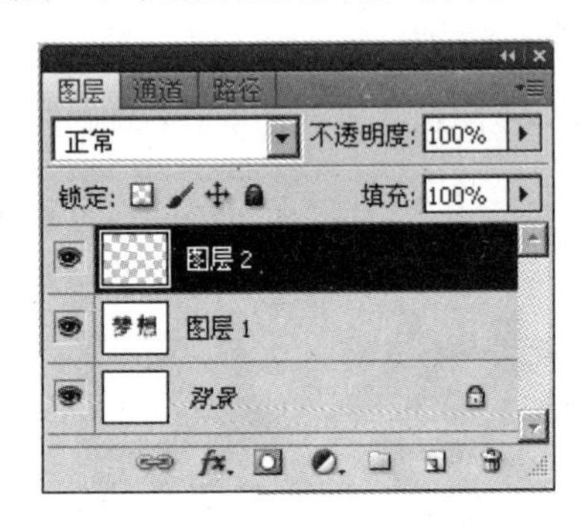

图 8-45 新建图层

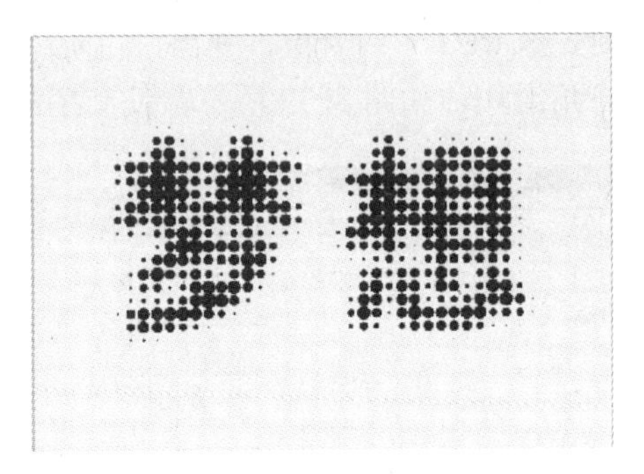

图 8-46 将选区填充为黄色

8）双击“图层 2”图层，弹出“图层样式”对话框，选中“斜面和浮雕”选项，设置“深度”为 83%，“大小”为 2 像素，如图 8-47 所示，单击“确定”按钮，效果如图 8-48 所示。

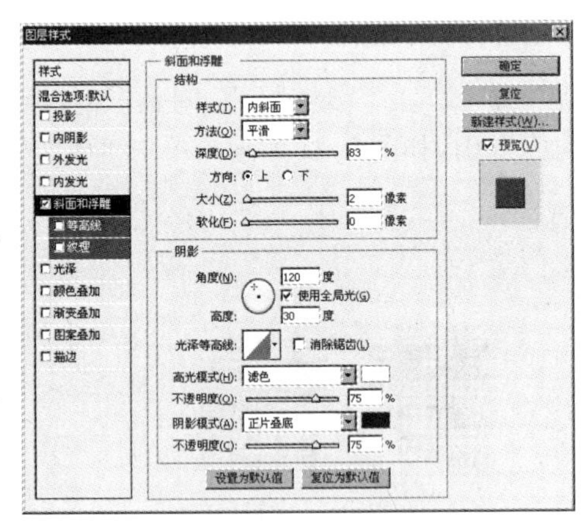

图 8-47 “图层样式”对话框

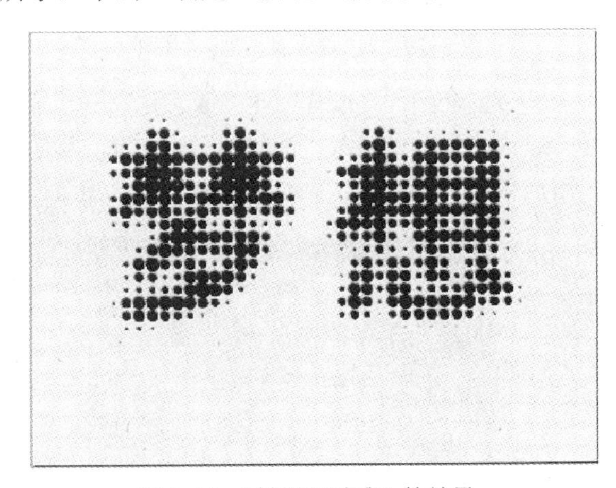

图 8-48 “斜面和浮雕”的效果

8.4 【案例 8-4】冰凌字

“冰凌字”案例的效果如图 8-49 所示。

图 8-49 “冰凌”文字的最终效果

案例设计创意

本案例是将文字处理为向下滴垂并凝固的效果，再加上雪白中透出一些蓝色，从而制作出一种冰激凌文字效果。该冰激凌文字可应用于“冷冻食品”、“雪景”等广告文字中。

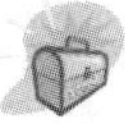

案例目标

通过本案例的学习，可以掌握“晶格化”、“添加杂色”、“高斯模糊”、“风”滤镜的配合使用。

案例制作方法

1）选择菜单“文件”→“新建（〈Ctrl+N〉组合键）”命令，设置文件的“宽度”为 16 厘米，“高度”为 12 厘米，“分辨率”为 100 像素/英寸，“颜色模式”为 RGB，“背景内容”为白色，“名称”为“冰凌字”，如图 8-50 所示。

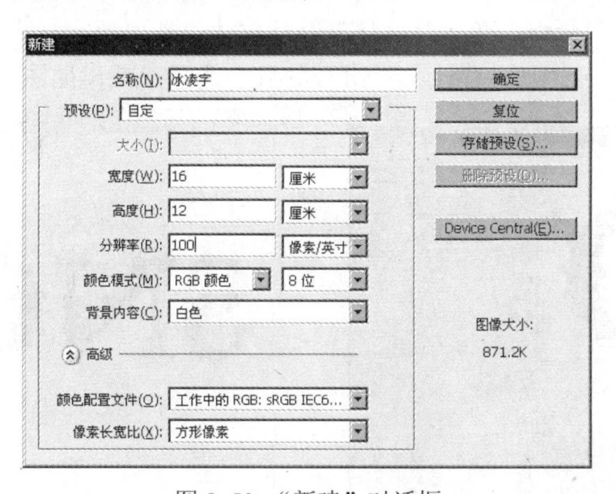

图 8-50 “新建”对话框

2）按〈D〉键，恢复默认的前/背景色，选择工具箱中的“横排文字工具” T，在画布窗口中单击，输入字母“SNOW”，设置字体为 Arial Black，大小为 140px，选择工具箱上“矩形选框工具”调整好文字在画布上适当位置，并填充为黑色，如图 8-51 所示（注意：调整文字位置时，一定要保证当前的工具是“矩形选框工具”），单击“图层”面板上的“新建图层”按钮 ，得到“图层 2”，并将此图层背景填充为白色，“图层”面板如图 8-52 所示。

图 8-51　输入文字

图 8-52　“图层”面板

3）载入文字图层（SNOW 图层）的选区，如图 8-53 所示，回到“图层 1”，将选区填充为黑色，如图 8-54 所示。

图 8-53　载入文字选区

图 8-54　将选区填充为黑色

4）保持选区为选中状态，按〈Ctrl+Shift+I〉组合键，将图像反选，选择菜单“滤镜”→“像素化”→“晶格化”命令，在“晶格化”对话框中设置“单元格大小”为 22，如图 8-55 所示，单击“确定”按钮，按〈Ctrl+D〉组合键取消选区，效果如图 8-56 所示。

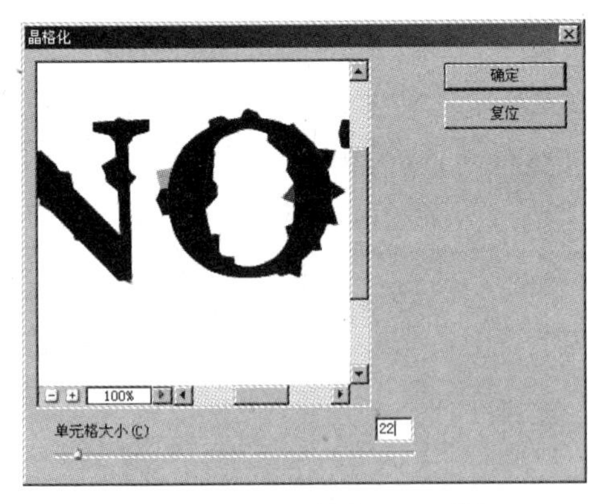

图 8-55　“晶格化”对话框

图 8-56　“晶格化”后的图像

5）重新载入文字（“SNOW”图层）选区，回到“图层 1”，选择菜单“滤镜”→“杂色”→“添加杂色”命令，在“添加杂色”对话框，设置“数量”为 173.26%，“分布”选择“平均分布”，将“单色”复选框选中，如图 8-57 所示，单击“确定”按钮，效果如图 8-58 所示。

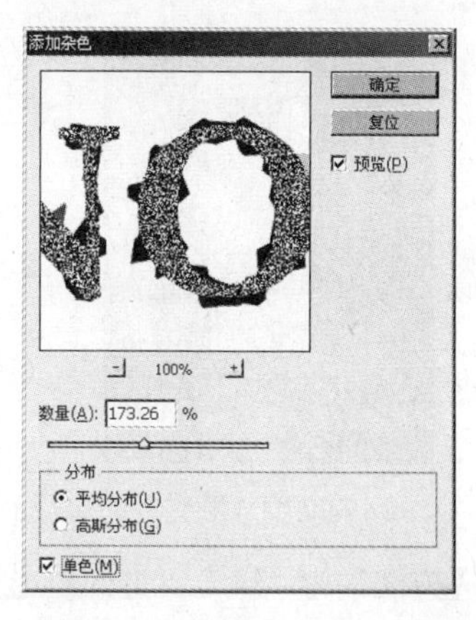

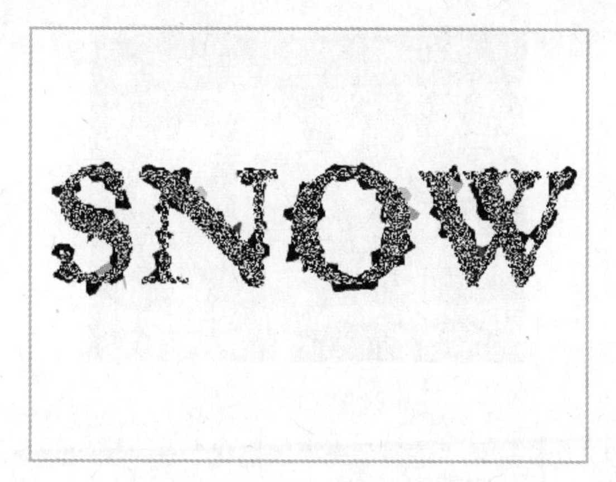

图 8-57 “添加杂色”对话框　　　　图 8-58 “添加杂色”后的图像

6）选择菜单“滤镜”→“模糊”→“高斯模糊”命令，设置“画笔大小”值为 4 ，如图 8-59 所示，单击“确定”按钮，按〈Ctrl+D〉组合键取消选区，效果如图 8-60 所示。

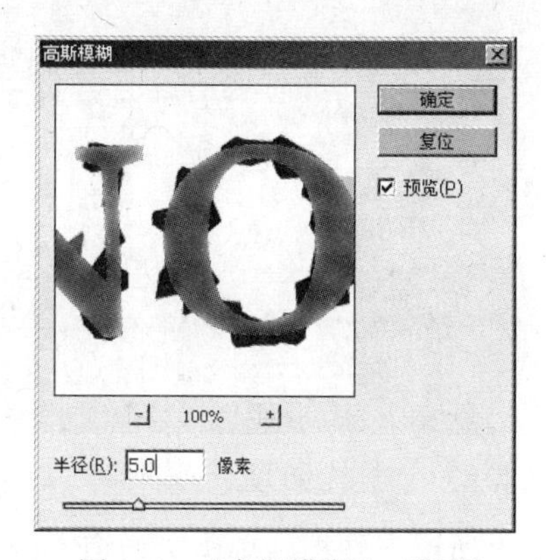

图 8-59 “高斯模糊”对话框　　　　图 8-60 “高斯模糊”后的图像

7）按〈Ctrl+M〉组合键，打开“曲线”对话框，设置如图 8-61 所示，单击“确定”按钮，效果如图 8-62 所示。

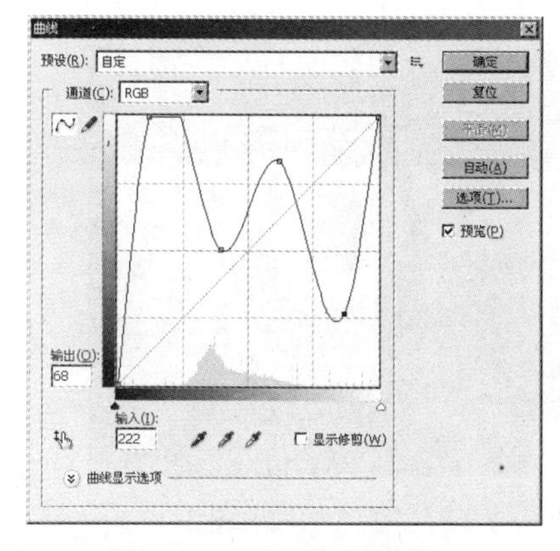

图 8-61 “曲线”对话框　　　　图 8-62 “曲线”后的图像

8）按〈Ctrl+I〉组合键，将图像反相，如图 8-63 所示，选择菜单“图像”→“图像旋转”→“90 度（顺时针）”命令，如图 8-64 所示

图 8-63　图像反相

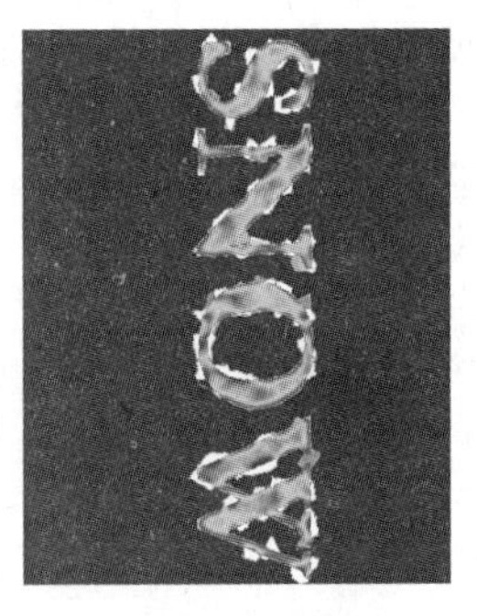

图 8-64　“旋转 90 度（顺时针）”后的图像

9）选择菜单“滤镜”→“风格化”→“风”命令，设置“方法”为“风”，“方向”选择“从右”，如图 8-65 所示，单击“确定”按钮，再按〈Ctrl+F〉组合键，再执行一次风滤镜，效果如图 8-66 所示，选择菜单“图像”→“图像旋转”→“90 度（逆时针）”命令，如图 8-67 所示。

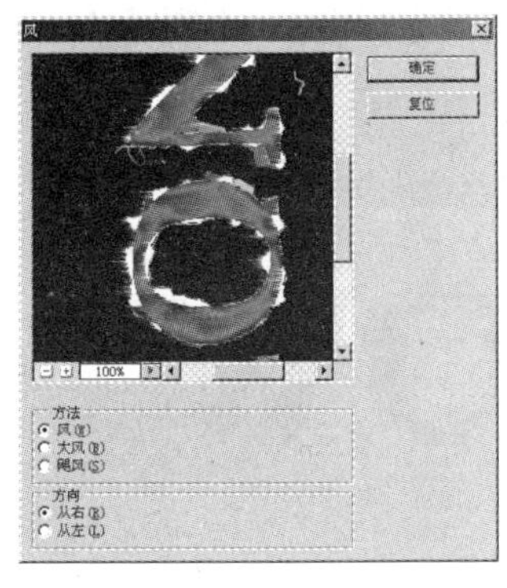

图 8-65　“风”对话框

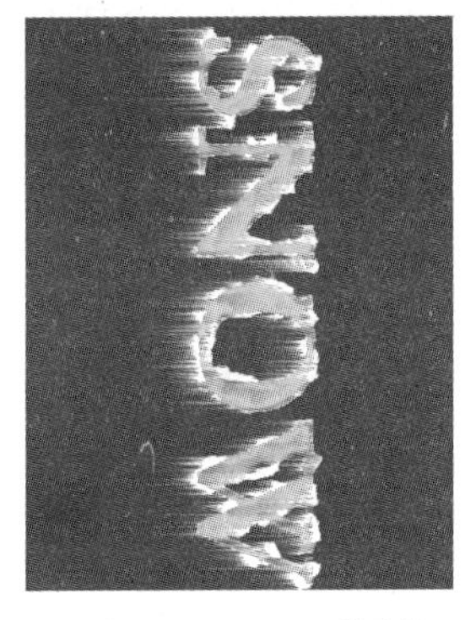

图 8-66　“风”后图像

图 8-67　“旋转 90 度（逆时针）”后的图像

10）按〈Ctrl+A〉组合键全选，Ctrl+C 复制，选择“通道”面板，单击“通道“面板右下角的“新建”按钮，新建一个 Alpha 通道，按〈Ctrl+V〉组合键粘贴。

11）按〈Ctrl+L〉组合键，弹出“色阶”对话框，设置“输入色阶”为（17，1.00，170）如图 8-68 所示，单击“确定”按钮，效果如图 8-69 所示。

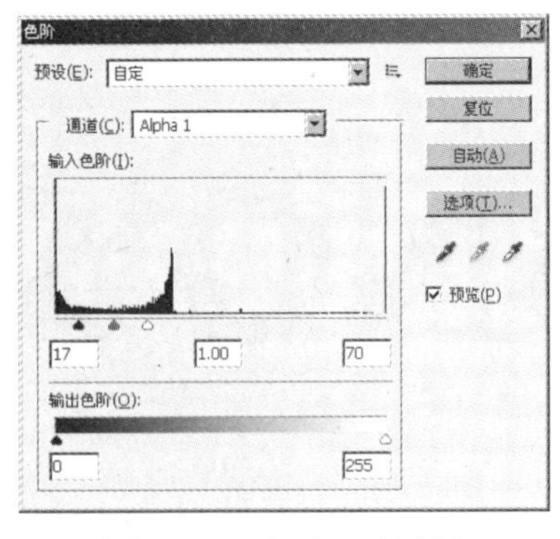

图 8-68　“色阶”对话框

图 8-69　“色阶”后的图像

12）单击“通道”面板下的“将通道作为选区载入”按钮，如图 8-70 所示，回到“图层”面板选择“图层 1”，单击下面的“添加矢量蒙版”按钮，如图 8-71 所示，按〈Ctrl+J〉组合键复制出“图层 1 副本”，并将该图层“混合模式”设置为“颜色减淡”，效果如图 8-72 所示。

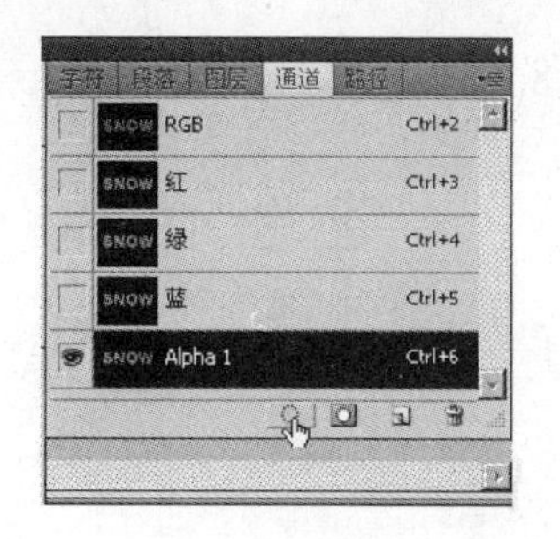

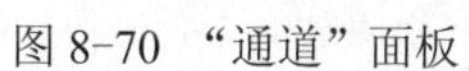
图 8-70 “通道”面板

图 8-71 “图层”面板

图 8-72 “颜色减淡”后的图像

13）按〈Ctrl+U〉组合键，弹出“色相/饱和度”对话框，设置参数，选择“着色”复选框，设置“色相”为 220，“饱和度”为 24，“明度”为 35，如图 8-73 所示，单击“确定”按钮，按〈Ctrl+D〉组合键取消选区，效果如图 8-74 所示。

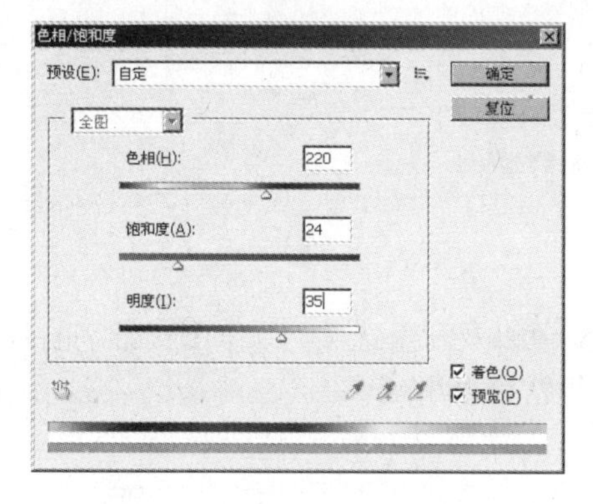

图 8-73 “色相/饱和度”对话框

图 8-74 “色相/饱和度”图像

14）将前景设置为蓝灰色（R=169，G=188，B=213）,背景色设为黑色，选择工具箱上的“渐变工具”，在选项栏上选择“线性渐变”，填充“背景”图层（填充时从画布左下角向右上角呈对角线拉）。

15）将前景色设为白色，按〈Ctrl+Shift+N〉组合键新建一个“图层 2”，选择工具箱上的“画笔工具”，按〈F5〉键，弹出“画笔”面板，如图 8-75 所示，在画布上画一些星星，如图 8-76 所示，双击“图层 1”，弹出“图层样式”对话框，选择左边“投影”，右边设置“距离”为 10，“扩展”为 0，“大小”为 8，单击“确定”按钮，如图 8-77 所示。

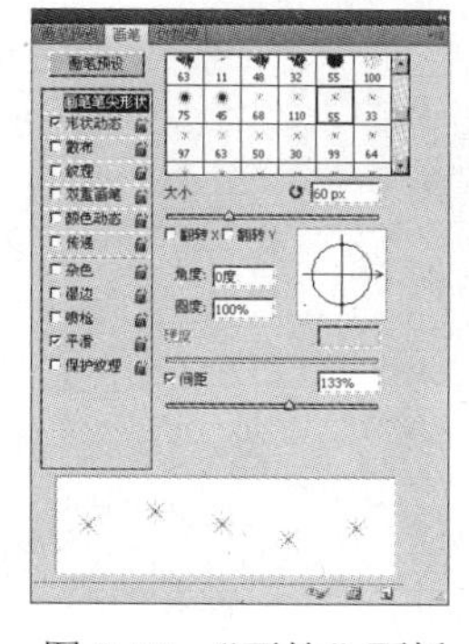

图 8-75 “画笔”面板

图 8-76 添加星星后的图像

图 8-77 添加投影后的图像

至此，完成“冰凌”文字的全部效果的制作。最终效果如图 8-49 所示。

8.5 【案例 8-5】彩带字

“彩带字”案例的效果如图 8-78 所示。

图 8-78 “彩带字”最终效果

案例设计创意

该案例利用自定义画笔，并利用画笔中的动态颜色以及渐隐选项，制作出彩带字的效果，能很好地起到吸引注意力的作用，这在平面设计中经常可以用到。

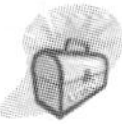

案例目标

通过本案例的学习，可以学习并巩固之前学的自定义画笔、画笔中的动态颜色以及渐隐选项的具体应用。

案例制作方法

1）选择菜单“文件”→“新建（〈Ctrl+N〉组合键）”命令，设置文件的“宽度”为 16 厘米，“高度”为 12 厘米，“分辨率”为 100 像素/英寸，“颜色模式”为 RGB，“背景内容”为白色，“名称”为“冰凌字”，如图 8-79 所示。

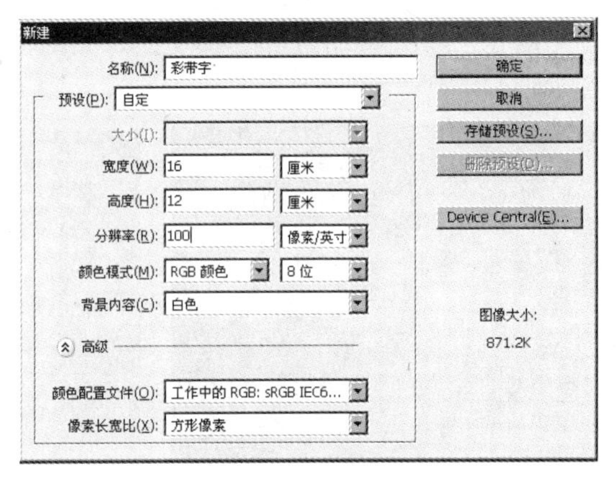

图 8-79 “新建”对话框

2）单击“图层”面板上的“新建图层”按钮 ，得到“图层 1”，“图层”面板如图 8-80 所示。选择工具箱中的“横排文字工具” ，在“图层 1”中输入文字“彩带字”，字体为宋体，大小为 60px，颜色为黑色，并用“移动工具”调整好文字在画布上的适当位置，如图 8-81 所示。

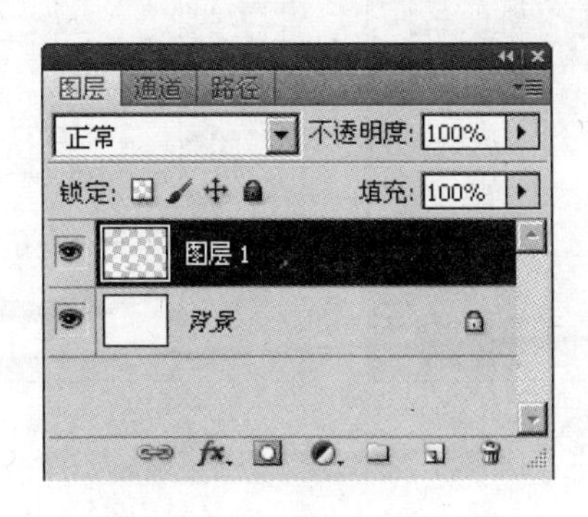

图 8-80 “图层”面板

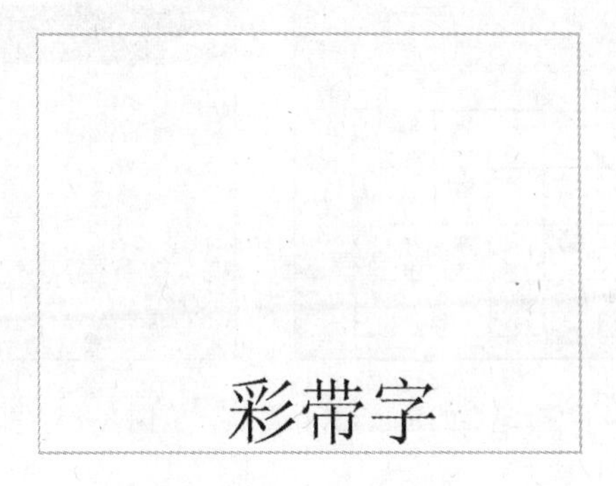

图 8-81 输入文字

3）选择菜单“编辑”→“定义画笔预设”命令，在“图案名称”对话框的“名称”中输入“彩带字”，如图 8-82 所示，单击“确认”按钮，在“图层”面板上，将“图层 1”隐藏，单击“图层”面板上的“新建图层”按钮 ，得到“图层 2”，选择工具箱上的“钢笔工具” ，并在选项栏上选择“路径”按钮 ，在画布画如图 8-83 所示的一条曲线，可以用工具箱的“直接选择工具” 对当前路径进行调整。

图 8-82 “画笔名称”对话框

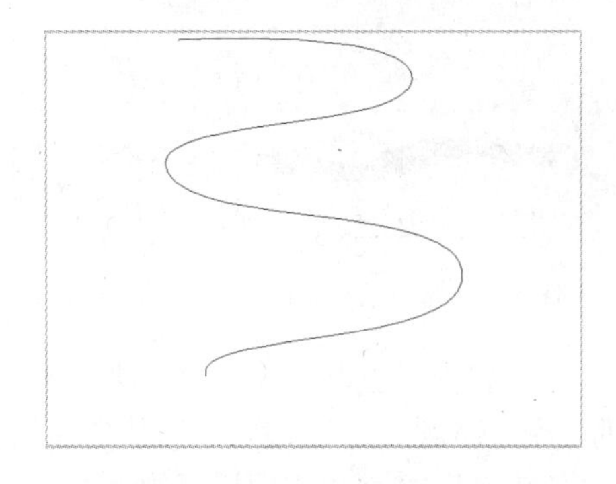

图 8-83 用“钢笔工具”画一条曲线

4）选择工具箱上的“画笔工具” ，在选项栏单击 三角形弹出下拉菜单，找到第（2）步定义的“彩带字”画笔预设，如图 8-84 所示，选择“路径”面板，单击“工作路径”，如图 8-85 所示。

5）选择菜单“窗口”→“画笔”命令（或者按〈F5〉键），弹出“画笔”面板，设置画笔间距为 1%，大小为 243px，如图 8-86 所示，在“画笔”面板左边选择“颜色动态”，在右边“控制”栏选择“渐隐”，值设为 400，其他数值为默认值，如图 8-87 所示。

6）将前景色设为红色，背景色设为绿色，选择“路径”面板上的“工作路径”，曲线如图 8-88 所示，选择工具箱上的“画笔工具” ，单击面板下的“用画笔描边路径” 按钮，画布图像如图 8-89 所示（注意：单击“用画笔描边路径 ”按钮前，一定要保证当前工具是“画笔工具” ）。

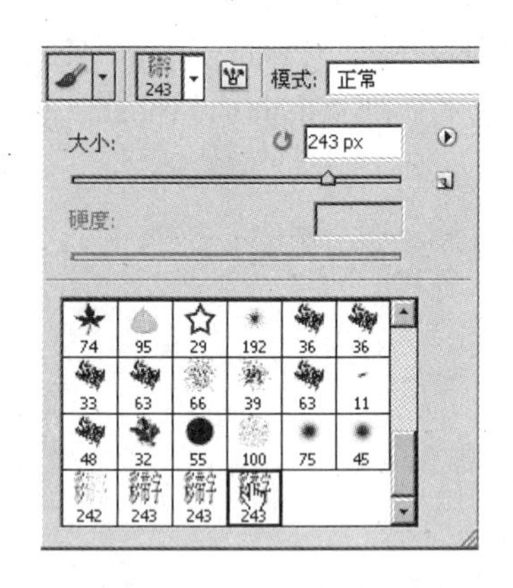

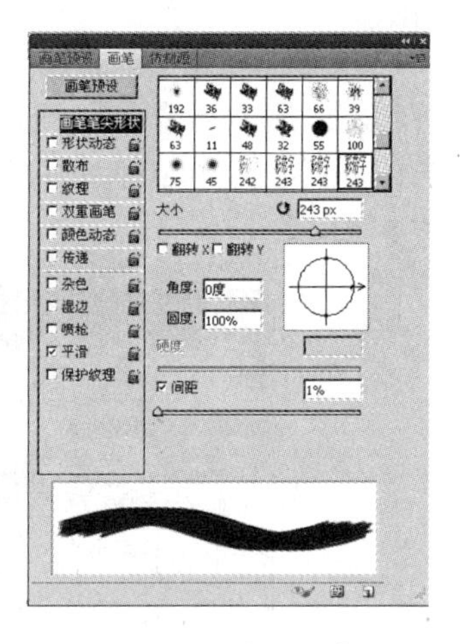

图 8-84 “画笔”的选项栏　　图 8-85 “路径”面板　　图 8-86 “画笔”面板 1

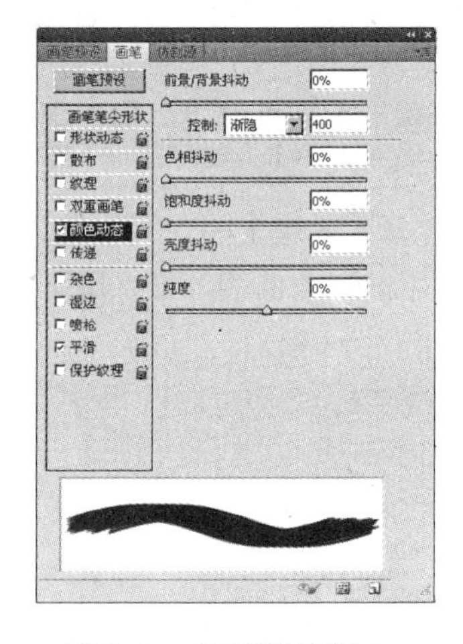

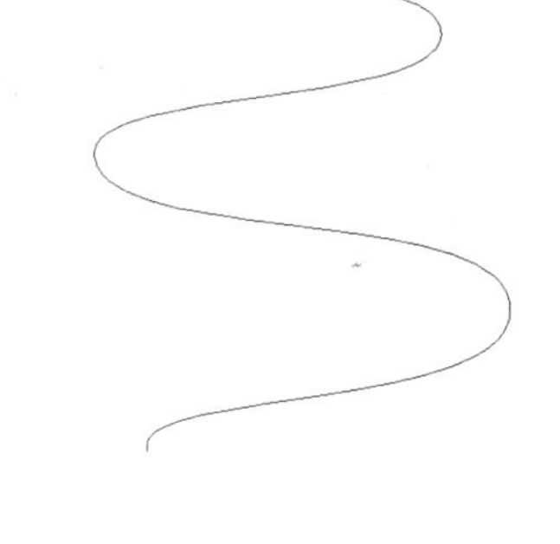

图 8-87 “画笔”面板 2　　图 8-88 “工作路径”上的曲线 1　图 8-89 “用画笔描边路径”后的图像 1

7）将前景色设为绿色，背景色设为黄色，选择“路径”面板上的“工作路径”，用工具箱的“删除锚点工具” 或“直接选择工具” ，将曲线变成如图 8-90 所示，选择工具箱上的“画笔工具” ，单击面板下的“用画笔描边路径” 按钮，画布图像如图 8-91 所示。

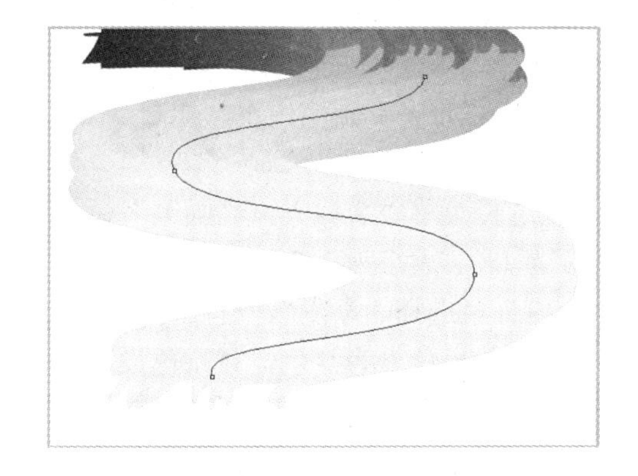

图 8-90 “工作路径”上的曲线 2　　图 8-91 “用画笔描边路径”后的图像 2

8）将前景色设为黄色，背景色设为蓝色，选择“路径”面板上的“工作路径”，用工具箱的“删除锚点工具” 或“直接选择工具” ，将曲线变成如图 8-92 所示，选择工具箱上的“画笔工具” ，单击面板下的“用画笔描边路径” 按钮，画布图像如图 8-93 所示。

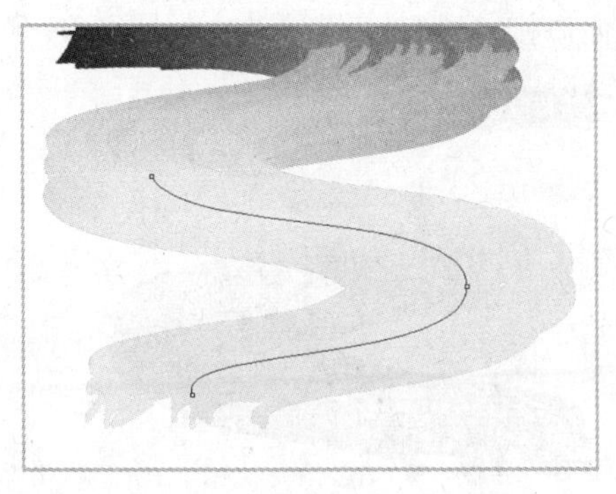

图 8-92 “工作路径”上的曲线 3

图 8-93 “用画笔描边路径”后的图像 3

9）将前景色设为蓝色，背景色设为红色，选择“路径”面板上的“工作路径”，用工具箱的“删除锚点工具” 或“直接选择工具” ，将曲线变成如图 8-94 所示，选择工具箱上的“画笔工具” ，单击面板下的“用画笔描边路径” 按钮 ，画布图像如图 8-95 所示。

图 8-94 “工作路径”上的曲线 4

图 8-95 “用画笔描边路径”后的图像 4

10）将“路径”面板上的“工作路径”路径删除，回到“图层”面板，选择“图层 2”，按〈Ctrl+T〉组合键激活变形选区，调整图形的大小，按〈Enter〉键即可确认，如图 8-96 所示，将“图层 1”显示出来，将“图层 1”图层移到“图层 2”图层的上方，调出文字选区，如图 8-97 所示。

图 8-96 “图层 2”图形变小

图 8-97 调出文字选区

11）选择工具箱上的“渐变工具”，在选项栏上选择“线性渐变”，在“渐变”拾色器上，选择“色谱渐变”，如图 8-98 所示，从文字“带”字的左边向右边水平填充（可加辅助键〈Shift〉），按〈Ctrl+D〉组合键取消选区，同样按〈Ctrl+T〉组合键激活变形选区，在选区上右击并选择“透视”命令，将文字透视化，按〈Enter〉键确认，如图 8-99 所示

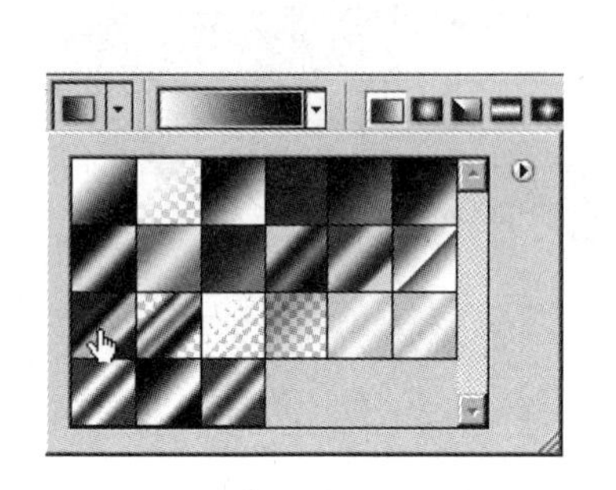

图 8-98 “色谱”渐变

图 8-99 “色谱”填充及透视后的文字

至此，完成“彩带字”文字的全部效果的制作，最终效果如图 8-78 所示。

8.6 本章小结

本章将前面所讲的知识点综合应用，制作出各种具有典型代表性的特效文字，可应用于各种海报、平面广告甚至视频中。读者应熟练掌握这些典型特效文字的制作方法和要点，达到举一反三的目的。

8.7 练习题

1）制作如图 8-100 所示的“鹅卵石”文字，该效果有用到菜单“滤镜”→“纹理”→“染色玻璃”命令（参考值 5，3，0）。

2）制作如图 8-101 所示的“卷发”文字，该效果有用到菜单“滤镜”→“扭曲”→“旋转扭曲“命令（参考值：-999 或 999）。

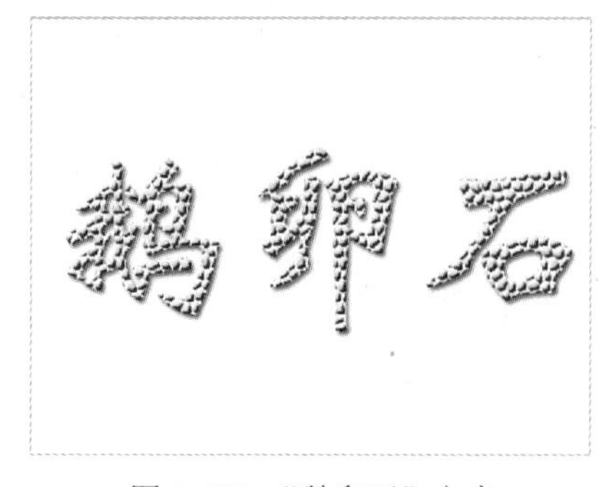

图 8-100 “鹅卵石”文字

图 8-101 “卷发”文字

3）制作如图 8-102 所示的“自由落体字”文字，该效果有用到菜单“滤镜”→“像素化”→“彩色半调”命令（参考值：4）。

4）制作如图 8-103 所示的“立体字”文字，该效果有用到菜单“滤镜”→“杂色”→“添加杂色”命令（参考值数量为：15）。

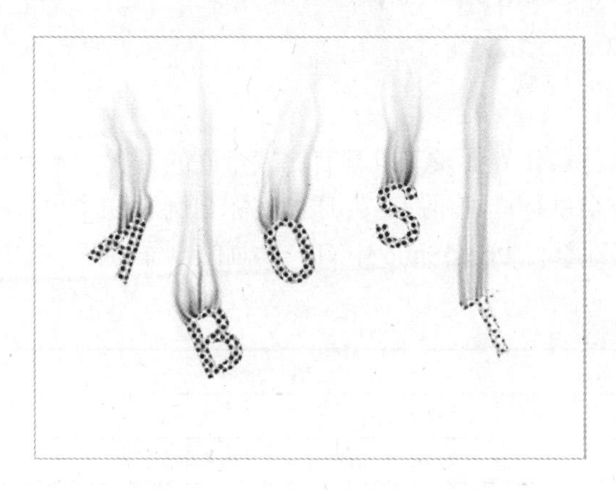

图 8-102 “自由落体字”文字

图 8-103 “立体字”文字

第9章　视 频 动 画

教学目标

通过前面章节的学习，读者对 PhotoShop 软件操作界面及工具箱有比较全面的了解，本章将对 PhotoShop 中 GIF 动画的创建方法及具体应用进行详细讲解、并通过实际案例对这些知识点进行应用。读者通过本章节的学习，能够很好地掌握 PhotoShop 中 GIF 动画的制作方法。

教学要求

知识要点	能力要求	相关知识
Photoshop 中的视频和动画概述	理解	动画的概念
创建 GIF 小动画	掌握	创建 GIF 小动画的方法及相关命令解析

设计案例

转呼啦圈的 GIF 小动画

9.1　Photoshop 中的视频和动画概述

在 Photoshop 中，执行菜单“窗口”→“动画”命令，将弹出“动画”面板，它以帧的模式出现，并显示动画中的每一个帧的缩略图。使用面板底部的工具可以浏览各个帧，设置循环选项，添加或删除帧以及预览动画。

值得注意的是，只有 Photoshop 9.0 以上的版本才有菜单“窗口”→“动画”选项，9.0 之前的版本则可以直接转至 ImageReady 进行 GIF 小动画的相关编辑。

9.2　创建 GIF 动画

【案例 9-1】 转呼啦圈的 GIF 小动画

“转呼啦圈的小动画”案例的效果如图 9-1 所示。

图 9-1　“转呼啦圈的小动画”效果

**案例设计创意**

本案例制作的是转呼啦圈的 GIF 小动画，利用“钢笔工具”绘制出图像，并在 Photoshop CS5 的“动画”菜单中加以编辑，最终获得 GIF 格式的小动画。

**案例目标**

通过本案例的学习，可以初步认识 Photoshop CS5 中“动画”菜单的用途及使用方法。

案例制作方法

1）在 Photoshop CS5 中新建一个文件，并为它命名为“转呼啦圈的小动画”，如图 9-2 所示。

2）在 Photoshop CS5 的“图层”面板中单击“新建图层”按钮，生成图层 1，双击图层 1 为其重命名为“A”。在图层“A”上绘制第一帧的画面，“图层”面板如图 9-3 所示，画面效果如图 9-4 所示。

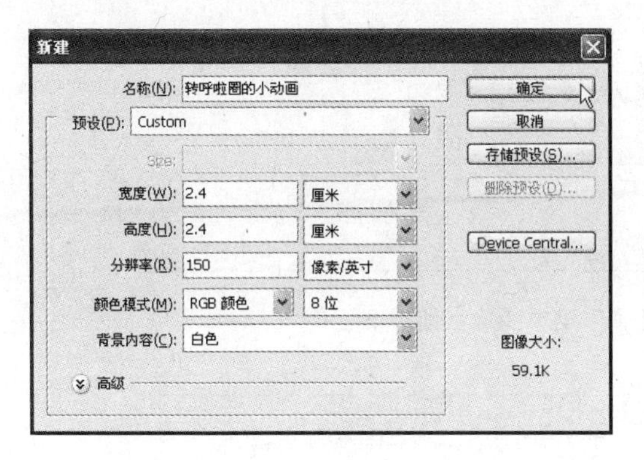

图 9-2　新建文件

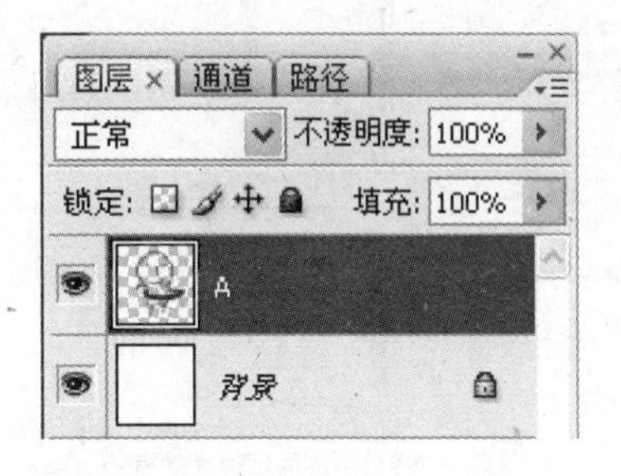

图 9-3　“图层”面板示意图

3）在“图层 A”上新建一个图层，并重命名为“D”，将图层“A”的透明度修改为 50%，在图层“D”上绘制出最后一帧的画面，画面内容、位置可以参考图层“A”，效果如图 9-5 所示。

图 9-4　图层“A”画面效果

图 9-5　图层“D”画面效果

4）在图层“A”与“D”之间新建 2 个图层，分别重命名为“B”和“C”，依照第 2 步的方法分别在这 2 个图层上绘制出相应的图像，图层“B”画面效果如图 9-6 所示，图层“C”画面效果如图 9-7 所示，图层关系如图 9-8 所示。

图 9-6　图层“B”画面效果

图 9-7　图层“C”画面效果

图 9-8　图层叠放示意图

5）将图层“A”设为可视，隐藏“B”、“C”、“D”图层，执行菜单“窗口”→“动画”命令，将弹出“动画”窗口，“图层 A”上的图像将自动被设置为“动画”菜单的第 1 帧如图 9-9 所示。

6）单击“动画”菜单中的“复制选中的帧”按钮，生成与第 1 帧相同的画面。此时，将图层“B”设为可视，隐藏“A”、“C”、“D”图层，第 2 帧的画面自动调整为图层“B”的图像，如图 9-10 所示。

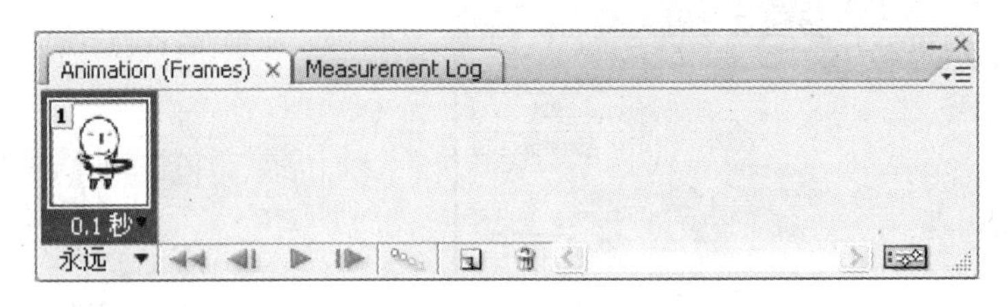

图 9-9　“动画”菜单的第 1 帧效果

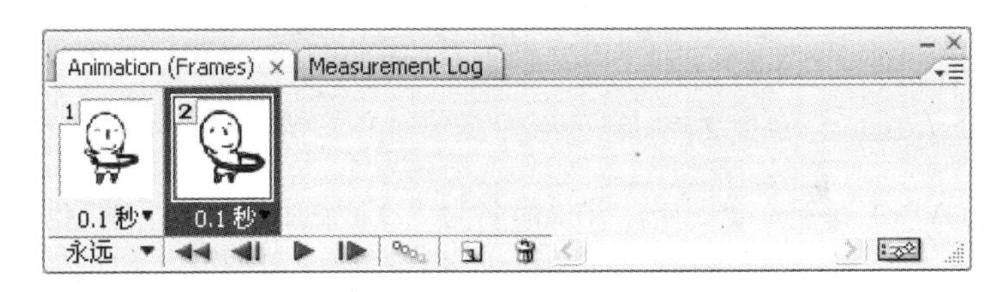

图 9-10　“动画”菜单的第 2 帧效果

7）依照第 6 步的方法制作出 GIF 小动画的第 3、4 帧，如图 9-11 所示。

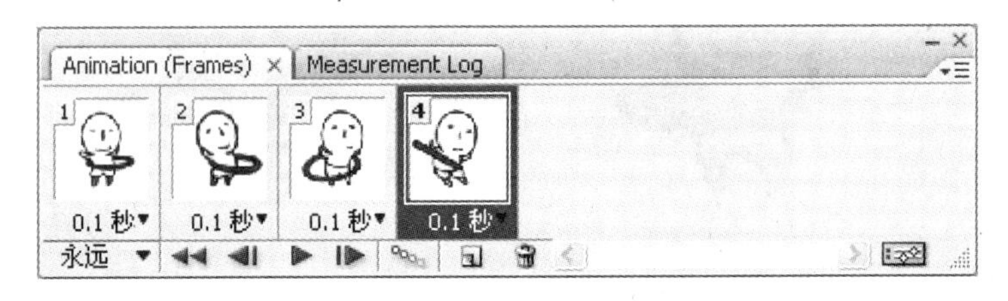

图 9-11　动画菜单的第 3、4 帧效果

8）单击“选择帧延迟时间”上的黑色小三角 10 秒▼，将每一帧动画的时长设置为 0.1 秒，如图 9-12 所示。

9）单击“选择循环选项”上的黑色小三角 一次 ▼，将其设置为“永远”，如图 9-13 所示。

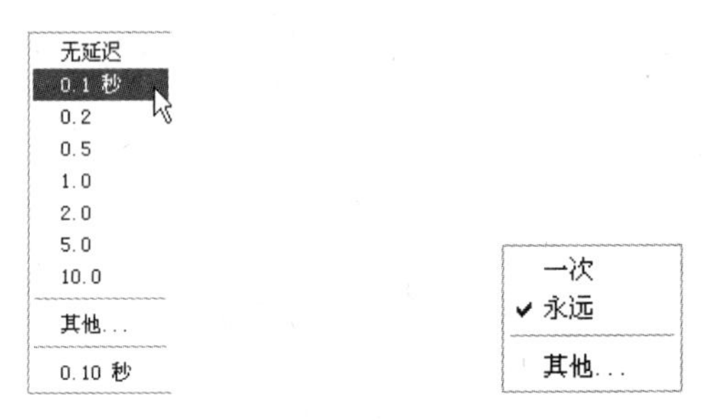

图 9-12　选择帧延迟时间　　　　图 9-13　选择循环选项

10）完成整个动画后，执行菜单“文件”→“存储为 Web 所用格式”命令，可以预览到最终的显示效果并导出 GIF 格式的动画。

至此，整个 GIF 小动画的制作已全部制作完成。

“动画”面板

在 Photoshop 中，执行菜单“窗口”→“动画”命令，将弹出“动画”面板，如图 9-14 所示，现在分析其主要的几个命令。

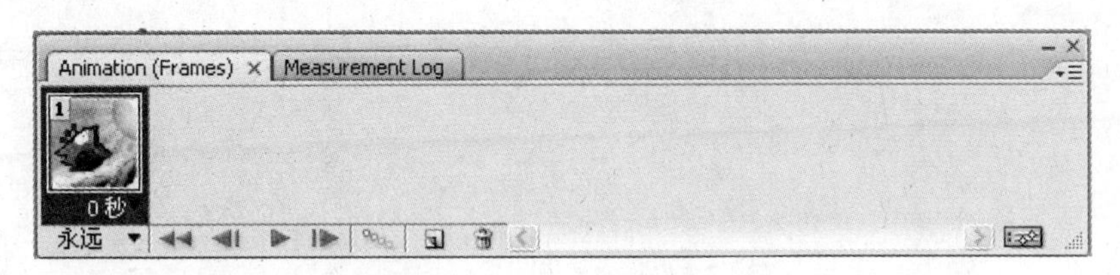

图 9-14 “动画”面板菜单示意图

- “选择第 1 帧工具”：单击按钮，可以直接选择中“动画”面板中的第 1 帧。
- “选择上一帧工具”：单击按钮，可以从“动画”面板已选中的那一帧转至上一帧。
- “播放动画工具”：单击按钮，可以播放动画，在播放动画的时候，此工具会自动切换为“停止动画工具”。
- “选择下一帧工具”：单击按钮，可以从“动画”面板已选中的那一帧转至下一帧。
- “动画帧过渡工具”：单击按钮，将弹出“过渡”对话框，如图 9-15 所示，“要添加的帧”文本框中的数字就是我们将要添加的帧数。
- “复制选中的帧工具”：单击按钮，可以将已经选中的帧复制成新的一帧。

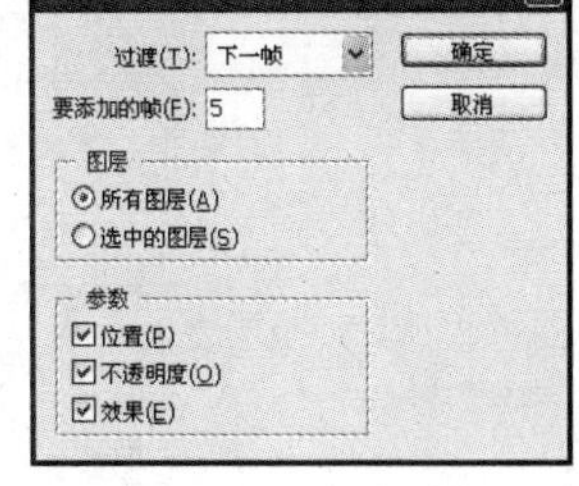

图 9-15 “过渡”对话框

- “删除选中的帧工具”：单击按钮，可以将已经选中的帧删除。
- “转换为时间轴模式工具”：单击按钮，可以将图像模式转化为时间轴模式，如图 9-16 所示，再次单击按钮，可以切换回图像模式。

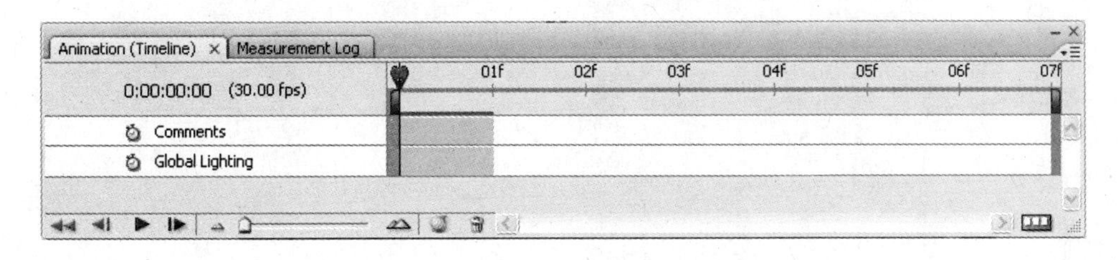

图 9-16 “动画”面板时间轴模式

9.3 本章小结

本章系统介绍了 GIF 动画的创建方法与具体运用。读者可以使用 Photoshop CS5 提供的动画制作工具制作各种生动有趣的 GIF 小动画。

9.4 课后练习

1）模拟绿豆蛙的 QQ 表情，大胆发挥想象力，制作出绿豆蛙狂笑的 GIF 小动画，要求动画连贯、生动有趣，允许带有夸张成分。

2）制作一个动物奔跑的逐帧 GIF 动画，要求动作要自然连贯，符合运动规律。

第 10 章　平面设计方法及实现

教学目标

通过前面章节的学习，读者对软件操作有比较全面的了解，本章将对平面设计方法教学与软件操作关键步骤的示范，通过实例分析来解读平面设计中的核心概念。读者通过本章节的学习，应该把软件操作能力与设计方法结合起来，进行作品的设计制作。

教学要求

知识要点	能力要求	相关知识
归纳	理解掌握	设计元素归纳整理，使之类目化
对齐	理解掌握	设计元素的秩序感
重复	理解掌握	设计元素的关联性与统一
对比	理解掌握	设计元素在版面中的节奏

设计案例

（1）设计元素归纳

（2）设计元素对齐

（3）设计元素重复

（4）设计元素对比

10.1　平面设计方法——归纳

初学设计的人，面对一个设计任务时，会把设计元素四处分散，占据版面的每处空间，没有留白、没有归纳的现象很普遍。这样的版面往往给人杂乱的视觉感受，所以设计师首先要学会归纳素材，并且对素材之间的组织关系用合理的版面布局呈现出来，以实现恰当的版式效果。下面以几个实际例子来说明设计中简单却实用的一些方法。

如图 10-1 与图 10-2 的视觉区别很明显，图 10-1 所罗列的项目中，潜在传递着这些项目具有一种共同性，而图 10-2 所列的项目看上去就能感觉后面 5 种选项与前面的不同，这样的感受不需要任何提示就可以得到。原因就是他们和前面的选项在物理位置上是分开的，这就反映出梳理设计元素是设计任务的重要工作。

从名片设计来图说梳理同类元素布局的意义。

如图 10-3 所示的版式布局方式非常常见，在这么小的空间里，布置着 5 个单独的元素，意味着读者的目光需要在这张名片上停留 5 次，这些凌乱的布置，让读者不知从何处开始阅读，即使阅读完了还怀疑自己是否还有信息遗漏掉，这些都因为信息没有得到归纳。图 10-4 就更加热闹了，视觉会在中间和左上的黑体字上相互游走，不知道下一步该往哪里看。如果信息或者设计元素之间有进行整理归纳，将相互之间有关联的信息结合成一个视觉块面，而不是互相孤立的视觉元素，在浏览起来就显得清晰而明显。如图 10-5 所示的版式有明显的改进，图 10-6 的版式浏览起来视觉效果明显好很多。

图 10-1　饮料品名

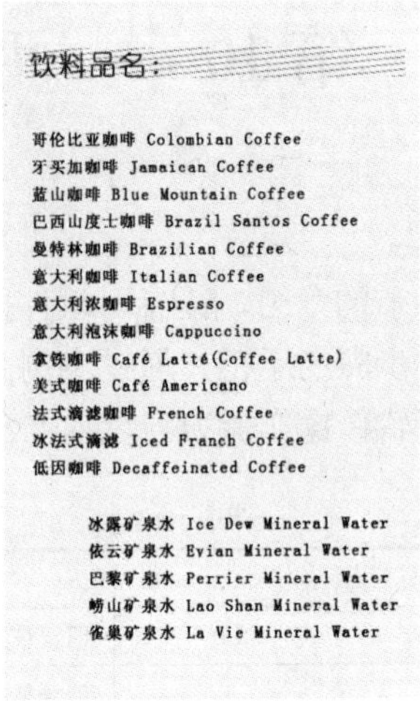

图 10-2　饮料品名版式

图 10-3　名片版式 1

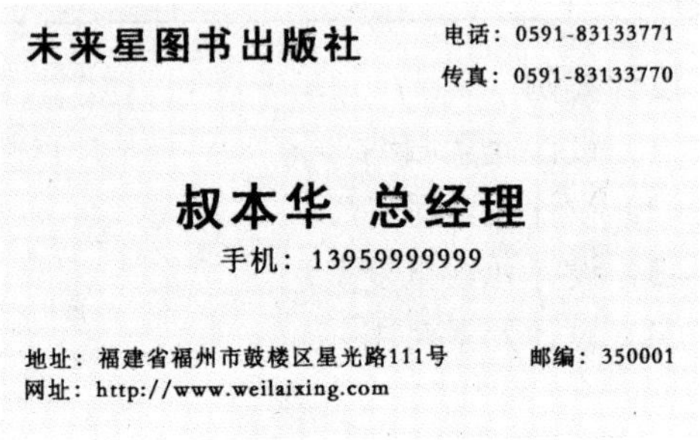

图 10-4　名片版式 2

图 10-5　名片版式归纳应用 1

图 10-6　名片版式归纳应用 2

用 Photoshop 软件制作这些名片只要注意元素放置的位置，并且选取阅读方便的字体，调整好间距、行距。特别要提醒的是，留白对版面十分重要，初学者常常担心留白会让画面显得空洞，事实却并非如此，适当的留白反而能让版面增色。恰当地运用留白的版面经常会塑造出别致一格、清爽宜人的视觉效果。

以图 10-6 为例，新建一个画布，设置尺寸为长 90mm，宽 55mm，分辨率为 300。如图 10-7 所示。

填充底色为 C=10，M=0，Y=20，K=0。为了得到一些肌理效果对背景做一些特效，添加杂色。单击菜单“滤镜”→“杂色”→“添加杂色”命令，然后弹出“添加杂色”对话框，如图 10-8 所示。

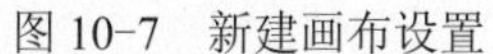

图 10-7 新建画布设置

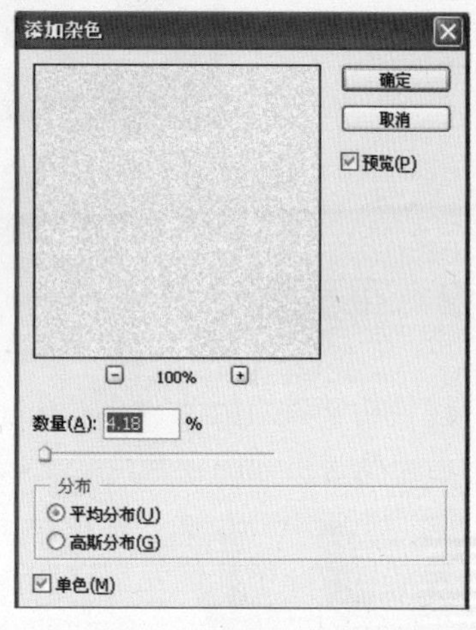

图 10-8 “添加杂色”对话框

勾选面板中的“单色”选项，这样不至于让背景太花。数量选择 4～5 之间即可，单击“确定”按钮得到一个有杂色的背景。然后录入文字并按画面所示调整各元素位置以及大小，注意字体的选用，本例选用了“黑体字”、“楷体字”、“幼圆”，数字全部采用“Arial”字体。为了得到比较完整的效果，在企业前面加了一个自己绘制的 LOGO。一张布置合理内容简洁的名片就完成了，同时也展示了归纳设计信息对设计效果的重要意义。

图 10-9 中设计元素的分布还是很分散，元素和元素之间没有亲密性。留白部分其实不少，但是被琐碎的元素给分割了，反而显得拥挤。地址和联系方式应该属于一类信息，“体育西路 22 号”和“鹭湖对面”更是应该用一句话表达，“生活因情调而多彩”是一句广告语，是衬托“都市情调三杯咖啡”的。这样分析后，版面的组织关系应该就明确了。

图 10-9 三杯咖啡

如图 10-10 所示，底色改偏紫色一些，在咖啡杯底部用一个白色椭圆衬托，更加突出咖啡杯的形象，也使换面变得生动。整个版面的留白部分比修改前视觉上要多不少，就是因为元素的组织关系变了，同类属性的元素被归纳起来之后，阅读也变得轻松自然。

注意：初学者往往在字体大小的设置上没有比较成熟的概念，因为设计元素的大小在计算机与印刷品上的呈现方式不同。而字体、字号往往见证一个作品的基本设计要求，所以，对字体、字号的设置上要根据实际情况和审美效果进行适当处理。

都市情调三杯咖啡
生活因情调而多彩
体育西路22号（鹭湖对面）
TEL:0591-83502222

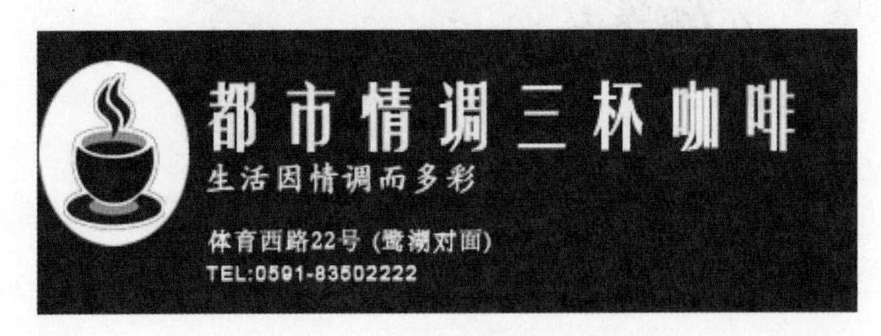

图 10-10 “三杯咖啡”版式设计

10.2 平面设计方法——对齐

设计初学者对版面的布置往往是草率的，似乎如何把页面填满就是他的任务，这样做导致的后果就是页面的杂乱，缺乏设计美感。

我们主张用心布置。就是说任何一个设计元素的摆放都是设计师刻意安排的，并且每项设计元素与版面中其他元素存在着一定的关系。这里有一个很巧妙的手段——对齐。对齐能够使得即使物理位置不靠近的两个元素，也有一种聚集感，使元素之间不孤立存在，并且传递出这种布置是设计师的有意为之。下面通过案例来展示这样的效果。

如图 10-11 所示的名片在版式上分散，没有合理安排，元素与元素之间没有关联。如图 10-12 所示的版式以右对齐的方式布置，尽管右边看不到那根参照线，但是它依旧很明显，正是因为这根隐形的线使版面的边界被强调，也为版式的审美提供依据。同时使上下分离的元素也连在一起，产生联系。

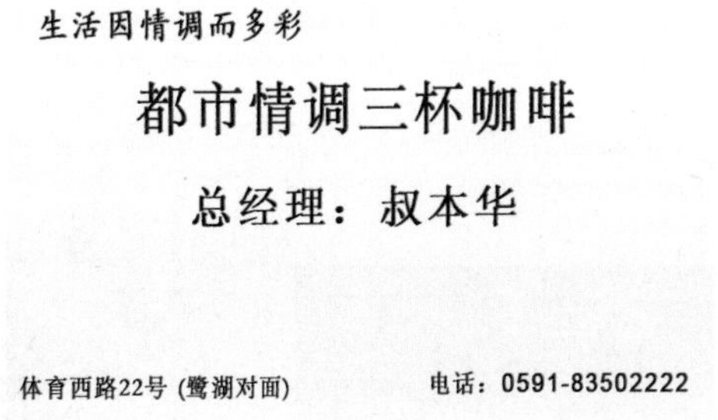

生活因情调而多彩
都市情调三杯咖啡
总经理：叔本华
体育西路22号（鹭湖对面）
电话：0591-83502222

图 10-11 “三杯咖啡”名片

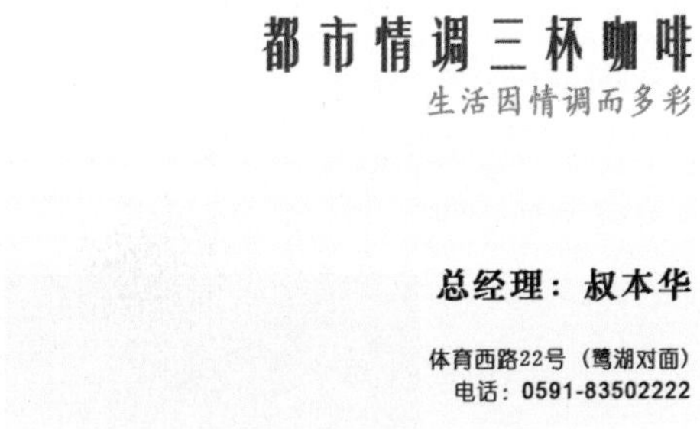

都市情调三杯咖啡
生活因情调而多彩
总经理：叔本华
体育西路22号（鹭湖对面）
电话：0591-83502222

图 10-12 “三杯咖啡”名片设计

在 Photoshop 中，实现对齐是很容易的，关键在于掌握好各元素在空间上的位置，当然在处理元素之前，应该先归纳好信息的类别。

录入完设计元素后（每个项目应建立单独图层，这样才能进行对齐操作，同时也利于编辑），选择要进行对齐的图层，如图 10-13 所示，在“对齐”选项中选择“右对齐”，如图 10-14 所示（如果只选一个图层时，如图 10-15 所示，“对齐”选项显示为“灰色”，此时“对齐”命令不可操作，如图 10-16 所示）。当然，字体的选择对设计作品的视觉效果也影响很大。

图 10-13　多选“图层”面板

图 10-14　可选“对齐”选项

图 10-15　单选“图层”面板

图 10-16　不可选“对齐”选项

用同样的方法，再用几个例子来说明对齐的重要性与审美意义。

图 10-17 与图 10-18 使用同样的设计元素，但是通过归纳整理，并且使用对齐方式后，产生了不一样的版式效果，图 10-17 的视觉效果让人觉得排列随意，阅读不顺畅，图 10-18 的版式主次分明，信息归纳、排列合适，浏览起来方便，视觉效果良好。

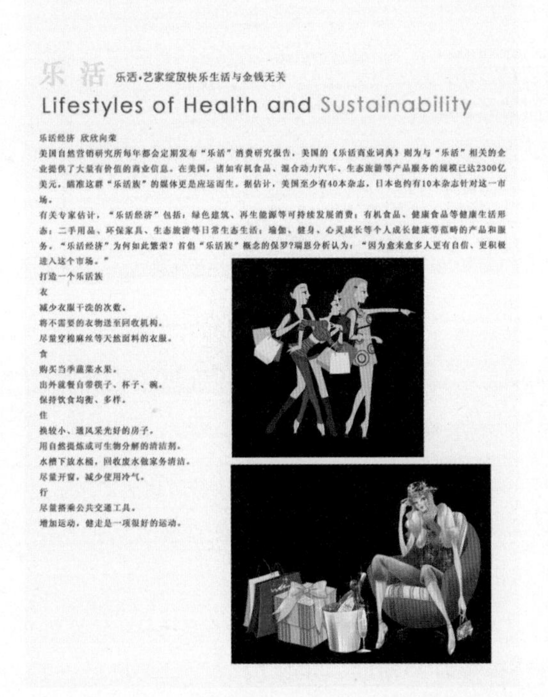

图 10-17　乐活版面

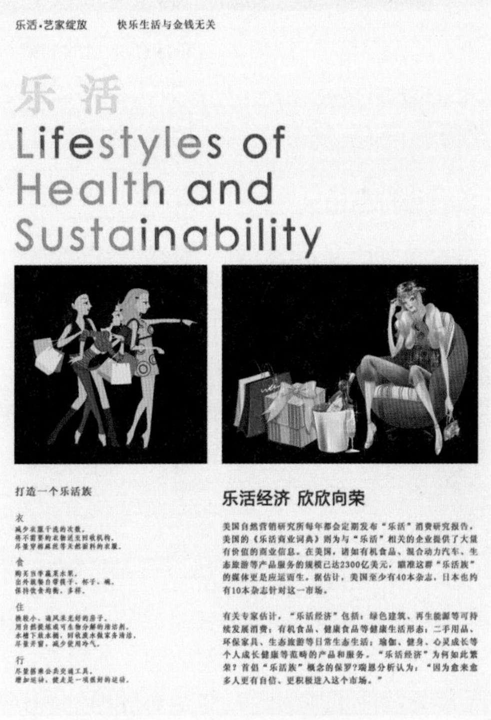

图 10-18　乐活版面设计应用

如图 10-19 所示的辅助线，可以清楚地看到那些不在画面中却起着规范左右的“软线”，这些线使版面语言变得整洁而互相呼应。既严谨又富有生气。归纳与排列的意义在实际案例中无处不在，这些都是平面设计中最为基本的方法，同时也是效果显著的秘诀。

为了效果更加时尚，在英文标题部分进行放大处理，并作一些色彩上的处理。使用菜单“滤镜”→“像素化”→“晶格化”命令，直到处理成设计师希望得到的效果为止。如图 10-20 所示。

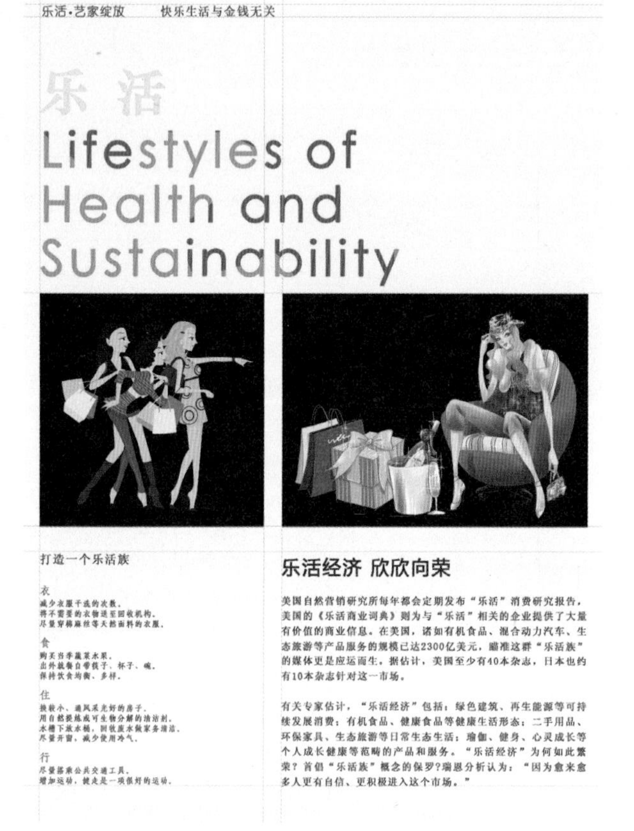

图 10-19　乐活版面辅助线

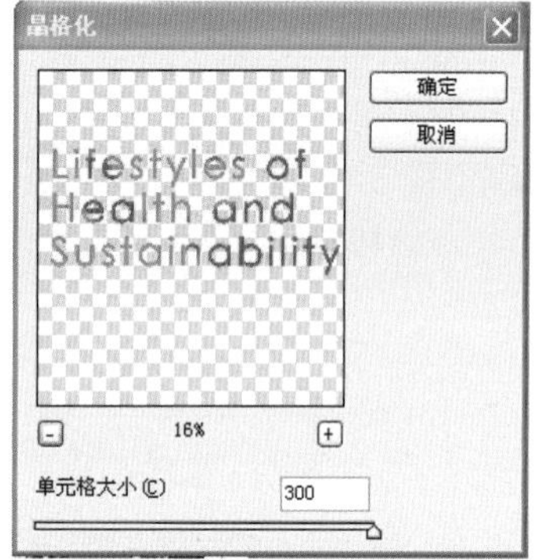

图 10-20　字母滤镜

在学习设计的过程中，培养自己良好的审美眼光、丰富的想象能力和娴熟的设计技法是关键。模仿可以在初学设计时作为学习的一种重要方式，但是要形成自己的美学知识需要更多的思考、总结，从而举一反三。

10.3　平面设计方法——重复

在平面构成教学中，重复是一个重要的练习，设计作品中的某些元素在版面中重复处理，使元素条理性更加清晰，并且对版面的和谐统一有很好的帮助，重复的方式是多样的，可以是文字、图形、线条、色块以及其他的设计元素。

重复是在强调某种特征，同时把信息归纳为块状态。通过重复可以促使信息整理从归纳开始，如图 10-21 所示。

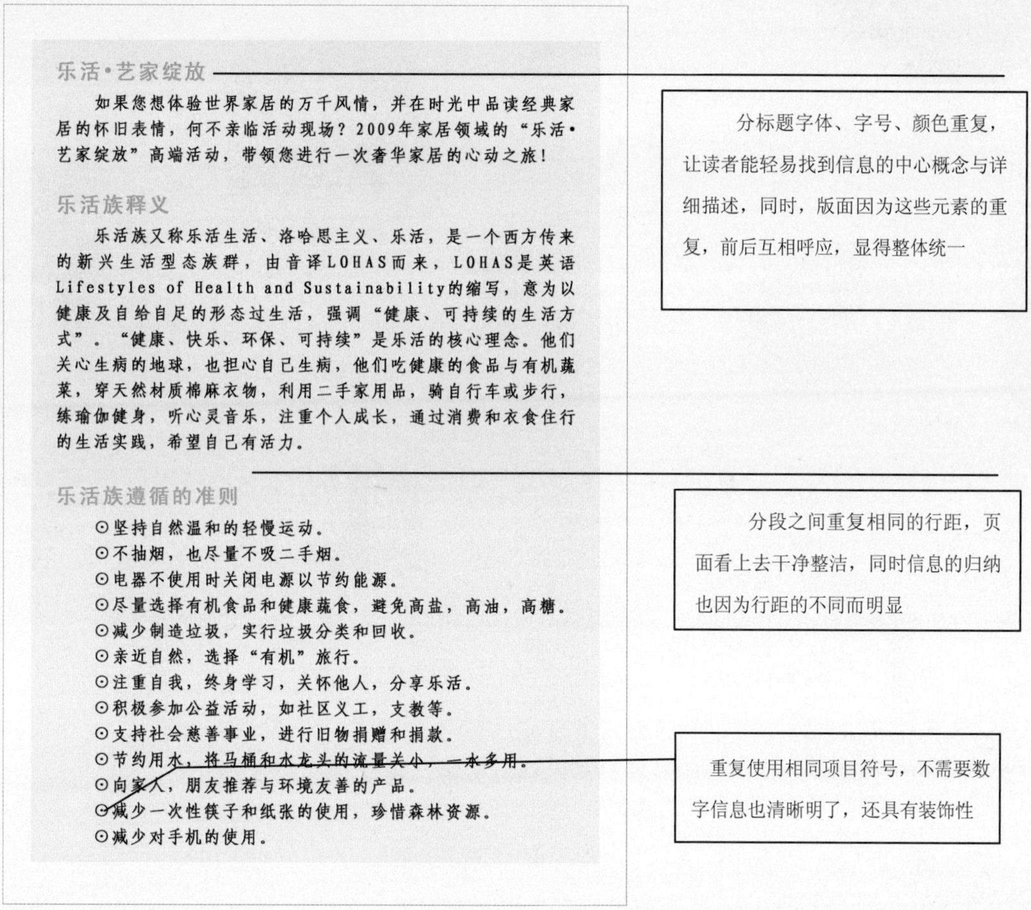

乐活·艺家绽放

如果您想体验世界家居的万千风情，并在时光中品读经典家居的怀旧表情，何不亲临活动现场？2009年家居领域的“乐活·艺家绽放”高端活动，带领您进行一次奢华家居的心动之旅！

乐活族释义

乐活族又称乐活生活、洛哈思主义、乐活，是一个西方传来的新兴生活型态族群，由音译LOHAS而来，LOHAS是英语Lifestyles of Health and Sustainability的缩写，意为以健康及自给自足的形态过生活，强调“健康、可持续的生活方式”。“健康、快乐、环保、可持续”是乐活的核心理念。他们关心生病的地球，也担心自己生病，他们吃健康的食品与有机蔬菜，穿天然材质棉麻衣物，利用二手家用品，骑自行车或步行，练瑜伽健身，听心灵音乐，注重个人成长，通过消费和衣食住行的生活实践，希望自己有活力。

乐活族遵循的准则

⊙坚持自然温和的轻慢运动。
⊙不抽烟，也尽量不吸二手烟。
⊙电器不使用时关闭电源以节约能源。
⊙尽量选择有机食品和健康蔬食，避免高盐，高油，高糖。
⊙减少制造垃圾，实行垃圾分类和回收。
⊙亲近自然，选择“有机”旅行。
⊙注重自我，终身学习，关怀他人，分享乐活。
⊙积极参加公益活动，如社区义工，支教等。
⊙支持社会慈善事业，进行旧物捐赠和捐款。
⊙节约用水，将马桶和水龙头的流量关小，一水多用。
⊙向家人，朋友推荐与环境友善的产品。
⊙减少一次性筷子和纸张的使用，珍惜森林资源。
⊙减少对手机的使用。

分标题字体、字号、颜色重复，让读者能轻易找到信息的中心概念与详细描述，同时，版面因为这些元素的重复，前后互相呼应，显得整体统一

分段之间重复相同的行距，页面看上去干净整洁，同时信息的归纳也因为行距的不同而明显

重复使用相同项目符号，不需要数字信息也清晰明了，还具有装饰性

图 10-21 “乐活”版面重复应用

调整字体的行距、间距是设计师最经常做的工作之一，现在来再次认识一下 Photoshop 里面“字符”面板和“段落”面板，如图 10-22 及图 10-23 所示。

图 10-22 “字符”面板

图 10-23 “段落”面板

初学者对文字处理的敏感度不够，常常表现在字体、字号、行距、间距上。例如字库里面一般只有 Windows 操作系统自带的那几种字体，而没有自己安装一些其他字体，在字号的选择上常常担心版面上的文字太小，事实上却往往太大，行距和间距一般都没有意识去调整，

直接以系统默认的方式执行。

下面是几幅重复应用的学生作品，如图 10-24～图 10-26 所示（学生作品：钟廷菊）。

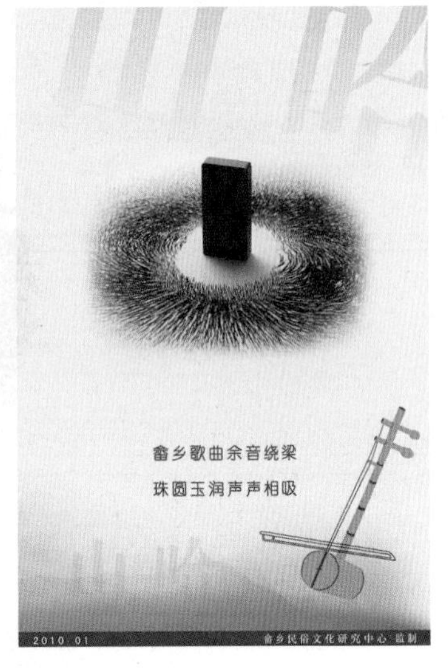

图 10-24　畲歌篇

图 10-25　服饰篇

图 10-26　工艺品篇

系列作品也同样有重复的必要，重复使 3 幅各自独立的作品摆在一起时，大众很自然就能明白他们之间的关系。重复的版式、色彩、文字，重复让作品变得统一。

重复并不是都要以完全一样的元素作为对象，大致一样或者视觉感受一样的元素也可以作为重复的素材，有图像、形状、排列组合方式等，如图 10-27 和图 10-28 所示。

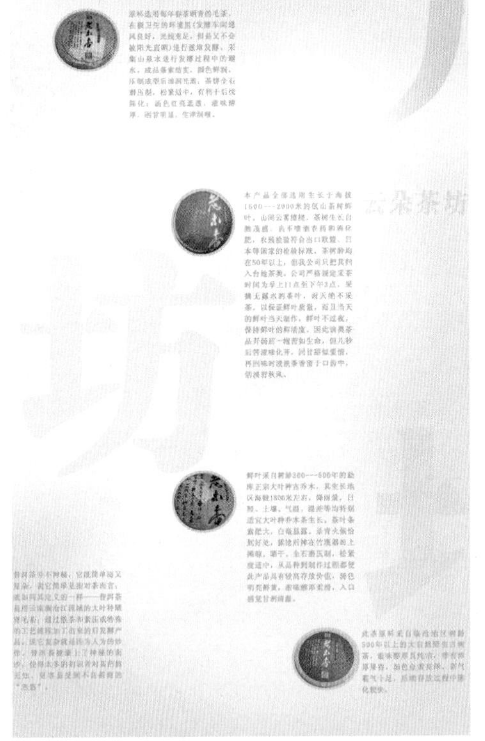

图 10-27　茶叶版面

图 10-28　沃克版面

10.4　平面设计方法——对比

平面设计中，对比是产生页面节奏的重要方式，页面节奏是版式美的特征之一。页面中视觉元素的对比，能够彰显丰富的视觉效果，对比产生的层次与结构，让版式在松弛之间相得益彰。要让对比产生良好的效果必须有大反差，否则元素之间就偏向于近似。对比的方式多样，有形体比例之间、方向位置之间、版面空间对比以及色彩对比等等。下面从案例中去理解对比的重要。

如图 10-29 所示中的标题、副标题、正文等字体有明显对比，其中还有图文部分三栏与标题部分通栏的对比。

2010年03月07日　　　　中国日报网

美第一夫人出席足球活动秀球技

为鼓励儿童多锻炼，米歇尔·奥巴马出席了一场足球活动　　　　作者：中国日报网

中国日报网消息：综合外国媒体报道，为了鼓励儿童多参加锻炼，美国第一夫人米歇尔·奥巴马3月5日在首都华盛顿出席了一场免费足球培训活动，其间，她还大秀了一把自己的足球技巧。

5日的活动是由美国足球基金会组织的，也是“动起来”(Let's Move)抗肥胖项目的组成部分之一。“动起来”抗肥胖项目是米歇尔在2月份发起的，旨在帮助美国儿童养成良好的生活习惯，鼓励他们每天进行至少1个小时的体育锻炼。按照计划，该项目将在全美25个城市里进行宣传。

在活动的启动仪式上，米歇尔发言说：“我们决定从现在开始采取切实措施应对我们国家面临的一项重要挑战，那就是在美国各地普遍存在的儿童肥胖问题。”米歇尔还说，踢足球是一个很好的锻炼方式，它可以让参与者的全部身心都运动起来。

据统计，在美国6至19岁的少年儿童中，有接近1/5的人患有肥胖症，美国社会每年用于治疗肥胖症的资金超过1.4亿美元(合人民币9.56亿元)。

在活动最后，米歇尔透露说她自己的两个女儿，即8岁的萨莎和11岁的玛丽亚，也在进行饮食控制。“我和她们讨论了汉堡包等高脂肪食品的危害性，一旦她们了解了其中的利弊，就很容易地去接受绿色健康食品了，”米歇尔还说。

图 10-29　报纸版面对比应用

如图 10-30 和图 10-31 所示的不同设计，版面信息通过对比呈现出来的可阅读性有明显区别。如图 10-30 所示的版面元素没有明显的对比，使信息重点不明确，阅读起来吃力而不得要点；图 10-31 中通过对字体、字号、加粗、颜色、疏密等方式形成的对比，将版面的信息处理得富有层次，并且主次分明，设计的要义就在这里。而在 Photoshop 中要实现对比，在操作层面而言是简单的，字体、字号、加粗、颜色、疏密等方式形成的对比，可以通过“字体”面板、“段落”面板、“色彩”面板来实现，只是要形成比较和谐的画面效果，更需要认真研究版面中错落有致的布置、色彩上和自然和谐的配比、各种字体个性的恰当把握等，而这些美感的形成需要自身努力培养。对比，当然是培育这种美感的重要组成方式之一。

当然，设计工作中不可能只用一个方式来完成作品的全部，不管是“归纳”、“对齐”、“重复”还是“对比”等方法，在设计中都需要灵活运用。要做到对作品进行学习分析时，能够通过一副完整的作品分解出作者的设计方法，面对一项设计任务时，能够应用各个方法完成一副完整的设计。

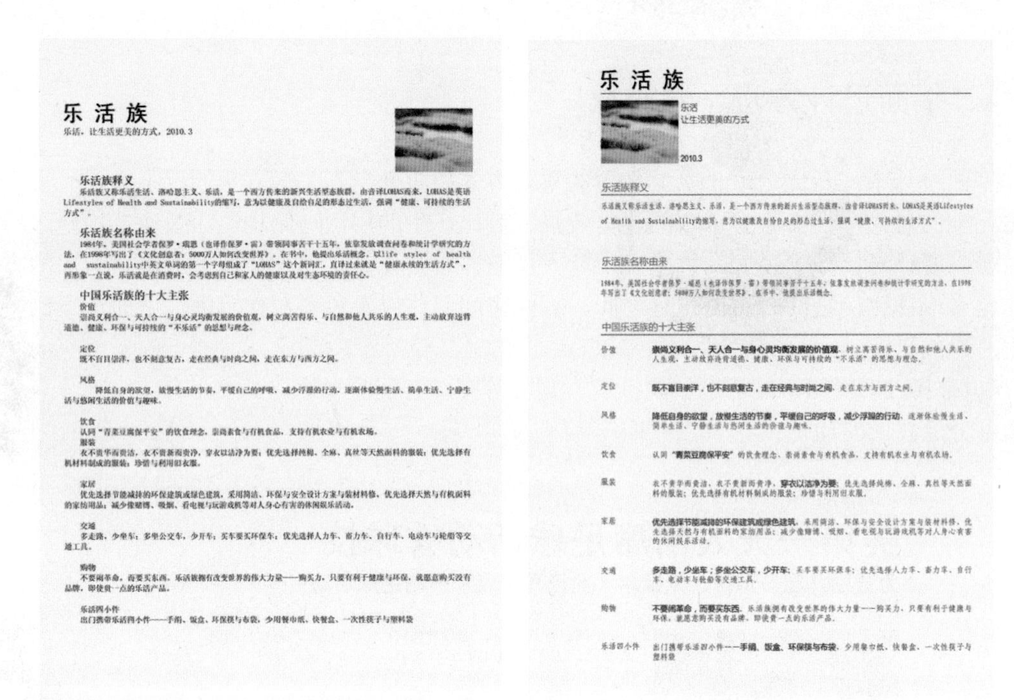

乐 活 族

乐活，让生活更美的方式，2010.3

乐活族释义

乐活族又称乐活生活、洛哈思主义、乐活，是一个西方传来的新兴生活型态族群，由音译LOHAS而来，LOHAS是英语Lifestyles of Health and Sustainability的缩写，意为以健康及自给自足的形态过生活，强调“健康、可持续的生活方式”。

乐活族名称由来

1984年，美国社会学者保罗·瑞恩（也译作保罗·雷）带领同事若干十五年，依靠发放调查问卷和统计学研究的方法，在1998年写出了《文化创意者：5000万人如何改变世界》。在书中，他提出乐活概念，以life styles of health and sustainability中英文单词的第一个字母组成了“LOHAS”这个新词汇，直译过来就是“健康永续的生活方式”，再形象一点说，乐活就是在消费时，会考虑到自己和家人的健康以及对生态环境的责任心。

中国乐活族的十大主张

价值

崇尚义利合一、天人合一与身心灵均衡发展的价值观，树立离苦得乐、与自然和他人共乐的人生观，主动放弃违背道德、健康、环保与可持续的“不乐活”的思想与理念。

定位

既不盲目崇洋，也不刻意复古，走在经典与时尚之间，走在东方与西方之间。

风格

降低自身的欲望，放慢生活的节奏，平缓自己的呼吸，减少浮躁的行动，逐渐体验慢生活、简单生活、宁静生活与悠闲生活的价值与趣味。

饮食

认同“青菜豆腐保平安”的饮食理念，崇尚素食与有机食品，支持有机农业与有机农场。

服装

衣不贵华而贵洁，衣不贵新而贵净，穿衣以洁净为要；优先选择纯棉、全麻、真丝等天然面料的服装；优先选择有机材料制成的服装；珍惜与利用旧衣服。

家居

优先选择节能减排的环保建筑或绿色建筑，采用简洁、环保与安全设计方案与装材料修，优先选择天然与有机面料的家纺用品；减少像赌博、吸烟、看电视与玩游戏机等对人身心有害的休闲娱乐活动。

交通

多走路，少坐车；多坐公交车，少开车；买车要买环保车；优先选择人力车、畜力车、自行车、电动车与轮船等交通工具。

购物

不要闹革命，而要买东西，乐活族拥有改变世界的伟大力量——购买力，只要有利于健康与环保，就愿意购买没有品牌，即使贵一点的乐活产品。

乐活四小件

出门携带乐活四小件——手帕、饭盒、环保筷与布袋，少用餐巾纸、快餐盒、一次性筷子与塑料袋

图 10-30　乐活族版面　　　　图 10-31　乐活族版面对比应用

如图 10-32 中已经有归纳、对齐、重复以及对比了，但是在对齐方面可以更大胆一些。

艺术设计史教学

课程任务：

通过整体性理解、认识、掌握现代设计史发展的脉络，掌握各个历史时期重要设计家的设计思想和历史经典作品，全面提高设计史论知识与修养。引导学生参与分析优秀作品，思考作品背后的思想、理念、技术、经济等社会要素，从本质上理解促进设计艺术发展的因素和设计学科的发展规律。引导学生参与分析设计语言，感受、思考设计家对造型设计基本要素的创造性应用，提高学生对优秀设计的鉴赏与评价能力，使学生在崇尚设计家的同时、打破名家神话观念，增强对设计学科学习的信心。在名作鉴赏中，理解认识创造能力在设计中的重要作用，树立探索创新观念。

教法说明：

理论与图片资料及影视资料结合，通过可视化的感性资料理解理论内容；适当地增加资料查阅、问题讨论及设计风格体验练习，创造学生主动学习、积极参与教学的环境；增设师生共同分析、欣赏作品的情境，加强互动教学，避免理论的单调、晦涩。

通过本课程的教学，使学生达到下列基本要求：

- 掌握设计史发展脉络和每一阶段的重要内容，理解风格样式及其形成、发展的理念依据；
- 了解近现代设计各转折阶段，重点理解现代设计的形成、发展的原因及今日、今后的设计动向；
- 理解美、日、德、意的现代设计特征、风格，从中感受民族文化与设计的内在关联性；
- 熟知世界设计史中重要的优秀名作，理解其中表达的含义与历史意义。

图 10-32　艺术设计史教学版面

图 10-33 是在原来的基础上，用“圆角矩形工具”画了一个色块，标题用了线条更粗一些的字体，变化之后画面马上生动起来。对比需要反差，要截然不同，反差小就变成类似，形成不了对比。

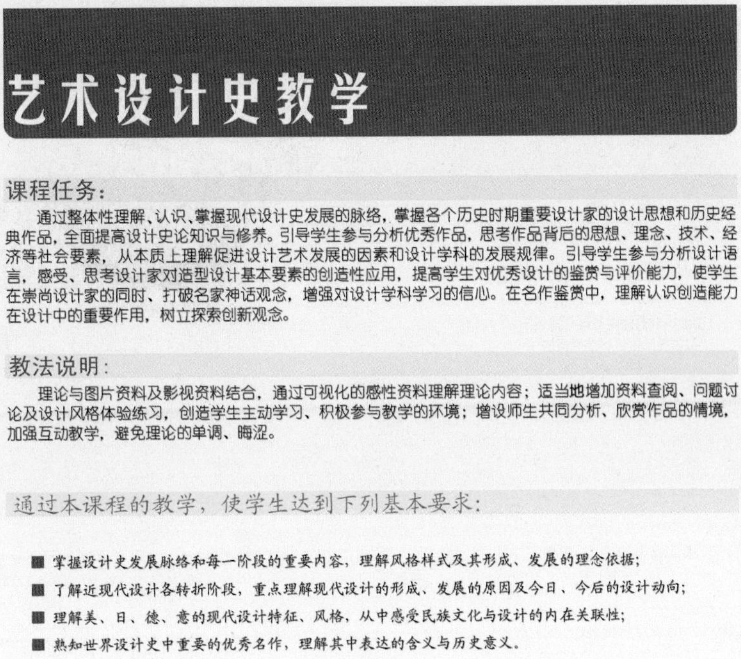

艺术设计史教学

课程任务：

通过整体性理解、认识、掌握现代设计史发展的脉络，掌握各个历史时期重要设计家的设计思想和历史经典作品，全面提高设计史论知识与修养。引导学生参与分析优秀作品，思考作品背后的思想、理念、技术、经济等社会要素，从本质上理解促进设计艺术发展的因素和设计学科的发展规律。引导学生参与分析设计语言，感受、思考设计家对造型设计基本要素的创造性应用，提高学生对优秀设计的鉴赏与评价能力，使学生在崇尚设计家的同时、打破名家神话观念，增强对设计学科学习的信心。在名作鉴赏中，理解认识创造能力在设计中的重要作用，树立探索创新观念。

教法说明：

理论与图片资料及影视资料结合，通过可视化的感性资料理解理论内容；适当地增加资料查阅、问题讨论及设计风格体验练习，创造学生主动学习、积极参与教学的环境；增设师生共同分析、欣赏作品的情境，加强互动教学，避免理论的单调、晦涩。

通过本课程的教学，使学生达到下列基本要求：

- 掌握设计史发展脉络和每一阶段的重要内容，理解风格样式及其形成、发展的理念依据；
- 了解近现代设计各转折阶段，重点理解现代设计的形成、发展的原因及今日、今后的设计动向；
- 理解美、日、德、意的现代设计特征、风格，从中感受民族文化与设计的内在关联性；
- 熟知世界设计史中重要的优秀名作，理解其中表达的含义与历史意义。

图 10-33　艺术设计史教学版面对比应用（标题字体：迷你简美黑）

使用“圆角矩形工具”，将“圆角半径”设置为 30px（像素）如图 10-34 所示，在标题底部画出圆角矩形，为了得到效果将矩形上部的圆角隐去，如图 10-35 所示，同时按住〈Ctrl〉和〈Enter〉键，将路径转换为选区，然后填充颜色。

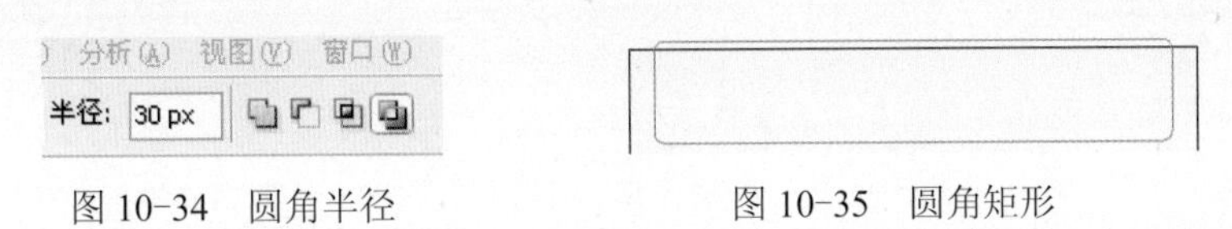

图 10-34　圆角半径　　　　图 10-35　圆角矩形

10.5　本章小结

设计是创造性工作，在日常学习工作中，需要不断积累素材，然后将素材灵活应用到设计作品中。设计要大效果，也需要有小细节，离开小处的精致，大效果就失去深入分析的可能。设计也是综合性的工作，在设计中不只用到本章中所述的一种方法，而是多种的，还有没有罗列进来的方法方式也需要去探索和追求，因为艺术具有“无解性”，所以设计没有标准，这里谈到的一些方法，仅用于帮助读者更好地理解平面设计。

图 10-36 是一个很乏味的文件封面，在工作中常常遇到的。居中的对齐让页面没有生气，为了填满版面的空间，强行把行距拉大的做法很是粗暴，版面也不够统一。

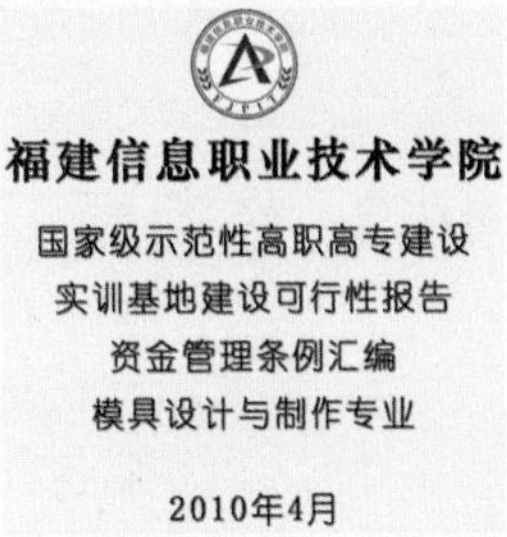

福建信息职业技术学院

国家级示范性高职高专建设
实训基地建设可行性报告
资金管理条例汇编
模具设计与制作专业

2010年4月

图 10-36　文件封面

再依次用所讲的 4 种方法来演示一下修改后的效果。

如图 10-37 所示，归纳后的信息块面状地分布在版面中，类目明确。

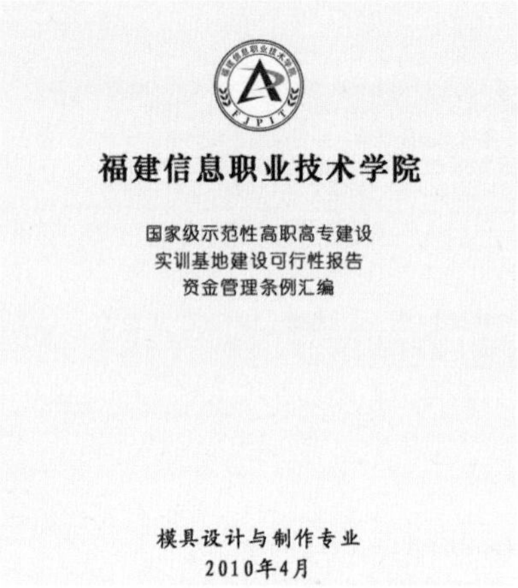

图 10-37　文件封面归纳应用

如图 10-38 所示，右对齐的版式让设计元素有明确的秩序感，比居中对齐自然。

图 10-38　文件封面对齐应用

如图 10-39 所示线条是为了重复而添加进去的，上下的关联度更明显。

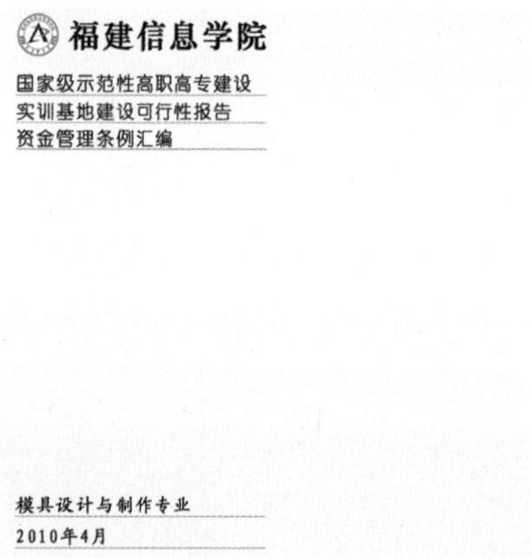

图 10-39　文件封面重复应用

如图 10-40 所示增加色块来强调对比，让页面的视觉感跳跃起来。

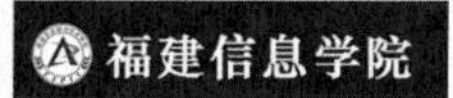

图 10-40　文件封面对比应用

10.6　练习题

1）为“海峡信息网络有限公司”设计一张总经理名片。

2）为所在省份的旅游景点设计一张平面宣传海报。

3）为“永辉生鲜超市”设计一张平面促销海报。

第 11 章　平面设计各元素分析

教学目标

通过本章的学习，读者能够深入理解设计各元素的多种形态，通过对设计元素的灵活应用来实现对设计语言的理解与掌握。在平面设计领域中，设计元素的整合与分解是设计师最为重要能力之一，如何在有序与无序之间实现对设计各元素的恰当处理，是一个设计从业人员能力的重要体现。本章的教学目的就是为了使读者能够重视设计元素的各种形态，在不同的设计任务中，灵活处理相关元素，来达到和谐的视觉效果。

教学要求

知 识 要 点	能 力 要 求	相 关 知 识
字符元素分析	掌握	理解字符元素的多种形态
图像元素处理	掌握	掌握图像处理的各种方法
色彩的应用	掌握	理解设计色彩的搭配原理

11.1　字符元素分析

世界各国文字的历史有长有短，形式也不尽相同，但世界文字在历经悠久的历史长河中，逐步形成两大文字体系，一种是代表华夏文化的汉字体系，另一种是象征西方文明的拉丁字母文字体系。汉字和拉丁字母文字都是起源于图形符号，各自经过几千年的演化发展，最终形成了各具特色的文字体系。

如图 11-1 所示，汉字仍然保留了象形文字图画的感觉，字形外观规整为方形，而在笔画的变化上呈现出无穷含义。每个独立的汉字都有各自的含义，在这一点上和拉丁字母文字截然不同，因而在汉字元素更重于形意结合。

如图 11-2 所示，今天拉丁字母文字是由 26 个简单字母组成的完整的语言体系，拉丁字母本身没有含义，必须以字母组合构成词来表述词义。其字母外形各异，富于变化，在字体整体设计上有很好的优势。

图 11-1　书法字形

Aa Bb Cc Dd Ee Ff Gg
Hh Ii Jj Kk Ll Mm Nn
Oo Pp Qq Rr Ss Tt Uu
Vv Ww Xx Yy Zz

图 11-2　拉丁字母

在平面设计中，不管是汉字还是拉丁字母都只是作为设计元素之一，它们禀赋了各不相同的美学特征。字符是重要的设计元素，既可以作为可读的文本，也可以作为装饰性的符号出现。

在字符元素的设计中，首先要根据对象的体量和设计环境的需要来确定设计的方法。如果字符的体量大，那么字符元素的处理主要是结合版式设计来体现，这样大体量的字符元素主要是用来阅读，或者是作为装饰性背景来应用。

如图 11-3 所示的阅读性文字版面，首先要保证它的可读性与易读性。这类似于形式与功能的命题，在实用艺术中，满足功能性的需要，是被排在第一位的。这类型的设计，在满足阅读性之后，要考虑文本在版面空间的位置与大小，体现设计感。

图 11-4 所示的情况就大不相同，背景文字不用于阅读，只是作为装饰性元素出现，这里的文字其功能已经发生变化，文字所指示的含义已经不重要，但是它所体现的大小、疏密、错落是版面设计中首先考虑的问题。当然，在这类型的设计中，背景文字一般还是若隐若现地出现，依旧可以被识别，所以在文本的选择上尽量靠近与设计主题相关的内容，这样有助于它的传播。

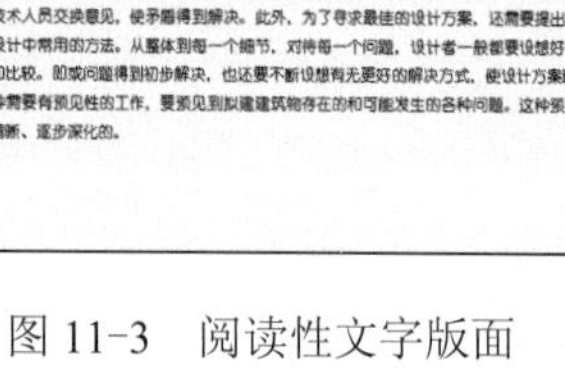

建筑设计的工作核心

少走弯路 | 少出差错

搜集资料、初步方案、初步设计、技术设计施工图和详图，这就是基本的设计程序

建筑师在进行建筑设计时面临的矛盾有：内容和形式之间的矛盾；需要和可能之间的矛盾；投资者、使用者、施工制作、城市规划等方面和设计之间，以及它们彼此之间由于对建筑物考虑角度不同而产生的矛盾；建筑物单体和群体之间、内部和外部之间的矛盾各个技术工种之间在技术要求上的矛盾；建筑的适用、经济、坚固、美观这几个基本要素本身之间的矛盾；建筑物内部各种不同使用功能之间的矛盾；建筑物局部和整体、这一局部和那一局部之间的矛盾等这些矛盾构成非常错综复杂的局面。而且每个工程中各种矛盾的构成又各有其特殊性。

所以说，建筑设计工作的核心，就是要寻找解决上述各种矛盾的最佳方案。通过长期的实践，建筑设计者创造、积累了一整套科学的方法和手段，可以用图纸、建筑模型或其他手段将设计意图确切地表达出来，才能充分暴露隐藏的矛盾，从而发现问题，同有关专业技术人员交换意见，使矛盾得到解决。此外，为了寻求最佳的设计方案，还需要提出多种方案进行比较。方案比较，是建筑设计中常用的方法。从整体到每一个细节，对待每一个问题，设计者一般都要设想好几个解决方案，进行一连串的反复推敲和比较。即或问题得到初步解决，也还要不断设想有无更好的解决方式，使设计方案臻于完善。

总之，建筑设计是一种需要有预见性的工作，要预见到拟建建筑物存在的和可能发生的各种问题。这种预见，往往是随着设计过程的进展而逐步清晰、逐步深化的。

11

图 11-3　阅读性文字版面

图 11-4　装饰性背景文字

尽管计算机字库的种类在不断地丰富，可供选择的字体也越来越多，认真收集字体的设计师在面对设计任务时，能够轻松地找到合适的字体为自己所用。但是，字体设计仍然是读者设计工作中重要的内容，在很多时候被应用到。如图 11-5 所示，常见的黑体字显然没有图 11-6 中的字体有设计感。汉字字符元素的塑造感非常强，在设计中应该深入研究。

单个字符从笔画到构成都是设计师推陈出新的着眼点，然而文字的可塑性不仅仅在于字符本身。离开笔画和结构，字符形成的外观形状、段落、文字方向等都是设计师进行设计创造的手段，如图 11-7～图 11-9 所示。

视觉艺术
研究与应用中心

图 11-5　黑体字

图 11-6　设计字体（学生作品：王伟平）

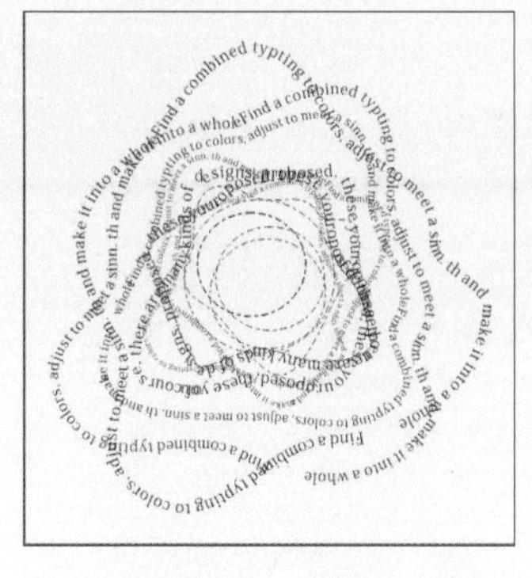

图 11-7　线性文字

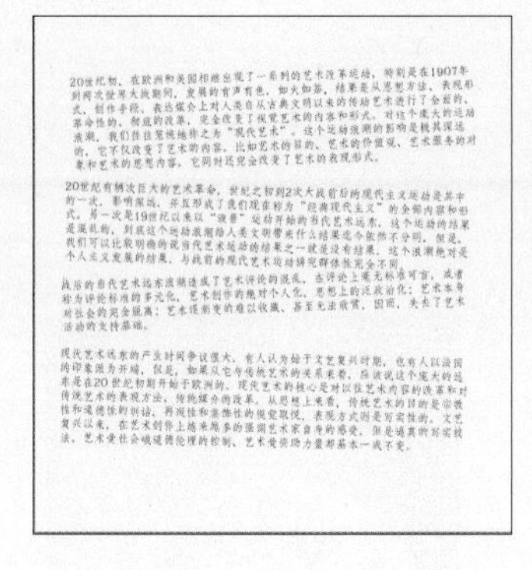

图 11-8　段落文字

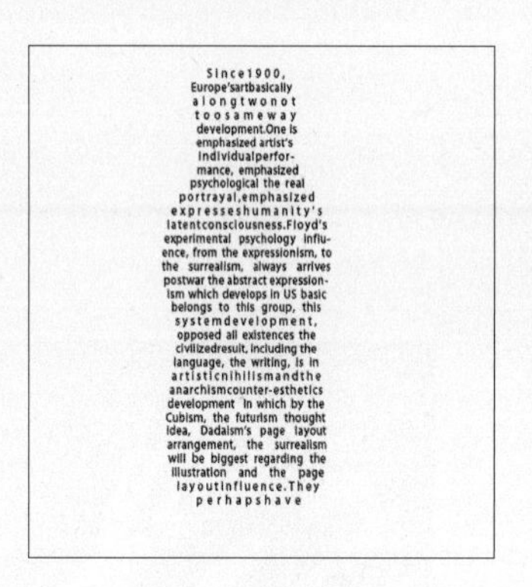

图 11-9　形状文字

字符元素的打散与整合是平面设计的重要方法，整段的文字可以打散为句或者行的形式，整句的文字可以拆解为单个字符。在整合与拆解中寻找设计美学是设计的长久追求。文字的大小、方向、疏密、肌理等都共同作用于设计作品的整体效果，如图 11-10 和图 11-11 所示。在设计工作中，应该多尝试几种设计方式，最终选择较好的方案。

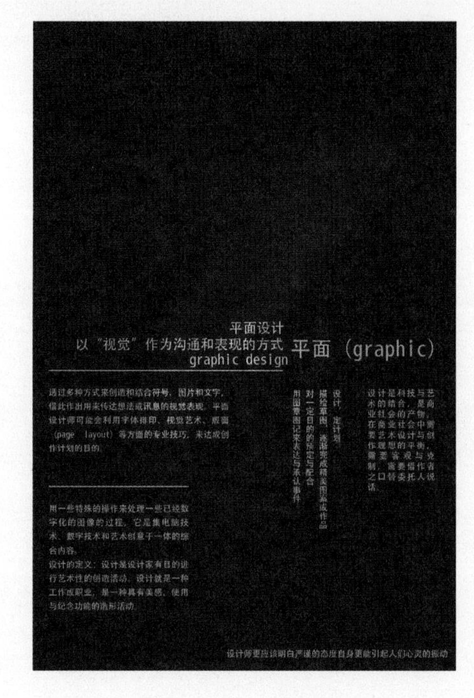

图 11-10　文字版面

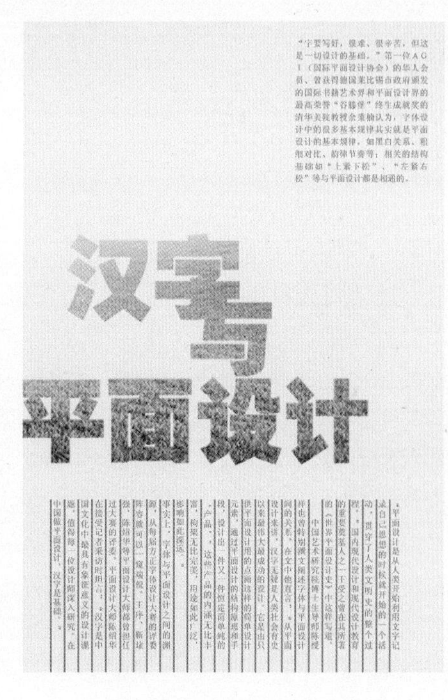

图 11-11　汉字与平面设计

一件设计作品是多种设计元素互相协调后产生的，即使只有一种元素形态，也会产生各不相同的设计方法。越是简约的版面，越需要用心构思，进而取得良好的视觉效果。

深入字符的内部，就可以更加细致地分解字符元素的设计空间。不论是拉丁字母还是中国的汉字，都可以把单字符再进行分解为笔画或者其他的小局部，这种打散后的重组在设计中有良好的视觉表现，如图 11-12～图 11-14 所示。一个单词可以分解为数个字母，通过对字母的再创作获得新的视觉感受，对一个汉字字符的分解则表现为对笔画的打散。这种化整为零的设计手段，在制造视觉新感受方面有贡献，常常给设计带来很好的效果。

在艺术设计中，不仅要将字符元素作为传达文本信息的符号来对待，而且要把它当做图像来进行设计，因为字符对于设计来说至关重要。然而字符元素可以创造的形象千变万化，笔者无法一一列举，上述几种只是字符元素可塑形态的一些方面，更多的方法需要在实际工作深入发现。

图 11-12　转折字母

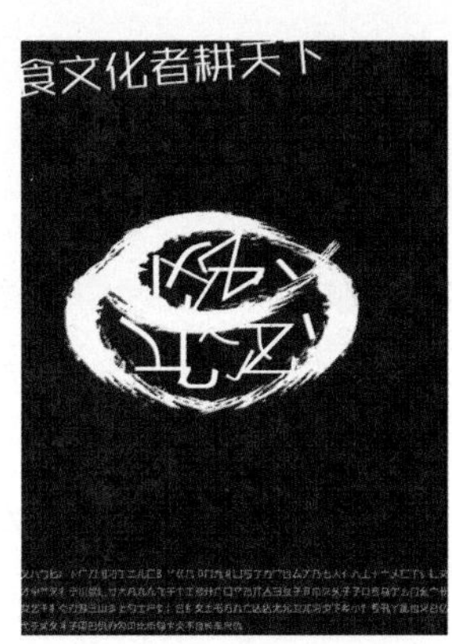

图 11-13　食文化者耕天下

图 11-14　字母

11.2　图像元素分析

图像元素指的是可承载或传递印刷视觉信息的基本要素。平面设计中图像元素的重要不言而喻，图像的来源基本是通过摄影与绘画两种渠道来获得，但是直接的摄影或者绘画图像常常不能满足设计的需要，设计师对图像元素的加工对设计任务的最后效果有重要作用。

在信息量不断剧增的今天，图像素材库的全面与庞大令人兴奋，设计师面对大量的图像素材首先要做的是选择。选择合适的图像作为设计元素，是得到良好设计效果的关键一步。图像元素与主题是否关系密切？图像质量是否能够满足设计要求？在吸引受众注意和视觉冲击方面是否能有良好的表现？这些都是在确定图像元素之前设计师需要认真考虑的问题。

在设计领域，需要的是制作自己需要之物，而不是选用现成之物。从这点出发，设计师就应该坚持需要什么就去创造什么，并且尽量做到最好。一张无处不见的摄影图片原原本本地出现在设计作品中，给人的视觉感受只有乏味。设计师应该试着不要依赖现成的素材进行创作，有的时候对设计素材的创造只是通过点、线、面等简单的设计元素就能实现，几根线条或者随性的涂鸦都能成为设计素材的来源。不管画出的线条或者其他图形是否光滑与色彩斑斓，都比大量出现在已有传播媒介上的现成图像来得有意义。

例如，图 11-15 所示是最为常见的图像素材，普通相机拍摄的一座人物雕像，像素不高对焦也不实，这种素材如果原原本本地出现在设计作品中，那对作品的视觉效果只会起到破坏的作用。只要做简单的处理就会改变这种不足，如图 11-16 所示，只是将雕像的背景去掉，然后对雕像做了纹理化处理，再处理色调，素材的视觉感受马上产生很大变化。

图 11-15　雕像原图

图 11-16　雕像效果图

在设计工作中，对图像元素的需要往往是某些图像中的局部，这时除了所需对象之外的背景就显得多余，于是去背景就成为设计师首先要做的工作。因为去背景的应用范围非常普遍，在各种设计任务中，都可以看到用这种方法实现的设计效果，所以说去背景成为制作设计素材的最关键方式之一。另外一个经验就是，对图像质量不高的素材，可以通过将图像处理成特殊的视觉感受，如剪影或者 Photoshop 中的其他滤镜效果。这不仅仅能够掩盖图像本身的缺陷，同时还增加了图像的视觉艺术性，给人新鲜的观感。这种视觉效果的实现往往是简单的，只要应用钢笔或套索工具，又或者通过，Photoshop 中的“滤镜”命令就能轻松实现。这两个经验对类似这种图像质量不高素材有很好的表现意义。

设计师选定了相关素材后，对素材的要求有自己的判断，大部分素材是不能直接使用的，修剪和改造是经常性工作。在众多方法中，合成是比较频繁使用的方式之一。这个方法可以避开特定图像的缺陷，综合多张图像的优势于一身，在视觉效果上有卓著的表现。如图 11-17 所示，一大片绿色茶山令人心旷神怡，但是细心的设计师也许对茶山的天空不太满意。例将图 11-18 所示的蓝天白云合成到图 11-17 当中，得到如图 11-19 的效果，这就是最简单的图像合成技术。

对图像元素的改造除了合成之外，还可以二次创造。一些微小的元素常常启发设计师的创意思维，元素的替换或修剪都能让图像有焕然一新的变化。如图 11-20 所示，图像只是一棵简化的树，通过对其叶子的替换，再用一条起伏的线条代表地面，就有了如图 11-21 所示的设计作品，设计的整个过程简单而轻松，最终的画面给人干净而清爽感觉，再在顶部添加上主题，就是一张简单的招贴设计。

图 11-17　茶山

图 11-18　蓝天

图 11-19　蓝天茶山

图 11-20　树

图 11-21　招贴设计

对图像进行深入分析，结合环境来处理图像，使它成为设计元素。如图 11-22 和图 11-23 所示的两张图像素材都是很普通的摄影图片，因为图 11-22 有很强的方向感，所以在设计中可以利用这样一个信号来组织版面，最终得到图 11-24 所示的设计效果。

图 11-22　建筑

图 11-23　塔

图 11-24　“如何保护古建筑”设计

设计初学者常常把图像处理理解为丰富的滤镜效果，在设计作品中也沉浸于滤镜的应用。但滤镜应用不当会令人心生厌烦。设计师面对图像元素，不管是摄影图片还是线条色块，首先想到的应该是二次创作，然后才是用一些简便的方法来实现新的视觉效果，这样的作品才有比较丰富的设计语言。

正如前面所述，设计师面对图像元素首先要做的是选择，这是相对于客户提供素材的基础上而言。在很多时候，设计师还要进入到素材的采集阶段，那就是对设计任务中涉及的素材进行拍摄，所以摄影艺术也是设计师必修的一门学问。

如果身边没有现成的图片，又不会画画，也没有条件亲自采集图像素材，也不用一筹莫展。设计师应该具备离开上述手段之外去创造素材的能力，而创造这类型的素材常常是通过简单的图案或者线条组织而成的抽象的视觉元素。这些抽象的图像元素，有很强的装饰效果，如果图案的造型与主题有些许的关联，那就更能符合设计的要求。

如图 11-25 和图 11-26 所示，在没有任何可供选用的图像元素情况下，线条、色块是非常好的素材，恰当应用这些元素，能够为设计带来新颖且恰如其分的视觉效果。应用这些元素的时候，平面构成与色彩构成方面的知识就得到充分展示，所以对于学习者而言，这些基础课程知识的扎实程度对后期创作有重要影响。

图像元素的处理有其无穷的发挥空间，笔者所能阐述的只能是其中的一小部分。在设计实践中，如何娴熟地应用各种方法的串联，以实现设计的目的，需要用户不断去尝试和总结。

图 11-25　艺术设计线条

图 11-26　艺术设计色块

11.3　色彩的应用

色彩是造型艺术的主要手段之一，也是一切造型艺术的重要基础。色彩是光线通过物体的反射，作用于人的视觉和大脑的结果。色彩具有最能打动人类视觉，并且可直接诉诸于感情的力量。色彩作为设计中重要的形式因素，其应用价值和审美价值是毋庸置疑的。

因此，认真学习和研究设计色彩的基本规律，熟练地掌握设计色彩基本理论与表现技巧，对于每一个艺术设计专业的学生来讲，显得尤为重要和必要。色彩在设计中不仅能通过具体的色相、明度、彩度等有效传达产品的品格与性质，而且还可以利用色彩心理、色彩感情，创造丰富的联想，为产品的认知功能、使用功能、审美功能提供最直接的支持。色彩在相当程度上能够左右人类的情绪乃至改变人类的生活方式。优秀的设计一定是自觉地、巧妙地发挥色彩的魅力与力量，设计产品不仅能因为色彩而增加自身的附加值，同时还能不断提升产品本身的审美品位。

关于色彩方面在本书第 1 章已有介绍，本节内容主要是围绕在 Photoshop CS5 中的一个扩展功能 Kuler，它很完美地提供了多种快速配色的方式，为配色头疼的设计师带来便捷的服务。

“Kuler”面板是访问由在线设计人员社区所创建的颜色组、主题的入口。可以使用它来浏览 Kuler 上的数千个主题，然后下载其中一些主题进行编辑或包含在自己的项目中。还可以使用“Kuler”面板来创建和存储主题，然后通过上载与 Kuler 社区共享这些主题。从 Photoshop CS5 中选择菜单“窗口”→“扩展功能”→“Kuler”命令，如图 11-27 所示，默认情况下，它停留在浏览界面，这里有很多已经生成配色模式供读者选择，这些配色方案都是经过多方验证并大量用于实践中产生出来的，如图 11-28 所示。在“配色”选项的下拉菜单中，列有 4 类配色方案，分别是“最高评级”、“最受欢迎”、“最新”、“随机”、“已保存”和“自定义”，如图 11-29 所示。在这 4 种配色类目中可以迅速解决用户配色上的困扰。还有两组类目是为设计自己动手配色准备的，一类用于即时配色，一类用于存储保存过的配色方案。

当切换到“创建”面板时，色轮就出现了，如图 11-30 所示。在这里可以选择便捷的方式自己配色，也可以将设计好的配色方案与大家分享。

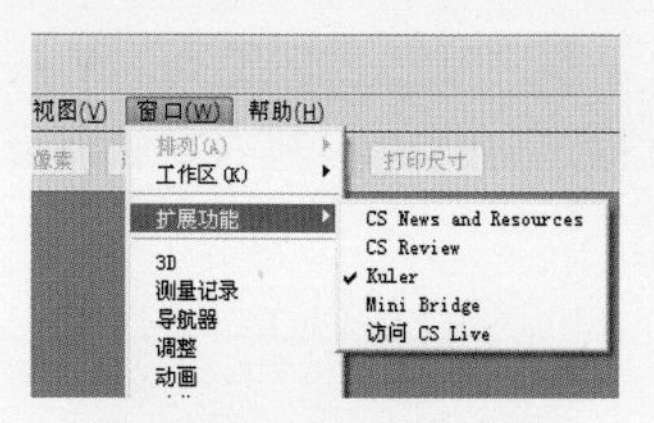

图 11-27 “kuler”命令

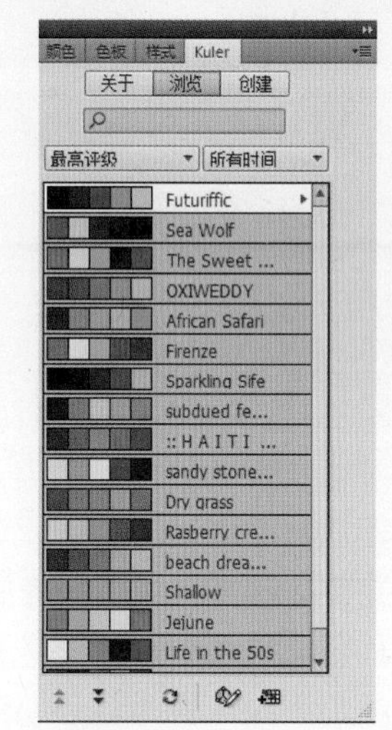

图 11-28 “kuler”选项

图 11-29 “配色”选项

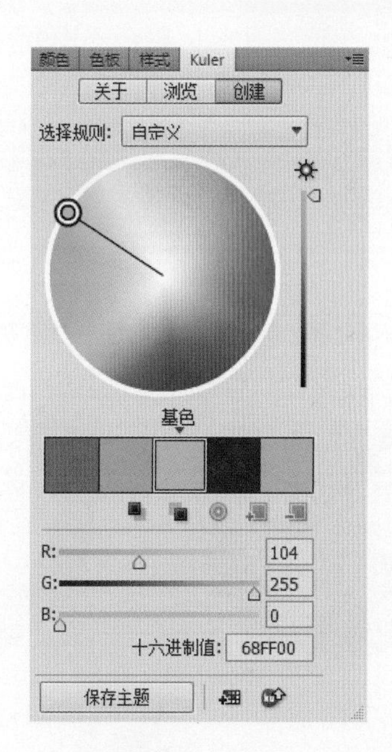

图 11-30 “kuler”色轮

说到这里，首先要了解色彩学的一般知识，色彩是在三原色的基础上产生的，即红、黄、蓝，如图 11-31 所示。所有的颜色都可以通过三原色调配出来，可以通过黄色和蓝色得到绿色，红色和绿色得到黑色，但是无法综合其他颜色得到纯黄、纯蓝和纯红。

将三原色色轮上相邻的两种颜色等量混合调配就会得到三间色，如图 11-32 所示。如果再将空白两边的颜色等量混合调配就得到一个 12 色色轮，如图 11-33 所示。

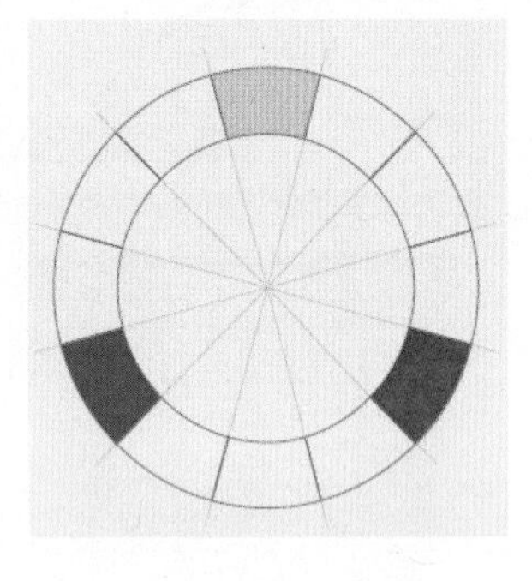

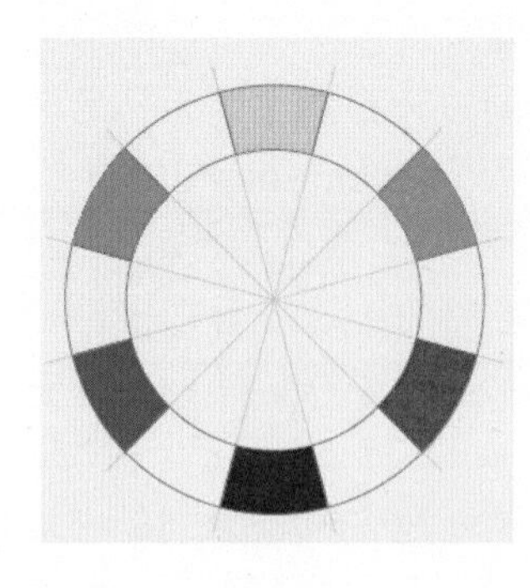

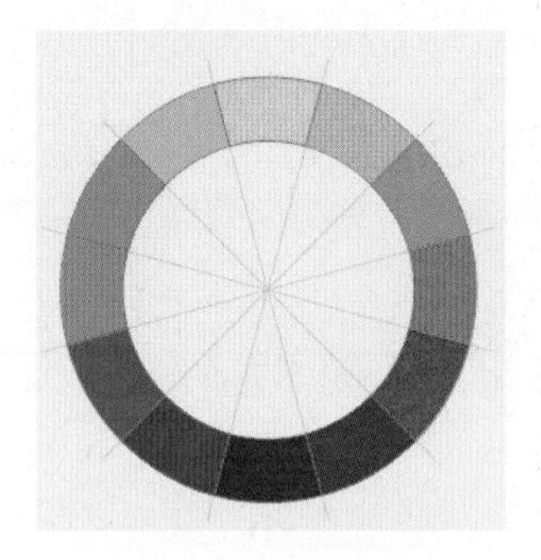

图 11-31　三原色　　图 11-32　三间色　　图 11-33　12 色色轮

补色是互相对立的两种颜色，在色轮上处于相反的位置上，如红色和绿色。补色形成强烈的对比效果，传达出活力、能量、兴奋等意义，这种色彩之间强烈对比在高纯度的情况下会引起色彩的颤动和不稳定感，在搭配中一定要处理好这种情况，不然会使得画面冲突非常严重并破坏整体。互补色搭配在正式的设计中比较少见，主要是由于它的特殊性和不稳定性，在各种色相搭配中，互补色搭配无疑是一种最突出的搭配，如果想让作品特别引人注目，那么互补色搭配或许是种不错的选择。补色要达到好的效果，一般是其中一种面积比较小，另一种比较大，适用于以一种颜色突出另一种颜色。在色盘上表现为如图 11-34 和图 11-35 所示，在 Photoshop 里面，补色可以在“Kuler”面板中表现为图 11-36 的形式。

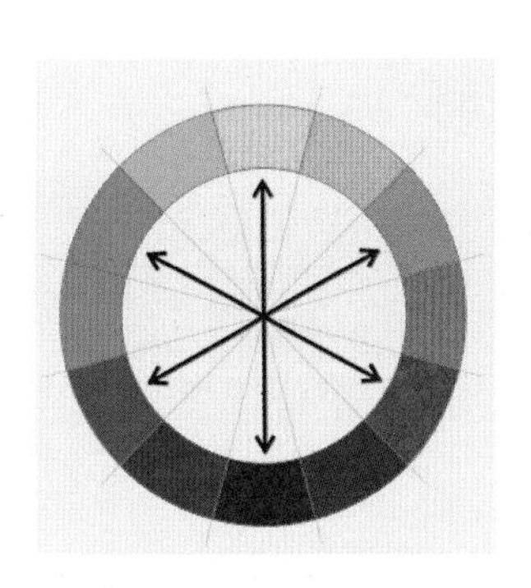

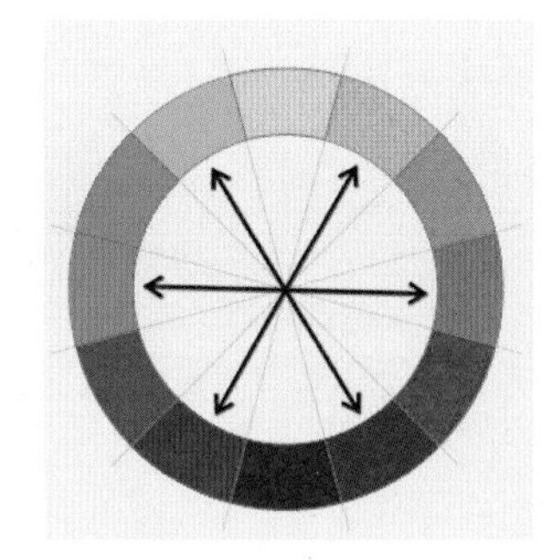

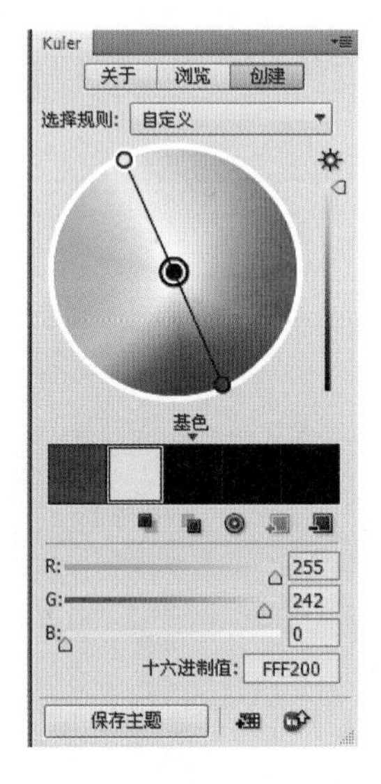

图 11-34　补色 1　　图 11-35　补色 2　　图 11-36　“kuler”面板 1

有一种能够给人良好视觉感受的配色方式叫做三色组合，这种色彩搭配方案能使画面生动活泼，哪怕是使用了低饱和度的色彩。但是在使用三角形搭配时一定要选出一种色彩作为主色，另外两种作为辅助色。这 3 种颜色在色盘上表现为彼此间相隔的距离是一样的，在 Photoshop 中表现为如图 11-37 所示的形式。

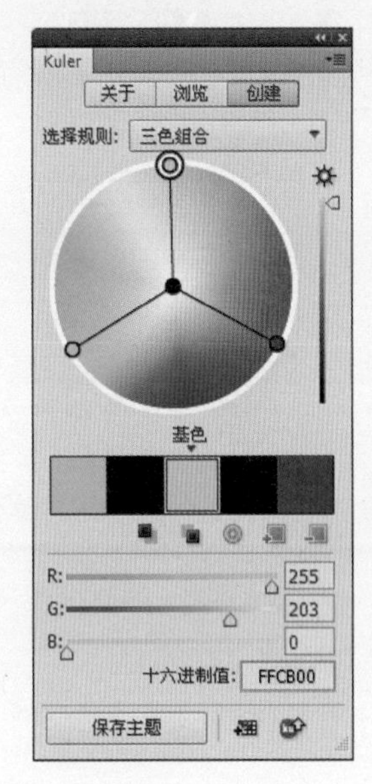

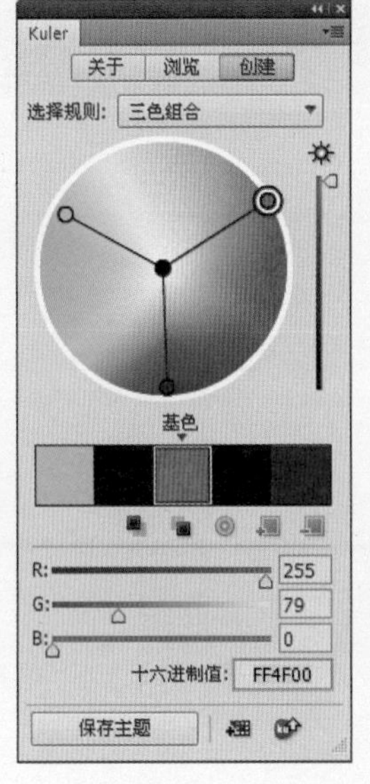

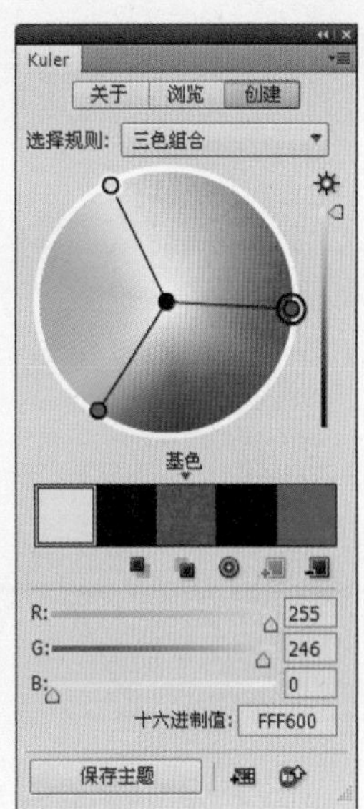

图 11-37 “kuler”面板 2

在色盘上距离较近的色彩被称为类似色，如图 11-38 所示，这种色彩搭配起来给人平静而舒服的感觉。类似色搭配在自然中能够被经常找到，所以对眼睛来说，接受这种搭配方式比较舒适, 在 Photoshop 中表现为如图 11-39 所示的形式。在使用类似色搭配时，一定要适当加强对比，不然可能使画面显得平淡。

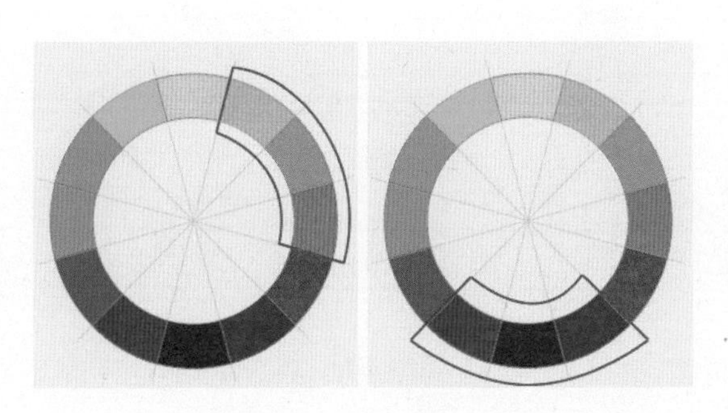

图 11-38 类似色色盘

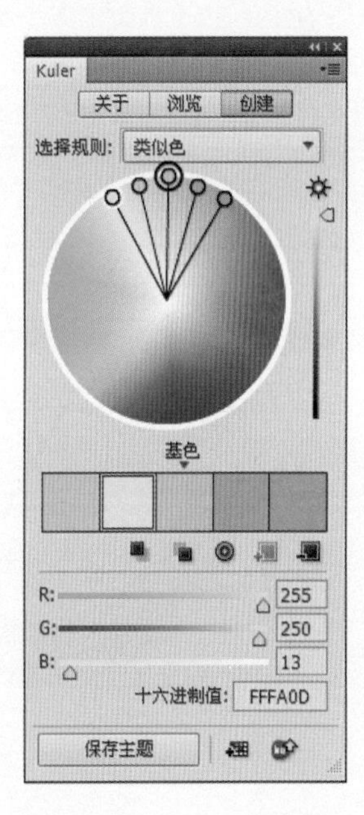

图 11-39 “kuler”面板 3

有一种色彩模式既有互补色搭配的优点，又避免了互补色搭配的弱点，一般称之为分裂互补色。它的本质是使用 3 个类似色中之一的互补色来代替。分裂互补色的对比依然非常强烈，但它并不会像互补色搭配那样产生颤抖和不安的感觉。对初学者来说，这是种非常好用的搭配，一般来说，使用分裂互补色搭配的画面对比强烈，又不易使色彩产生混乱的感觉，在色盘上如图 11-40 所示，在 Photoshop 中表现为如图 11-41 所示的形式。

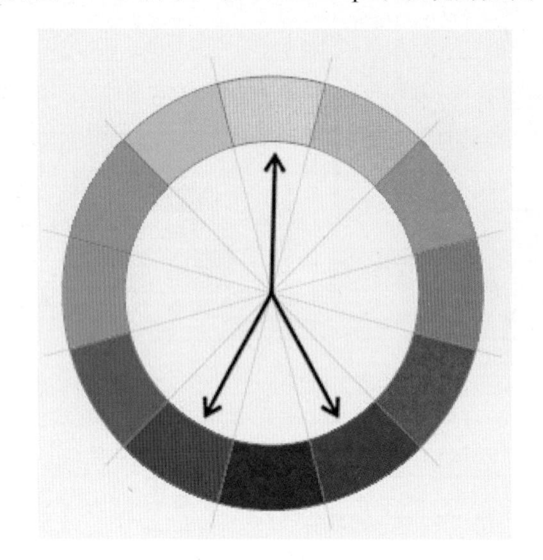

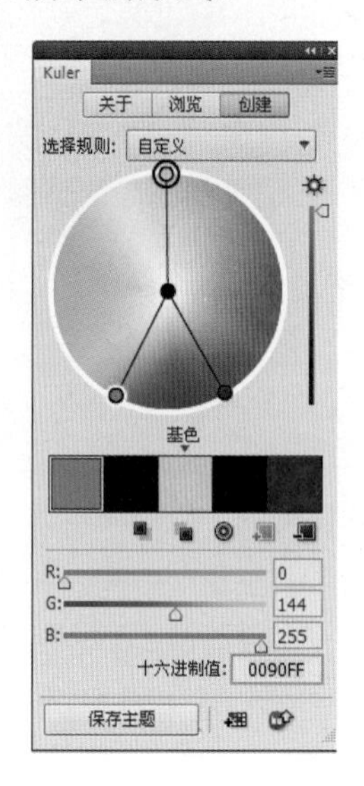

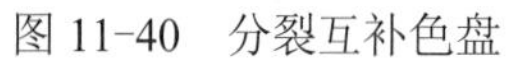
图 11-40　分裂互补色盘

图 11-41　“kuler”面板 4

X 型色盘如图 11-42 所示，在 Photoshop 中表现为如图 11-43 所示的形式。这种色彩模式由两组互补色组成，是互补色搭配的特殊形式，要注意的是两组色彩的选用是在近似色的范围内。这种方式搭配的色彩非常丰富，能使画面产生节奏感。但是在应用的时候，需要注意他的冷暖对比。

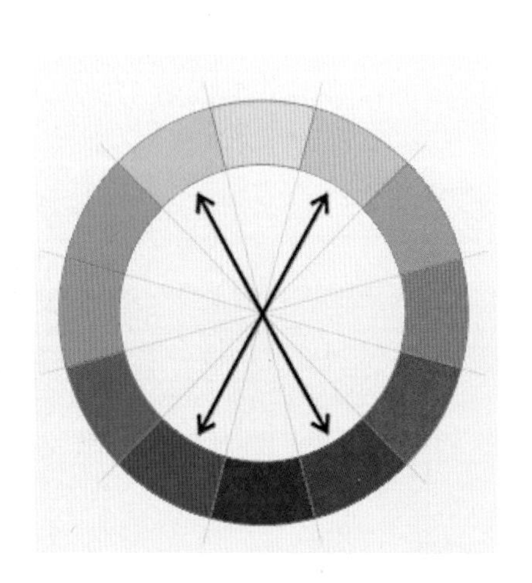

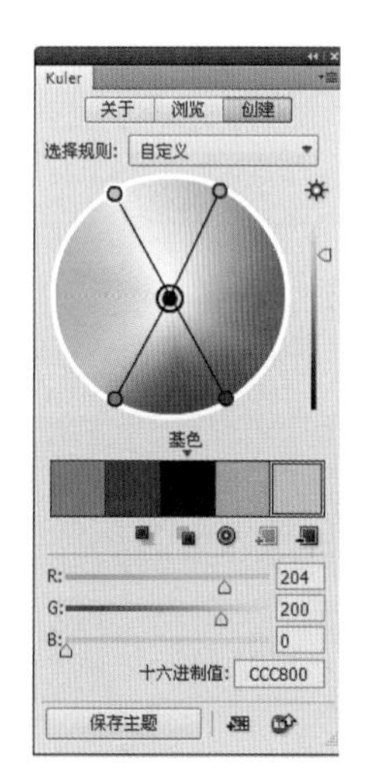

图 11-42　X 型色盘

图 11-43　“kuler”面板 5

与 X 型色彩模式相仿的另一种搭配方式是十字形模式，其色盘如图 11-44 所示，在 Photoshop 中表现为如图 11-45 所示的形式。两组补色在色盘中呈垂直的分布，和 X 型色盘一样有丰富的色彩效果，在应用时要注意冷暖的对比。在这种色彩模式下，其中一种色彩作为主色，辅助其他 3 种色彩进行搭配，能取得良好的色彩效果。

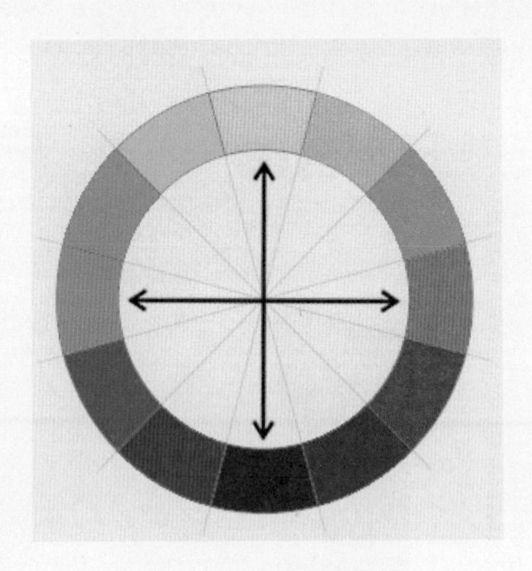

图 11-44　十字形色盘

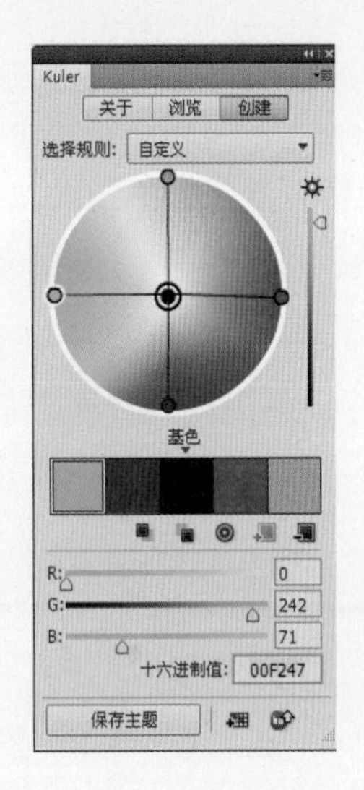

图 11-45 “kuler”面板 6

色彩在实际的应用中还涉及很多方面的问题，配色的方式要根据明度、纯度、色相、冷暖、比例等情况而定，这些因素的变化，会导致不同的视觉效果，在实践中要认真总结与灵活应用。

11.4　本章小结

在平面设计设计中，对设计元素的研究有着非常重要的意义，元素的处理是设计的关键问题，只有将设计元素的问题解决了，设计效果才有比较好的保障。不管是字符还是图像，对设计效果都有非常大的影响，另外色彩的搭配也是设计师的重要课题，配色是否恰当对设计作品的成败往往起着决定性的作用。所以在设计工作中要处理好设计各元素之间的关系，这样才能顺利完成设计工作。

如图 11-46 所示，以三色组合为主要色彩模式的文字版面设计，突出主题，页面整洁清爽。如图 11-47 所示，以补色为主要色彩模式的图文信息版面，各种姿态的人物剪影安排在文字的恰当位置，使得图文形成一种关联，这种生动的图文互动可以让设计富有趣味性。

图 11-46　三色文字元素

图 11-47　补色图文元素

如图 11-48 所示，以近似色为主要色彩模式，左边的字符元素置放成一种形状，在画面中起着装饰的作用，近似色让画面显得比较平静，装饰字符略带明暗的处理，让对象显得立体起来，画面富有变化但不张扬。如图 11-49 所示，绿色的主题在红色背景下显得异常醒目，画面综合和多种设计元素，图文信息的摆放也展现出比较协调的视觉美感，显得热闹非凡。

图 11-48　近似色文字元素

图 11-49　图文元素

如图 11-50 所示，构成知识在画面中得到很好的表现。设计师在没有摄影图片的情况下，可以应用构成知识将版面设计成富有现代气息的作品，版面元素的错落有致，更加体现了设计师对形式美法则的理解和把握程度，用构成知识编制起来的设计作品，在现代艺术设计中发挥着重要的作用。

图 11-50　综合版面设计

11.5　练习题

1）以字符为主要设计元素，做一组杂志封面设计。

2）以图像为主要设计元素，做一组杂志封面设计。

3）将以上杂志封面设计作品，制作各种配色方案。

第12章 图说平面设计案例

教学目标

本章以平面设计案例分析与步骤演示为主要教学内容，通过对具体项目的讲解，读者能够体验相关平面设计项目的操作过程。案例的演示从设计元素和版式关系等方面展开分析，在步骤的分解中，读者不仅能够一起感受设计的过程，同时对设计构思与设计完成有清晰的认识，获得对设计比较直观的理解。

教学要求

知识要点	能力要求	相关知识
视觉海报设计	理解	创意构思理解版式设计
包装设计案例	理解	了解包装设计结构，完成包装设计任务
书籍装帧设计	理解	了解书箱结构、掌握版式设计语言

设计案例

（1）“澄果水吧”开业海报设计

（2）海峡时代报海报设计

（3）“翠玙琪林”手提袋设计

（4）书籍装帧设计

12.1 视觉海报设计

【案例12-1】 “澄果水吧”开业海报设计

**案例设计创意**

海报是一种信息传递艺术，是一种大众化的宣传工具。海报又称为招贴画，是贴在街头墙上，挂在橱窗里的大幅作品。它以醒目的画面吸引路人的注意，在社会生活的各个领域发挥着重要作用。海报按其应用范围不同大致可以分为商业海报、文化海报、电影海报和公益海报等，海报设计是平面设计的重要组成部分。

海报设计具有尺寸大、远视强、艺术性高的特点。海报张贴于公共场所，会受到周围环境和各种因素的干扰，所以必须以大画面及突出的形象和色彩展现在人们面前。为了使来去匆忙的人们留下视觉印象，除了尺寸大之外，海报设计还要遵循定位设计的原则，以突出的标志、标题、图形，或对比强烈的色彩、大面积的空白、简练的视觉流程使海报招贴成为视觉焦点。就招贴的整体而言，它包括商业招贴和非商业招贴两大类。其中商业招贴的表现形式以具体艺术表现力的摄影、造型写实的绘画或漫画形式表现为主，给消费者留下真实感人的画面和富有幽默情趣的感受。

案例目标

通过本案例的学习，设计一张“澄果水吧”开业海报，在商业海报设计中作品的装饰性要求比较高，同时强调视觉冲击力，对设计的整体要求一般是华丽而喜庆，“澄果水吧”开业海报的最后效果如图 12-1 所示。

案例制作方法

1）新建一个文件名为“澄果水吧”，宽度为 600mm、高度为 900mm、颜色模式为 CMYK 颜色，并且分辨率为 300 像素/英寸的“画布”窗口。

2）导入“卷纸”素材，编辑\自由变换至版面合适大小。接下来给卷纸着色，全选“卷纸”图层，用“油漆桶”按钮填充颜色，颜色参数为（C＝80、M＝10、Y＝70、K=0）。导入“卷草纹”图像素材，将图层不透明度调整为 15%，使花纹淡淡附着于绿色之上。导入“水果”素材，为了表现揭开美味的效果，必须把“水果”图层放在“卷纸”图层下面，如图 12-2 所示。

图 12-1 “橙果水吧”开业海报

图 12-2 “橙果水吧”开业海报背景

3）输入海报信息文字，其中“橙果水吧”的字体为“华康娃娃体”，“12 月 28 日隆重开幕”为“黑体”。文字图层样式采用“渐变叠加”效果，相关参数设置如图 12-3 所示，为了更加突出标题，再将文字进行“描边”处理，相关参数设置如图 12-4 所示，所得到的效果如图 12-5 所示。

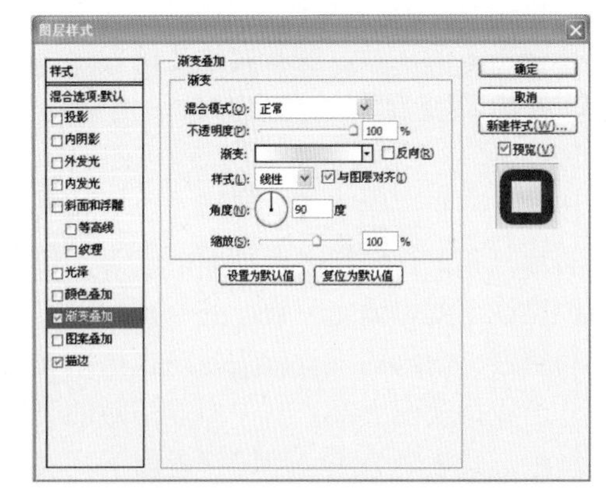

图 12-3 文字渐变叠加效果

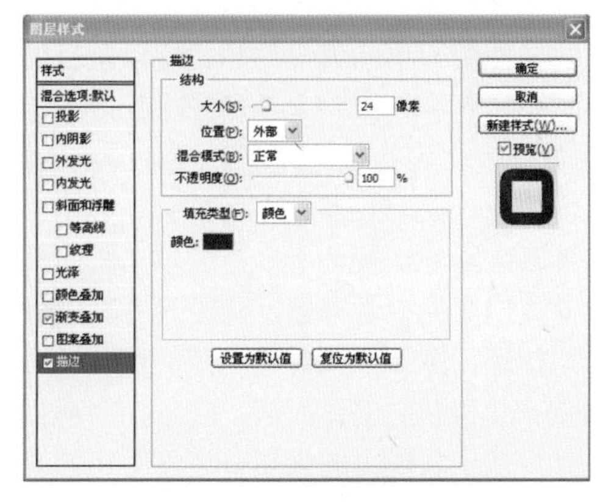

图 12-4 文字描边效果

4）将“开业期间全场 8 折”字体设置为“方正超粗黑简体”，将“8”字去掉并留出更大的间距用来放置，文字颜色参数为（C=0、M=20、Y=20、K=0），将“图层样式”设置为“投影”和“描边”，投影相关参数设置如图 12-7 所示，描边颜色参数为（C=50、M=100、Y=100、K=30），相关参数设置为 12-8 所示。为了强调活动的优惠政策，将“8”字拉大至合适位置，将“图层样式”设置为“投影”与“描边”，描边颜色参数为（C=50、M=100、Y=100、K=30），相关参数设置如图 12-9 和图 12-10 所示。

图 12-5 “橙果水吧”开业海报标题

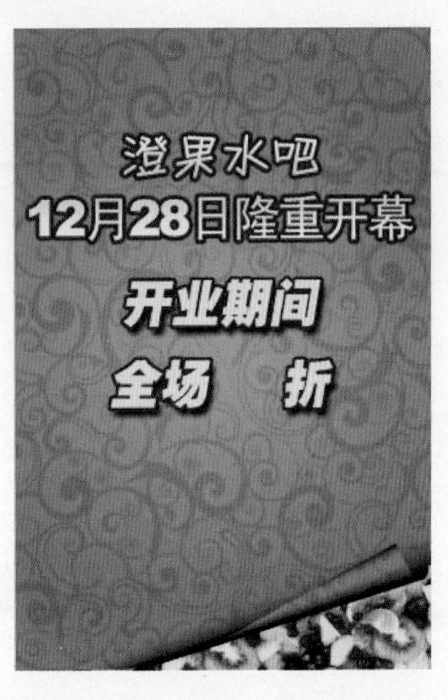

图 12-6 “橙果水吧”开业海报广告语

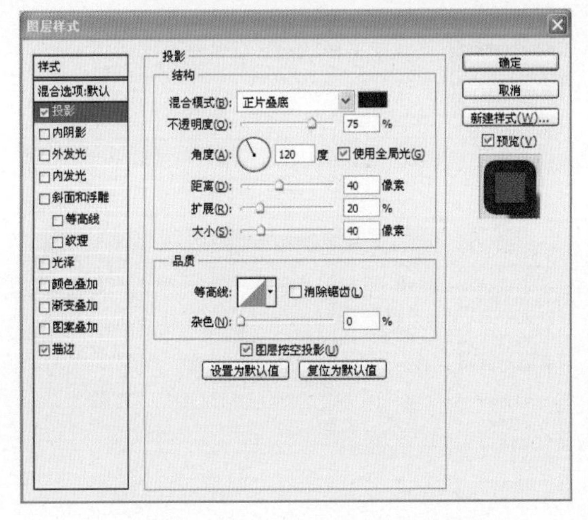

图 12-7 广告语“投影”选项

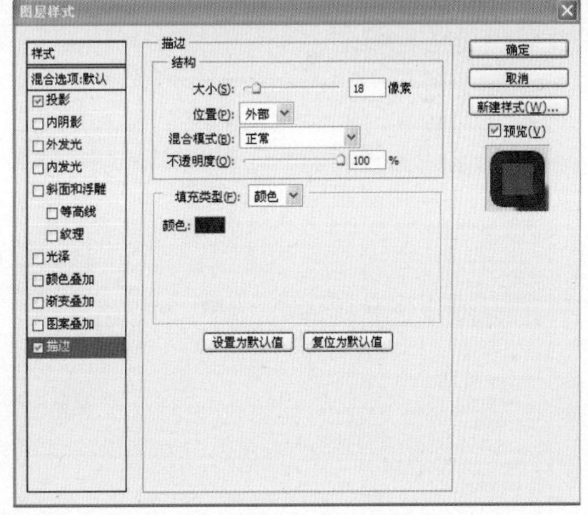

图 12-8 广告语“描边”选项

5）添加装饰性元素。首先导入“标贴”素材，放置在海报左上角，将“图层样式”设置为“渐变叠加”与“投影”，相关参数设置如图 12-11 和图 12-12 所示。导入“蝴蝶结”素材，放置在海报右上角，将“图层样式”设置为“投影”，相关参数如图 12-13 所示。导入“星星”素材，放置在“8 折”字样上，将“图层样式”设置为“外发光”，如图 12-14 所示，最后在

"卷纸"图层加入滤镜\镜头光晕，如图 12-15 所示。

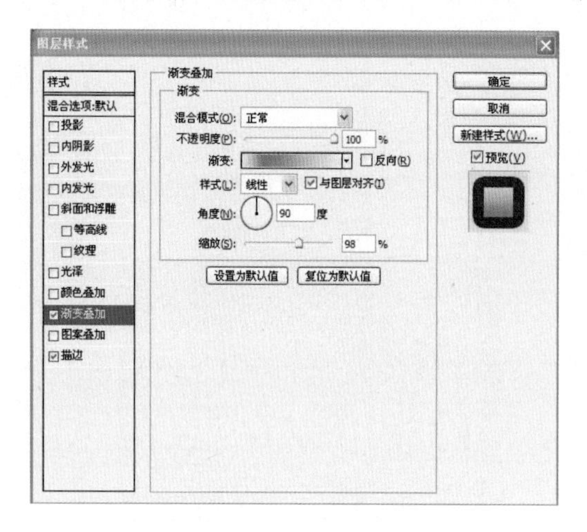

图 12-9　数字"8"的"渐变叠加"选项

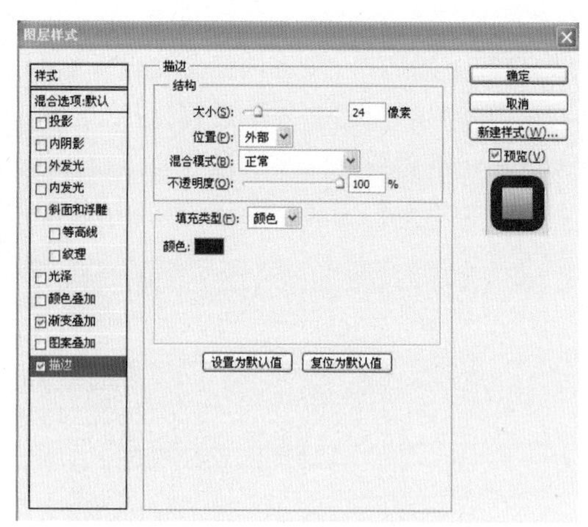

图 12-10　数字"8"的"描边"选项

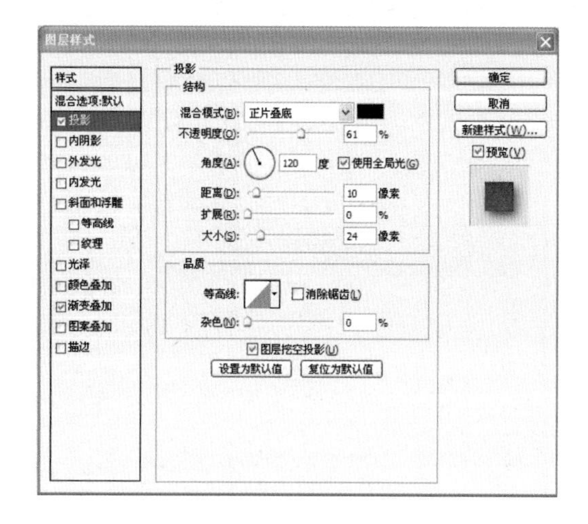

图 12-11　"标贴"的"投影"选项

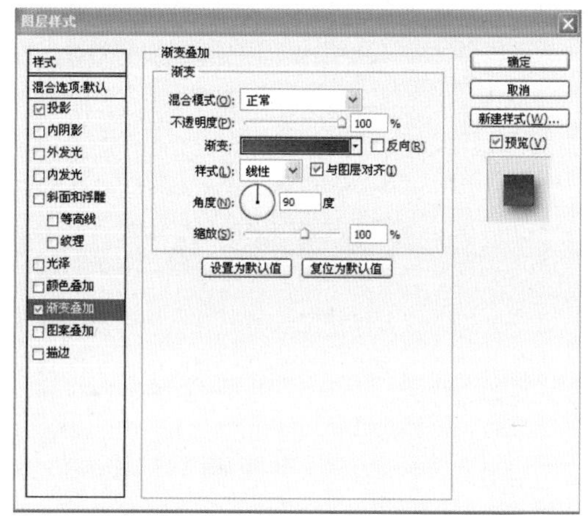

图 12-12　"标贴"的"渐变叠加"选项

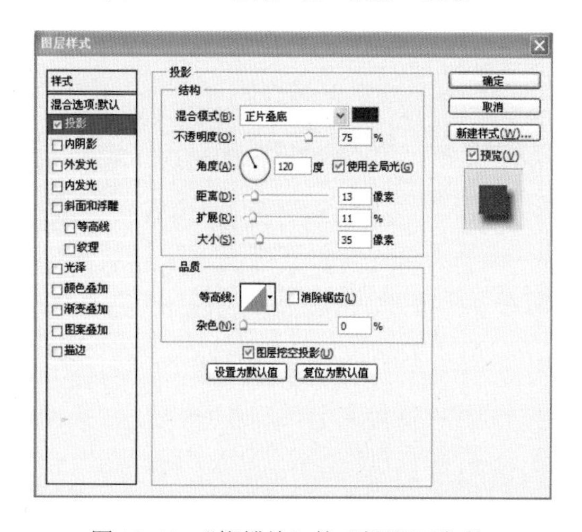

图 12-13　"蝴蝶结"的"投影"选项

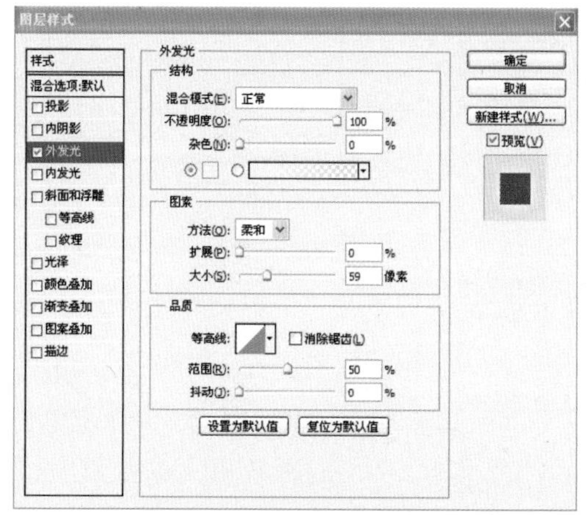

图 12-14　"星星"的"外发光"选项

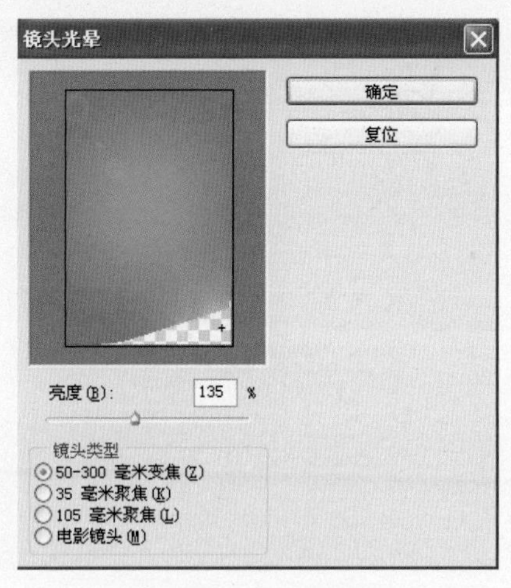

图 12-15 镜头光晕

【案例 12-2】 海峡时代报海报设计

案例的效果如图 12-16～图 12-18 所示。

案例设计创意

设计之初要确定主题，这个系列的主题分别为民生篇、深度篇、热点篇。通过蚂蚁这个形象做创意设计，根据蚂蚁在日常工作过程的几种状态来映射海峡时代报的精神。关注民生新闻是每个媒体的重要工作，而民生是发生在老百姓日常生活中各个角落的事情，面很广量很大。根据民生新闻的特征，结合蚂蚁无处不在的特点，可以贴切的传达海峡时代报的报道网络覆盖面广，民生新闻搜集渠道多的组织架构，如图 12-16 所示。深度篇的主题是为了表现海峡时代报在深度新闻挖掘方面的勇气与精神，深度新闻往往需要进入到事件的内部，只有到达事件的核心部分才能找到挖掘出更有价值的东西。根据这个特征，结合蚂蚁洞穴的特点，巧妙地结合起来，蚂蚁洞穴的隐蔽性和深藏于地下那种盘根错节的关系，暗喻深度新闻背后的那种复杂背景，进入事件的内部，需要有不断深入的勇气，和处理纷繁信息的智慧，如图 12-17 所示。热点篇的主题是为了表现海峡时代报在处理社会热点新闻时的理性姿态，不盲从，不人云亦云，而是根据自己的方式井然有序的进行。根据这个特征，结合蚂蚁在采集食物时的合作情形，能够生动地表现出这种精神。蚂蚁在发现食物后，会有大批的同伙参与进来搬运，面对这样的一个热点，虽然参与其中的蚂蚁数量很多，但是秩序井然，组织严密分工明确，是协作劳动的典范。蚂蚁的这种精神，暗合了海峡时代报面对热点新闻的态度，社会热点必然有众多媒体关注，但是海峡时代报不人云亦云，不跟风不盲从，而是通过自己的判断，以一种独到的视角冷静的介入其中，客观而深刻，其视觉化表现为如图 12-18 所示。

案例目标

通过本案例的学习，可以学会设计需要的系列感，3 张海报运用了同样的主体——蚂蚁，作为主要的视觉元素。以一种元素的不同形态来表现各自不同的主题是系列海报的可贵之处，这种方式可以很直观地告诉受众他们之间是什么关系。同时，在版面的设计上，也采用了同种格式，标志、标题、文字等相关元素以同样的形态表现在不同的版面中，更加强调他们直接的系列感。

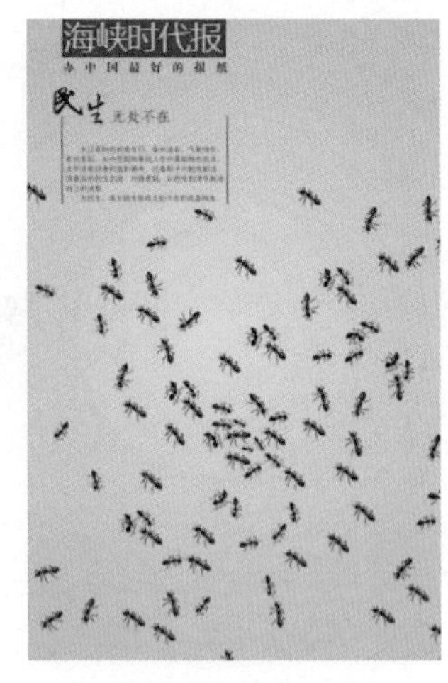

图 12-16　民生篇

图 12-17　深度篇

图 12-18　热点篇

案例制作方法

艺术设计的核心是设计思维的展示，技术部分的作用相对比较次要，所以在实际的设计项目中，制作的过程往往是简单的，对软件技能的要求也通常不高，但是创意思维和美学知识方面的才干却一项也马虎不得，学生应该在这些方面好好努力。

海峡时代报系列海报的设计步骤如下所示。

1）新建一个文件名为“民生篇”，宽度为 600mm、高度为 900mm、颜色模式为 CMYK 颜色，并且分辨率为 300 像素/英寸的画布窗口。

2）用“渐变工具”，在任务栏上单击由中心往四周发散的“效果”按钮，单击菜单栏上的“渐变预设”按钮，弹出设置对话框，新建一种渐变模式，设置如图 12-19 所示。运用近似色来填充，两边的色彩设置为了嫩绿（C=40、M=0、Y=100、K=0），中间为黄绿（C=10、M=0、Y=85、K=0），选择“渐变工具”，在画布上从上到下拉动，得到自己满意的色彩为止，得到效果如图 12-20 所示。

3）打开海峡时代报的 LOGO，打开书法文字“民生”，录入相关文字，用“矩形工具”画两根线条，得到效果如图 12-21 所示。

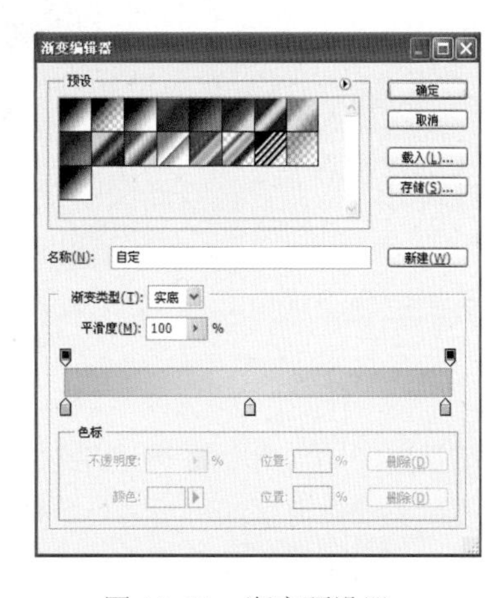

图 12-19　渐变预设器

图 12-20　底色

图 12-21　版面设计

4）打开蚂蚁素材，蚂蚁素材最初只有三只原型，如图 12-22 所示，需要将它们分别单独出来，然后根据蚂蚁的生活习性排列在版面上，这部是关键步骤，需要很大的耐心，排列的过程要不断调整它们大小、方向、距离，最终效果如图 12-23 所示。

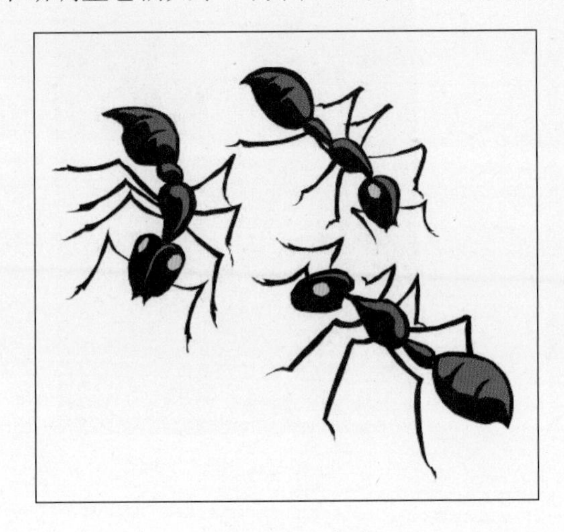

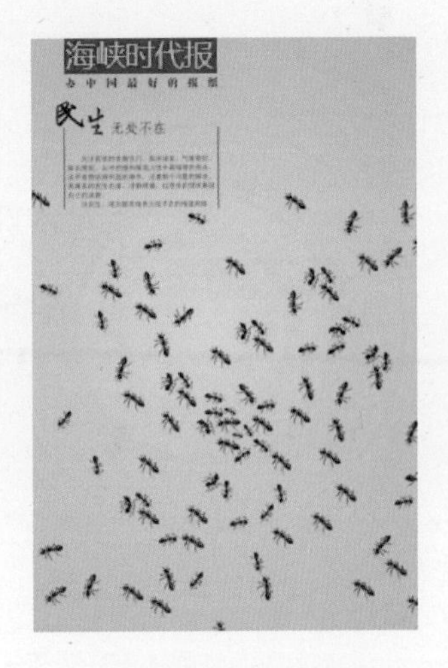

图 12-22　蚂蚁　　　　图 12-23　民生效果

重复以上步骤，根据图像内容的不同，制作出“深度篇”和“热点篇”海报。其中深度篇增加一个蚂蚁洞穴的绘制，绘制蚂蚁洞穴可以使用“套索工具”，画出不规则边沿的一个色块开标识蚂蚁洞穴，然后得到效果如图 12-25 所示。热点篇中同样用“套索工具”，画出画面中间的食物，为了让实物显得立体一些，可以将食物图层做阴影效果处理，制作方式如下：选中实物图层，单击“图层”面板下方的“添加图层样式”按钮，在弹出的“图层样式”对话框中调整“投影”选项的各项参数，将角度调整为 90°，如图 12-24 所示，然后得到效果如图 12-26 所示。

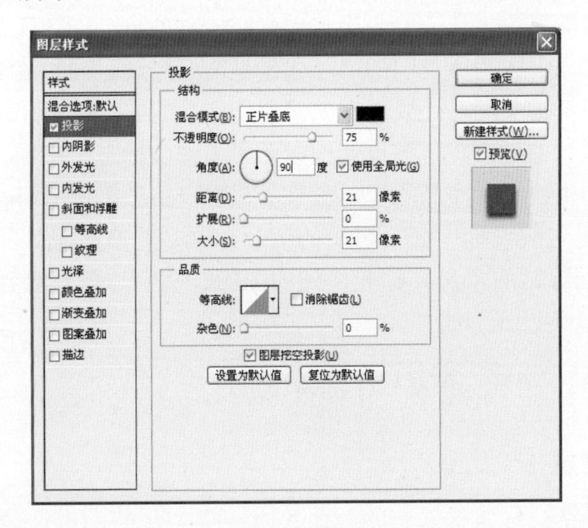

图 12-24　图层样式

在这个案例中，主要是展示如何构思一副创意海报设计，主题与表现形式如何统一起来，这些才是最关键的。制作层面的要求，可以从步骤分解中很清晰地知道并不难。

图 12-25　深度效果

图 12-26　热点效果

12.2　包装设计

包装是品牌理念、产品特性、消费心理的综合反映，是建立产品与消费者亲和力的有力手段，它直接影响到消费者的购买欲。经济全球化的今天，包装与商品已融为一体。包装作为实现商品价值和使用价值的手段，在生产、流通、销售和消费领域中，发挥着极其重要的作用，是商业设计不得不关注的重要课题。包装的功能是保护商品、传达商品信息、方便使用、方便运输、促进销售、提高产品附加值。包装作为一门综合性学科，具有商品和艺术相结合的双重性。

选用合适的包装材料，运用巧妙的工艺手段，为包装商品进行的容器结构造型和包装的美化装饰设计，实现这样的目标大致需要 3 个方面来完成：外形、设计元素、材料。包装设计对功能性方面的要求比较高，因为所包装的产品通常是需要经过运输和流通的，所以在设计时对其外形和材料不仅仅只考虑美观，还要考虑如何保护产品的安全保存和运输。本节主要从设计元素方面来讲解包装设计的过程。包装设计构成元素大致由标志、图像、文字和色彩运用来实现，这几个元素恰当与否决定了商品的视觉形象，并对产品形象和销售有着很大的影响。

标志和企业名称是包装设计中必不可少的部分，这是对产品出处的一个重要说明，对企业主和消费者都有非同寻常的意义。除此之外的图像、文字与色彩等都是常规设计元素。下面从实际案例去了解包装设计形式。

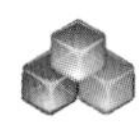【案例 12-3】　“翠玙琪林”手提袋设计

**案例设计创意**

“翠玙琪林”是一家经营翡翠玉石的公司，对手提袋包装的设计要求现代简洁，尺寸为 150mm×210mm×60mm。设计方案突出“翠玙琪林”的名称和标志，让消费直接感受产品的出处，与翡翠玉石相关的文字用来做背景装饰，显得独到而有内涵，最终的立体效果如图 12-27 所示，展开效果如图 12-28 所示。

案例目标

通过本案例的学习，可以综合应用以前学过的知识，进行针对主题的包装设计，设计出主题突出、富有内涵的包装产品。

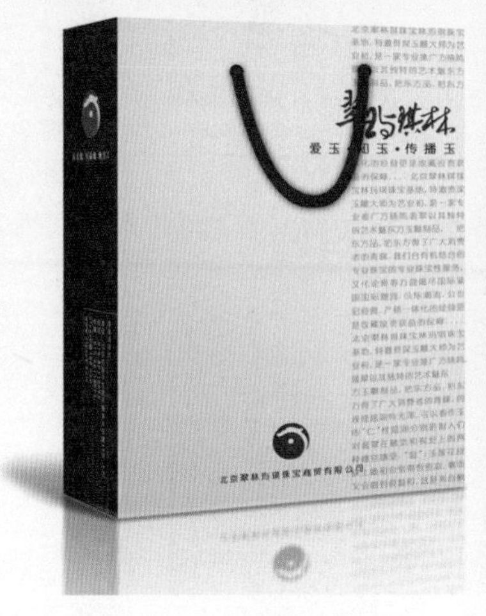

图 12-27 手提袋效果

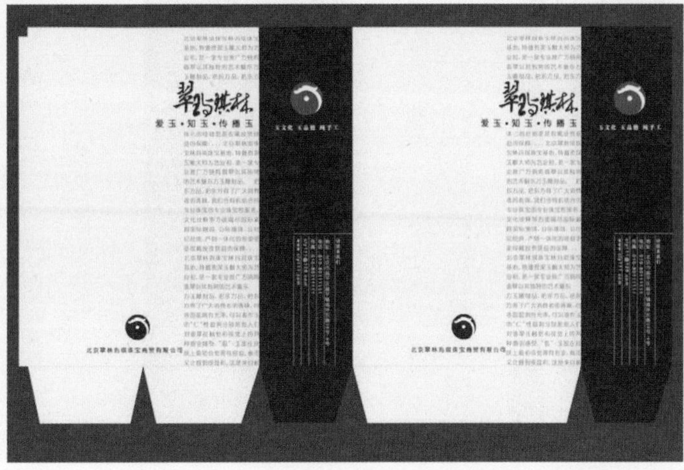

图 12-28 手提袋展开图

案例制作方法

1）新建一个文件名为“翠玛琪林”，宽度为 430mm、高度为 260mm、颜色模式为 CMYK、分辨率为 300 像素/英寸的“画布”窗口。

2）新建图层，结合辅助线的引导，用“钢笔工具”画出手提袋的外形，按照 150mm×210mm×60mm 的尺寸画出手提袋展开图，然后用“油漆桶工具”分别填充颜色，正面颜色参数为（C＝0、M＝0、Y＝20、K=0），侧面颜色参数为（C＝70、M＝70、Y＝100、K=40）（为了方便浏览，将背景色设置为灰色，实际操作时候应该是白色），如图 12-29 所示。其中最左边、最上部与最底下的部分是用来内折的。在实际的印刷中，作品的尺寸还需要在四周各加上出血 3mm。

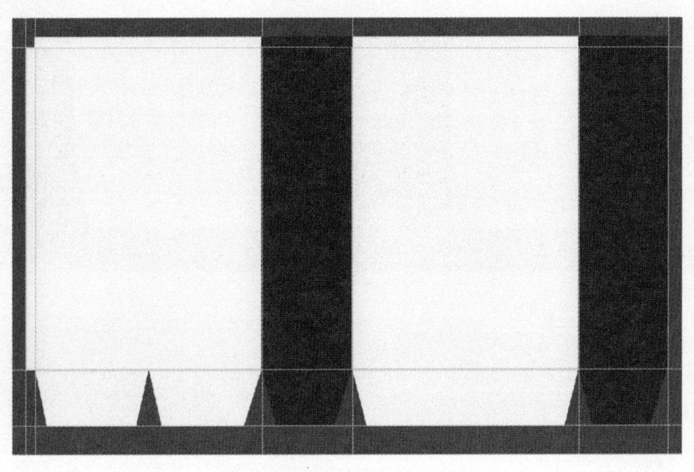

图 12-29 手提袋尺寸图

3）使用“文字工具”新建文本框，粘贴与翡翠玉石文化相关的文字，文字颜色设置为灰色，以作为背景装饰，如图 12-30 所示。

图 12-30　文字背景

4）打开“翠”、“玙”、“琪”、“林” 4 个字的书法字体，改变其排列方式，显得错落一些，并将颜色调整为红色；用“文字工具”输入广告语“爱玉 · 知玉 · 传播玉”，效果如图 12-31 所示。

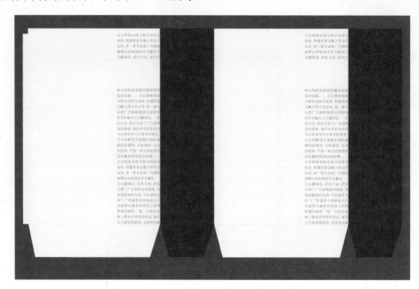

图 12-31 “翠玙琪林”文字和广告语效果

5）打开“公司标志”，调整其颜色，将正面颜色参数设为（C＝50、M＝100、Y＝100、K=20），侧面颜色参数设为（C＝50、M＝60、Y＝100、K=10），输入公司名称与广告语，放置合适位置，如图 12-32 所示。

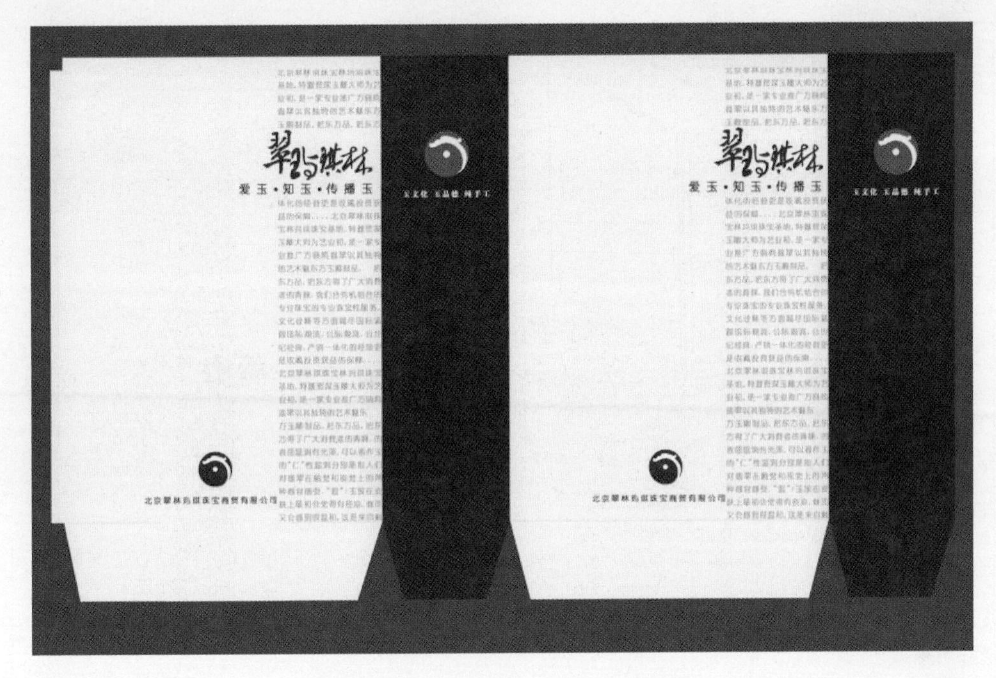

图 12-32　加入公司标志、名称等

6）用“竖排文字工具” ↓T 输入公司地址等相关信息，并用线条辅助装饰，如图 12-28 所示，到此就完成了手提袋包装的设计。

12.3　书籍装帧设计

【案例 12-4】　书籍装帧设计

 **案例设计创意**

书籍装帧是在书籍生产过程中将材料和工艺、思想和艺术、外观和内容、局部和整体等组成和谐、美观的整体艺术。书籍装帧设计是指书籍的整体设计。它包括的内容很多，其中封面、扉页和插图设计是其中的三大主体设计要素。封面设计是书籍装帧设计艺术的门面，它是通过艺术形象设计的形式来反映书籍的内容。在当今琳琅满目的书海中，书籍的封面起到了无声的推销员作用，它的好坏在一定程度上将会直接影响人们的购买欲。书籍装帧设计中要特别注意字体的类别、大小、字距和行距的关系，字体、字号所适用的不同年龄受众的要求，在文字版面的四周是否有适当的空白，使读者阅读时感到舒适美观，文本的印刷色彩和纸张的颜色要符合阅读功能的需要，插图的位置以及和文字版面的关系要恰当。

书籍的结构比较丰富，如图 12-33 所示，设计制作的时候根据书籍的定位来取舍其中的项目，但是有些常规项目是必要的，如封面、封底、扉页、书脊等。传统的书籍内页，也有比较规范的格式，如版心、天头、地角、订口、切口等，如图 12-34 所示，但是现代书籍装帧，并不完全都按照这样的格式去设计，特别是画册设计上有很大的创新。

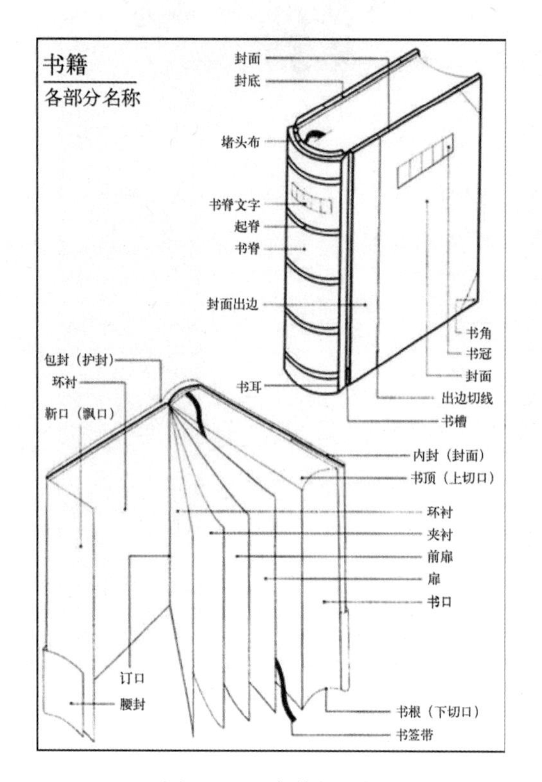

图 12-33　书籍的结构

图 12-34　书籍内页

书籍装帧设计对设计师的版式设计能力有比较高的要求。版式设计是将有限的视觉元素进行有机的排列组合，将理性思维个性化地表现出来，在传达信息的同时，也产生感官上的美感。在书籍装帧设计中，版式设计能力的应用比较普遍。

如图 12-35 所示的简单的画册设计该设计运用字符作为主要的视觉元素，在装饰背景上有明显的体现，字体的线条比较均匀，错落有致地排列显得有构成感。内页的色调和版式风格比较统一，作为同一本画册的内容，设计风格的一致性对整体效果有相当大的影响。

a) 封面封底

b) 扉页

图 12-35　画册设计

c) 部分内页

图 12-35　画册设计（续）

这里以图 12-36 所示的封面设计为例。

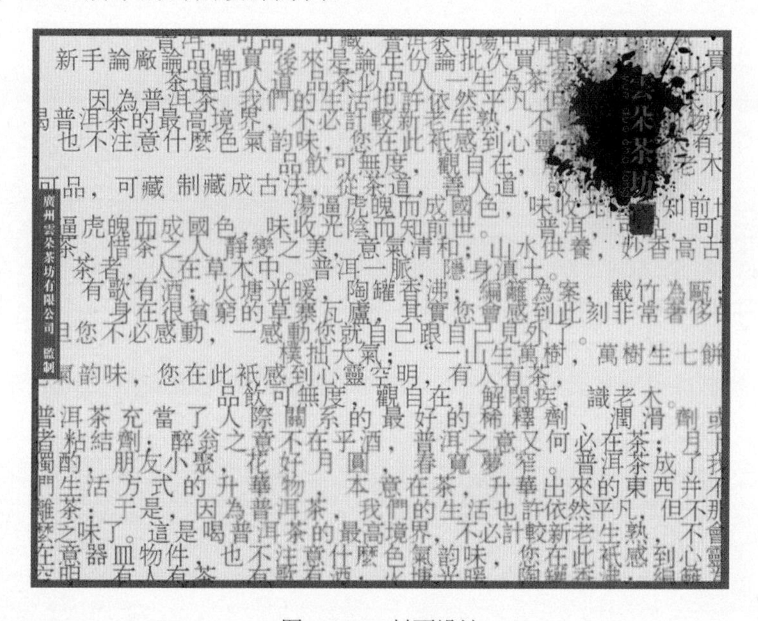

图 12-36　封面设计

 案例目标

通过本案例的学习，可以掌握书籍装帧的版式设计能力。

 案例制作方法

1）新建一个名为“云朵茶坊封面封底”，尺寸为 216×291mm（实际尺寸为 210×285mm，四周分别加上了出血 3mm），分辨率为 300 像素/英寸，颜色模式为 CMYK 的“画布”窗口。

2）用“油漆桶工具”填充颜色，设置颜色参数为（C＝10、M＝10、Y＝20、K=0），录入与普洱茶相关的文字，并进行错落有致的排列。将局部文字处理成略微模糊的效果，选用“套索工具”，选取文字背景中的局部文字，如图 12-37 所示，然后同时按住〈Shift+F6〉组合键，设置羽化“半径”为 250 像素。然后单击菜单“滤镜”→“模糊”→“高斯模糊”命令，设置“半径”为 4 像素，如图 12-38 所示。在背景文字图层，用“套索工具”重复选择几处，进行高斯模糊，得到封面背景局部清晰、局部模糊的效果。

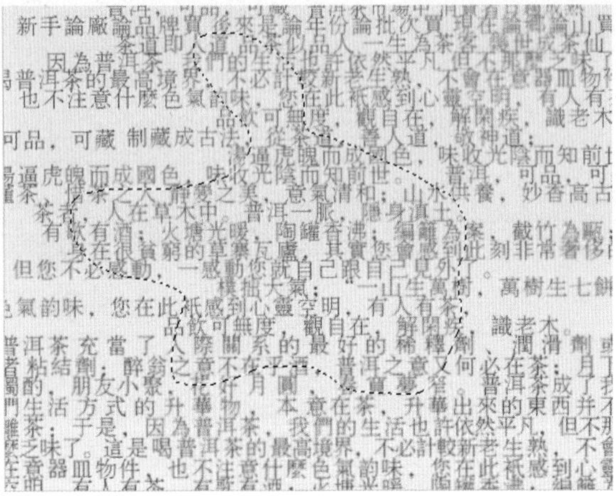

图 12-37　背景文字选区

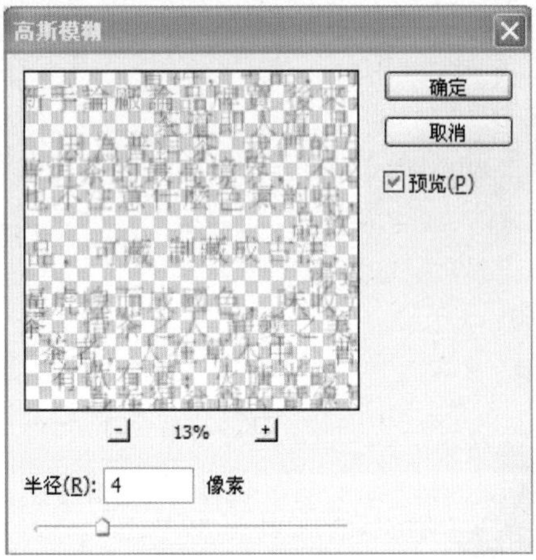

图 12-38　高斯模糊

3）导入“墨迹”素材，变换大小后放置合适位置，输入“云朵茶坊”的繁体字及其拼音字母，用画笔画出一个方形色块，设置字符和色块的颜色参数均为（C＝0、M＝100、Y＝100、K=0），得到如图 12-39 效果。

4）新建图层，按〈Ctrl+A〉组合键全选画布，然后单击菜单“选择”→“变换选区”命令，将选区稍微缩小，然后用“油漆桶工具”填充颜色，设置颜色参数为（C＝60、M＝70、Y＝100、K=0），如图 12-40 所示。

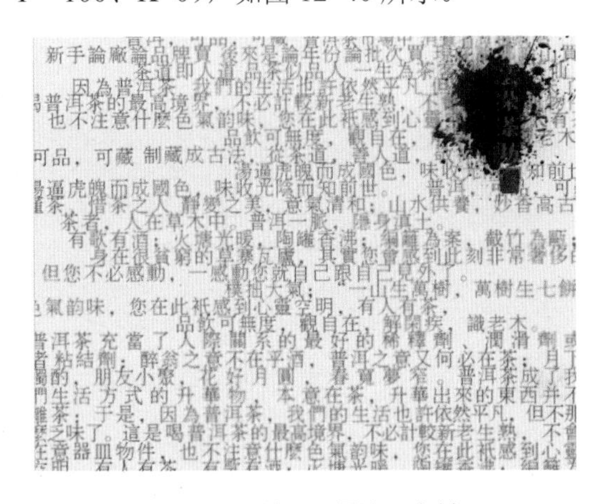

图 12-39　导入“墨迹”素材

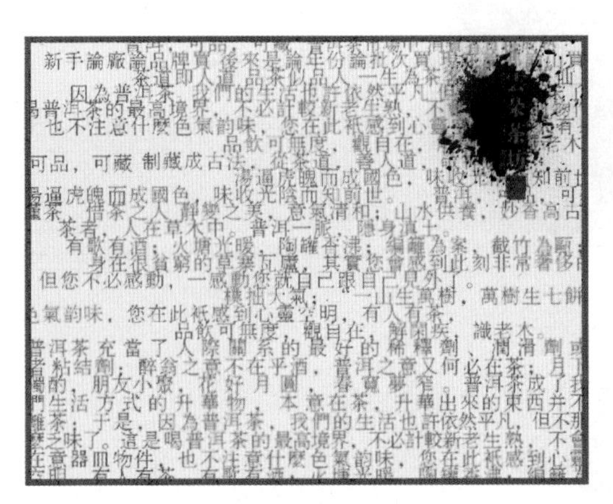

图 12-40　用“油漆桶工具”填充颜色

5）用“矩形选框工具”在封底处框选一个矩形，用“油漆桶工具”填充颜色，设置颜色模式为（C＝60、M＝70、Y＝100、K=0），输入“广州云朵茶坊有限公司监制”以标明出